U0939458

放射性固体废物处理技术

郭志敏　主编

原子能出版社

图书在版编目(CIP)数据

放射性固体废物处理技术/郭志敏主编. 一北京:原子能出版社,2007.5
ISBN 978-7-5022-3898-8

Ⅰ.放… Ⅱ.郭… Ⅲ.固体-放射性废物处理 Ⅳ.TL941

中国版本图书馆 CIP 数据核字(2007)第 064287 号

内容简介

本书全面系统地介绍了目前核工业采用的各种放射性固体废物处理技术。主要内容涉及放射性固体废物的分类,预处理和中间贮存,压实和焚烧技术,水泥固化技术,沥青固化技术,聚合体固化技术,水力压裂处置中放泥浆技术,α废物处理技术,极低放废物处理技术,放射性废物运输,辐射防护,以及我国放射性固体废物处理和处置技术的进展情况。同时,本书最后部分简要介绍了国内外关于放射性固体废物处理和管理的法律、法规和标准。本书内容丰富、结构严谨、数据翔实,是一本难得的废物处理技术专著,具有较高的参考价值。适用于从事放射性废物处理和处置的广大科技人员和管理人员参考,尤其是核电厂和核燃料后处理厂从事放射性废物处理和处置工作的人员。

放射性固体废物处理技术

出版发行 原子能出版社(北京市海淀区阜成路 43 号 100037)
责任编辑 刘 朔 吴卫华
责任校对 徐淑惠
责任印制 丁怀兰
印　　刷 保定市中画美凯印刷有限公司
经　　销 全国新华书店
开　　本 787 mm×1092 mm 1/16
印　　张 24.75
字　　数 619 千字
版　　次 2007 年 6 月第 1 版 2007 年 6 月第 1 次印刷
书　　号 ISBN 978-7-5022-3898-8
定　　价 **78.00 元**

版权所有 侵权必究　　**网址:http://www.aep.com.cn**

《放射性固体废物处理技术》
编　委　会

主　　编： 郭志敏

编　　委：（按姓氏笔画排序）

马文革　王　彪　王孝强　史永成　任　勇

刘茂富　刘家书　杜玉竹　李　勃　何军勇

张双全　尚可龙　罗洪盛　蒋　明　曾荣光

谭玉平

核工业是专业门类繁多、技术复杂的综合性高新技术产业。世界核工业几十年的发展，在军民领域创造的成果已经极大地影响和改变了世界军事和经济格局。“核威慑”力量左右了世界军事战略格局，核能的开发和利用又成为人类不可或缺的新的安全清洁能源。

在新的历史时期，为了适应我国核工业“大力发展核电和民用核燃料产业”的需要，同时研发核军工新型技术和解决核工业遗留问题，我们必须对这些核活动中产生的放射性废物进行有效管理，确保人类生存环境的安全和可持续发展。

核燃料后处理厂和核电站运行过程中产生了大量的放射性废物，核设施的退役也将产生大量的放射性废物。其中，放射性固体废物数量占有相当的比例。因此，放射性固体废物的处理和处置在整个废物管理中尤为重要。《放射性固体废物处理技术》一书的出版为我们解决这一问题提供了很好的借鉴和帮助。

作者在本书中对当前国外放射性固体废物处理技术进行了全面系统的介绍，重点介绍了工程上成功运用的固体废物处理技术，同时对处于发展中的技术进行了较详细的阐述。书中还对中国的放射性固体废物处理和处置进行了简要回顾。书末附有国际原子能机构、美国、英国和法国等核工业发达国家及我国关于放射性固体废物管理的法律、法规和标准。可以说，《放射性固体废物处理技术》一书是目前国内放射性固体废物处理技术的大全。

随着人们环境保护意识的增强，放射性废物治理工作显得尤为重要，放射性废物治理已成为一门产业，具有明显的社会效益和经济效益。我相信，本书的出版问世，必将为从事放射性废物管理的人员提供丰富的技术信息，有利于我国放射性固体废物处理和处置的开展，有助于公众对放射性废物的正确理解和认识，从而有力地促进我国核事业的发展。

康日新

前　言

核科学和核技术在科学、医疗、工业和电力生产上已经并将继续得到越来越广泛的运用，但核活动产生的放射性废物对人类健康和环境都具有巨大的潜在危害。如何对放射性废物进行有效管理，把危害降至最小，早已超越国家界限，成为全世界共同关注的问题。

大型核设施运行及退役期间产生的放射性固体废物数量巨大。一座1 000 MW核电站运行期间每年要产生 200～600 m^3 放射性固体废物，一个1 500 t生产能力的商业核燃料后处理厂每运行 1 年将产生 5 000 m^3 左右放射性固体废物。我国在军工生产时期曾产生并遗留下大量放射性固体废物。这些核设施在退役过程中，尽管遵循了"减少数量，减小风险"的治理原则，但仍不可避免地会产生新的放射性固体废物。考虑到数量巨大、技术复杂这个特点，放射性固体废物处理在整个放射性废物管理策略中相当重要，值得高度关注。

放射性废物的治理和核设施的退役是一个长周期的缓慢过程。受多种因素制约，如国家法律及政策、公众意识、经济环境和技术水平等，在这些因素中，技术水平是一个重要因素。

目前，中核集团八二一厂正逐步开展遗留放射性废物的处理，后处理厂及反应堆系统退役也将在适当的时间进行。借鉴和学习国外的放射性废物处理技术，对完成放射性废物处理、顺利推进核设施退役和提高我国放射性废物处理的整体技术水平大有裨益。这也是编写《放射性固体废物处理技术》的初衷。

本书介绍了放射性固体废物的来源及分类，重点论述了各种放射性固体废物处理技术，其中对焚烧、压实、水泥固化、沥青固化和聚合物固化等技术的工艺、设备、性能参数和优缺点都进行了详尽介绍。

此外，本书对核工业国家研究和开发 α 废物处理方法的情况进行了总结，专门介绍了大体积浇注和水力压裂处置放射性泥浆，同时对尾气的净化和处理技术、极低放固体废物的管理、放射性固体废物处理中的辐射防护特点等也做了较为详细的阐述。

最后，本书的附录中列出了国际原子能机构和一些核工业发达国家在放射性固体废物管理方面的法律、法规、条例和标准。

由于本书涉及放射性固体废物从产生到最终处置前的各个环节，对各种处理技术的工艺、设备、性能及优缺点都有所阐述，因此，专业涉及面很宽，加之时间紧迫和水平限制，本书存在着许多不足之处，敬请读者加以批评指正。

在本书的撰写过程中，中国核工业集团公司孙东辉、蒋云清先生给予了悉心的指导，中国原子能科学研究院罗上庚老师对本书做了详尽的修改和审定，中国核科技信息与经济研究院熊朝智先生也给予了大力协助。在此深表谢意。

书中所用 $m\mathrm{E}+n$ 表示 $m\times10^{n}$，$m\mathrm{E}-n$ 表示 $m\times10^{-n}$。

鉴于撰写过程中查阅、参考并引用了国内外大量的文献和资料，无法一一列出，在此对这些文献作者一并致以谢意。

目　录

第1章 综 述

利用核的活动产生的放射性废物的形式和种类繁多，物理性质和化学性质差异很大。放射性废物按物理形态可分为放射性气态废物、放射性液体废物和放射性固体废物。放射性气态废物有操作放射性物质的设施的通风排放气体；液体废物种类很多，从研究设施的闪烁液到乏燃料后处理的高放废液；固体废物从来自医院、医疗研究设施和放射性药物试验室的废弃物到后处理废物的玻璃固化体或核电厂的乏燃料（把乏燃料作为废物看待时）。所产生放射性废物的放射性可能微弱也可能很强，前者如医疗诊断过程产生的废物，后者如后处理废物固化体或放射性照相术、放射线治疗和其他应用的废辐射源。放射性废物的体积可能很小，如废辐射源；放射性废物的体积也可能非常大而分散，如铀矿开采和冶炼的尾矿或环境恢复产生的废物。

人们对放射性气态废物、放射性液体废物和放射性固体废物这三种物理形态不同的废物的处理在认识上存在一些差异。放射性气态废物的处理主要是去除废物中的放射性核素，把排入环境的放射性气态废物的核素浓度和放射性气态废物的数量控制在批准限值之内。人们对排入环境的液体流出物（经过处理而达到批准排放限值的条件下）的核素浓度和流出物数量予以高度关注。由于放射性气态废物和放射性液体废物的流动性，与放射性固体废物相比，人们对放射性气态废物和放射性液体废物对环境的潜在风险更为担心，尤其对高放废液更是如此。而对放射性固体废物，由于其物理形态相对稳定，人们倾向于认为放射性固体废物的处理不是那样急迫。与放射性气态废物和放射性液体废物的处理相比，放射性固体废物的处理也有其自身的特点（或者说难点）：历史遗留的放射性固体废物数量大；核设施退役产生大量放射性固体废物；放射性气态废物和放射性液体废物处理过程中还产生一定数量的放射性固体废物（是二次废物）；放射性液体废物固化后可能还需要贮存和整备等。

对以往国防计划下的生产堆和后处理设施的运行而言，放射性固体废物处理滞后于生产运行的情况更为严重，国内和国外均存在这种情况。因此，因国防计划遗留下的放射性固体废物（当然也有放射性废液，特别是高放废液）在数量上不少。由于历史的原因，按照现行的标准来衡量，贮存这些废物的暂存库可能在技术措施上是不完备的，遗留下来的固体废物可能还存在超库容存放的问题。核设施的退役将产生大量的退役废物，要保证退役工作正常开展，必须具备足够的放射性固体废物处理能力。

放射性气态废物和放射性液体废物的处理过程中将产生二次废物，其中一部分是放射性固体废物，如污染的过滤器、废离子交换树脂和泥浆等。

沥青固化体、水泥固化体和玻璃固化体等是放射性废液固化后形成的固体，在最终送处置库处置前，需要在一段时间内对这些固化体进行有效管理，可能涉及整备、包装、贮存和运输等废物管理步骤。

对放射性固体废物的处理，不同的步骤采用适合各自步骤的处理方法。在放射性固体废物的预处理中，主要采用的技术有收集、分拣和去污等。在放射性固体废物产生之际就应对废物进行收集。接下来对放射性固体废物进行分拣：把非放射性物质或成分从放射性物质中分离出来，根据废物的产地、物理形态和放射性水平等项目对废物进行恰当分类，并形成记录。放射性固体废物的预处理中，去污通过去除放射性核素而减少放射性废物的质量和体积，降低废物贮存、运输、处置和费用的负担。去污的方法有机械-物理法、化学法、电化学法和熔炼法等。机械-物理法主要有吸尘法、机械擦拭法、高压水-蒸汽喷射法、低温研磨喷洗和氟利昂超声波清洗等。化学去污就是用化学清洗剂溶解带有放射性核素的污腻物、油漆涂层或氧化膜层，达到去污目的。电化学法就是电解或电抛光，将去污部件作为阳极，电解槽作为阴极，使污染表面层均匀地溶解，污染核素进入电解液中而对金属部件去污。熔炼法是一种冶金法，依靠熔融金属进行去污。

在放射性固体的处理步骤中，常用的技术有焚烧和压实。焚烧是一种处理可燃放射性固体废物的有吸引力的技术，传统形式的焚烧炉在工程上的运用已相当成熟，当前，许多国家使用焚烧炉处理可燃性固体废物，诸如澳大利亚、德国、比利时、加拿大、法国、荷兰、俄罗斯、斯洛伐克、英国和美国。焚烧的主要目的是，使废物的有机成分完全燃烧，转化成无机产物。在整个焚烧过程中，放射性废物焚烧系统必须提供放射性核素的密封。焚烧能够达到较高的减容比，并将废物转化成一种适合随后固定和处置的形态。现在的焚烧炉能焚烧固体、废树脂、有机废液等多种废物。除传统形式的焚烧炉外，还有等离子体焚烧和热解焚烧。放射性固体废物等离子体处理是利用电弧产生超过20 000 ℃的温度，高温支持废物有机成分的燃烧和惰性废物组分的熔化。热解焚烧主要适用于处理液体和固体有机放射性废物。热解与燃烧有联系，但它是基于有机物质在惰性空气或者氧气不足条件下的热分解，以摧毁废物并将废物转化成一种无机物质的原理。压实是一项比较成熟的技术，应用广泛。在国外，放射性固体废物的压实减容处理技术已经普遍地应用在核电站、核研究中心和核燃料循环各级设施中。压实分为低压力压实和超级压实。压实减容的优点是：技术成熟；可压实的固体废物范围宽；减小体积，自由液体被挤压出来，空隙被消除；如果需要，可利用移动式设备；过程简单、可靠，不易出问题，不需要昂贵的设备；废物压实花费相对较低。压实减容的不足是：减容倍数小，不减轻质量；未免除废物着火、热解、腐烂的可能。

在放射性固体废物管理的整备步骤中，常用的技术有沥青固化、水泥固化和聚合物固化等。沥青固化是将加热的沥青与放射性废物一起混合，然后在处置桶里冷却，形成硬的固化体，将放射性废物转化成稳定的状态，以便于废物管理和适合最终处置。沥青固化放射性废物在核工业已经有很多年，经过不断的改进和发展成为了一门成熟的放射性废物处理技术。沥青固化技术可用来固化放射性废液和放射性固体废物，适合沥青固化的放射性固体废物包括淤泥和泥浆、离子交换树脂和焚烧炉灰等。沥青处理固化工艺主要的优点是工艺简单，固化体浸出率较低，成本低廉，废物包容量大。其主要缺点是热传导性、辐照稳定性和热稳定性差，不耐高温，能与硝酸盐发生反应，易燃，易爆。由于沥青熔化温度低和发生事故性火灾的可能性，在一些国家已经限制使用沥青作为一种固化放射性废物的基质。水泥固化技术将放射性固体废物与水泥在搅拌机中搅拌成糊状，开始水化反应，产生凝结后失去流动性逐渐硬化成为固化体，再进行贮存或处置。可用水泥固化的固体废物有离子交换树脂和灰烬等。水泥固化工艺具有工艺温度低、固化基质材料容易获取、固化体化学性质和生化性质稳定、固化体不可燃烧且具有良好的热稳定性和成本相对较低的特点。一种特殊的水泥固化是大体积浇注水泥固化，该工艺将包容有废物的水泥直接灌浇入处置沟槽中，合废物固化与处置为一体。与普通水泥固化法相比，大体积浇注具有处理量大，无需包装，工序简单，成本较低，固化体的比表面积较小因而浸出率较低等优点。美国已在萨凡纳运用该工艺对高放废液玻璃固化预处理过程中分离出的低放废液和泥浆进行固化处理（和处置）。中国也在开展大体积浇注处置低中放废物（低中放废液和泥浆）的研究和工程应用。聚合物基质用来固化来自核电站、后处理厂和其他来源的低放、中放废物。聚合物基质固化的湿固体废物有泥浆、废物离子交换树脂、蒸发器浓缩物、过滤介质等，干燥的固体废物有过滤器芯，来自干燥器或者焚烧炉灰以及燃料元件碎片的裂变产物等等。该工艺广泛地应用于美国、日本和一些欧洲国家。

放射性固体的其他处理方法还有熔融盐氧化法、微波处理、先进热化学处理工艺、湿法氧化、超临界水氧化和生物处理等。美国和中国还用水力压裂法处置中放废液和中放泥浆。

值得一提的是几个核工业发达国家都在研究发展 α 废物处理方法，诸如湿燃烧法、控制空气焚烧法、流化床焚烧法、热解法、熔融盐焚烧法、高温熔渣法等等。这些处理方法的少数已进入工程应用阶段，而大部分还在研究发展或试验阶段。其中湿燃烧法普遍认为是一种处理 α 废物的优良方法。对包壳废物的处理整备，压缩法和熔融法经证实都具有可行性，热衡压法处理得到的烧结实体产物，体积和表面积都得到了充分的减小，是一种有希望的包壳废物整体固化处理方法。

在放射性固体废物管理的基本步骤之内或之间可能需要放射性固体废物的特性分析、贮存和运输等操作。放射性固体废物特性分析是有效管理放射性废物所必需的。放射性固体废物的贮存是放射性固体废物管理的一个环节，在废物管理的基本步骤之内或之间起缓冲作用。放射性废物从产生地运到处理或整备场所再运至处置场所，在整个放射性废物的管理中起着关键的作用。它在处理、整备、处置设施的优化过程中也处于中心地位。世界各国对运输放射性废物都给予高度的重视。IAEA 是制定放射性物质运输安全标准最权威、最主要的国际组织。其制定的《放射性物质运输安全条例》及其他安全标准是有关国际组织和各个国家制定放射性物质运输管理法规和安全标准的准则和基础。

在核燃料的生产和后处理过程中，以及在核燃料循环各环节的研究和开发活动中会产生大量的放射性废物。其中，有相当部分的废物为放射性活度极低、对人类危害很小的放射性废物。如果将这类废物采用低、中放废物的处置方法，需要大量的处置费用。这部分放射性废物称为极低放废物，可把它们从放射性低中放废物中分离出来单独进行管理与处置。

放射性固体废物的处置，通用的做法是用浅地层陆地处置方式和地表下处置方式处置短寿命低放废物和短寿命中放废物，用地质处置方式处置高放废物和 α 废物。不过，在许多情况下，在地下深处的地表下处置库也能接收不同类别的长寿命废物。目前已有不少国家开展了低放废物和中放废物的处置。在高放废物处置方面的研究工作已取得了很多进展，但还没有进入工程应用。极低放固体废物采用近地表（一种浅地层陆地处置方式）处置库处置，但可能有别于处置低放和中放废物的近地表处置库。

在放射性固体废物的处理中要做好辐射防护，包括对工作人员和公众的防护。放射性固体废物处理中的辐射防护要针对固体废物处理所采用的具体工艺，制定适合的防护措施。放射性固体废物处理中要严格执行辐射防护的 3 条基本原则。放射性废物处理设施有的是在原有核设施区域内(或其附近)建造。在进行放射性固体废物的辐射防护评价和环境影响评价时要充分考虑已有核设施对环境的影响,辐射防护评价和环境影响评价报告要充分反映整个核设施对辐射防护和环境的影响作用。

随着人们环境保护意识的增强,人们对放射性废物的潜在危害表现出极大的关注甚至担忧。特别是前苏联切尔诺贝利核电站事故后,人们对核科学和技术的应用表示担忧,尤其对发展核电表现出排斥倾向。对放射性固体废物进行有效管理,把放射性固体废物对人类健康和环境的影响降至最低,有助于消除人们对放射性废物的危害的过度担忧,有助于缓解人们对核科学和核技术的运用的排斥心理。我国经济的持续发展对能源增长的需求很大,这将促进核电的发展。开展好放射性固体废物处理及处置工作,有助于公众对放射性废物的危害的正确认识,促进核行业的顺利发展。

本书详细阐述了放射性固体废物的处理技术,这些技术对放射性固体废物的有效管理是必需的。在实际的工程运用中可根据放射性固体废物的种类和性质,结合其他因素选用适合特定的放射性固体废物的处理技术。

第2章　放射性固体废物来源及分类

为了科学、合理、方便地进行放射性固体废物处理、处置、贮存以及运输等相关活动，通常要对放射性固体废物进行分类。

废物特性鉴定和分类是放射性固体废物从产生到最终处置过程中所有步骤的一个基本环节。特性鉴定能够用于不同目的，例如确定与特定类别废物相关的潜在危险，选定适合于作衰变贮存的废物，规定具体的处理、贮存或处置方案，以及规划和设计废物管理设施。分类有助于制定废物管理策略；有助于规划和设计废物管理设施；有助于为放射性废物选定合适的整备技术和处置设施；有助于确定运行活动和组织废物操作；有助于显示不同类型放射性废物有关的潜在危害；有助于保存记录；有助于废物的安全处理、处置；有助于实现废物最小化；有助于增进专家、废物生产者、管理者、管理机构及公众间的相互交流。

2.1　放射性固体废物的来源

固体废物是放射性废物的一种物理形态。它主要包括工艺废物、运行和检修时的污染物。另外，核设施退役过程中将产生大量固体废物。

核电厂产生的固体废物主要包括：核电厂运行和检修过程中所产生的湿废物和干废物。湿废物包括泥浆和废过滤器芯，泥浆主要是一回路冷却剂净化系统与废液处理系统产生的废离子交换树脂和过滤淤渣；废过滤器芯主要是一回路冷却剂净化系统与废液处理系统所产生的废过滤器芯。核电厂检修过程中废弃的设备、工具和材料以及被放射性污染的废弃的工作服、手套、纸张、擦拭材料等属于干固体废物，更换下来的排风过滤器、活性炭过滤器等也属于干固体废物。

核燃料后处理厂在运行和检修过程中会产生乏燃料组件、废过滤器、废树脂、放射性废物固化体和其他固体废物。乏燃料组件包括燃料组件端头和燃料隔架、清洗过的燃料包壳；废树脂由废水处理系统产生；废过滤器是检修更换下来的料液过滤器和废气处理系统的过滤器；放射性废物固化体包括放射性废液的固化产物和经过固定处理的固体废物。其他固体废物包括放射性污染后废弃的工作服、手脚套、口罩、擦拭材料、更换下来的排风过滤器、在检修过程中废弃的放射性设备、仪表、工具和材料。表 2-1 为后处理运行产生的固体废物，该表摘自 IAEA 技术报告丛书第 223 号《低中放固体废物的处理》，表中的中放/低放的分界值和超铀/非超铀的分界值是基于废物处理目的而提出的。

表 2-1 后处理厂的放射性固体废物

种类	类型	成分	分类1)	数量	
				每吨重金属体积/m^3	每年2)体积/m^3
湿固体	K_2UO_4 泥浆	K_2UO_4(1 kg U/MTHM3)),KOH,H_2O	低放非超铀	0.05	75
	离子交换树脂、硅胶	有机树脂、硅胶、100 Ci/m^3 混合裂变产物、Pu 含量不超过 15%	中放非超铀	0.05	75
	助滤料、淤渣	自由水、沙、硅藻、泥土、絮凝剂等	中放超铀	0.01	15
干固体	氟化器细粒氟化器灰烬	CaF_2,UF_4(6 g U/MTHM),PuF_4(10 mg/MTHM),裂变产物的氟化物(0.6 Ci/MTHM)	低放超铀	0.1	150
	燃烧室灰烬	混合裂变产物	低放超铀	0.01	15
	银沸石	沸石、裂变产物(碘)	中放非超铀	0.005	7.5
可燃废弃物	纤维制品、衣服、橡胶、溶剂等	杂项无机物、混合裂变产物、锕系元素(中放超铀废物 80 mg Pu/m^3)	中放超铀4)	0.7	1 050
			低放超铀4)	0.3	450
			低放超铀4)	0.7	1 050
不可燃废弃物	小件设备、工具、玻璃	金属、陶瓷	中放超铀	0.7	1 050
			低放超铀	0.2	300
			低放超铀	0.1	150
设备	工艺容器、器械	金属、无机物、材料	中放超铀	0.1	150
			低放非超铀	0.1	150
过滤器	高效微粒空气过滤器、粗糙过滤器	金属、玻璃、有机物	中放超铀	0.06	90
			低放超铀	0.1	150
			低放非超铀	0.01	15

注:1) 分类的基础是:低放/中放以 200 mrem/h① 为分界点,超铀/非超铀以 10 nCi Pu/g 为分界点。中放废物通常含混合裂变产物,除贮存池树脂外,中放也是一种超铀废物;

2) 以 1 500 MTHM/a 的工厂生产能力为基础;

3) MTHM=吨重金属(U+Pu);

4) 未经压实也未经燃烧的形式。

其他核活动过程也会有大量的固体废物产生、包括医疗中用放射性物质进行诊断、治疗和研究,工业中用放射性物质进行工艺过程控制和测量,以及放射性物质在农业、地质勘探、建筑和其他领域中的许多应用。固体废物包括废密封源或闲置密封源,被污染的设备、玻璃

① 1 rem=10^{-2} Sv。

器皿、手套和纸，以及动物尸体、排泄物和其他生物废物。

2.2　放射性废物分类原则

放射性废物分类因目的不同而有差异，理想的放射性废物分类系统应满足一系列目标，包括：

— 覆盖全部放射性废物；

— 适用于废物管理的各阶段；

— 把放射性废物类别和相应的潜在危害联系起来；

— 满足特定要求的灵活性；

— 尽量少改变已经为人们接受的术语；

— 简单、易于理解；

— 尽量广泛适用。

放射性废物分类通常表现出以下特点：

— 规定有放射性浓度(或比活度)的下限值，用以确定该种废物属于哪类废物；

— 按物理性状分为气态废物、液体废物和固体废物三类；

— 放射性气态废物按其放射性浓度水平分为不同的等级，放射性浓度以 Bq/m^3 表示；

— 放射性液体废物按其放射性浓度水平分为不同的等级，放射性浓度以 Bq/L 表示；

— 放射性固体废物按其所含核素的半衰期长短和放射性比活度水平分为不同的等级，放射性比活度以 Bq/kg 表示。

2.3　基于处置要求的分类(IAEA 采用的分类)

1995 年，IAEA 按废物处置要求提出一种分类系统(见表 2-2)。该系统将固体废物区分为 3 大类，即免管废物、低中放废物(再细分为短寿命低中放废物和长寿命低中放废物)和高放废物。

表 2-2　国际原子能机构固体废物分类标准

<table>
<tr><th colspan="2">废物级别</th><th>典型特性</th><th>处置方案选择</th></tr>
<tr><td colspan="2">免管废物(EW)</td><td>对公众成员年剂量低于 0.01 mSv</td><td>无需放射学限制</td></tr>
<tr><td rowspan="2">低中放废物</td><td>短寿命低中放废物</td><td>限制长寿命 α 核素的比活度(长寿命放射性核素在单个货包中不超过 4 000 Bq/g，平均每个货包不超过 400 Bq/g)</td><td>近地表处置或地质处置</td></tr>
<tr><td>长寿命低中放废物</td><td>长寿命放射性核素比活度高于对短寿命低中放废物的限值</td><td>地质处置</td></tr>
<tr><td colspan="2">高放废物(HLW)</td><td>释热率高于 2 kW/m³，且长寿命放射性核素的比活度高于短寿命废物的限值</td><td>地质处置</td></tr>
</table>

该分类方法主要适用于固体废物。放射性液体废物和气体废物的分类基于选用的不同处理方法。固化或整备过的液体废物和气体废物按放射性固体废物分类。本分类系统提出了短寿命低中放废物处置必须对半衰期大于 30 a 的长寿命核素的比活度施加限制。

IAEA 制定的固体废物分类标准有以下特点：

1）指导放射性废物的处置。按照此分类方法，废物处置分为两类：即近地表处置(Near surface disposal)和地质处置(Geological disposal)。按近地表处置定义，近地表处置包括地面上工程构筑物中的处置，地面下(几米到几十米深度)工程构筑物或非工程构筑物(简易式，目前已少用)的处置和岩洞构筑物中的处置。

2）规定了长寿命废物要作地质处置。超铀废物定义为“含有原子序数大于 92 的核素，其含量和(或)浓度超过审管机构规定限值的废物”。这个限值有的国家规定 10 nCi/g，有的规定 100 nCi/g。现在，超铀废物这个名词除美国外，其他国家已很少使用。按 IAEA 规定，长寿命废物的半衰期大于 30 年，因此，不仅应考虑 Np，Pu，Am 和 Cm 等超铀核素，还应考虑^{99}Tc，^{129}I，^{226}Ra，^{14}C 等应予重视的长寿命核素，并且在限值上对整体废物和单个货包分别作了规定。

3）对于高放废物，IAEA 分类标准提出释热量(大于 2 kW)和长寿命核素含量两个指标。

4）提出了免管废物。免管废物尽管从物理角度看有放射性，但是其放射性量非常小，无需考虑其放射性。把免管废物分出来，无疑对减少放射性废物量有非常重大的意义。免管废物中核素的活度是根据公众剂量限值导出的。

制定极低放废物标准和清洁解控水平涉及环境、安全、社会、政治、技术和资源等许多因素。清洁解控水平不仅要考虑放射性风险而且还要考虑非放射性风险、社会经济与环境健康影响。目前，清洁解控遇到的困难不仅有技术方面的问题，还有社会和心理学方面的问题。现在，国际上还没有普遍接受的清洁解控水平，也没有一致同意的标准解控程序。

2.4 按物理性状的分类

2.4.1 湿固体废物

放射性湿固体废物是指含有大于 5%液体的固体废物。从反应堆产生的湿固体废物，有废离子交换树脂、滤料泥浆或过滤筒等。核电厂产生的湿固体废物类型取决于其所用清洗过程，采用预涂层过滤系统产生出过滤筒和滤料泥浆废物，除盐系统产生球形废树脂或者粉末状的废树脂。在欧美，A 类湿固体废物在标准容器中被浓缩、脱水，B 类或 C 类湿固体废物用一个高整体性容器存储。

2.4.1.1 废离子交换树脂

离子交换树脂被广泛应用于沸水堆和压水堆电站，这些树脂是由有机聚合物制成直径为 1 mm 的小珠或者是装进圆柱形箱子的粉末。当液体废物流经树脂床时，溶解的放射性离子在树脂上被阴离子或阳离子官能团交换。这个过程持续到达到平衡为止，树脂的离子交换容量是有限的，废树脂是可以再生的。

用硫酸和氢氧化钠可以使废树脂再生。树脂再生产生的硫酸钠溶液作为废液处理。

2.4.1.2　过滤器泥浆

为了延长过滤筒的寿命及增加使用效率，过滤器上可预先涂上助滤剂。滤料泥浆废物是由这层涂料产生的，包括一薄层的混合阳离子粉末硅藻土和离子交换树脂及纤维材料。这种预涂助滤剂可除去悬浮的固体物和溶解性固体物。当预涂助滤剂过滤器的过滤容量耗尽时，预涂助滤剂材料被作为湿固体废物处理。

2.4.1.3　筒式过滤器

废筒式过滤器含一个或多个滤芯，是一种普通湿固体废物，处置前需要固化。

2.4.2　干固体废物

干固体废物(DAW)可以用压缩、焚烧或粉碎来使其体积减小。DAW 可以分成可压缩废物和不可压缩废物两大类，可压缩废物和不可压缩废物的密度差别很大。

2.4.2.1　可压缩废物

典型的可压缩废物是由沾污放射性布、纸、塑料、橡胶、木材以及少量金属物组成的。一般情况下，可压缩废物也是可燃的，因此，可以对他们进行焚烧。不可燃的压缩废物包括废物金属，如薄金属片和小金属工具。

2.4.2.2　不可压缩废物

不可压缩废物包括放射性建筑材料和金属组件，例如阀门、管道、金属网丝、金属工具、设备部件等。大多数不可压缩废物切割后被装进大桶或者大箱中，其空间用水泥沙浆固定。

2.5　英国放射性固体废物的分类

各国参照 IAEA 的原则和遵循本国的废物管理的法规也相应制定了适合本国的固体废物分类原则。例如，英国将放射性固体废物分为极低放废物、低放废物、中放废物和高放废物(见表 2-3)，各类废物描述如下：

1) 极低放废物(VLLW)：能够和普通废物一起处置，每 0.1 m^3 中含有的 β/γ 放射性小于 400 kBq 或单项放射性小于 40 kBq；

2) 低放废物(LLW)：含有不适合与普通废物一起处置的放射性材料，但是 α 放射性不超过 4 GBq/t 或 β 放射性不超过 12 GBq/t(见图 2-1)；

3) 中放废物(ILW)：放射性水平超过 LLW 的上限(见图 2-1)，但是在设计贮存或处置设施时不需要考虑废物的释热问题；

4) 高放废物(HLW)：废物中长寿命核素比活度高，释热率大，设计贮存或处置设施要考虑废物的释热问题。

表 2-3 英国放射性固体废物的分类

	高放废物	中放废物	低放废物	极低放废物
分类(Cm2919)	热量释放	释热大于低放废物但小于高放废物	α核素比活度不大于4 kBq/g,或β,γ核素比活度不大于12 kBq/g	α,β和γ核素比活度小于0.4 Bq/g

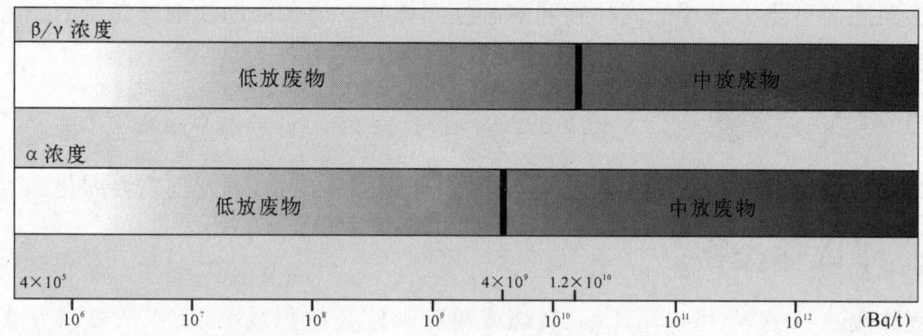

图 2-1 英国放射性固体废物的α及β/γ分类

2.6 我国对放射性固体废物的分类

我国的放射性废物分类标准是建立在IAEA建议的废物分类基础上。目前,我国对放射性固体废物的分类仍然沿用GB9133—1995(放射性废物的分类)标准。被钚和(或)其他超铀元素所沾污的各种不同材料组成一大类固体废物,这类废物通常称为"α"废物(美国称其为"超铀"废物)。

放射性固体废物中半衰期大于30 a的α发射体核素的放射性比活度在单个包装中大于4×10^6 Bq/kg(对近地表处置设施,多个包装的平均α比活度大于4×10^5 Bq/kg)的为α废物。

除α废物外,放射性固体废物按其所含寿命最长的放射性核素的半衰期长短分为四种。

(1) 含有半衰期小于或等于60 d(包括核素碘-125)的放射性核素的废物,按其放射性比活度水平分为二级。

第Ⅰ级(低放废物):比活度小于或等于4×10^6 Bq/kg。

第Ⅱ级(中放废物):比活度大于4×10^6 Bq/kg。

(2) 含有半衰期大于60 d、小于或等于5 a(包括核素钴-60)的放射性核素的废物,按其放射性比活度水平分为二级。

第Ⅰ级(低放废物):比活度小于或等于4×10^6 Bq/kg。

第Ⅱ级(中放废物):比活度大于4×10^6 Bq/kg。

(3) 含有半衰期大于5 a、小于或等于30 a(包括核素铯-137)的放射性核素的废物,按其放射性比活度水平分为三级。

第Ⅰ级(低放废物):比活度小于或等于4×10^6 Bq/kg。

第Ⅱ级(中放废物):比活度大于4×10^6 Bq/kg、小于或等于4×10^{11} Bq/kg,且释热率小于或等于2 kW/m³。

第Ⅲ级(高放废物):释热率大于 2 kW/m^3,或比活度大于 4×10^{11} Bq/kg。

(4) 含有半衰期大于 30 a 的放射性核素的废物(不包括 α 废物),按其放射性比活度水平分为三级。

第Ⅰ级(低放废物):比活度小于或等于 4×10^{6} Bq/kg。

第Ⅱ级(中放废物):比活度大于 4×10^{6} Bq/kg,且释热率小于或等于 2 kW/m^3。

第Ⅲ级(高放废物):比活度大于 4×10^{10} Bq/kg,且释热率大于 2 kW/m^3。

参考文献

1　[苏]捷姆利亚努欣 B N,伊利延科 E N,康德拉季耶夫 A H. 核电站燃料后处理[M]. 北京:原子能出版社,1996

2　IAEA. Treatment of Low-and Intermediate-Level Solid Radioactive Wastes[M]. IAEA Technical Reports Series No. 223, Vienna(1983)

3　IAEA. Classification of Radioactive Waste[S]. Safety Series No. 111-G-1.1, 1994

4　Radioactive Waste Management Status and Trends[R]. International Atomic Energy Agency, 2001

5　GB-9133-1995. 放射性废物的分类[S]

第3章　放射性固体废物的预处理及中间贮存

放射性废物的处理主要包括预处理、处理和整备这些步骤，这些步骤涉及若干改变废物特性的作业。预处理包括废物的收集、分拣、化学调制和去污之类的作业。实施这样一些作业之前，需要对废物进行适当的特性分析，特性分析有助于使处理和整备方法得到适当的配置。放射性废物预处理的一个目的是，减小有待进一步加工处理和处置的放射性废物的量。预处理的另一个目的是，调整需要处理、整备和处置的放射性废物的性质，使其更易再加工处理和处置。

3.1　收集

所有放射性废物必须分类收集。而进一步预处理（分拣、去污和化学调制）的决定则基于废物的性质和后续步骤（处理、整备、运输、贮存和处置）的要求。

如果可能，应根据本底辐射水平，在废物产生之际用普查监测仪（survey meters）监测固体废物中的放射性含量。否则，应将废物装入袋子或箱子之中送到中心监测站进行监测。

应使用合适的容器收集废物，容器应作恰当的标记，表明用于装容何种类型废物。分拣废物可能需要使用夹钳或机械手，以便将操作人员受照剂量降至最低。当产生的废物为不同类型、不同污染水平的混杂废物时，则必须设计安全经济的废物分拣系统。

3.2　分拣

放射性废物分拣活动可能包括：

1. 把非放射性物质或成分从放射性废物中分拣出来；

2. 根据以下要求对废物进行恰当的分类：

产地（废物产生的地方）

物理形态

放射性水平

- 长、短寿命核素量
- 核素活度
- 辐射类型

是否存在其他危险物质或组分

生物特性（如有机质含量）

3. 有用物质回收再利用或再循环

分拣工艺与废物分类密切相关，而废物分类又是废物搬运、处理、运输和处置的必然要求。各个设施都应建立自己的放射性废物收集和分类系统，以便尽可能降低成本，并符合现行的废物搬运、运输和处置国家法规标准。

原生废物最好在废物产生之际由废物产生单位进行分拣，这样可避免将来对废物进行重新包装。这对于小型设施来说可能比较容易做到(废物由研究或诊疗活动所产生)，但对于大型设施，要由经过培训的工作人员在辐射防护条件下对废物进行分拣。

3.3　废物收集与分拣实例

3.3.1　洛斯阿拉莫斯国立实验室超铀废物的收集与分拣

洛斯阿拉莫斯国立实验室有许多在手套箱中进行的工艺，这些工艺要产生超铀废物。按照美国能源部的规定，超铀废物是受到浓度大于3 700 Bq/g、半衰期长于 20 年、原子序数大于 92，发射 α 射线的超铀核素污染的废物。洛斯阿拉莫斯国立实验室产生 35 种超铀废物，经过将一些类型废物合在一起，实际上只分成了几类超铀废物(如可燃物、金属、石墨、回收工艺产生的盐类、高效微粒空气过滤器以及铅手套等)。

废物产生单位负责进行初步废物分拣和特性调查工作。超铀废物收集在金属罐中，每次金属罐装满时，废物管理人员填写一份“废物简易档案表”，对废物的特性进行描述。初步的特性调查活动完成后，超铀废物罐转移到废物管理室，然后把废物种类相同的超铀废物罐装入聚氯乙烯塑料袋中，相同种类废物归入同一废物项。同一物项的废物放入指定的专用容器中。当容器装满后，再转移到一个房间，使用分段 γ 扫描仪或中子计数器进行核素测量。使用高准确度的方法和设备测量核素含量，这是处置场接收废物的要求。只有精确地测定出废物中放射性物质的数量后，才能确定桶中所装之物能否被称为“废物”。该程序的依据是“废弃限值”，不同废物种类的“废弃限值”是不同的。按照洛斯阿拉莫斯国立实验室贮存设施的“废物接收准则”对超铀废物容器进行包装。“废物简易档案表”所包含的所有信息必须输入到贮存设施废物管理数据库。内部运输文件填好后，就可将超铀废物运往洛斯阿拉莫斯国立实验室的贮存设施。

3.3.2　洛斯阿拉莫斯国立实验室低放废物的收集与分拣

洛斯阿拉莫斯国立实验室的低放废物是由实验活动产生的，其低放废物分为：

混合低放废物；

非混合低放废物；

可压实低放废物；

不可压实低放废物。

低放废物是美国原子能法定义的，美国环保署将混合低放废物定义为危险废物，而原子能法则将其定义为放射性废物。

各种低放废物的收集工艺是不同的。所有低放废物在转移到恰当的设施之前必须进行放射性含量的测量。固体废物在废物分析设施处使用分段 γ 扫描仪进行测量。计算出放射性含量后，将此信息填入废物简易档案表，然后和废物一起移交贮存设施。贮存人员将此信息输入设施废物管理数据库。

(1) 非混合可压实废物

对于非混合废物，废物产生单位按照《废物分拣指南》，将非混合废物分为可压实和不可压实两类进行分拣。有些物项如纸板、纸张、破旧织物、空心塑料、橡胶以及防护服等可视作可压实废物，而不可压实废物则可能包括玻璃、木料、混凝土以及金属零部件等。可压实废物收集在有塑料衬里的 57 L 的小纸箱中。将装满废物的纸箱装入运送非混合低放废物的废物罐中，在深沟中进行处置。

(2) 非混合不可压实废物

对于非混合不可压实废物，每个废物块都要用塑料包裹起来，然后收集在没有衬里的 2 717 L的金属容器中。

废物容器首先进行测量，然后运往洛斯阿拉莫斯国立实验室处置设施。非混合不可压实废物在深沟中进行处置。

(3) 混合可压实(固体)废物

混合可压实废物与非混合废物分开包装，装入有塑料衬里的 208 L 钢桶中。测量废物容器中的放射性含量。废物产生单位根据工艺确定废物中的危险成分。混合可压实废物贮存在洛斯阿拉莫斯国立实验室贮存库中，然后运往外部的处置设施。

3.4 去污

固体废物中有很多种 α 废物，这些废物包括工艺废物、混合固体废物及退役拆除废物。α 污染的固体废物的多样性需要开发不同的技术，以适应不同的实际情况。去污是把放射性核素从不希望其存在的部位全部或部分除去。去污的目的是：

— 降低放射性水平，减少操作人员辐照；
— 降低屏蔽和远距离操作的要求，方便设备检修；
— 方便事故处理；
— 便于退役工作；
— 使废弃物和污染场地可以再利用；
— 减少放射性废物的质量和体积；
— 降低废物贮存、运输、处置的费用和负担。

去污的方法很多，可分为机械-物理法、化学法、电化学法、熔炼法等。

3.4.1 机械-物理法

3.4.1.1 吸尘法

用真空吸尘器吸除降落在物件表面上的污染物。吸尘法简单易行，可以手提操作，但去除固定性污染效果差。

3.4.1.2　机械擦拭法

机械擦拭法简单易行，适于去除不复杂的物体表面结合疏松的污染物。这种去污方法会产生气溶胶，需要有排气净化系统。由于人工操作劳动强度大，受照剂量大，已逐步改为远程操作。一种特殊设计的旋转刷可以伸入管道内擦刷放射性污染物。

3.4.1.3　高压水-蒸汽喷射法

利用流体冲击作用去除污染物，如喷射蒸汽还可以提高去污效果。水压范围 2～60 MPa，喷水量 0.5～4 L/s，喷射距离一般为 1～5 m，喷射水与去污物面的交角为 30°～45°时去污效果较好。提高水压或添加化学试剂，去污效果更好。超高压喷射去污技术对大表面物件的去污效果很好，但二次废物量大。

3.4.1.4　低温磨料喷射

在大多数情况下，磨料喷射会产生大量的难于转形和再循环的二次废物。使用低温磨料，将自然地生成易于处理的液态或气态流出物，从而降低二次废物的体积。另外，低温磨料有助于清除油脂或涂漆层。

法国原子能委员会研制了一种喷射冰丸的工艺，该工艺通过在反向的冷气态氮中喷水，随后让水(冰)滴在液氮中硬化，最后冰丸通过利用氮作动力的气枪喷出。为获得合适的冰丸尺寸(1～2.5 mm)，对冰丸发生器的运行参数进行了优化。在从沾污的钢上清除油脂和在处理复合材料及铝合金中，冰丸去污工艺已取得非常好的效果。

3.4.1.5　氟利昂超声波清洗

超声波清洗是在浸泡废物的槽中进行的，在第二个槽内用氟利昂处理，氟利昂在经蒸发和冷凝后再循环。氟利昂连续地在孔隙度为 1 mm 的过滤器中过滤，该过滤器是惟一的二次废物。利用该工艺对氧化钚的不锈钢运输容器进行去污，工艺中选用氟利昂(常用三氟三氯乙烷)是因其具有低沸点和所需的溶剂性质，在去污过程中获得的平均去污系数为 20。

法国 VALDUC 核研究中心在对许多产生于手套箱的低放 α 废物的去污时使用了该技术。该技术的去污因子在 10 以上，将 α 污染降低，改变废物的类别。

3.4.2　化学法

化学去污就是用化学清洗剂溶解带有放射性核素的污腻物、油漆涂层或氧化膜层，达到去污目的。

去污剂作用包括氧化、还原、螯合、缓蚀、表面活性等。用这种去污剂直接进行浸泡或配置成发泡剂、乳胶或膏糊涂在待去污的物体表面。良好的化学去污剂应具备以下条件：良好的表面湿润作用；溶解力强；对基体无显著腐蚀；良好的热稳定性和辐照稳定性；不易产生沉淀物；去污废液容易处理或回收再用；价格低廉等。

3.4.3　电化学法

电化学法就是电解或电抛光，将去污部件作为阳极，电解槽作为阴极，使污染表面层均匀地溶解，污染核素进入电解液中。常用电流密度为1 000～2 000 A/m²。电解液通常为H_3PO_4，如果物件不准备重复使用，也可用HNO_3作电解质和采用低电流密度。

电解法优点在于去污效率高，电解液经处理可重复使用，二次废物量少，可用于结构复杂部件的去污，可远程操作，去污后部件表面光滑均匀。电解法缺点是费用大，需严格控制操作，不能对非金属部件去污。

3.4.4 熔炼法

熔炼法是一种冶金法，依靠熔融金属进行去污。低水平污染的金属经熔炼处理后，大部分污染核素进入小体积炉渣中，少部分核素均匀地分布在基体金属中，去污后的金属有的可以重复使用。熔炼要求有适当的熔炉，尾气需要净化处理，炉渣也要作适当处理。

3.4.5 大部件的去污

扬基原子电力公司(YAEC)在马塞诸塞州的波尔顿(Bolton)，是位于马塞诸塞州鲁威(Rowe)的扬基核电站的经营者和退役实施者。YAEC 和田纳西州孟菲斯的弗兰克·伍·海克联合公司(Frank W Hake Associates，下称海克)合作，对一个大部件实施去污，将其作为一个试验事例。该大部件是 YAEC 的反应堆压力容器封头(RPVH)，重达35 879.13 kg，表面污染416.67 μR/s，32 年来处在13.97 MPa，276.67 ℃的压水反应堆环境中。海克计划接收像蒸汽发生器这样的受污染大部件，进行最终减容。海克厂(the Hake facility)坐落在总统岛(President's Island)上，靠近主要的高速公路、铁路支线和泊船港口，便于接受这些最大的部件。该厂总面积44 515.5 m²，包括22 296.7 m²的室内空间和一辆275 t的吊车。厂里有 ANSI(美国国家标准学会)A、B、C、D 级动力设备贮存区、三个 SAFESHOPS 和一个4 646.2 m²的去污操作区。

接收大部件后将进行一系列的试验，以调查适合各个部件的最好去污工艺。将应用各种最新工艺，以实现最大的减容和最小的工作人员剂量。这些部件将按照评定的最好方式进行机械切割和去污，以获得最有效的减容。

由试验得出的结果是成功的，将用来改进去污过程，并可表明：大部件去污既切实可行又经济合理。

3.4.5.1 试验事例：YAEC RPVH

1996 年 6 月 12 日，YAEC RPVH 在海克作为二号表面污染物体(SCO Ⅱ)被接收。RPVH 是一个直径3 657.6 mm由碳钢制成并内包覆 304 号不锈钢的拱顶。177.8 mm厚的拱顶部分用叠焊工艺包覆，355.6 mm厚的边缘部分的包覆层用锌铜合金焊接。只有 RPVH 的内表面即包覆层受到放射性污染。

部件通过滚轮移入海克厂的热室。根据各个部件的理化特点，海克厂制定了一套去污方法。考虑了两类操作，并进行了评价：1) 去污；2) 切割。

考虑的去污方法是：

1. 包覆层的物理去除；
2. 化学/电化学(C/E)；
3. 磨料喷射(喷砂)；

4. 水力喷射(高压喷水)；

5. 二氧化碳喷射；

6. 冰喷射；

7. 超声波。

从RPVH上取样，进行化学去污和磨料去污工序的最优化试验。化学方法包括HBF_4(氟硼酸)受控淹没的盐酸浸泡，也使用了电解抛光工序。磨料方法包括干燥钢砂和氧化铝。化学方法都要求溶液温度、pH值(酸碱度)和直流电处于受控状态。使用磨料法，磨料破坏表面材料的表层深度要求受控。

选择的去污方法应使去污系数(*DF*)至少达到100。第一个去污选择是所有包覆层的物理去除。这在封头的一处得到成功实施，但对封头的剩余部分来说，成本太高。

化学/电化学方法得到的去污系数极高。化学药品能够达到其他方法不可接近的区域。但是，化学/电化学方法要产生混合废物。此外，化学/电化学方法在同时实施不同金属(即碳钢和不锈钢)的清洗时难以管理。有些大件物体奇形怪状，不便使用，也会引起搬运和浸入的种种困难。

在叠焊的包覆层中，放射性污染通过潜在的微观和宏观缺陷移动，因此可以得出这样的结论：超声波、水力喷射、二氧化碳喷射和冰喷射都不足以实现封头的去污。

磨料喷射被选作扬基RPVH特定的去污方法。使用的磨料是钢丸(钢砂)，它有足够的硬度，可以有效地去污，而且不会像较小延展性的磨料(如氧化铝)那样很快损毁。

切割方法也得进行选择。为随后的去污而实施的部件切割通常都使用冷切割技术(即锯切)。冷切割不会像热切割(即火焰切割)那样产生烟雾和熔渣。烟雾会妨碍工作人员的工作，而且必须用一些介质收集起来，这就使得废物量增加。部件上掉下的熔渣是不可去污的，因为污染物夹带在熔化的金属内。黏附在部件块上的熔渣会降低去污工序的有效性。

冷切割虽避免了烟雾和熔渣，但其缺点是生产率低、灵活性差。以扬基RPVH这一特定事例来看，由于封头的冷切割生产效率低下这一主要原因，所以虽然考虑到热切割会产生烟雾和熔渣，仍选择了这一方法。选择的热切割工序是氧(乙)炔火焰切割(等离子切割和电弧刨削不会同样有效)。然后，封头将被分割成907.2 kg到1 814.4 kg的封头块，以便用钢丸磨料进行最终去污。

切割、去污及包装操作并行地进行。整个工序用了约3周的工作时间，但由于其他关联工程，时间延长到约6周。

3.4.5.2　技术评价

内表面受污染的RPVH的核素分布是钴-60：60％；铁-55：23％；镍-64：11％；钚-241：3％；铯-137：0.2％；其他：2.8％。表面污染放射性在0.7 Ci以下。RPVH的活化产物通常为钴-60，其比活度为2 pCi/g。

RPVH被分成24块之多。每块用钢丸喷射去污然后进行包装，为处置作准备。法兰的外层部分和控制棒驱动组件盒各段进行去污，然后无限制解控。封头多达约98％的部分进行处置前去污，然后处置在犹他州的Envirocare处置场。RPVH的材料没有运往南卡罗来纳州的巴威尔处置场。去污的封头块处置在犹他州的Envirocare处置场是一个经济的决策。去污后的处置取决于残余活度。犹他州的 Envirocare 对钴-60 的接受限值为 3 600 pCi/g。不同州之间,无限制解控或有限制解控限值不同。在本事例中,封头内有较微小浓度的活化产物,因此无限制解控就显得不太适当了。其他更典型的大部件如蒸汽发生器不会有活化金属,因此无限制解控应受到更多的重视。

一旦决定了在犹他州的 Envirocare 处置去污后金属部件,担心在搬运和切割封头时封头的干净表面会受到交叉污染就不太重要了。将来,在对物体进行解控或再循环目的的去污时,要小心行事,因为已经证明:由于切割工序,RPVH 受到了轻微的污染。在取自封头金属块中心处的样本上测出了铯-137,显而易见,这是由氧(乙)炔火焰切割引起的交叉污染。因为辐照金属不产生铯-137,铯-137 只能是由搬运和切割工序引入的。

为了试图验证铯-137 污染确实由交叉污染所引起,并达到一定的穿透深度,取了一个样本送往扬基环境实验室,在样本中进行钴-60 和铯-137 的探测。样本质量为 11.5 g,经酸洗去除 1.5 g 的表面腐蚀层(切割工序中形成的氧化层所产生的)。生成物探测表明:只有钴-60 存在,浓度为 2.3 pCi/g。在火焰切割的粗糙样本表面上,表面污染深度有 50 μm 多。

3.4.5.3 大部件去污的经济性

YAEC RPVH 试验事例得到的成果应该扩大废物产生者对大部件处理的可选方案。除了直接掩埋和中间贮存选择外,还应加上去污。

典型的蒸汽发生器处置容积为 226.5 m^3,重达272 155.2 kg还多。内部污染一般高于 100 Ci。直接处置费可能要超过 3 百万美元。对多级蒸汽发生器核电厂来说,节约的成本可达几百万美元。

如同 YAEC RPVH 一样,蒸汽发生器金属块的大部件是未受到放射性污染的。蒸汽发生器的壳体和管板可以成功实施去污,达到获得最理想的成本节约(相对于直接掩埋来说)需要的水平。管段也能去污或至少可以压实处理,较高程度地节约成本。

3.5 回取

在废物的回取方面,英国伯克利地下固体废物库(Berkeley Vaults)的回取工作具有一定的代表性。该库于 1962 年启用,库内废物杂乱无章,包括桶装废物、箱装废物和无包装废物等。库内剂量率为 6 500 mSv/h。为了回取废物,在库坑上加盖了厂房、搭建了废物输送通道并在该通道的一端建设了废物切割和包装设施。利用原有库坑盖板位置,配置和安装了动力机械手,设施布置见图 3-1。废物回取过程为:用机械手及配套抓具将废物送入废物转运容器,再将该容器提升到废物输送通道,将废物送至分拣、切割工位,废物经过

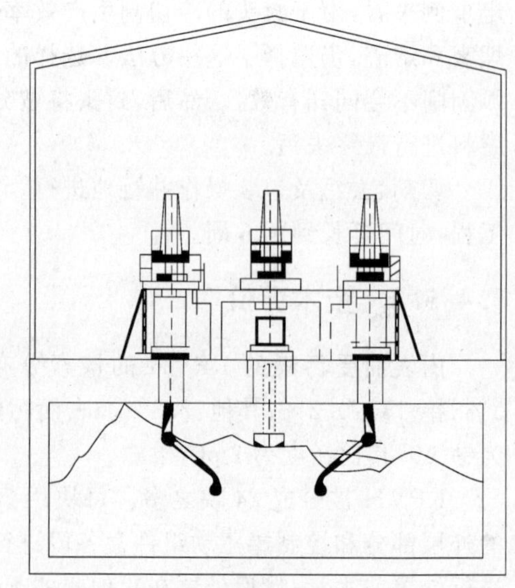

图 3-1 回取设施剖视图

适当解体后装入 500 升钢桶内送出。该项目所用机械手的最小抓取能力为400 kg，可以直接抓取 200 升废物包装桶，下探深度可达10 m。

对于处置沟内废物的回取，法国 CADARACHE 研究中心试验处置沟废物回取工程总体情况如下：该中心试验处置区有 5 条废物埋藏沟，长度在 25～40 m 之间，宽度为 10 m，深度在 3.5～5 m 之间，主要填埋的废物为 200 L 钢桶装的废物、塑料袋装的软废物、泥浆和废弃设备等。废物总体积为3 000 m^3，总放射性活度为 35 TBq(β/γ)，800 GBq(Pu)和 14 GBq(U)。废物回取之前，在处置沟上建立了回取厂房、移动回取室和相应的废物分拣检测设施。为了进一步控制放射性气溶胶，在处置沟开口范围内采用柔性防护材料进行了封堵，这样保证了废物回取室的移动自如，也保证了废物粉尘得到有效控制。回取室运动方式见图 3-2。处置沟清理目标为沟体土污染水平低于 1×10^{-2} Bq/kg(α)，1×10^{-1} Bq/kg(β/γ)。

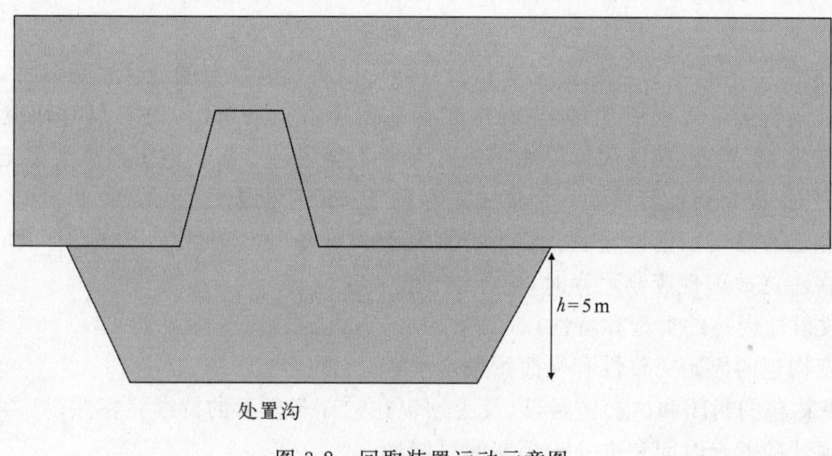

图 3-2　回取装置运动示意图

3.6　放射性固体废物中间贮存

3.6.1　放射性废物贮存的基本要求

在放射性废物处置前，贮存是指把放射性废物放置到一个配备有适当隔离和监测手段的核设施中。

贮存可能被用来：为放射性废物管理的下一个步骤提供方便条件；在放射性废物管理各步骤之内和之间起缓冲作用；或使放射性核素衰变直到获得批准的排放、批准的再利用或免除监管控制水平。放射性废物可以固态、液态或气态形式，以未经处理的、经过预处理的、经处理的或经整备的废物，加以贮存。

贮存的废物将被回取，获得有批准的排放、有批准的利用，或被免除监管控制；或接受加工处理和(或)处置。对于确定贮存废物货包的接受标准时，必须考虑随后的放射性废物处置的要求或可能提出的要求。

为保护人体健康和环境，各类贮存设施必须在设计、建造、运行和维护(包括为废物的最终回取所做的准备)方面采取适当措施来满足安全要求。放射性废物贮存设施必须在假定的正常运行条件和事件或事故工况的基础上加以设计。贮存设施设计中要考虑到贮存期间设施安全性能降低的可能性。为确保完整性得以继续，必须对废物和贮存设施定期监测、检查和维护。应该定期审查贮存能力的充分性，预测废物的产生量，以及贮存设施的预期寿命。对于液态废物贮存，在必要的场合，必须通过诸如搅拌或脉冲之类的方法实现搅动，以避免液体中的固体沉淀下来。在放射性废物的贮存中，可能因辐射分解或化学反应而产生气体。必须把空气中的气体浓度控制在危险水平以下，以避免形成爆炸性的气体/空气混合物。贮存设施设计必须保证能够回取废物。根据放射性废物的特性，散热必须得到保证，必须防止出现临界状态。

对于含有短寿命放射性核素的放射性废物，为待批准排放、批准利用或最终免除监管控制而作的贮存，则必须确保贮存到足以使放射性核素衰变到规定活度水平以下的时期。如果在贮存以后，放射性废物不满足处置的验收标准，则营运者必须对废物进行必要的加工处理。

在贮存的不同阶段，应当保存记录和保持标记以实现废物包的完全可追踪性。

任何放射性废物管理活动，应当确保贮存的安全性。通常，场内贮存时间应当尽可能短。按国务院 45 号令，我国固体废物临时贮存期不得超过 5 年。当废物产生设施没有较长期贮存能力时，废物要被转移到一个集中贮存设施。贮存设施贮存的废物可能是未处理的、已处理的和已整备的放射性废物。应当特别注意未整备的放射性废物的贮存，防止出现任何泄漏。在考虑放射性废物贮存时，应仔细评价：

(a) 放射性废物的类型和特性；

(b) 废物包的原始完整性和表面污染水平；

(c) 废物包的封闭和(或)密封，以及废物包在贮存条件下的持续完整性；

(d) 预计的贮存时间和进一步延期的可能性；

(e) 符合搬运、贮存和安保要求的能力；

(f) 监测的必要性和形式，例如监测贮存设施中的气载放射性物质的必要性；

(g) 对废物包潜在损伤的识别的可能性，以及采取纠正措施的可能性。

3.6.2 未经处理的废物的贮存

应当对每个废物包进行贮存跟踪，以便于其后回取，作进一步处理。应当提供适当的辐射防护控制和保安措施。未经整备的废物的贮存时期应当是有限的，因为未经整备的放射性废物可能带来不可预期的危险。废物的贮存应当确保：

(a) 废物包贮存于专门指定的场所、房舍或专门建造的设施(场内设施或集中设施)中；

(b) 符合废物贮存接收准则；

(c) 废物包一经收到便被检查(例如检查废物包的完整性、表面污染或与支持性文件的一致性)；

(d) 不同类型的废物(包括混合废物)按照致病性、有机性、毒性或其他性质分开贮存；

(e) 废物包加上可靠的标记；

(f) 废物现状的跟踪和支持性文件的可利用性。

3.6.3 经过处理和整备的废物的贮存

经过处理和整备的放射性废物应当与未经整备的废物、非放射性原料以及维护用材料分开贮存。贮存场所应当加以规划，以便尽可能减少搬运和运输。

在安全评价和环境影响评价中，应当对各种贮存方案证明其设计和运行安排的可接受性。贮存期间的安全目标应当确保贮存的废物能够被恰当包容，有适当的屏蔽防止来自所贮废物的辐射，所贮存的废物包的性能不会下降以及不会在搬运和处置过程中引发问题。

3.6.4 贮存设施的设计

根据所要处理和(或)贮存的放射性废物的数量，安全贮存的安排可以有很大选择范围，从贮存在加屏蔽的小室到专门的单间设施。具体的安排在很大程度上不仅取决于所涉放射性废物的活度和其他化学与物理特性以及废物数量，还取决于可利用的工艺技术。在只有很小量放射性废物产生的场合，最好是使用一个紧靠工作场所的库房或小室。

容器应当适合于放射性废物的安全管理，按照废物的化学和放射性性质、数量，以及搬运和贮存的技术要求加以选择。应当避免容器由于液体的膨胀和气体与蒸气的产生(主要发生在有机液体管理中)而压力升高。

贮存设施的设计应当能够进行定期检查，包括发现实体性能下降或泄漏等早期迹象的辐射探测(剂量率和表面污染测量)和对废物包的目视检查。设施建造材料的寿命应当与设想的贮存时期相当，并且应当确保贮存条件能够维持废物包的性质在整个设计贮存时期内不变。贮存设施的设计应当能够确保放射性废物可以从设施中移出作随后的处理或处置，并且确保设施将来必要时可以扩大。

3.7 小结

综合废物管理计划应包括以下步骤：预处理、处理、整备、贮存、运输和处置，这些步骤应该相互配合、相互协调。废物分拣和废物最少化意义重大，这主要是由于废物分拣和废物最少化可以降低费用，减轻废物处理人员的剂量负担。废物特性调查对废物分拣和废物分类有着重要作用。

参 考 文 献

1 罗上庚. 放射性污染的去污[J]. 化学清洗，1993(1)

2 Mancini A., Applebaum R. Decontamination of large components-Test Case [A], In M. G. White & R. G. Thomas (eds.) Decommissioning, Decontamination, and Reutilization Worldwide Experience[C]. American Nuclear Society 1997

第4章 焚 烧

4.1 概述

对于低比活度的可燃废物来说，焚烧是最有效的减容技术，并且生成的灰烬易于加工成适于处置的稳定形式。

焚烧是一种放热反应。在许多情况下，废物燃烧本身提供了足够的热量维持反应。在有些情况下需要补充燃料，如天然气和油。焚烧是一种具有良好发展前景的技术，作为有机废物处理方法的一种，它已被广泛使用。当前，许多国家使用焚烧技术处理可燃性固体废物，诸如澳大利亚、德国、比利时、加拿大、法国、荷兰、俄罗斯、斯洛伐克、英国和美国。

有机物的可燃性使得焚烧成为一种完全破坏有机物的理想技术。焚烧能够达到较高的减容比，并将废物转化成一种适合随后固定和处置的形态。焚烧破坏了废物的可燃和危害成分，但是不能破坏放射性元素。完全焚烧的产物有二氧化碳，水和其他成分组成的氧化物，如磷、硫和金属的氧化物。焚烧适合处理液体和固体有机废物。若能提供足够的氧气使废物全部燃烧，大体积低放废物燃烧处理是有利的。

焚烧废物的放射性比活度必须控制在不会引起操作人员和公众的受照水平超过国家规定的允许水平。焚烧含有大量放射性同位素的可燃废物，要求完善的废气处理系统，投资和运行成本都比较高。

焚烧使废物的有机成分转化成无机产物。焚烧过程中，焚烧系统必须提供放射性核素的密封，避免气体和蒸汽逸出。密封通常使用排风系统，使燃烧室维持在弱负压状态。

通常认为对体积 10～20 m^3/a，总活度 2 GBq 和体积 50 m^3/a，总活度 40 GBq 的放射性废物进行焚烧处理是不可取的。主要的原因如下：

— 被污染的废物量低；

— 投资和运行成本高；

— 焚烧炉不能达到满负荷运行。

处理能力为 40 kg/h 的焚烧炉，按每天运行 8 小时计，处理 50～100 m^3 放射性废物用时不到 30 天。如果每年产生的放射性固体废物量不大，用焚烧炉处理不经济。据估计，一个能力为 40 kg/h 的焚烧炉需要的总花费可能超过1 000万美元。

4.2 焚烧技术及其流程

4.2.1 焚烧技术

当前有许多焚烧技术在核工业使用：

(1) 过量空气焚烧炉：过量空气增加(50%～75%)引起颗粒物质在废气中相当大的夹带。如果使用立式的焚烧炉，产生的废气质量相对较低。

(2) 空气控制焚烧炉：通过使用多重燃烧室，达到废物的完全燃烧。废物首先在主燃烧室里燃烧，空气量接近化学计量比，温度为 600～800 ℃。在后燃烧室，气体与过量空气在 1 000～1 200 ℃燃烧。这种情况下排出的废气质量是令人满意的。

(3) 空气不足(高温分解)焚烧炉：利用两个燃烧室焚烧废物。首先，在缺氧状态下分解废物；产生的气体在后燃烧室与过量空气混合并燃烧。这种工艺产生的废气质量好。

(4) 流化床焚烧炉：通常是以单个燃烧室处理废物，过量空气与粒状物质(沙子或者惰性材料)的床加热废物，废物直接注射到床上。这种焚烧炉能处理液体、泥浆或固体废物。

(5) 熔渣焚烧炉：与空气控制焚烧炉相似，也是多重燃烧室处理废物。可燃烧和不可燃烧的混合废物传送到主燃烧室，主燃烧室空气量正好满足化学计量比。废物进入到一个高温室，在那里不可燃烧的残留物被熔化。熔化物在重力作用下，进入到另外一个室，冷却并转换成极难溶解的玄武岩炉渣。熔渣焚烧炉炉温高，允许加入少量不可燃废物，生成的熔渣呈独石状，可直接处置，不需作固化处理。

(6) 旋转焚烧炉：炉膛是一个大的、水平的管状物，炉膛以低速度转动，使废物产生流动，并与空气充分混合。当废物进入并与空气接触时，它们被氧化并通过重力移动剩余的废物到炉的下端。废气进入到后燃烧室，使残留有机物完全氧化。这种焚烧炉能焚烧多种固体和液体废物。

(7) 搅拌炉膛焚烧炉：主要用于同质的废物流，这种废物难于氧化，其含水量可能还高，诸如离子交换剂和过滤器。

(8) 多炉膛焚烧炉：能用于煅烧、烘烤和活性炭再生。一系列的环形炉膛安置成一个垂直结构，空气冷却的搅拌器可将废物挤出并移动到不同的炉膛。废物降低时被加热、干燥和燃烧，然后再冷却。由于产生的热量低，显然它适合处理泥浆、焦油和固体。

(9) 旋风焚烧炉：能用于处理泥浆和液体废物，由带有单个炉膛的垂直圆柱容器组成。高剪力旋风气流提供了充分混合和完全燃烧。

燃烧/焚烧使有机物质完全被破坏时，仍需要关注环境毒物如二噁英或呋喃。并且，焚烧处理氯化的塑料数量(如聚氯乙烯)应当被限制，以减少由氯化物引起的腐蚀。加入含磷废物通常也是被限制的，因为可能积累五氧化二磷，尽管可以通过添加碳酸氢钠到废气净化系统加以减轻。含有硫磺的给料(例如离子交换树脂和橡胶)应该被限制，以减少硫酸形成及其造成的腐蚀。

固体废物焚烧炉处理应与废物处置联系起来考虑。

4.2.2 焚烧炉工艺流程

放射性固体废物的焚烧流程分为焚烧前废物的拣选、进料、焚烧控制、尾气处理、排灰，如图 4-1 所示。

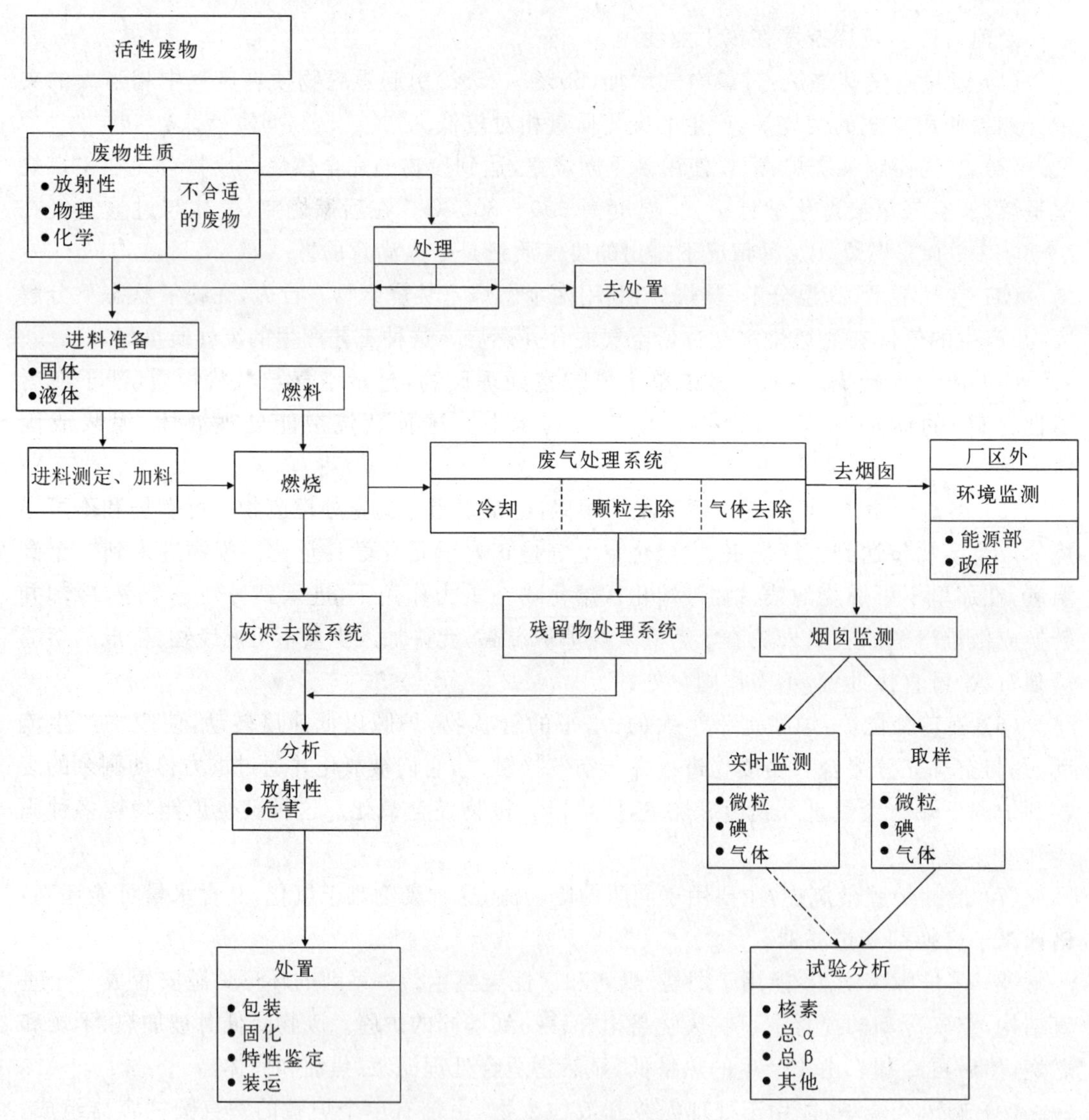

图 4-1 焚烧炉工艺流程简图

4.2.2.1 焚烧前拣选废物

废物在焚烧前应当进行拣选，这对废物的焚烧是很重要的。任何爆炸性物质必须在废物进入到焚烧炉前被除去。对容易产生腐蚀性蒸气的物质(有机氯化物和氟化物)要进行排除或者限制。氯化氢是燃烧 PVC 产生的，陶瓷或者主要含有镍、铬和钴的金属合金对氯化氢显示出良好的抗腐蚀能力。

分拣的优点是给燃烧器提供均匀的进料，使燃烧容易控制，防止在废气和灰烬中积累不能燃烧的物质。

放射性废物的拣选通常是手动进行，在剪切后还可以通过气动方式进行拣选。可燃烧废物可被装进袋里或者不含卤材料(聚乙烯、纸等)的纸板箱里后扔进炉中。

这些操作必须适当地远离焚烧炉进料点，目的是避免火灾、爆炸。

4.2.2.2 进料

焚烧炉的进料必须通过合适的通风闸；根据外部区域和燃烧室里的相对压力对通风进行控制。

焚烧炉内衬耐火材料，或者由循环水冷却的双封套组成，这样能防止废物过热。

进料系统包含间歇式进料和连续式进料(通过螺杆)，后者的优点是能确保均匀操作，特别是热值和炉子需要的温度。

进料的最优化包括适当的预处理。

4.2.2.3 焚烧控制

焚烧开始与控制所需要的热量通过燃烧器使用丙烷、煤气或者油来提供。选择哪种燃料要取决于供应的可行性。油在燃烧期间释放出硫的氧化物，在存在水的情况下形成硫酸因而增加腐蚀。在有些情况下，也使用电加热，特别是炉子容量低或者需要高温时。

当焚烧启动时，燃烧器开始工作，将炉子升到运行温度，燃烧器仅仅起着辅助的作用，因为主要热量是通过废物的燃烧来提供的。在装料期间，温度有变化，但是不允许超过1 100 ℃或者降低到700 ℃以下。通常维持900 ℃的平均温度，旨在限制未燃材料和废气中烟灰的数量，保持装置不会损坏；过高的温度会导致快速损耗。

为了减少气体夹带未燃烧材料的数量，在主燃烧室的出口安装了一个后燃烧室。使后燃烧室的温度保持在1 100 ℃左右，高于主燃烧室。在特殊高温焚烧技术中仍然使用高温(在1 200 ℃以上，熔渣焚烧炉温度达到1 500～1 600 ℃)。在任何类型的焚烧中，完全燃烧是个重要的问题，因此氧气的供应与混合非常重要。

4.2.2.4 灰烬收集

必须提供适当的灰烬收集点以允许整个装置的净化。灰坑应当由抗腐蚀、耐热的材料做成。灰烬可以用连接到灰坑出口的桶直接收集，或通过手动或者机械耙子收集。

这种操作也能利用一个特殊管道向灰烬收集点排水，将灰烬逐出。这个办法减少了空气污染物，但是产生了一定数量的液体废物，需要进一步处理。

熔渣焚烧炉的显著优势在于它们的终端产物——炉渣、灰尘和颗粒含量低。炉渣甚至适合最终处置。

4.2.2.5 控制与安全系统

焚烧炉的电动机械或者气动组件(风机、泵、燃烧器)的控制器位于装置附近的仪表板上。这个仪表板上还包含有指示器，用于测量燃烧室温度和压力、净化回路上不同点的气体温度、控制过滤器压力以及冲洗水的 pH 值。

在燃烧室过压的情况下，为了防止放射性气体逸出进入到工作区域，焚烧炉要装备一个带有标准安全阀的减压烟囱。空气入口安装有单向阀。

如果采用干法对废气进行净化，在袋滤器的上游安装防火花装置。另外，还应当安装水或者惰性气体灭火器。

4.2.2.6 废气处理

有不同的系统用于废气处理。废气净化方法可以分成：

① 湿法。烟气经冷却后，在一个填充塔、一个冲洗旋风器、一个填充有陶瓷球或者拉希格圈的冲洗塔里进行湿法净化。

这些装置要求辅助装置对冲洗水在再循环前进行过滤和中和。辅助装置包括一个粗预过滤器，然后是一个沙子或精细过滤器，一个使纯化水的温度降低到 50 ℃以下的热交换器，一个使 pH 维持在 7.5 左右的 pH 控制系统。

② 干燥，热法。高温过滤器设计用来过滤直接从燃烧室出来的废气。烟气带出的未完全燃烧颗粒粘在过滤器上，并燃烧成灰烬。用陶瓷过滤器可以取得好的效果，另外也使用烧结金属过滤器。可能出现的问题是过滤器破裂，因为热压和过滤器气孔堵塞以至于不能回流。为了增加过滤器的效率，可以预先涂一层惰性材料。

③ 干燥，冷却法。袋滤器需要通过热交换器或者稀释空气对废气进行冷却。最高允许的温度依赖于过滤器使用的材料，通常在250 ℃左右。用振动或者喷吹对袋滤器进行净化。在同样的粒度范围，可以考虑选择静电过滤器。

④ 特殊成分的去除。对有些特殊成分的去除，粒状移动床过滤器有前途。它包括用活性材料颗粒填充的填充塔。当气体通过颗粒床的时候，它将气体黏附在床材料上并且气体与它反应。比如，碳酸钠能用来从废气流中去除腐蚀性卤素。

当认为需要去除碘-129 的时候，可以使用碱性洗涤器或者银浸渍吸附剂。

⑤ 绝对过滤。用绝对过滤器连续从气体中去除微尘，夹带的水滴必须预先被捕集在湿分离器中。

为了详细地说明焚烧工艺过程，下面介绍德国 RWE NUKEM 公司的焚烧工厂。

德国卡尔斯鲁厄研究中心，RWE NUKEM 设计建造了一个有效的、安全的焚烧厂。该厂具有很多优点：如去污系数高、废物不要求预处理、连续操作、焚烧中无炉渣形成物、液体废物和树脂能与固体废物在焚烧炉内一块燃烧、能处理多种放射性废物。

(1) 废物处理工艺及其设备

RWE NUKEM 厂能处理多种类型的放射性废物（见表 4-1）。其工艺设备和流程如图 4-2、图 4-3、图 4-4 所示。设备满足焚烧大于 5×10^7 Bq/m^3 的 α 放射性核素废物的密封要求。为废物接收和防止灰烬逸出采用双盖系统容器。此外，废物进料系统、焚烧炉的顶部元件以及后燃烧室放置在对 α 具有密封作用的箱中。

二次废物（灰烬、洗涤溶液）的控制依赖于对最终处置的考虑，用以下几种方法实现。

1）对灰烬能压实以固体废物的方式贮存；

2）灰烬能被固化在水泥中，能以固体废物的方式贮存；

3）灰烬能单独或与其他残渣熔融在一起并以固体废物方式贮存；

4）洗涤溶液能被流化床反应器干燥，且其粒状产物能与灰烬或其他煅烧残渣一起熔融。

表 4-1 在 RWE NUKEM 焚烧厂处理的固体废物的规格

固体废物特性	标准范围	RWE NUKEM 焚烧厂的规格
密度	140～250 kg/m^3	
热值	15～30 MJ/kg	10～30 MJ/kg
β,γ 比活度	10^7～10^{10} Bq/m^3	10^{12} Bq/m^3
α 比活度	0～10^5 Bq/m^3	＜1 010 Bq/m^3 2)(平均值)
木材	5%～50%(质量)	0～100%(质量)
纤维素、纸	10%～50%(质量)	0～100%(质量)
纺织品、衣服、破布	1%～50%(质量)	0～100%(重量)
橡胶	0%～5%(质量)	0～20%(质量)
非卤化碳氢化合物	20%～55%(质量)	0～60%(质量)
卤化的碳氢化合物	0.5%～5%(质量)	0～10%(质量)
废树脂	0%～8%(质量)	0～20%(质量)
非易燃材料	0.1%～5%(质量)	0～5%(质量)1)

注:1) 上限仅由经济考虑支配。金属块的最大长度应不超过 300 mm;

2) 当焚烧废物的 α 比活度超过 5×10^7 Bq/m^3时,焚烧炉必须具备特殊措施,目的是能够处理这种 α 污染的废物。

(2) RWE NUKEM 厂的特性

a. 辐射限制

RWE NUKEM 的焚烧设施确保尾气的去污系数≥10^6(非挥发放射性核素),危害浓度低于欧共体限值(表 4-2)。

表 4-2 欧共体辐射限制规范

	日平均值	半小时平均值
灰尘	10 mg/Nm^3	30 mg/Nm^3
有机化合物(碳总量)	10 mg/Nm^3	20 mg/Nm^3
气态无机氯化产物,如 HCl	10 mg/Nm^3	60 mg/Nm^3
气态无机氟化产物,如 HF	1 mg/Nm^3	4 mg/Nm^3
硫氧化物,如 SO_2	50 mg/Nm^3	200 mg/Nm^3
氮氧化物,如 NO_2 1)	200 mg/Nm^3 2)	400 mg/Nm^3 2)
一氧化碳	50 mg/Nm^3	100 mg/Nm^3 3)
	取样时间的平均值	
镉、铊(总计)	0.05 mg/Nm^3	
汞	0.05 mg/Nm^3	
Sb,As,Pb,Cr,Co,Cu,Mn,Ni,V,Sn(总计)	0.5 mg/Nm^3	
二噁英,呋喃(规定的化合物)	0.1 mg/Nm^3 2)	

注:1) 这些限值仅在德国有效;

2) 这些化合物的特定限值仅在 RWE NUKEM 标准焚烧厂中可以保证;

3) 或者每 10 分钟测试一次,任意采用全天测试数据的 95%,其平均值不超过 150 mg/Nm^3。

b. 废物的预处理

1）液体废物

液体废物不需要进行化学处理。为了保持焚烧条件的稳定状态，将含有太多水分的溶液变为乳浊液注入焚烧炉中。乳浊液的准备是 RWE NUKEM 焚烧装置废液供料的一个过程。

2）固体废物

固体废物不需要进行化学或者物理处理。考虑经济方面的因素，固体废物不应含高于5%的不可燃烧的物质。将固体废物压缩成 30～50 cm^3 的小 PE 包，每一个小 PE 包含有 3～10 kg废物。

(3) 工艺描述

1）RWE NUKEM 标准焚烧厂（见图 4-2 和图 4-3）

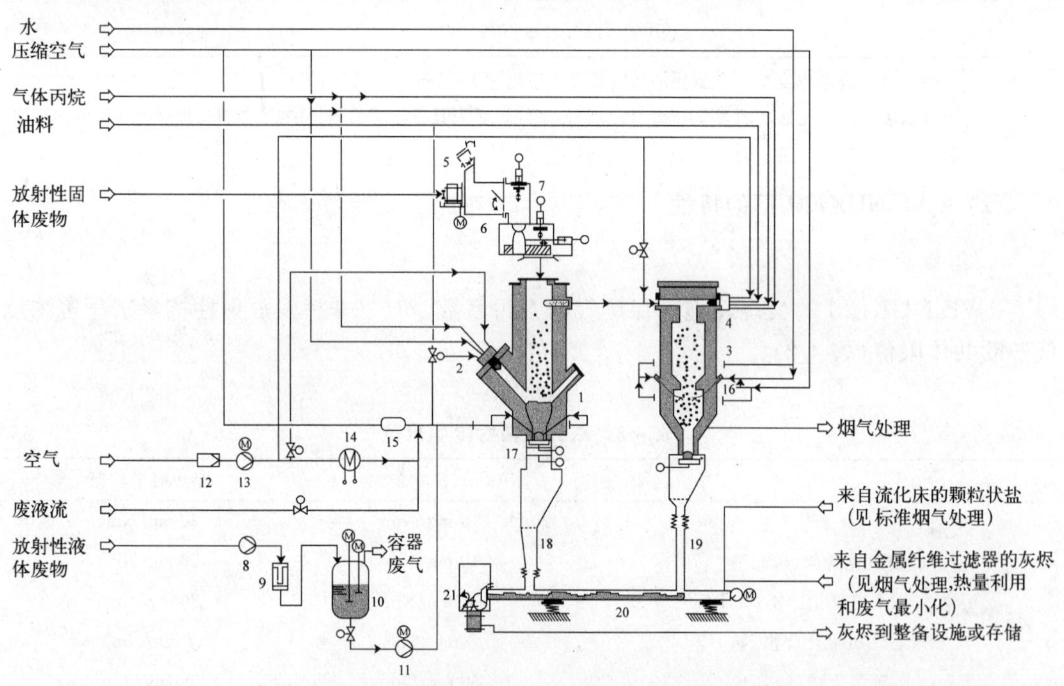

图 4-2 焚烧和后燃烧室的简化工艺流程图

1—焚烧炉；2—起燃器；3—后燃烧室；4—后燃烧器；5—转桶装置；6—接收箱；7—进料箱；8—接收泵；9—过滤器；10—带有搅拌器和乳状液生成器的进料罐；11—进料泵；12—过滤器；13—送风机；14—加热器；15—空气喷射装置；16—冷凝喷射器；17—灰烬冷却室；18,19—灰烬排放箱；20—振动传送带；21—灰烬转移箱

a. 固体废物进料系统

固体可燃废物用运输容器运入焚烧装置室，例如，有 200 dm^3 的圆柱罐，罐里的废物压

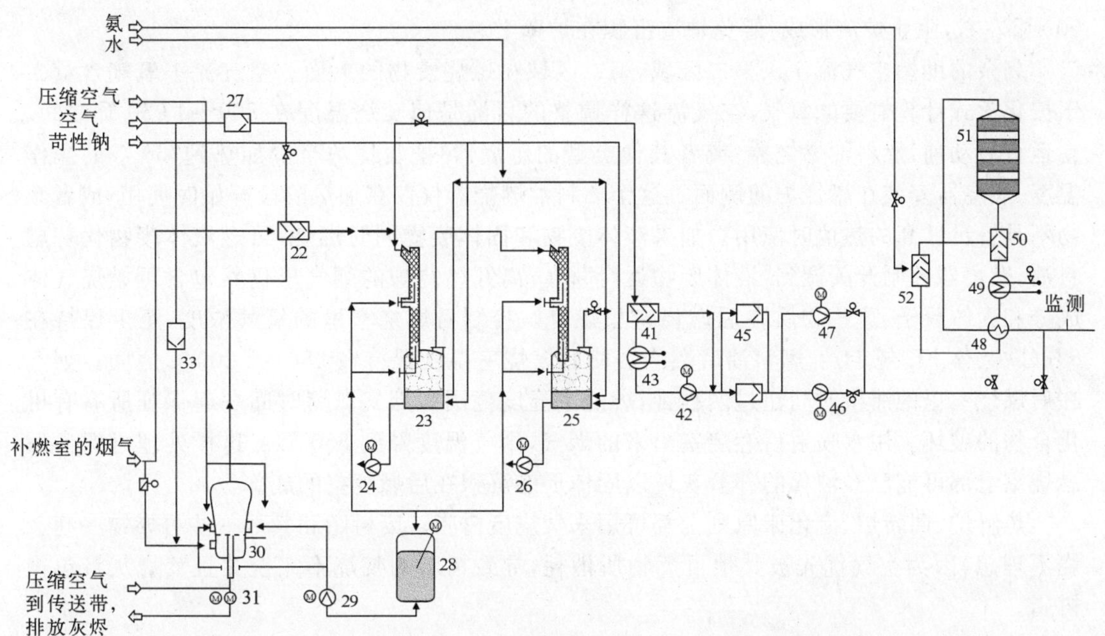

图 4-3 烟气净化处理的简化工艺流程图

22—静态混合器;23,25—换向喷射洗涤器;24,26—循环泵;27—过滤器;28—洗涤溶液接收箱;29—进料泵;30—流化床反应器;31—多孔圆盘;33—过滤器;41—静态混合器;42—再循环送风机;43,49—电加热器;45—高效微粒空气过滤器;46—主送风机;47—辅助送风器;48—热交换器;50,52—静态混合器;51—催化生成器

缩进 30～50 dm^3 的 PE 塑胶袋,每一个装 3～10 kg 废物。200 dm^3 的圆柱罐是手动控制的,把这些塑胶袋装废物送到接收箱里。在手套箱中,废物袋手动转移到进料箱里。由于重力作用掉到进料滑板上,进料滑板自动将这些废物袋送到焚烧炉中。根据发热量和袋装废物的大小,每隔 4～10 分钟进料一次。

b. 液体废物进料系统

液体可燃废物是用泵抽吸,经过一个过滤器后到达供料箱。这个供料箱装有一个搅拌机和感光乳胶发生器。感光乳胶发生器确保不容易混合的物质(水溶液/有机溶液)具有很好的均一性。

一旦供料箱满了,放射性废液由进料泵注入焚烧炉中的燃烧器里。液体废物和固体废物一起焚烧。在同时焚烧期间,应减少固体废物的正常输入量,使其与废液的热释放量成比例。

c. 焚烧

焚烧炉是筒形设备,没有任何内部构件。固体废物从焚烧炉的顶部装入,落到炉底。焚烧炉的底部安装一个耐热蝶阀,以便排出灰烬。鼓风机给焚烧炉提供必要的助燃空气。助燃空气通过一个 HEPA 过滤器过滤。这个过滤器也起保护作用,以防焚烧炉发生超压。

废物焚烧在两个区域进行,各区域的助燃空气单独供给。固体废物在下部区域燃烧,该区域正好在焚烧炉底上面,燃烧由蒸汽-空气混合物维持。助燃空气总流量的三分之一用于下部焚烧区域。用一个电热器把助燃空气加热到 130 ℃,进入焚烧炉之前和蒸汽混合。控制蒸汽的流量把蒸汽混合物里氧气的浓度保持在 16%左右。保证燃烧炉里的温度上限在

900 ℃左右，阻止炉渣形成，避免炉渣沉积在炉壁上。

剩余的助燃空气流注入第二区域，第二区域在燃烧废物的上面。空气流中氧气含量大于按化学式计算需要的氧气，空气流这样调整的目的是使焚烧温度在 800～1 050 ℃之间。在运行启动前，燃料油燃烧器（或者其他类型的燃烧器）把焚烧炉至少加热到750 ℃的操作温度，燃烧器安装在燃烧炉的侧面。这个燃料油燃烧器仅仅在加热阶段开始时使用，或者废物不具备足够高的热值时使用。如果液体废物和固体废物同时燃烧，可燃液体废物代替燃料油，燃烧器控制开关调到“液体废物运行”档。离开燃烧炉的烟气里仍然包含可燃烧气体成分和固体粒子，这些物质在后燃烧室里燃烧。控制后燃烧室里的氧气浓度，至少保持在6%（欧共体 EC 规定）。燃料油后燃烧器使后燃烧室温度保持在 950～1 200 ℃之间。烟气在后燃烧室里的滞留时间超过两秒钟，燃烧室温度范围和烟气滞留时间一起保证所有有机化合物的破坏。用水喷射后燃烧室出来的烟气，烟气温度降到 850 ℃。这样处理可保证后燃烧室上部可能已经液化的部分灰烬以固体形态沉积在后燃烧室的底部。

热解炉、回转炉、流化床原则上都可用来焚烧废树脂。废树脂和其他一些可燃物一起焚烧不理想，因为空气优先被其他可燃物所消耗，导致树脂的焚烧不完全并且焚烧灰将包覆树脂。

焚烧法的优点是减容比大（>30），使废树脂无机化。但是由于以下原因，使得废树脂的焚烧比一般可燃废物的焚烧麻烦得多：

① 废树脂焚烧会产生较多的 SO_x 和 NO_x，设备的抗腐蚀性要求高；

② 废树脂含有较多水分，往往先要作干燥处理；

③ 废树脂热值不高，焚烧时要补充液体燃料或其他可燃物质；

④ 碳-14、铯-137 和氚、钌等核素一起进入尾气；

⑤ 废树脂的化学组分和较高放射性水平对尾气处理系统要求高；

⑥ 废树脂的焚烧会产生较多烟油，要求保证充分燃烧和尾气系统有较高的净化能力；

⑦ 焚烧灰还要作固化处理；

加上尾气排放标准日趋严格，国际上倾向废树脂作固化处理，不推荐焚烧。

d. 烟气的洗涤（见图 4-4）

烟气中的有害成分必须消除，它们是 HCl、HF、SO_2、NO_x、重金属和放射性核素。这些有害成分经过连续工艺过程从烟气中消除。在固定的搅拌器里和新鲜空气混合，后燃烧室排出的气体（850 ℃）迅速冷却到 300 ℃。形成多氯二苯并二噁英类（PCDD）和氧芴（PCDF）的适宜温度范围在 600 ℃和 300 ℃之间。要大量减少有害成分，烟气需要快速冷却到300 ℃以下。带有热量利用和废气最小措施的烟气洗涤流程图见图 4-4。

接下来冷却烟气经过两次连续洗涤，调节反向喷射洗涤器的运行参数，对有害成分进行高效吸收。加入苛性钠把第一个反向喷射洗涤器里的洗涤溶液的 pH 值保持在 0.5 和 1.5 之间。通过测定苛性钠进行控制，把第二个反向喷射洗涤器里的清洗溶液的 pH 值保持在 7 至 9 之间。选择 pH 值的范围要考虑废气中 SO_2 吸收量，要求对 CO_2 的吸收最小。在两个洗涤器中，利用特制泵使溶液在封闭的管道中循环。废洗涤溶液分批排出，进行下一步处理。

e. 洗涤液的干燥

废洗涤液中有多种化学成分，主要取决于废物燃烧后的橡胶、卤化塑料和树脂的含量，

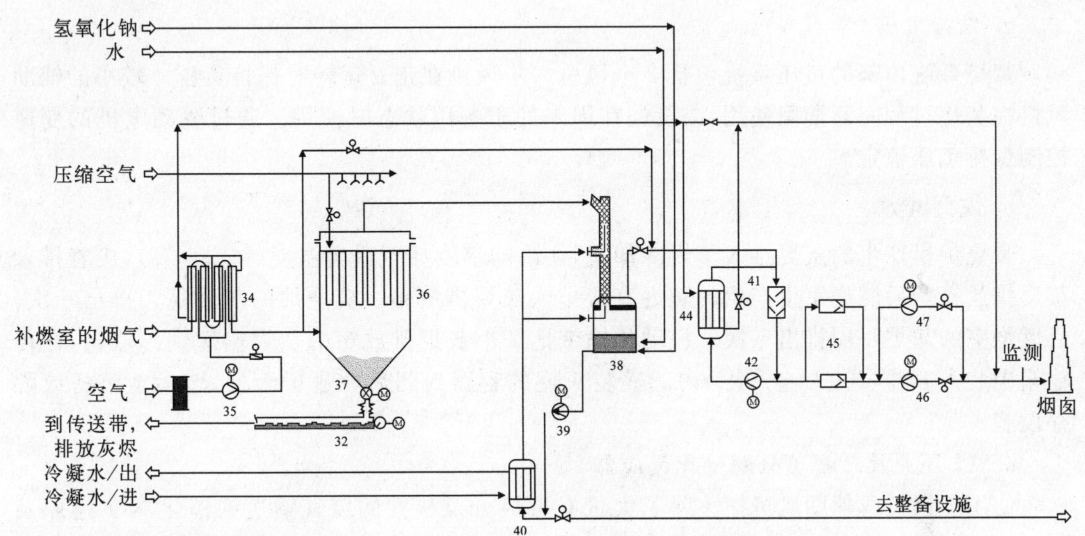

图 4-4 烟气净化处理简化工艺流程图

32—传送器；34—气体冷却器；35—送风机；36—金属纤维过滤器；37—多孔圆盘；38—换向喷射洗涤器；39—循环泵；40—洗涤液冷却器；41—静态混合器；42—再循环送风机；44—热交换器；45—高效微粒空气过滤器；46—主送风机；47—辅助送风器

其典型组成如下：

NaCl	10%～15%(质量分数)
Na_2SO_4	1%～2%(质量分数)
重金属	不定
pH 值	6～9
烟灰	10～50 g/L
比活度	10^7～10^{10} Bq/m^3

洗涤液从洗涤器分批排入罐中。罐里安装一个搅拌机以避免固体粒子的沉淀。在一个流化床发生器中进行干燥，减小洗涤液的体积。干燥温度由侧面的热烟气流维持，烟气流温度范围在 150～200 ℃。放出气体的温度在 80～100 ℃的范围。这种气体转移到反向喷射洗涤器的上游烟气里。以盐的形式存在的干燥物，排放在 200 L 的罐中(和焚烧炉中产生的炉渣一起)，盐的水分含量按质量计不足 1%。干燥单元的洗涤液的处理量范围是 25～50 kg/h。操作模式与焚烧设施相同(24 h/d)。

f. 精细过滤

从第二反向喷射洗涤器出来的废气中已去除掉大多数有害成分，废气通过高效微粒空气过滤器(HEPA 过滤器)，高效微粒空气过滤器吸附颗粒物的效率在 99.9%以上。高效微粒空气过滤器成为不挥发放射性核素的最后隔离层。安装 2 个相同的过滤器，即使其中一个过滤器的压力降过高，设施也可按连续模式运行。为避免水在高效微粒空气过滤器里凝结，过滤前静态混合器里使废气温度高于其露点 30 ℃。升温可通过部分废气(焚烧炉尾气)的循环获得，废气经电加热器流回静态混合器。

g. 维持负压

焚烧系统内部的负压系统包括2个风机。主风机在正常运转时保持负压。较小的辅助风机在焚烧过程间断期间使用，或设施在周末处于备用状态时使用。通过驱动电机的变速控制保持负压恒定。

h. 灰烬排放

焚烧炉里产生的灰烬排入灰烬冷却室，在冷却室冷却至适当温度（<120 ℃），接着排入灰烬排放箱。后燃烧室里产生的灰烬直接排入灰烬排放箱。焚烧炉的灰烬每天排出一次，后燃烧室的灰烬每周排出一次。振动传输带把2个灰烬排放箱的灰烬输送到传输箱，在传输箱中装入容器（200 L金属罐）内。盛装灰烬的容器封闭后放进屏蔽桶，转运至整备或贮存设施。

i. NO_x还原及二噁英分解催化反应器

使用主风机或辅助风机把去除了大量有害成分及核素的废气输送到催化NO_x还原及破坏二噁英的反应器中。进入催化反应器前，废气从90 ℃加热到320 ℃，并且向废气里添加氨气。气体首先在热交换器里加热到220 ℃，热交换器使用反应器出来的净化气体。接着使用电加热器把废气温度升高到需要的反应温度（320 ℃）。NO_x还原需要的氨气在第1个静态混合器里与废气的支流混合，产生的混合物送入第2个静态混合器里经加热的主要废气流。热废气进入反应器，在反应器里进行几个催化过程。

前2个过程主要把NO_x还原为N_2，接下来的过程催化破坏二噁英及呋喃。破坏后仅产生低浓度（$\mu g/m^3$级）的CO_2和HCl，不影响这些物质在排出的废气里的总浓度。

烟囱释放前，净化的废气最后在热交换器中冷却到170～180 ℃。

2）热量利用与废气最小化的RWE NUKEM焚烧厂

在后燃烧室留下的烟气（700 ℃）在一个双管冷却器中被冷却到300 ℃，冷却器在室外用由鼓风机提供的新鲜空气冷却。

这种冷却工艺显示了能维持烟气体积在最小值的优点。此外，回收的热量用于后面步骤的工艺处理。

烟气冷凝后，通过金属纤维过滤器元件进行过滤，在这里95%的飞尘被去除并聚集在过滤器的底部。对金属纤维过滤器元件周期性地反吹清理。周期受过滤器的压力降控制。

留在纤维过滤器底部已经过滤的烟气在一个反向喷射洗涤器中冲洗。通过苛性钠配量自动调节，进入洗涤器的洗涤液pH值维持在5～9。

洗涤液在一个闭环回路中循环并在一个水冷热交换器中冷却到50 ℃。一旦溶液中盐的含量在10%～15%（质量），将废洗涤溶液排出进行整备。

RWE NUKEM焚烧厂安装一个水泥固化设施，能整备洗涤溶液。洗涤液含有少量飞尘，比活度较低。收集金属纤维过滤器中的灰烬连同后燃烧室出来的灰烬，一周排放一次，然后通过传送带传输到普通的灰烬转移箱中。

(4) 技术数据(RWE NUKEM标准焚烧厂的技术数据)

固体废物处理量：　50 kg/h（当热值为20 MJ/kg）

　　注：RWE NUKEM也可以设计更大处理量

液体废物处理量：　可达10 kg/h

	同时加入可燃废液，固体废物处理量必须减少，使平均总热量接近 1 000 MJ/h
废物比活度：	见表 4-1
非挥发性核素净化系数：	$>10^6$
运行模式：	连续，分批进料
设计运行时间：	进料：20～22 h/d
	焚烧完成时间：2～4 h/d
	常规运行周期：5 d/周，200 d/a
灰烬产生量：	接近 4 kg/h 或 80 kg/d
气体排放：	见表 4-2
废洗涤液产生量：	取决于加入废物的卤化合物、橡胶及离子交换剂的含量。比如，如果固体废物含 3%质量分数的 PVC，废洗涤液的平均产生量接近于 9 kg/h（含盐量占质量的 15%）
辅助品：	水、蒸汽、空气、压缩空气、电力、丙烷、燃料油、氨、苛性钠
烟囱排放：	第一种工艺：接近 4 000 kg/h
	第二种工艺：接近 1 100 kg/h
空间需求：	长：接近 40 m
	宽：接近 10 m
	高：接近 15 m

4.3 焚烧装置

4.3.1 焚烧炉类型

焚烧设备已经在许多国家运行，积累了丰富的运行经验。根据技术和结构不同，固体废物焚烧设施有：流化床焚烧炉、旋转炉焚烧炉、固定床焚烧炉等。从对燃烧空气量控制来分，又有过量空气、控制空气、热解焚烧等类型焚烧炉。

4.3.1.1 流化床焚烧炉

1. 工艺描述

流化床焚烧炉由流化床反应器、流化气体送风机、废物进料系统、辅助进料系统以及空气污染控制系统等组成。典型的反应器如图 4-5 所示。

流化床反应器实质上是一个垂直的圆筒，在底部有一个粒状介质（通常是沙或一些其他的惰性材料）床。助燃空气从圆筒的底部引入并通过分配器板的孔向上流动；设计分配器板是为了让充足的空气向上流动进入床，在床静止时阻止床介质落下。空气经过床介质向上流动，使颗粒悬浮。

固体、液体和气体废物注射到流化床中，与助燃空气和热床介质混合。废物直接与床介质接触，床颗粒热量转移，达到适当温度，废物着火并开始燃烧。床介质擦洗废物颗粒，通过磨损过程新增接触面积，促进废物快速燃烧。废物和辅助燃料喷射到床里，发生反应（温度

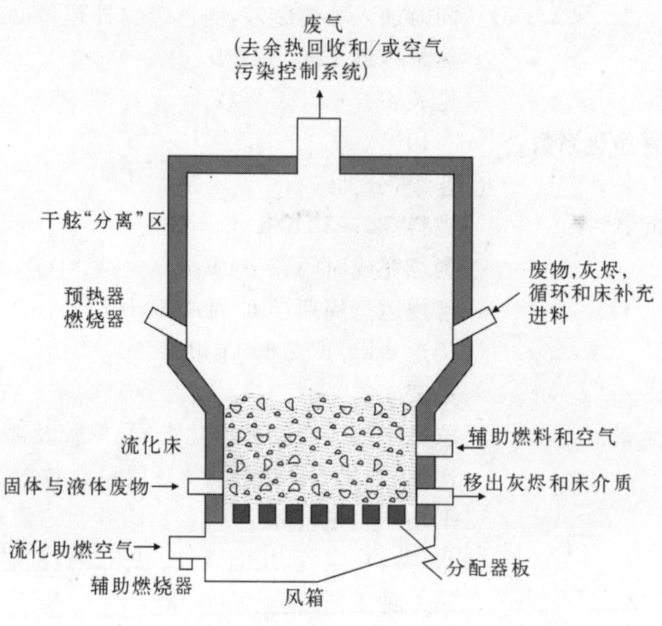

图 4-5 典型的流化床反应器

为 488.9～815.5 ℃)。进一步反应发生在流化床上部空间(称为"干舷"),此处温度维持在 982.2 ℃。辅助燃烧器位于流化床的上方,为启动、再加热和维持床的温度提供热量。废物灰烬和流化床材料定时从床的底部卸出,少量被废气夹带走。

通常,反应器内径 7.92 m,高 10.1 m。硅胶床最为常用。静止时床厚 0.91 m;当流化空气通过床时,高度延伸到 1.98 m。

通常,流化床焚烧炉有两个分选废物的预处理/进料系统:一个用于固体废物,另外一个用于液体废物。在一些情况下,使用四个进料系统:湿固体、干固体、黏性液体和非黏性液体。固体废物进料到一个粗糙的破碎机里。简单破碎的废物进到一个分选器中。这个分离器用来分选轻的和密度大的碎块。轻的碎块转移到第一个破碎机,从这里传送到流化床的进料料斗。

由于有效混合,与其他焚烧技术相比,流化床通常能在较低温度下运行,引起 NO_x 和挥发性金属释放的可能性较少,使灰烬结块的可能性较低,并且降低了辅助燃料需求。允许处理低热量值(10 467 kJ/kg以下)的废物。

2. 运行参数

流化床运行参数控制如下。

(1) 床温度—通过废物进料和辅助燃烧器调整,必须监测和控制流化床温度。另外,调整助燃空气和惰性流化床气体输入速率,保证温度在确定的最小值以上。运行温度通常维持在 760～871.1 ℃。

(2) 供氧—床中氧气必须维持在能够保证完全燃烧的水平。

(3) CO 和 HC 烟气控制水平—监测烟气中 CO 和 HC 的浓度是确定完全燃烧的另外一个指标。

(4) 床滞留时间—对废物的完全燃烧,固体废物在床中的滞留时间是一个度量方法。

(5) 床流化—必须维持均衡的床流化以完全处理废物。

(6) 床气体滞留时间—必须监测燃烧气体滞留时间，以确定燃烧气体已经充分燃烧。

4.3.1.2　旋转焚烧炉

1. 工艺描述

旋转炉系统用于危险废物焚烧，通常由两个焚烧室组成：旋转炉和一个后燃烧室。普通旋转炉系统如图 4-6 所示。旋转炉本身是一个耐火材料衬里的圆柱钢壳体，直径通常小于 457.2～609.6 cm(允许卡车和铁路运输)，长度/直径比在 2∶1～10∶1。钢壳体用两个或更多的钢“滚轮”支撑，安放在辊子上，以便炉围绕它的水平轴旋转。耐热材料通常由抗酸砖块制成。旋转焚烧炉按功率大小分级，通常在 17.6 MW，但是可以达到 43.9 MW。通常，炉的内侧衬有光滑的耐热材料，目前的设计包括根据炉的长度设计的内部叶片或者搅拌器，以促进固体混合。炉子定位有稍微的水平倾斜，这称为“斜度”。斜度范围小于 5 度，通常在 2～4 度。炉的旋转速率范围一般在 0.5～2 r/min。通过旋转能提高废物的混合，但是这样降低了固体废物的滞留时间。炉的旋转和倾斜有助于废物和助燃空气的混合，又促进了在废物和热火焰、耐热材料之间的热量转移，并且通过旋转移动废物。

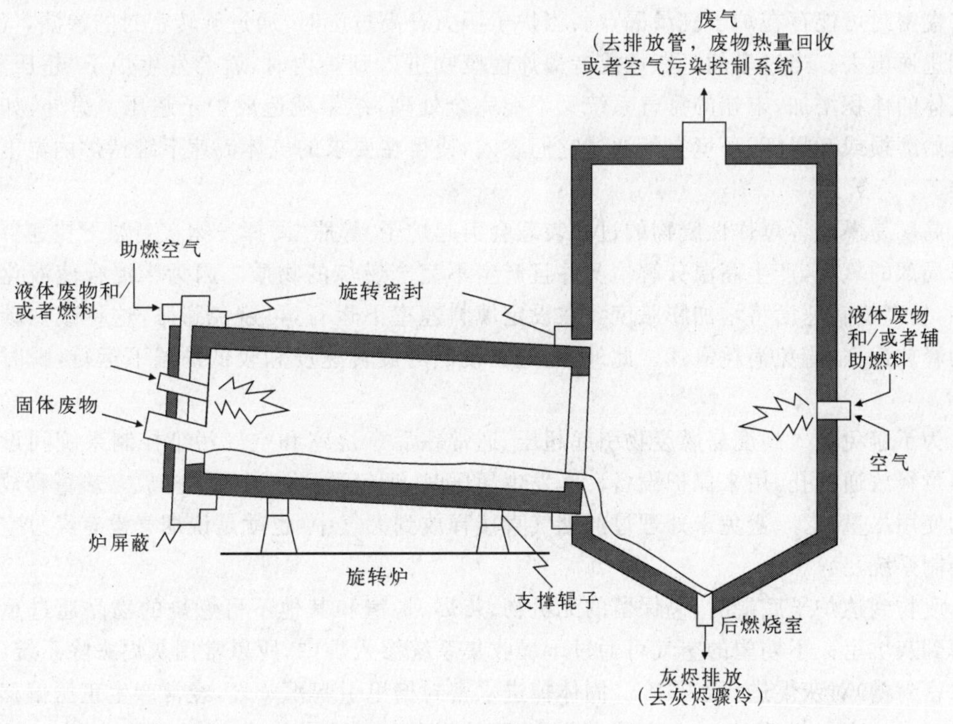

图 4-6　典型的旋转焚烧炉

几乎所有的危险废物旋转炉都是“直流”设计，这是由于它们更适合处理可燃固体废物。如图 4-6 所示，在直流设计中废物和辅助燃料在相同的炉末端的上部(也就是废物和烟气运动的位置)进料。直流设计可使低温废物快速点火，使燃烧气体滞留时间长。在炉的旋转部分，最大程度破坏挥发性有机物。

固体和液体废物直接进入到旋转炉。通过多种废物进料机械装置，例如推杆进料器、螺旋进料器或者皮带进料器(用于包含在桶内的废物)，固体废物能连续或者半连续进料。气锁用于减少空气通过进料斜道的渗透。许多情况下，旋转炉能处理未处理过的废物。但是，废物预处理可能包括液体和固体废物混合；在进料前，应先抑制腐蚀性废物。废物磨碎和体积减小有利于炉子运行流畅。

旋转焚烧炉通过主火焰、气体和耐热壁加热废物。经过一系列的挥发和局部燃烧反应，废物的可燃烧部分被气化。当固体废物在炉下面的时候，它们被连续加热和燃烧。在炉内，固体废物通常的滞留时间是0.5～1.5 h，气体通过炉的滞留时间经常是在2 s左右。控制废物的进料，使废物分布不超过炉子体积的20%。在旋转炉内，火焰/固体温度通常在648.9～1 648.9 ℃。

辅助气体或者油燃烧器位于炉的进料端，用于启动和维持炉内要求的温度。具有热量值10 467 kJ/kg的废物，足以使炉子温度维持在871.1～982.2 ℃间燃烧。助燃空气从炉子面上的气门供给，还通过旋转密封渗漏供给。炉子通常在过量50%～200%空气的水平下运行。

通过使用位于空气污染控制系统后部分的引风机，使炉子的运行压力维持负压，通常在12.7～50.8 mm水柱。在负压下运行避免燃烧气体通过旋转密封渗漏，引起释放。旋转部件末端密封可能存在炉子气渗漏点。当炉子压力升高过度时，通过旋转密封的渗漏，气体有可能逃逸出去。当过多的可燃性或者爆炸性废物进入到炉内时，就会发生炉子“超压”。燃烧气体的体积增加，末端的排气系统又不能完全处理，结果就造成炉子超压。另外，如果密封开始磨损或者损坏，环境空气通过它们渗入，使得在要求的气体流速下维持炉内温度比较困难。

高度易燃或者爆炸性废物的过多装载会引起炉子“膨胀”。挥发物在高温下快速释放会耗尽局部的氧气，产生高温分解情况并且产生不完全燃烧的物质。因为床混合使液化速率增加，较高旋转速度将增加膨胀度。在设定填料速率下运行，可避免膨胀，这将减少碳氢化合物释放速率，避免消耗氧气。此外，通过在较低的旋转速度和较低炉温下运行，瞬时膨胀变小。

为了避免加入高度易燃废物引起超压，通常在后燃烧室和空气污染控制系统间设置一个热量释放通风孔，用来保护设备。当发生超压时，烟气通过该通风孔排放。热量释放通风孔的使用尽量减少、避免未处理过的烟气直接释放到大气中(也就是说烟气没有经过空气污染控制系统)。

废物到达炉子底端时，仍保留的无机物、灰烬、炉渣和其他不可燃烧的物品通过重力作用掉到灰坑里。不期望的空气可通过干燥收集系统渗入炉中，所以常用灰烬去除系统(设置一水密封槽)对灰烬进行水骤冷。固体掉进水密封槽里引起水蒸气，经常产生正压偏移。

炉子的废气送到第二个耐火材料衬里的燃烧室(后燃烧室)，后燃烧室温度通常为1 093.3～1 371.1 ℃。100%～200%的过量空气、湍动混合流和1～3秒气体滞留时间确保炉内烟气残留的未燃烧组分的完全燃烧。辅助燃料和可泵送的液体废物用来维持后燃烧室的温度。在炉子和后燃烧室之间配置一热旋风分离器，用于去除夹带的固体颗粒。

新型的旋转炉设计包括：1)“快速”旋转炉，旋转速率高于20 r/min，可提供有效的混合；2) 空气不足和氧气辅助炉，减少烟气体积和辅助燃料的需求量；3)“造渣”炉，炉子运行在灰烬的熔点(1 426.7～1 537.8 ℃)以上,以便能产生熔融的灰烬。通过加进添加物控制炉渣的低共熔特性。造渣炉通常有一个负斜度,准许炉渣在炉内的聚集。另外,这些炉子有能力处理金属桶和含盐废物,与其他常规的旋转炉相比,具备更高的焚烧效率并且释放的微粒量较低;但是,一种称为"玻璃料"的炉渣产物比非造渣炉更不易卸出灰烬。同时,造渣炉增大了 NO_x 释放,缩短了耐热材料寿命,增大了炉子内炉渣凝固的可能性,从而导致操作上的困难。

2. 运行参数

(1) 炉子和后燃烧室出口温度——通常维持在 815.5 ℃以上。

经验证明,温度必须维持在足够破坏主要有害有机成分的最小温度值以上和避免形成不完全燃烧产物。温度通过调整废物、辅助燃料和助燃空气的供给速率控制。

(2) 炉子压力——炉子压力必须维持在负压,并且后燃烧室压力必须低于炉子的压力以防止气体通过旋转炉密封渗透而释放。采用引风机和燃烧室末端的烟道挡板系统控制压力。

(3) 燃烧气体速度(流速)——控制流速保证在运行温度下助燃气体滞留时间适当,完全破坏挥发性未完全燃烧物质。气体流速取决于废物进料组分和进料速率,以及辅助燃料和助燃空气速率。

(4) 废物进料速率——调整进料速率避免过载、超压和消耗炉子氧气引起炉子不稳定和更多烟气挥发。如果炉子是半连续进料,则必须控制每次投料最大值。

(5) 炉子和后燃烧室的氧气水平——控制氧气水平可保证有效使用率,充分保障完全燃烧(也就是说 CO,碳氢化合物和不完全燃烧产物水平较低)。炉子运行时,有 50%～100%的过量空气。后燃烧室运行,过量空气通常是 100%～200%。

(6) CO 和碳氢化合物燃烧气体的水平——监测 CO 和碳氢化合物水平以保证炉子和后燃烧室运行良好,尽可能避免不完全燃烧产物的形成。

(7) 炉内固体滞留时间——通常维持在 0.5 和 1.5 小时,可由旋转速度控制。炉子斜度保证有足够的时间在炉内完全处理废物。对于处理相对不易燃烧的废物,控制滞留时间相当重要。

4.3.1.3 固定床焚烧炉

1. 工艺描述

固定床焚烧炉通常有 2 个燃烧室:一个主燃烧室和第二燃烧室(后燃烧室)。典型的固定床焚烧系统如图 4-7 所示。

固体和液体废物被送进主燃烧室,小体积废物通常采用间歇式进料,大体积废物可采用螺旋进料器、活动炉排连续进料,或用推杆推进器半连续进料。在有些设计中,可能有两级或三级炉床,在炉床上用推进器推动灰烬和废物通过系统。在另一些设计中,通过旋转搅拌器臂搅动炉排上的固体废物。

固定床焚烧炉引入"底火(under-fire)"控制助燃空气流,空气通常向上通过炉床,废物则位于炉床上部。一些设计中采用从废物床上的侧壁提供助燃空气。

在许多固定床焚烧炉中,如控制空气焚烧炉或者不足空气焚烧炉,主燃烧室提供需求空气的 70%～80%(按化学量计)。因此,主燃烧室运行为"不足空气"模式。这种状况下,废

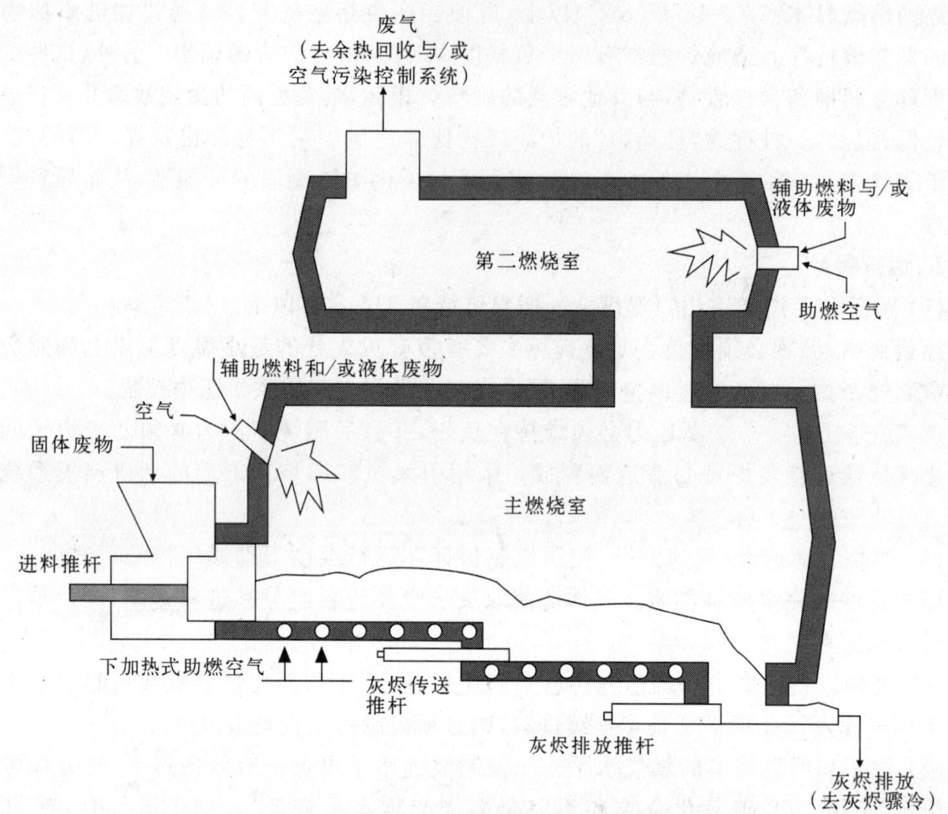

图 4-7 典型的固定床焚烧炉简图

物高温分解和部分燃烧。有些情况下,将水汽注入主燃烧室里,提高了固定炭的燃烧(固定炭是非挥发性炭,只要暴露在助燃空气下就会燃烧)。由于固定床焚烧炉废物与助燃空气的混合相对不是很好,不能有效地焚燃废物,需要用有效燃烧的湍流,例如粉末炭、浆料废物、泥浆和黏性废物。

主燃烧室温度由下部加热式空气供给量控制。在主燃烧室维持足够高的温度以破坏废物中的危险有机物(通常在 537.8 ℃)。但是,又要有足够低的温度减少废物结渣和耐热材料损坏(982.2 ℃)。废物结渣可能会堵塞下加热空气孔,底部灰烬通常被倾倒进一个水槽里,在主燃烧室和空气之间,水槽提供了密封。

空气控制设备主要用于补充空气供给不足。主燃烧室烟气含有未燃烧的碳氢化合物和高水平的 CO 和 H_2。这些挥发性物质在第二燃烧室或者后燃烧室完全燃烧。在后燃烧室,提供过量 140%~200%的空气,同时保证完全燃烧挥发性物质需要的温度和足够的滞留时间。为维持一定的温度需向两燃烧室提供辅助燃料。后燃烧室温度可达到1 093.3 ℃。超过该温度将损坏耐热材料,降低气体滞留时间以及耗费辅助燃料。

2. 运行参数

固定床焚烧炉运行的重要参数包括主燃烧室温度和后燃烧室温度。主燃烧室温度由底火空气供给设施控制。后燃烧室温度由辅助燃料燃烧和主燃烧室废物进料速率调整进行控制。值得注意的是,后燃烧室/二级燃烧室的能力限制了主燃烧室的燃烧速率。后燃烧室必须有足够的能力接受和氧化在主燃烧室产生的所有挥发性气体。此外，后燃烧室必须保持在过量空气状况下运行，以确保挥发物完全燃烧。

4.3.1.4　热解焚烧炉

热解焚烧主要适用于处理液体和固体有机放射性废物。有机放射性固体废物产生于核设施中，例如核电站或核研究中心。这些废物必须进行处理，目的是减小体积并转变成稳定的废物形态，适合临时贮存或者处置。对于有机废物的体积减小，热处理通常是最有效的方法。对于中放废物，在惰性空气中热分解，例如热解，是优选的处理方法。热解与燃烧有联系，但是它是基于有机物质在惰性空气或者氧气不足条件下的热分解，以摧毁废物并将废物转化成一种无机物质的原理。传统的焚烧用于低放废物，热解常常适用于中放废物。产生的热解气体在一个简单的燃烧室被燃烧，然后在烟气净化设备中进一步处理。热解的运行温度在 500～550 ℃，明显低于传统焚烧的运行温度。在这样的温度下，消除了腐蚀性问题（例如磷氧化物），因为氧化物会快速地形成稳定的无机磷酸盐。另外，在低温和低氧气浓度下，关注的挥发性核素，例如钌和铯，大部分都保留在热解反应器里。

在热解焚烧炉里面，可燃物（氧气不足的空气中）热分解产生挥发性气体。第一级的气体流出物随后与过量空气在后燃烧室进行燃烧。热解焚烧炉是控制空气焚烧炉的一个子类，在控制空气焚烧炉里，向主燃烧室供应的氧气被很好地控制在化学计算所需量以下，有时候是通过添加几乎是惰性的再循环废气到燃烧室进行控制，热解的反应速率通过向再循环气体添加氧气（空气）进行控制。

热解焚烧炉可以设计成连续式或者间歇式操作。连续式类型在德国 Jülich 核研究中心的开发基础上，在日本得到了进一步的发展并已用于商业服务。图 4-8 对热解焚烧炉的特征进行了说明。以加拿大安大略运行系统为代表的间歇式类型通过安装在线进料气锁，提高了设备的处理效率。在日本已经开发了一套新的商业装置，特别适合低放废物的焚烧，处理能力 500 kg/d。

法国马库尔核研究中心开发用热解方法处理 α 废物。开发的目标包括：废物减容，灵活的控制准备，处理方法与安全要求的兼容性，限制二次废物产生，核废物和化学废物相协调。典型的废物成分包括 55％的塑料（聚氯乙烯和聚乙烯），35％的橡胶和氯丁（二烯）橡胶和 10％的纤维素。工艺流程如图 4-9 所示。首先废物流经过 X 射线检查和通过密度拣选，去除金属成分。然后废物在 550 ℃、惰性气体环境下被分解（在一电加热的旋转圆柱炉里）。废物热解后，固体残留物在一电加热旋转炉，温度为 900 ℃，氧气充足的条件下进行焚烧。热解和燃烧炉的废气输送到后燃烧炉里，所有可以焚烧的气体在这里被完全燃烧。灰烬里碳的含量低于 1％，非常适合熔炼整备。一座非放射性中试装置以 4 kg/h 的速率，运行了数千小时。综合测试已经证实热解焚烧方法适应性强，在分解器里保留的固体物质有限，煅烧炉和后燃烧器废气系统颗粒的夹带低于 1％。

热解焚烧的优点有：

(1) 热解气体的量非常小，通过在热解器里安装小的过滤陶瓷滤芯能有效净化废气。热解气体带走的大部分放射性核素在过滤步骤（去污系数高于1 000）中被分离出来。与温度高于 900 ℃且存在游离氧的焚烧不同，在热解条件下（温度最高在 500～550 ℃之间，且没

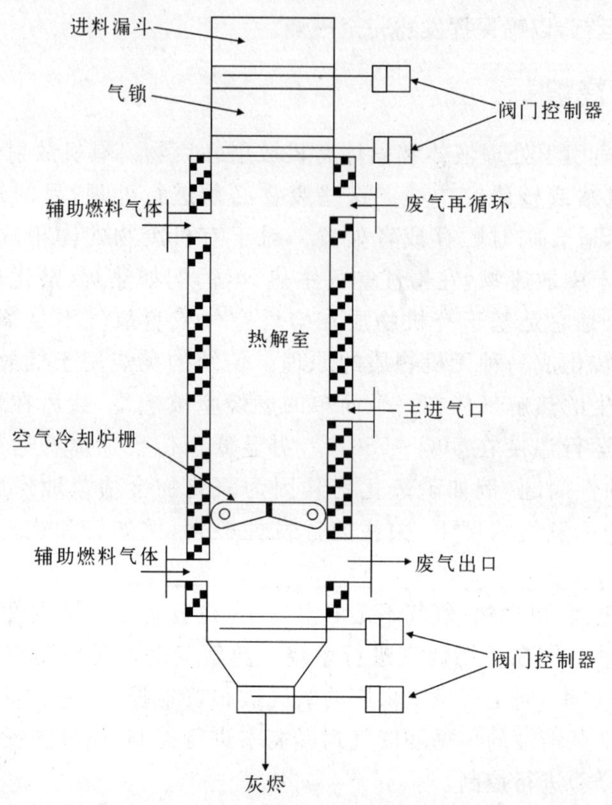

图 4-8 热解焚烧炉

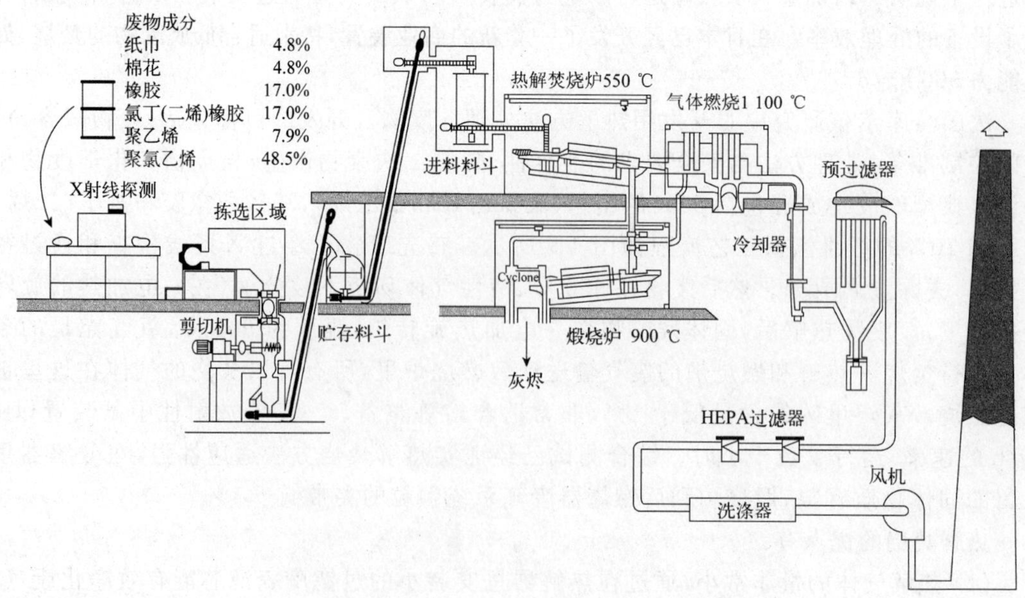

图 4-9 法国马库尔 α 废物热解焚烧工艺

有氧气存在)钌将被保留在反应器中。

(2) 中放废物的远距离操作要求限于进料系统和热解器本身。对于设施的其他设备的运行和维护,没有必要采取远距离操作。

(3) 运行温度远低于焚烧所需求的温度。由于较低的温度,磷酸盐氧化物(通过分解磷酸三丁酯产生)转化非常有效,结构材料的耐腐蚀要求不像对磷酸盐氧化物或酸一样严格。

(4) 与传统的焚烧一样,热解能适用于大范围的固体和液体废物处理,造成废物体积和质量的减小。设备的资金和运行成本与焚烧相似。

热解焚烧的缺点如下:

(1) 对于一些废物(如,钚污染物或高剂量率离子交换树脂)需要专门的预处理设备,明显地增加成本;

(2) 最终废物的匀质性通常不如传统焚烧炉的最终废物。

4.3.1.5　过量空气焚烧炉

过量空气焚烧被定义为一步工艺,通常在一个衬有耐火材料的室里进行。在那里,固体在过量的燃烧气体条件下被焚烧。这种类型焚烧炉的工艺温度通常在800～1 000 ℃,在近来的设计中达到了1 100 ℃。过量空气的量为50%～75%,废气中颗粒夹带相当大。

过量空气焚烧炉使用广泛,德国卡尔斯鲁厄核研究中心用它处理放射性废物,该设计使用了一个立式燃烧室。过量空气焚烧炉产生的废气质量非常差,夹带未燃烧的固体颗粒,废气成分波动范围大。为了燃烧和排除颗粒夹带,卡尔斯鲁厄焚烧炉使用两级高温陶瓷过滤器。这种设计的缺点是:对于较大的焚烧炉,需要许多的过滤器,过滤器数量过多限制了过量空气焚烧炉按比率扩大的潜力(例如,超过150～200kg/h)。图4-10是日本安装在核电站的高温陶瓷过滤器。这种设计的另外一个缺点是:处理产生酸的废物的数量有限。这主要是因为干式废气净化系统通常与焚烧炉系统联合在一起。过量空气焚烧系统明显的优点是简单。

近年来对过量空气焚烧炉做了一些改进,达到了较好的燃烧,获得了质量较好的灰烬,在废气中减小了颗粒夹带。这些改进包括如下:

— 添加一个后燃烧室;

— 注射空气到炽热的床里;

— 均匀混合燃烧气体/废气;

— 优化废气流程;

— 限制灰烬床的温度,避免造渣。

通过适当的废物进料准备、在线速率调整和严格控制空气参数,燃烧控制和效率已经得到了改进。

许多过量空气焚烧炉正在欧洲国家和日本运行。表4-3列出了近几年在日本安装的立式过量空气焚烧炉,图4-11显示了日本开发的先进焚烧炉的流程。图4-12显示了在德国卡尔斯鲁厄安装的焚烧炉的系统流程。

图 4-10 过量空气焚烧炉处理废气的高温陶瓷过滤器(日本)

表 4-3 日本安装的立式过量空气焚烧炉

位置	容量	启动运行
仙台九州电力有限公司	75 kg/h	1984
东京电力有限公司,福岛 1#	100 kg/h	1984
清水 Chugoku 电力有限公司	75 kg/h	1984
Takahama 关西电力有限公司	75 kg/h	1984
东京电力有限公司,福岛 2#	100 kg/h	1984
日本原子能公司,东海 2#	100 kg/h	1986
盛冈日本放射性同位素协会	75 kg/h	1987
东京电力有限公司,福岛 1#(第二座)	150 kg/h	1988
Tomari 北海道电力有限公司	75 kg/h	1988
女川 Tohoku 电力有限公司	50 kg/h	1989
Oharai 日本原子能研究所	100 kg/h	1989
Kansaiwazaki-Kariwa 东京电力有限公司	150 kg/h	1990
Ohi Kansai 电力有限公司(第二座)	30 kg/h	1991

4.3.1.6 熔渣焚烧炉

在熔渣焚烧过程里,可燃烧和不可燃烧废物的混合物在亚化学计量的空气状态下,从第一燃烧室逐渐地输送出来,经过热解区去高温区(两区温度相差 150 ℃)。在那里,不可燃烧

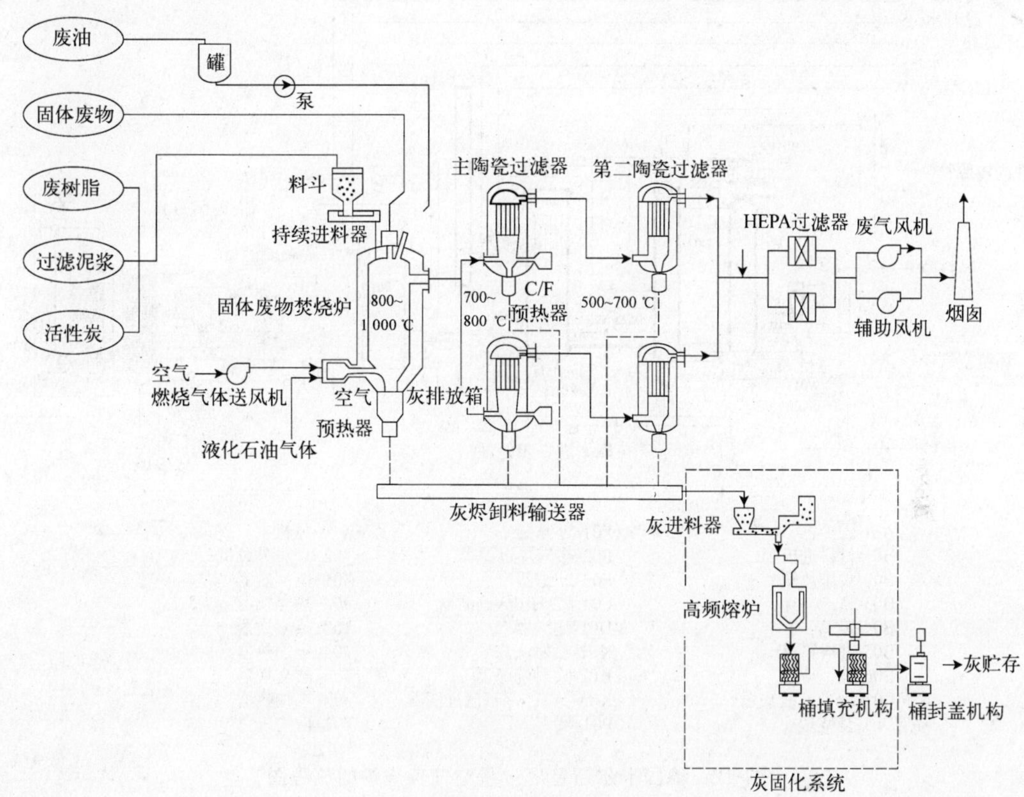

图 4-11 先进的过量空气焚烧炉的示意图(日本)

的残留物被熔化。熔融的残留物通过重力输送到另外的室,在那里被骤冷并转化成高度不可溶解的玄武岩炉渣。

熔渣焚烧炉优于其他焚烧炉之点,主要是产生固体熔渣物而不产生炉灰。但是因为运行温度高,这种炉的设计更加复杂。在比利时和日本,已经有示范装置运行,处理能力为120kg/h的商业系统也已经在日本处理放射性废物。

在俄罗斯的Zagorsk运用这种技术创立了热解/熔炼中试工厂。这个系统是由莫斯科科学与工业协会与莫斯科的无机材料全联盟科学研究所合作开发的。通过数学模型和实验室试验,中试工厂建于1987年。它基于立式焚烧炉,使用了等离子加热器,如图4-13所示。

废物投入立式焚烧炉不经过预处理分离。废物由重力作用通过三个区域:干燥,热解和燃烧/熔炼。挥发性热解产物进入第二燃烧室,在过量空气条件下氧化。固体热解残留物和不可燃物进入到燃烧/熔炼区域,通过等离子燃烧器,那里的运行温度维持在1 450 ℃。熔融炉渣定时排除。

中试工厂的处理能力是60 kg/h,焚烧炉总高度是3 m,炉身横截面0.12 m^2。电力需求是1.5 kW/kg(废物),包括等离子体加热器0.7 kW的电力供应。这种炉子的处理能力为500 kg/h·m^{-2}(炉身的面积)。熔渣热解焚烧炉产生的废气量只有过量空气焚烧炉的1/4~1/3。

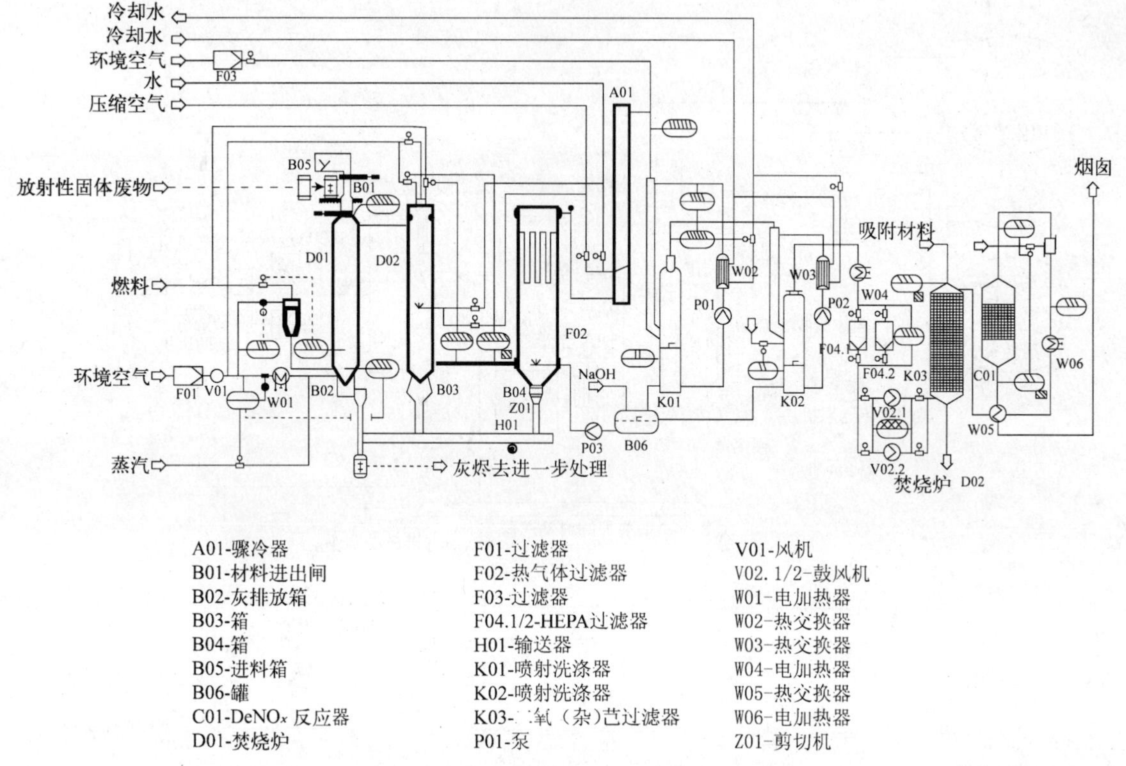

图 4-12 德国卡尔斯鲁厄过量空气焚烧炉的流程图

这座中试工厂在三年里处理了好几吨放射性固体废物。焚烧产生的炉渣包含 20%～30%的基本氧化物(例如 CaO,MgO,Na_2O,K_2O)和相当量的酸性成分(含 FeO)和铁金属。实际观察显示,金属夹渣物遍布在炉渣块里。熔化的炉渣样品密度增加了 1.4～1.7 倍。因为多孔性,炉渣的浸出速率高于玻璃。现在建造的工厂的处理能力达到了 200 kg/h。

4.3.2 焚烧炉放射性核素排放

4.3.2.1 核素气载排放物

放射性废物能以包装形式(如箱子、袋子或者桶)或以碎片、泥浆形态投进焚烧炉中或者以液态的形式注入焚烧炉中。根据废物的易燃性和所用燃料控制进料速率。如果废物是液态,可将燃料和废物混合注入。废物/燃料注入速率由废物的燃烧性质和焚烧炉的处理能力决定。开始燃烧时消耗氧气,燃烧气体进入后燃烧室。适当的燃烧环境可通过控制空气进量、废物进料速率和温度来维持。要特别注意废物在燃烧室中的滞留时间,其目的是保证完全氧化。对于整个燃烧过程,需要充分的空气/燃料混合。

燃烧废气、悬浮的微粒、烟气和没有完全燃烧的产物进入到废气洗涤器和过滤装置处理,最后从烟囱释放。与进入焚烧室的废物相比,废气的化学和放射性含量变化很大。但是燃烧过程不会破坏微量金属或者放射性,也不会改变放射性衰变的速率,仅仅改变核素的化学和物理形态。

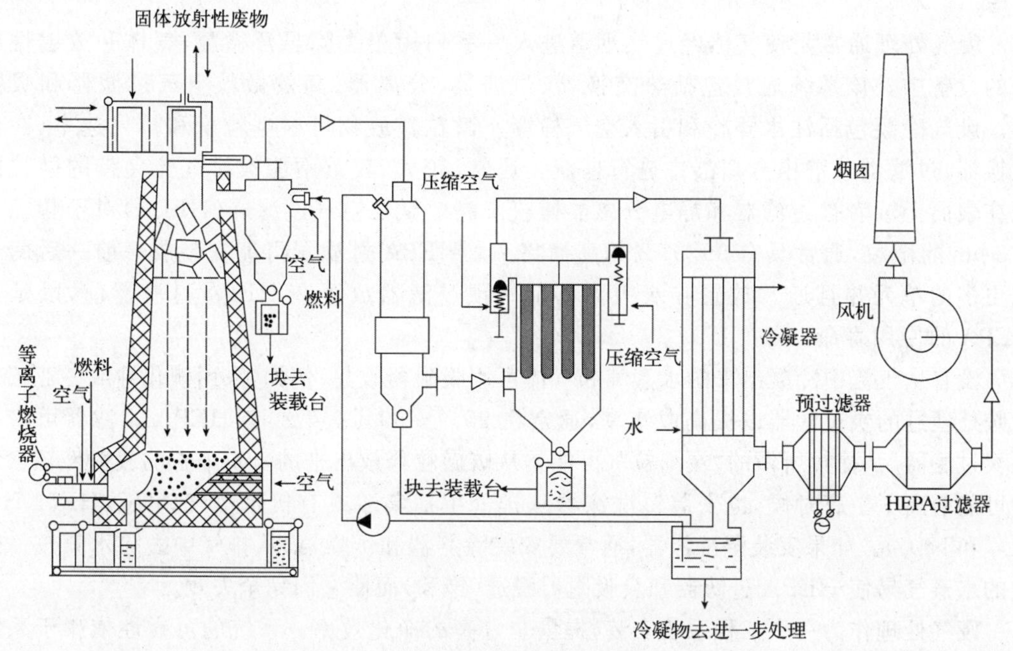

图 4-13 在俄罗斯 Zagorsk 的熔渣热解中试工厂

放射性核素,氚、碳-14 和碘在焚烧炉里没有保持力,这些核素形成气态,仍保留它们的放射性。在适当的燃烧温度下,半挥发性元素,例如铅、钋、铯、汞和磷在氧化和还原条件下,可能形成挥发性气体。如果提高燃烧温度,废物中存在的聚氯乙烯、金属和金属氧化物燃烧产生的 HCl 可能不同程度地挥发。元素挥发或半挥发的温度取决于元素的化学形态和元素在燃烧室的滞留时间。微量金属或者挥发的金属氧化物的数量取决于 O_2,HCl 和 H_2O 的分压,废物的进料速率,颗粒物表面积和废气流速。破坏有机成分通常需要较长滞留时间,这会导致更多金属氧化物烟雾的形成。这些烟雾一般小于 0.1 μm,由于它们的尺寸小,通常可从烟囱排出。高温下挥发的放射性核素夹带在汽化物中,然后又在较低温度下形成微粒。这些放射性核素凝结在废气的悬浮粒子上,所形成放射性微粒的比活度可能高于废物本身的放射性活度。这个过程称之为富集,主要取决于各放射性核素在氧化温度下的行为及其在废气中的微粒分布。这个过程反映出某些元素在凝结灰烬中的损耗,烟气表面与烟气体积的比值较高和烟气具有表面活性。例如,通过锅炉烧煤发现富集系数存在变化,镭、铀或钍的系数范围是 1～2。对于铅-210 和钋-210,能观测到较高的富集系数,范围通常是 1～11。

通过简单冷凝气体将废气排放到大气之前,首先去除废气中挥发的放射性核素。冷凝引起水蒸气从气流里面凝结出来,沉降在部件的里面或表面上。这种沉降作用有有利的一面,因为它减少了从烟囱的释放;但是它又有有害之处,这可能会引起放射性核素沉积在废气处理系统不希望出现的局部地方。通常,希望放射性核素沉积物出现在洗涤器、过滤器或者被设计用于收集和去除飞灰或烟气残留物的部件里。对于超铀废物,易裂变放射性核素在特殊位置的积累会引起临界问题。但是，超铀废物的浓度相当低，临界安全通常不予考虑。

废气处理通常是使气体经过热烟道进入一系列用于去除悬浮微粒、气体和放射性核素的设备中。该系统通常包括热交换器、过滤器、分离器、高效微粒空气过滤器和吸附器。废气冷凝包括注水骤冷和引入空气稀释。微粒释放物可根据粒度和排气速率，在热交换器、过滤器或静电分离器中进行捕获。通常，较大、较重不能被排气流夹带的微粒沉积在表面上或者被过滤器和静电分离器捕获。高效微粒空气过滤器（HEPA）对于粒径为 0.3 μm 的微粒，通常具有 99.97%的高捕集率。HEPA 过滤器可能安装成一前一后两个或更多的单元并且通常放置在炭吸附器前。预过滤器放置在 HEPA 过滤器前，以延长 HEPA 的使用寿命。

没有从气流中冷凝出来的水蒸气和气体可用吸附器收集；例如，采用碘化钾或三亚乙基二胺处理过的炭过滤器以提高收集率，通常在 95%～99%。第二套 HEPA 过滤器可安装在炭过滤器后，捕集所谓的"炭细粒"（可能是从碳微粒释放出来的），炭细粒的放射性核素浓度可能增高了。有时候，也安装湿洗涤器从排气中捕集酸或有机水蒸气（ HC，HF，NH_3，SO_x 和 NO_x）。如果安装湿洗涤器，通常要安装除雾器和干燥器，从排气中去除水蒸气。过量的水蒸气易使 HEPA 过滤器和炭吸附器浸透（饱和）而使它们完全失效。

废气处理作为一个工程系统安装，提供非常高的净化效率。系统的可靠性依赖于系统的运行和维护。总的净化效率与核素有关：例如，对铯的净化率低于对钚的净化率。运行经验显示净化系统总净化效率范围较广。国际原子能机构报告净化效率范围从 10 到高达 10^7，净化效率用去污系数表示（处理危险废物时，焚烧炉采用破坏率和去除率，或者 DRE 来进行评估。但由于焚烧过程不会破坏放射性，因此对于处理放射性废物，采用 DRE 评估是不恰当的）。去污系数被定义为：进入到焚烧炉的放射性含量与在废气处理系统（例如，HEPA 过滤器或炭过滤器等）出口端检测到的放射性含量之比。据一些报道，设备去污系数范围从 10 到 10^4。应当注意，不是所有的系统都装备同样的废气处理系统。一些设施需要装备更加精心设计的废气处理系统。

实际上，放射性核素大气释放是变化的。另外，许多焚烧炉所处理废物的放射性和物理特性随时间而变化。在一般条件下，描绘释放物比较困难。通常希望能从运行设施获得大气释放的程度和类型。不幸的是，引入到焚烧炉里的废物的放射性特性与实际大气释放物直接相比的信息相当少。通常，每年总结得出的大气释放物数据与废物量没有很大关系。

4.3.2.2 灰烬和残留物的放射性特性

低放废物在焚烧炉中焚烧产生的灰烬的放射性和辐射比进料水平提高。系统设计（包括厂房布局）应当使操作人员与设备及装有灰烬容器的接触最少。灰烬收集箱和其他灰烬处理设备也需要辐射防护。

废物体积在燃烧过程中减小，同时废物的化学形态也发生变化。废物被氧化时，会形成各种化合物，通常是硫酸盐、萤石、硝酸盐、磷酸盐和金属氧化物。例如，在旋转炉里燃烧处理废物时，灰烬聚集在炉的底部并且炉的旋转迫使灰烬进入到收集箱。但是，一些废物被废气夹带和停留或富集在废气处理系统的不同位置。在系统的不同位置，灰烬的沉积由废气流速、微粒大小、密度、燃烧工艺、滞留时间以及处理系统的设备(例如:过滤器、静电分离器、洗涤器、HEPA过滤器和炭过滤器等)所决定。

在不同的焚烧炉设备中,灰烬的分布如表4-4所示。灰烬(91%～94%)进入炉子集灰箱中。少量保留在焚烧炉系统的其他设备中,例如后燃室(2%～4%),袋式过滤器(1.5%～5.2%),旋风分离器(1%～3%)。低于2%的灰烬被滞留在HEPA过滤器、冷却管和气道以及其他未确定的位置。

表4-4　在焚烧炉设备[1)]里,灰烬的通常分布状况

设备	分布范围/%
灰烬收集箱	91～94
后燃烧室	2～4
袋式过滤器	1.5～5.2
旋风分离器	1～3
气道	～0.5
热交换器	～0.4
HEPA过滤器	～0.6
其他位置	0.04～2

注:1) 从IAEA技术报告系列丛书302号附录A引出,1989年(IAE89)。

除了收集到灰烬箱外,灰烬沉积在焚烧炉的其他地方都可能造成潜在的安全问题,必须定时清除。灰烬有较高的比活度,必须在可控条件下进行去除和清理。但是,灰烬中可能仅含有微量或者根本不含某些挥发性放射性核素(如氚和碘-125)。通常通过推杆或者传送器遥控处理灰烬,通过物理屏障,灰烬的外照射得到防护。经适当冷却后,灰烬被卸出。另外,在进行处理时要有适当的负压,避免灰烬在邻近区域弥散或者重新悬浮。灰烬可经手套箱进入与装灰桶连接的斜管,也可直接倾倒进处置容器中再作处理,例如,进行水泥、沥青或者树脂固化。

灰烬产生量取决于废物的物理和化学特性。例如,洛斯阿拉莫斯实验室焚烧炉处理的废物,预计减容10～25倍。产生的灰烬通常由微粒(80%～90%)和炉渣(10%～20%)组成。微粒与炉渣的密度不同,大约是0.9～3.0 g/cm^3。灰烬由氧化物和碳化物组成。氧化物包括SiO_2,Al_2O_3,CaO,TiO_2和少量的Fe_2O_3,K_2O,Na_2O,P_2O_3。按质量算,氧化物可能占总灰烬量的一半,剩余的为碳化物、氯化物、其他金属氧化物和难熔物质。

灰烬粒度变化范围较大,大约3/4的灰烬的粒子直径在10～500 μm左右。仅有一小部分微粒超过500μm或在10μm以下。处理固体和液体废物产生的灰烬仅在粒度上有些不同。表4-5是固、液两类废物流焚烧后产生的灰烬的粒度分布。

表4-5　不同废物产生的灰烬的粒度分布

粒度范围/μm	质量分数分布/%	
	固体	液体
>1 000	2	2
1 000～500	6	3
500～100	20	10
100～20	32	55
20～10	25	22
10～5	10	5
5～0.5	4	2
<0.5	<1	<1

在焚烧橡胶、塑料、木材或者树脂等物料时可能形成的长度或直径为几个英寸并且偶尔会发现大块熔化物。炉渣通常是多孔隙的,大约30%～50%的孔隙度。这些特性随废物的初始性质而不同。挥发性放射性核素通常不保留在灰渣中。灰烬通常有更高的比活度。除了放射性核素外,灰中可能还含有重金属(如铅、镉、汞、铬和钡)、杀虫剂、除草剂和有毒有机化合物。典型放射性核素在灰烬中的分布如表4-6所示。

表 4-6 在焚烧炉灰烬[1)]中，典型放射性核素的分布

放射性核素	分布/%	放射性核素	分布/%
钚	77～82	锌-65	1.5
铯-137	77	锑-125	0.8
铯-134	8	锆-95	0.3
钴-60	6	硒-75	0.3
银-110	3	钪-46	79～98
钌-106	2	碘-125	<1
氚	<1	锶-85	86

注：1）摘录于 IAEA 技术报告系列丛书 302 号，附录 A，1989 年（IAE89）；HPS Vol. 44，编号 6（LAN83），废物管理-85（WM85），和 DOE/LLW-12T，Nov. 82（EGG82）。

灰烬中放射性核素主要取决于初始燃烧物。经验表明，由于系统的其他位置也沉积灰烬，少量通过烟囱向外释放，计算放射性分布通常存在 20%～50%的偏差。评估焚烧的环境影响，主要考虑对工作人员和公众的辐照。

4.3.3 焚烧过程控制和监测与放射性释放控制技术

4.3.3.1 过程控制技术

过程控制维持焚烧炉系统在安全限值以内运行，它由一系列的控制回路来完成，如反馈控制、前馈控制或者合成控制，使过程变量操作自如，达到安全和平稳运行。

反馈控制是指控制变量信号以便控制过程变量。通常的反馈控制回路需要传感器测量变量，传送器提供一个反馈机制并且控制器将测量值与设定值进行比较，发出一个信号到控制元件或者启动装置，引起控制变量直接或间接变化。控制回路可采用手动或者自动。在自动系统中，控制器能通过以下模式的一种或者更多来实施控制。

开/关控制：控制元件处于开或关状态；

比例控制：控制元件的信号以及引起的响应与来自设定值控制变量的测量偏差成比例；

比例加积分控制：通常补偿比例控制的不稳定性以达到设定值。积分模式施加一个与偏差的积分成比例的信号到控制元件。只要偏差存在，将引起控制器输出变化。

微商作用控制：控制器预先通过测量来自偏离设定值的变化速率，施加一个与变化速率成比例的控制作用进行过程控制。

前馈控制测量一个影响控制变量的变量，没有等到控制变量值变化，就发出一个信号补偿变化。对于过程扰动，前馈控制提高了响应的稳定性。但是，因为它需要一个平衡或者过程模型的解决方案，所以更理想的是前馈与反馈的合成控制。

控制类型的选择取决于特殊系统的要求和每一控制回路的要求。变化缓慢或者保持恒定不变的控制变量，可以进行手动控制。到填充床洗涤器的工艺水流速就是这类变量的一个例子。控制变量变换频繁或者迅速，需要自动控制。典型的例子就是助燃空气流量、补充

燃料流量和焚烧炉压力。

焚烧炉的主控制回路是：废物、燃料、空气和水流速；系统的不同温度；系统的不同压力；氧气浓度；工艺水系统的 pH 值；工艺水储罐的液位。焚烧炉控制功能摘要列于表 4-7。

表 4-7　焚烧系统的控制功能

系统	控制变量	传感器	控制元件	约束
进料系统	固体进料	称量皮带 称量器	螺旋速度 称量砝码设置	最大进料速率限制，主燃烧室温度和高气体速率（后燃烧室的滞留时间）
	液体进料	流量计	控制阀	最大进料速率限制，废液压力
燃烧控制				
焚烧炉	炉温	热电偶	燃料控制阀 水控制阀	高温，低温
	过量氧气	氧气仪表 燃料仪表 气体流量仪表	鼓风机缓冲器 鼓风机速度	氧气含量低， 高含量一氧化碳
	燃烧室压力	压力	引风机缓冲器	高压力（低气流）
	后燃室温度	流量计	燃料控制阀	高温，低温， 高气流速率
	后燃室过量氧气	氧气仪表 燃料仪表 气体流量仪表	鼓风机缓冲器 鼓风机速度	氧气含量低， 高含量一氧化碳
酸气去除				
填充洗涤器	液体/气体比 洗涤器水流速	流量计 流量计	水控制阀 水控制阀	水流速最小限制 流速最小限制
	pH	玻璃电极	中和液体控制阀	高/低 pH
喷雾干燥器	液体/气体比 出口温度	流量计 热电偶	喷雾控制阀 喷雾控制阀	流速最小限制 温度最大限制
文丘里洗涤器	液体/气体比 水流速	见填充洗涤器 见填充洗涤器		
	pH	见填充洗涤器		
微粒去除				
文丘里洗涤器	水流速	见填充洗涤器		
	压力降	压力	夹阀或再循环阀	高真空，高压力降，高温度
织物过滤器	压力降	压力	空气缓冲器或 压缩空气阀	高压力降，高/低温度
湿静电沉降器	直流电压	火花放电频率计	火花放电频率控制器	电晕放电

4.3.3.2 过程监测技术

监测系统使控制系统更加完善,可保证安全运行和阻止放射性物质和其他毒物的释放。控制系统设计确保过程变量在安全运行限值内;只要过程变量接近运行限值,监测系统就会接手进行管理。一个设计适当的监测系统使过程变量保持在安全运行限值内,同时对系统的扰动最小。自动监测的三个级别是:报警,进料中止和设备关闭。

控制变量接近运行限值时发出报警,通知操作员。这种报警让操作员有时间去检查问题和采取纠正措施。任何引起中止进料或者关闭设备的变量,应该在其值达到设定的限值前发出警报。发生中止进料和设备关闭也要报警。

当变量超出规定的范围之外会触发中止进料开关,引导焚烧炉卸料。除了进料系统,中止进料开关不会关闭系统的其他部分。当受影响的变量回到运行限值内,又自动允许废物进料。

当变量超过规定的范围之外,可能导致危险运行状况或者导致设备损坏时,关闭设备功能将自动触发。任何要求设备关闭的动作也将要求进料关闭。因为关闭设备是最后一道防线,这个动作会引起过程最大的扰动。关闭系统由电缆线直接相连,独立于其他的控制系统。单独的传感器和变送器可提供温度、压力、流量等信号。要求关闭的信号不需通过可编程控制器的运算处理。在状况被纠正后,要求操作人员对安全关闭和中止进料执行手动复位,控制台有一个快速输出功能,确定警报、中止或关闭的主要原因。在安全方面,所有的硬件设计成一旦出现事故,就停止动作。例如,燃料阀门设计成发生故障会自动关闭。安全关闭系统需要定期检查,保证可操作性,这种检查包括电路安全与机械装置的检查,保证没有跳线接触不良、磨损、腐蚀或其他的不规则性。日常时间应该校准器具。应定期让继电器和阀门动作,预防实际需要时不能动作。紧急通风阀如果不运行,就特别容易被卡住。焚烧炉监测辅助系统列于表 4-8。

表 4-8 焚烧炉监测辅助系统

系 统	控制变量	进料关闭	报警	记录	焚烧炉类型	注 释
固体进料	破碎机	×	×		所有	为了适当地进料预处理,破碎机必须运行
	进料速率			×	所有	进料速率必须进行监测以满足规定的要求
液体进料	进料速率			×	所有	见上述
	低压力	×	×		所有	要求有充分的雾化
	高压力	×	×		所有	高压力可能引起过热
	低温	×	×		所有	对于需要加热的废物,要求有充分的雾化
雾化介质	低压力	×	×		所有	满足充分雾化需要的压力
注射石灰石	进料速率	×	×	×	流化床	要求确保酸的充分去除

续表

系统	控制变量	进料关闭	报警	记录	焚烧炉类型	注释
主燃烧室	高温	×	×		所有	高温跳闸包括关闭主燃室燃烧器保护设备
	低温	×	×		所有	在低温下，进料关闭要求确保足够的废物被破坏
	抽力损失	×	×		所有	需要抽力损失进料关闭功能，使焚烧炉的散逸释放最小
	低浓度的氧气或分析器发生故障	×	×	×	流化床	进料关闭要求确保足够的废物被破坏
	高浓度的CO或分析器发生故障	×	×	×	流化床	进料关闭要求确保足够的废物被破坏
燃烧器	用于主燃烧室和后燃烧室的单独燃烧器系统					
	高燃料压力	×	×		所有	只要燃烧器在运行，就要提供
	低燃料压力	×	×		所有	如上所述
	低雾化压力	×	×		所有	仅对燃料油
	火焰损失	×	×		所有	适用在系统加热的跳闸上
	缺乏漩涡空气	×	×		所有	适用在首先启动和后燃烧器的跳闸上
	助燃空气压力	×	×		所有	
后燃烧室	高温	×	×		所有	高温跳闸包括关闭后燃烧室和主燃烧室燃烧器保护设备
	低温	×	×		所有	在低温下，进料关闭要求确保足够的废物被破坏
	低浓度的氧气或分析器发生故障	×	×	×	旋转炉控制空气	进料关闭要求确保足够的废物被破坏
	高浓度CO或分析器发生故障	×	×	×	旋转炉控制空气	进料关闭要求确保足够的废物被破坏
	高速度气体	×	×		所有	确保废物被破坏有足够的滞留时间
空气污染控制系统						
骤冷	高出口温度	×	×		所有	跳闸保护设备
	低出口温度	×	×		所有	进料关闭防止集尘室的堵塞或者干燥短路
	低冷却剂流速	×	×		所有	跳闸保护设备
文丘里洗涤器	低烟气压力降	×	×		所有	进料关闭阻止过量释放

续表

系　统	控制变量	进料关闭	报警	记录	焚烧炉类型	注　释
	低洗涤器水流速	×	×		所有	进料关闭阻止过量释放
	高真空	×	×		所有	要求保护设备
织物过滤器	高压力降		×		所有	报警
湿静电沉降器	低直流电压	×	×		所有	要求阻止过量释放
填充洗涤器	低洗涤器水流速	×	×		所有	进料关闭阻止过量释放
HEPA 过滤器	高压力降		×		所有	过滤器要求更换
炭床	高压力降		×		所有	要求更换
一般辅助系统						
引风机	真空损失	×	×		所有	真空损失使所有燃烧器跳闸，并激活紧急通风
仪表气压	低仪表气压力	×	×		所有	仪表气压损失引起总跳闸
电力	供电中断	×	×		所有	供电中断引起总跳闸
释放控制						
气体						
一氧化碳		×	×	×	所有	规定的需求和效率计算
二氧化碳				×	所有	用于效率计算
氧气		×	×	×	所有	规定的需求
总的碳氢化合物				×	所有	
氮氧化物				×	所有	
硫化物				×	所有	

4.3.3.3 释放控制技术

废物中存在的放射性核素大部分保留在燃烧产生的灰渣中，部分进入焚烧炉的废气中，或与带出的微粒合在一起或挥发到废气水蒸气里。废气可能还含有有害的和/或腐蚀性气体组分，如 NO_2，CO，HCl，HF 和 SO_2，这取决于焚烧废物的化学成分。释放控制系统的作用就是净化颗粒和废气的放射性、有害及腐蚀性组分。用于去除颗粒和气体中有害组成的释放控制系统必须与焚烧系统结合在一起，保护环境不受到放射性危害和常规的化学危害。

释放控制系统能够执行不同的运行操作，例如冷却、灰尘去除、酸气去除和碳氢化合物处理等。每个系统都由不同的净化设备组成，以适应焚烧炉性能与废物进料的要求。在中间阶段，湿洗系统利用冷却或者洗涤装置使废气流饱和，在最后过滤前，加热或干燥气流以避免雾冷凝在过滤器上。干燥系统不会使气流饱和，尽管有可能会注射水进行冷却。当废物料中的聚氯乙烯含量较低时，可使用干燥释放控制系统，因为 HCl 的释放不是问题。系统通常包括高温过滤、冷却、过滤或者分离、吸附以及高效过滤。当需要去除 HCl，SO_x，

NO_x和HF时，废气处理常用湿洗释放控制系统，系统通常包括废气冷却、洗涤、加热和高效过滤。湿法和干燥释放控制系统运行会产生二次废物，包括过滤器、吸附材料、洗涤液等。少许的二次废物可能被焚烧处理，其他的必须分别处理和处置。

4.3.4 焚烧与放射性核素大气排放物的监测技术

焚烧低放废物和混合废物存在排放物的大气释放问题。释放的放射性气溶胶范围较宽，取决于焚烧废物的放射性、化学和物理特性。气溶胶释放速率取决于燃烧工艺和废气处理系统。最经常使用的处理工艺包括高效微粒空气过滤器和炭吸附器。这种处理在最常规运用中已经被证明是有效的。氚包含在水蒸气里，随着水蒸气一起被排出，碳-14进入二氧化碳中，碘与废气中有机成分结合在一起，对于这些放射性核素，控制系统效能不大。

4.3.4.1 放射性核素大气释放监测技术

放射性释放的取样和监测方法与非放射性释放的取样和监测方法相似。以一定速率从排气烟囱取出样品，对样品进行调制使样品损失最小，收集样品的方式要考虑所监测放射性核素的物理性质和化学形态。

取样系统包括取样针、样品收集(监测)装置、流速仪表、取样泵和电子控制与显示器结合的监测器。取样系统可以是全自动、手动控制或者是两者的结合，这取决于监测要求。可以实时或间接方法监测烟囱释放。例如，取样系统自动收集烟囱样品，通过手动从取样系统取出样品，随后进行分析。样品分析可由连续运行的辐射监测系统实时进行或者随后在试验室进行。烟囱实时监测能够发现烟囱释放的当前趋势。如果超出预定的浓度限值会立刻终止焚烧。此外，这种方法还能够探测出快速变化情况和监测出可能导致运行状态不安全的系统参数。在这种模式中，烟囱辐照监测系统兼有过程控制系统功能。

(1) 烟囱废气取样系统

烟囱取样系统通常包括一系列的部件，这些部件都作为独立单元运行。取样系统的主要目的是收集排放物中最有代表性的样品。美国环保署(EPA)规定，正确的操作要求等速抽取样品，也就是说取样喷嘴入口的样品气体速度必须与烟囱废气排出速度相等。不满足这个要求会导致样品不能准确代表粒度分布。这个要求对气体释放物的限制不那么关键，但是因为气体和颗粒物总是同时释放，实际上是使用一个探针对两者等速取样。根据焚烧炉的类型，系统可采用自动或者手动方式运行。根据焚烧炉的复杂程度，系统需要三类功能设备。其一是泵、阀和样品调制加热元件、系统互锁、就地报警和远程报警的电源；其二是吹洗取样管线的压缩空气或瓶装氮气；其三是对系统部件进行冷却的冷却水。

有三种取样系统和部件使用得普遍。一种放射性核素取样和分析系统如图4-14所示。这个系统不能探测出也不能测量某些放射性核素，如氚和碳-14。测量这些核素采用集尘器或硅胶塔(间接测量法)，因为它们保留水蒸气和捕集二氧化碳非常有效。有些辐射监测系统测量的辐射与系统最初设计的辐射形式不同，或与校准时的辐射形式不同。探测器可探测到由样品发出的辐射，但是不可能可靠测量或确定实际的放射性含量。对这种类型的探测，(数据)校正时如不加以适当考虑，可能给出与实际废气释放不符的结果。

在图4-14的系统中，包括三个辐射探测器。第一个采用纸或玻璃纤维过滤器，探测放

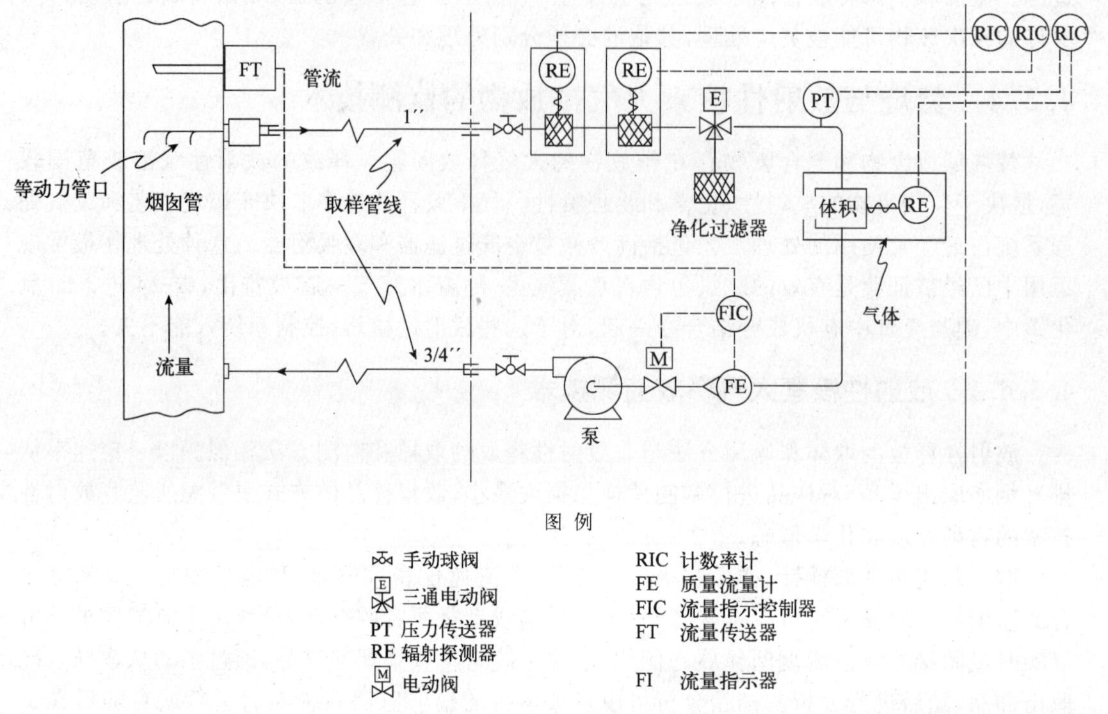

图 4-14 典型的放射性气载释放取样系统

射性微粒的释放。第二个用于探测和测量放射性碘，采用活性炭滤芯捕集单质碘和有机碘。这种滤芯用碘化钾或三乙烯二胺浸渍，目的是为了增加收集有机成分的效率。第三个探测器把一定量气体吸到探测器里，测量释放气体的放射性含量。

图 4-15 为烟囱监测系统示意图。这个系统使用氟化钙探测器，能在烟囱气体温度下运行。通过在烟囱气体温度下测量收集的微粒，能消除微粒板结与沉降/重悬浮带来的不利影响。在所有的烟囱监测系统中，一些排出物成分，特别是碘，将板结在取样管路的表面上。在表面上板结或沉积后，碘稍后又将悬浮，保持一段时间后又沉积，并重复这个过程。因为这种现象，探测器测量的碘浓度不代表在烟囱中存在的真实浓度。放射性元素板结的因素有取样管线的结构材料、直径、长度和弯曲以及湿度、温度和温度变化等。温度是主要的影响因素。板结的解决方案是把探测器放在烟囱上或者在从烟囱到探测器的整个取样管上安装电加热带。

美国环保署(EPA)改进的取样系统和方法如图 4-16 所示。这种方法主要是通过一个过滤器收集微粒，过滤器后安装几个集尘器。调制样品使内部损耗最小，吸附最大。加热微粒过滤器箱以防止冷凝，集尘器在冰槽里冷却以加强吸附，集尘器个数可(根据需要)增加，并且可以改变洗涤液的成分和顺序，以捕集特定化学核素。除流速、温度和压力降等采样参数外，不实时显示废气释放速率或者浓度。过滤器和集尘器溶液在实验室进行分析。

第三种方法如图 4-17 所示，常用于评估挥发性有机成分的存在和浓度。这种方法用木

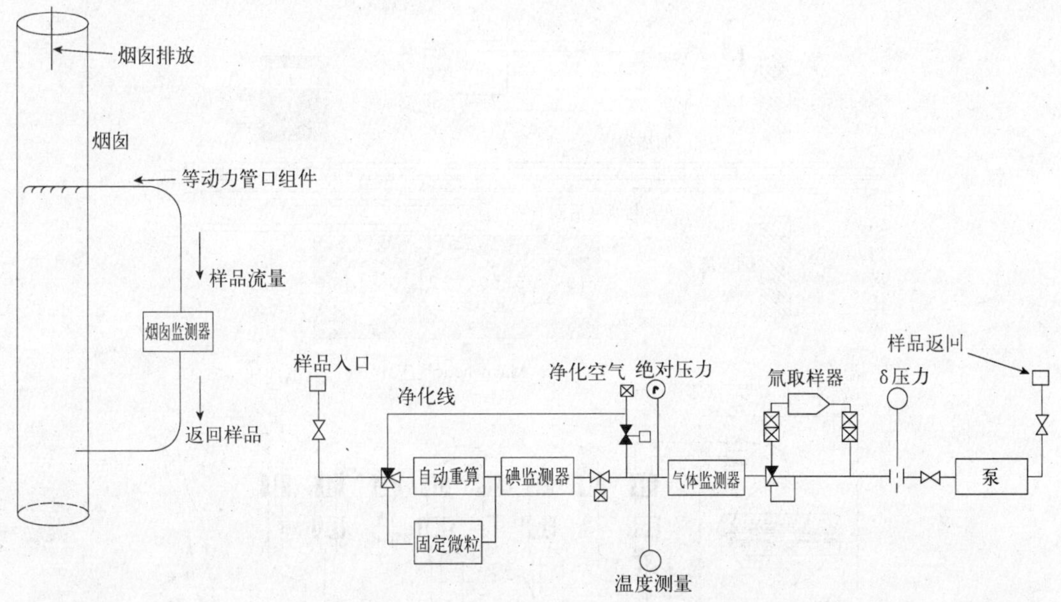

图 4-15　烟囱监测位置和取样设计示意图

炭、泰纳克斯(聚苯氧)和硅土捕集器收集有机物蒸气。但是,这种方法不能提供实时释放读数。捕集器(包括硅胶)在实验室进行分析。

(2) 实时辐射监测系统

从焚烧炉烟囱排放出来的放射性核素的浓度非常低,需要综合系统实时监测。实时监测要求对微粒和气体核素的 α,β 以及 γ 进行分析,微粒和气态核素的收集有很不相同的特点。

装备有实时辐射监测系统的取样系统通过输送或收集紧靠辐射探测器的样品工作。监测系统配备银活化硫化锌探测 α 放射体;探测器使用塑料闪烁器探测 β 放射体;监测系统依靠碘化钠或锗探测器探测 γ 和 X 射线放射体。一些监测系统把不同探测方法结合在一起使用。例如,一种方法把 α 闪烁介质和 β 闪烁介质合为一体,此方法利用 β 塑料闪烁器和 α 硫化锌(银活化)闪烁器的不同衰减和响应特征进行测量。另外一种方法设置两个探测器分别测量由过滤器收集到的放射性。例如,一个探测器探测总 β 活度,另外一个探测 γ 总活度或按单通道分析器使用,探测一种放射性核素,例如碘-125、碘-131 或铯-137。

更加先进的系统使用表面势垒探测器(Si)(用于 α 放射)和碘化钠闪烁或固态探测器(用于 γ 或者 X 射线放射),进行能谱分析。对探测器产生的脉冲进行放大、整形、收集和显示,或者累加后储存起来。在能谱系统中,按能量对脉冲进行分类,因为系统产生的脉冲与探测到的辐照微粒成比例。表征脉冲大小的信息存储在能量接收器或能量通道中。这些数据(信息)通过能谱显示,能谱表示在过滤器上探测出的放射性核素。每种核素有它独立的能谱,这些信息能用来确定各种放射性核素及其浓度大小。

因而,收集的数据通常以一种计数率实时地显示出来,以每分钟或者每秒计数表示,或

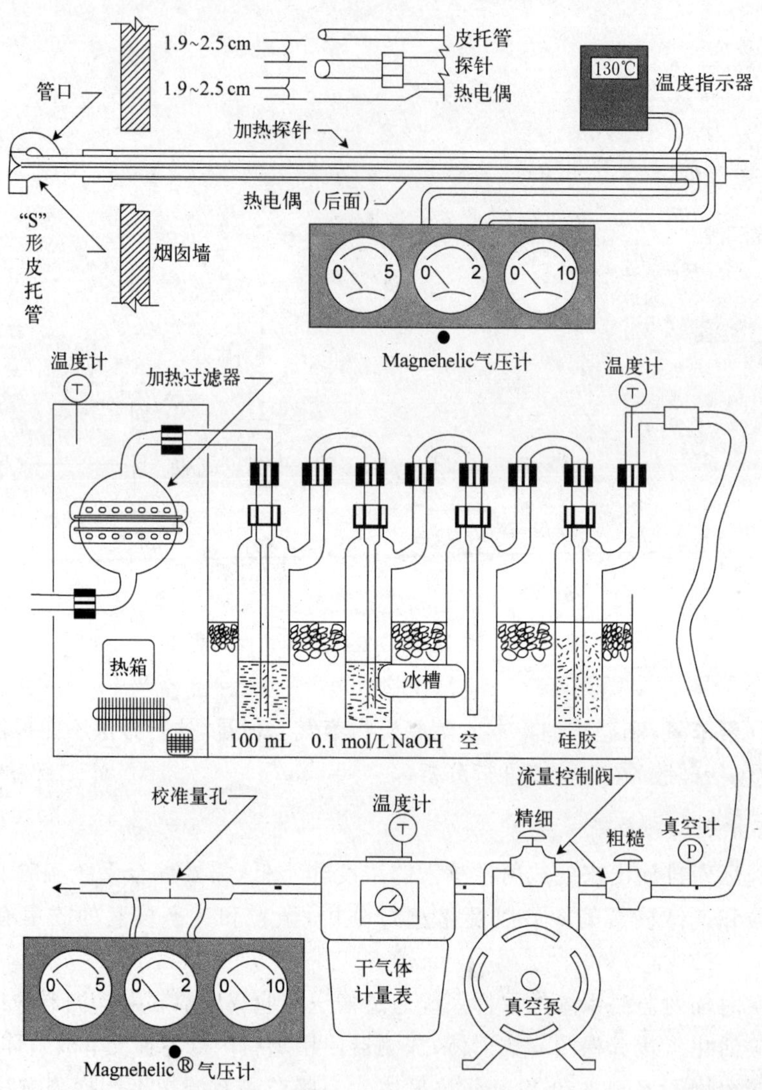

图 4-16 典型的 EPA 大气释放取样系统

者直接地转换成放射学计量单位，如浓度（μCi/mL）或者释放速率（μCi/s）。结果可用单独放射性核素浓度或一定范围核素的总活度表示。通常，最先进的系统依靠算法，把能谱换算为单个放射性核素，计算出核素释放速率和浓度。

对废物间歇性批量焚烧，放射性核素气载释放用平均浓度或者释放速率表示。更适当的放射性测量可能是浓度变化率和释放变化率。这种数据通常表示成 cpm/s 或者是 μCi/s（cpm＝每分钟计数，μCi/s＝微居里每秒）。这些先进系统还能显示浓度或释放率随时间的趋势和变化。气载放射性核素释放的计量单位选择取决于所安装监测系统的类型、精密等级和报告要求。

最后，必须根据放射性标准（ASG78，NCR78）定期校准实时辐射监测系统。必须了解

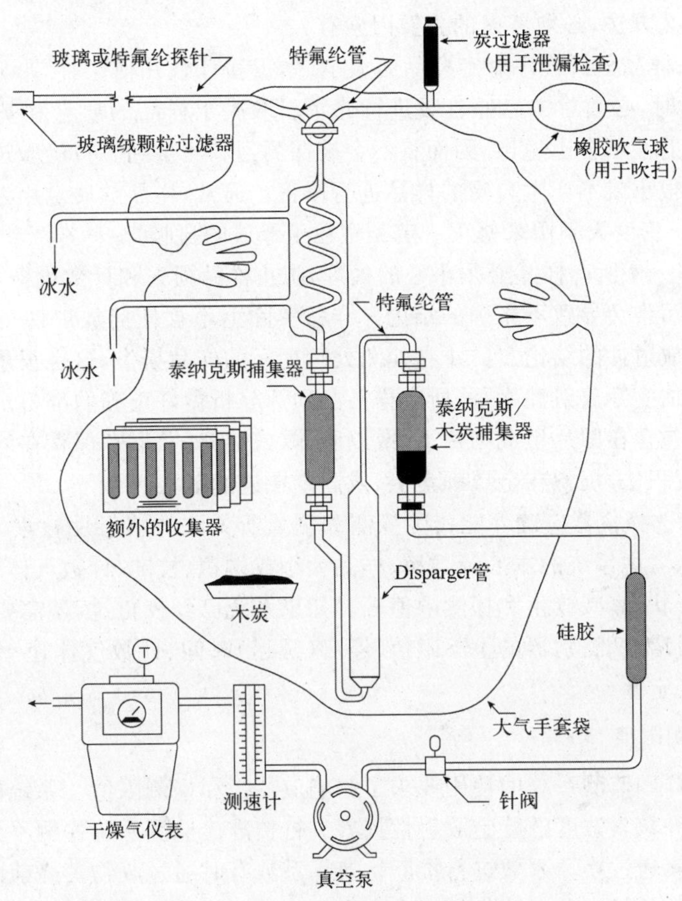

图 4-17 美国环保署典型的挥发性有机物取样系统

仪器在宽范围辐射释放能量和宽范围放射性浓度下的工作特性和响应。通常,检测限与系统有关,但不恒定。检测限由校准程序推导,并考虑放射性核素范围、取样流速和辐射探测器响应特征或分析方法。

(3) 间接辐照监测方法

实际上,许多废物处理工厂的焚烧炉采用手动监测方法。手动监测方法用单个泵和样品收集装置或复杂系统收集样品。收集好的样品在实验室处理和进行分析。放射性分析程序包括总 α 和 β 计数,γ,X 射线或者 α 谱以及液体闪烁计数。选择的分析方法必须根据实验室实践和建立的标准。测量方法的选择要考虑样品物理和化学形态、样品放射性浓度范围、放射性核素重要性、分析频率、要求的探测限、时间和资源的可用性以及成本等。通常,放射化学分析类似于传统的湿化学法。

如果要测的放射性核素以单质形式存在,可通过化学萃取、沉淀、离子交换、电解、蒸馏和色层分离法从样品基质中分离出所测的放射性核素。在其他情况下,用蒸发、湿法灰化(例如使用硝酸)、干法灰化减少样品的体积或质量,为样品分析做准备。方法的选择必须保证损失最小和可以计量。经常引入一种示踪元素(稳定的或者放射性的),目的是为了测定样品化学回收率或者产率。

不管选择什么方法，必须考虑的主要因素有：

· 样品——样品分析程序规定样品的大小、体积和计数几何条件（形状）。当分析 α，β 和 X 射线放射体时，必须对样品的自吸进行修正。取决于样品的质量和基质，样品中心位置产生的一些放射性不会逃逸出，因而将不会被探测到和测量到。按经验进行修正，或者用一定质量的自吸很小或不产生自吸的样品进行修正。通常，样品的质量用浓度密度表征，单位 mg/cm^2 表示。密度大小用来修正一定类型粒子释放的自吸。

· 样品处理——所有样品必须小心的处理，防止样品损失和计数设备与实验室工作区交叉污染。交叉污染会导致不正确的结论。样品实际上不含任何放射性，由于交叉污染会得出该样品含有放射性的结论。防止在检测处理期间的样品损失，这也很重要。因为，任何损失可能导致低估实际放射性水平，所有样品必须为分析做好正确的准备。

样品通常被包含在圆片里或圆片上，或以胶体（或溶解的）形态保存在溶液中，或通过电沉积法（或火焰沉积法）沉积在金属圆盘上，或固定在过滤纸上。

· 仪器——选择仪器应确保能实际探测和测量所关注的放射性核素。必须熟悉了解仪器的运行特点，考虑系统的本底计数率、样品大小或体积、校准、计数气体、计数效率、计数时间、计数几何形状、衰减校正和探测限值等。如果系统已经校正过，还需要核实系统设置，例如高电压、能量增益、甄别器的上下限值、停滞（延迟）时间、计数气体速率、本底和标准计数率，以及运行稳定性。

（4）仪器探测限值

连续烟囱取样和监测系统的使用要求了解响应特征和探测限值。系统的响应用表示废气中核素释放率和核素浓度的特定放射性核素进行校准。监测系统探测不到或者灵敏限下的其他放射性核素通过换算系数进行推断。换算系数有时通过废物焚烧前的放射性分析确定。推导换算系数的另一种方法是掌握产生废物的工艺流体的放射性特征。这种方法非常适合均质的、放射性核素分布及浓度特征已知的废物流。该方法特别适合液体废物流，例如，放射性废油、冷却剂和闪烁液。

有些核素不可能连续监测。例如，氚和碳-14 就是这样，因为没有可靠的方法对它们进行实时测量。在有些特殊废物流中测量氚和碳-14 的存在和浓度存在困难。

连续监测系统需要确定监测器能可靠测量出的最小浓度值即最小可检出浓度（MDC）。MDC 的概念又可称为检出下限值（LLD），通过 MDC 提出确定样品产生一个净计数率的最小放射性活度的方法。在预先确定的置信水平下，引起该净计数率的放射性活度来自样品而不是本底。

对一个放射性样品或者本底计数产生一系列的测量值（应是泊松分布），由这些测量值可确定单次测量的标准偏差。与高斯标准偏差一样，用标准偏差确定平均值的置信区间。如果确定了本底计数率和相应标准偏差，这些数据能用来推导检出下限值。比如，一个样品计数值高于本底标准偏差，意味着样品中存在活度的概率为 84％，不存在活度的概率为 16％。如果使用两个标准偏差，样品中存在活度的概率为 97.5％，不存在活度的概率为 2.5％。因为样品和本底计数率有它们自己的分布，当样品活度接近本底水平时，两分布的相互作用变得重要。当样品总计数值接近本底时，它们的分布重叠使得鉴别放射性来自样品还是来自本底变得困难。确定检出下限值的计数率定义为两分布曲线的重叠区域。

可以控制几个因素保证给定测量方法的检出限。因为目标就是探测和可靠测量样品中的低放射性水平,必须将探测器安放在低放射性本底(包括环境外照射率和大气放射性浓度)的区域。有些类型的探测器对外照射非常不灵敏,因而在这点上不存在问题。对于连续空气取样系统,特别是那些设计上测量α放射性的系统,天然存在放射性核素(因铀及钍衰变链引起的氡-222和氡-220的衰变产物)使这个问题更复杂。可根据仪器类型和数据/能谱转换方法,解决系统的α谱重叠和消除氡-222和氡-220的衰变产物的影响。

氡气体衰变子体产物,将保留在取样过滤器上。衰变产物自身有放射性,导致活度的内增长,与衰变链的第一级产物到达平衡。氡衰变产物的浓度很少与它们的母系气体达到平衡。室外的氡-222浓度通常是大约200 pCi/m^3,氡-220约5 pCi/m^3。因此衰变产物浓度总是低于氡的浓度。据了解,氡和氡衰变产物的环境浓度的变化达10倍,取决于大气压力、温度、土壤湿度和温度逆增。通常,每日的变化导致氡浓度在早晨到达峰值,在下午急剧地回落。

如果烟囱释放物包括镅-241或者钚-239,仪器必须能够分辨出发射α粒子的所有核素的放射性。如果系统依靠总α计数法,探测器不能识别不同的放射性核素。用总计数率结果代表保留在过滤器上被探测器探测到的放射性的总数。如果系统采用α谱法,探测器将分开α放射性并确定每一种放射性核素。镅-241衰变释放5.5 MeVα粒子,钚-239释放5.1 MeVα粒子,氡衰变产物释放的α粒子范围从6.0～7.7 MeV(主要的α放射体)。每一种α粒子探测的计数率存储在各自能量通道。因为放射性衰变的随机过程和α粒子相互作用,用一系列高斯分布表示放射性核素的存在,一个分布代表一种α粒子。这些放射会引起能谱重叠,重叠程度由系统分辨率决定。一种能谱影响到其他能谱,可以用手动或者经过算法解决。系统的能量响应通常分成许多对应区域,每一区域将确定一种放射性核素的存在。一种放射性核素在另外一种放射性核素对应区域的响应根据经验确定,或者在测量基础上计算确定。记下这些数据,建立矩阵和联立方程式,通过矩阵和方程式计算真实计数率和每一核素的放射性。

美国核管会的最大允许浓度值(MPC)对钚-239是1.0×10^{-12} μCi/mL,镅-241是4.0×10^{-12} μCi/mL。假设50%平衡,氡-222和氡-220的氡衰变产物的浓度分别是1.0×10^{-10}和2.5×10^{-12} μCi/mL。能看出钚-239和镅-241的MPC落在氡衰变产物的范围之内。在这样的条件下进行连续烟囱监测,如果过滤器是新的,系统启动后发现计数率快速上升,接着达到平直部分。平直部分表示两关键参数间达到平衡:(1)氡衰变产物在过滤器介质上的积聚;(2)氡衰变产物的放射性衰变。平直部分有时会上升或下落,由环境氡浓度的变化、过滤器灰尘载荷和取样流速决定。如果报警引发点按MPC一定比例设置,监测系统将最有可能产生假报警,这与周围氡衰变产物浓度的变化和增加相符。要调查报警原因,确定报警是(由于仪器故障的)假响应结果还是真实结果。取出微粒过滤器,进行一些实验室分析以确定放射性核素。为了证实天然放射性的存在,其中一个步骤是在特定的时间间隔对过滤器计数以测定氡衰变产物的放射性衰变。由于镅-241和钚-239都是长寿命放射性核素,如果反复分析发现存在短寿命的氡衰变产物,就意味着报警是由天然存在放射性引起而不是由焚烧炉运行引起。

几个其他因素可强化烟囱采样与监测系统的响应特征。这类因素有选择最佳能量响应的探测器,合理确定取样流速和选用响应时间短的仪器。确定取样流速考虑两个因素:(1)应当保证等速抽样;(2)流速应该足够高,以满足MDC目标。

探测器介质和相关电路[模数转换器(ADC)]的选择通常影响系统总体响应特性。对于能谱系统,ADC停滞时间由探测器的活度决定。停滞时间指仪器正以数字形式转换和存储数据,不能对来自探测器的其他脉冲做出应答的时间。停滞时间通常应当短(只有几个百分比),不能造成明显的数据丢失。系统对数据丢失进行补偿,运行时把时钟设置为"实时",对停滞时间进行自动修正。

仪器也可安装计算系统,自动执行能量校正,自动对能谱和数据进行换算,减去本底放射性引起的计数率。这些特性便于对数据和结果进行解读,便于系统运行。

4.3.4.2 辐射过程监测技术、运行原理和应用

实时辐射监测系统可在某些条件快速改变时警告操作员,可启动视听报警或激活有些部件。通常,取样系统跳闸机构在终止一个过程或隔离一个部件前发出警报,使操作员有足够的时间做出反应。在某些情况下,如果探测到的条件将引起不安全结果或者导致释放超过规定限值,监控器可自动终止焚烧炉燃烧。例如,烟囱大气放射性核素浓度的急剧上升可能表明废气处理系统的整体失效或者引入的废物的放射性浓度过高。

在其他情况中,焚烧炉的两个或多个工艺参数反馈给逻辑电路建立工作条件,保证燃烧的终止。例如,HEPA过滤器组的压力降突然丧失和放射性浓度(或者释放速率)迅速上升,表明HAPA过滤器整体失效。对于这种情形,燃烧应尽快被终止。辐射监测系统是否直接终止燃烧,必须考虑所采取行动对焚烧炉的潜在后果。温度突然冷却下来,将损坏炉子内衬耐热材料,扭曲一些内置部件,或者导致在燃烧室和灰烬接收器中某个部位堵塞凝固。较适当的动作是停止向燃烧室引入废物。对于固体废物,这些动作包括关闭推杆或者传送器停止往焚烧炉进料。对于液体废物,只是简单地关闭注射泵。对于配备复杂废气处理系统的焚烧炉,可用烟囱监测器来对废气释放改线,使废气通过备用HEAP高效空气过滤器。在这种情形中,报警跳闸会引起一个挡板关闭,另外一个打开。这些动作可在运行状况不受扰动的情况下完成,使得有时间对事故及其原因和纠正措施进行评估。

4.3.4.3 监测焚烧炉灰中的比活度

首先,灰烬从焚烧炉移出来后必须冷却。一些焚烧炉安装了环境辐射监测设备,但是安装这样的系统仅为了职业辐射防护目的。一些工厂还装备有环境大气浓度监测器,也是为了辐射防护的目的,因为在工作区域内,灰烬能形成空气污染,被工作人员吸入。

正常的步骤是手动收集灰烬和进行必要的放射性分析。灰烬的处理涉及化学萃取、称重以及分离。放射分析过程涉及范围广,包括总α和β测量,γ,X射线或α谱仪以及液体闪烁计量。因为灰烬样品的比活度通常较高,放射分析时间(也就是样品计量时间)有可能减少。高比活度的灰烬允许使用较小的试样量,这样样品处理方便和最小化分析废物的体积。分析方法的实施必须遵守建立的标准或者规范。

对灰烬还需要进行其他类型的监测,例如毒性特征浸出试验(TCLP),验证灰烬是否是有害物质。如果灰烬具有放射性,它必须作为放射性废物进行处置,处置废物需要符合废物接受规范。这个规范包括可接受的比活度,是否存在超铀核素及其比活度,核临界安全性以及衰变热等。

对用水泥或其他固化介质固化的灰烬,分析固化体的放射性核素在预期处置状况下的

浸出特性。同时,还必须验证固化媒质在特定处置深度与压力、水、微生物活动和辐射或化学反应引起内部变化或降解等条件下性能不会恶化。分析通常按确定的程序操作。如果灰烬在处置前固化,应首先进行试验规模的固化。固化的样品完全凝固后,进行一系列测试,测试结果必须与废物可接受规范相比较,确定固化样品是否符合废物接受规范。如果满足规范,可进行规模处理。

4.3.5 焚烧炉的尾气装置(空气污染控制系统)

焚烧炉尾气中的颗粒基本上通过过滤、分离和洗涤技术去除。但是,机械分离对去除挥发性或者半挥发性元素的化合物不是很有效,从废气中有效地去除这些成分,化学或物理化学或者固体吸附反应是必要的。下面叙述净化废气的设备部件。

4.3.5.1 通过过滤净化废气的装置

a. 高温陶瓷过滤器

高温陶瓷过滤器运行在593.3～1 903.3 ℃范围。在该温度下,过滤器元件的接触表面是红热的,烟气中未燃烧的颗粒在其表面上燃烧。在燃烧期间灰烬落在过滤器元件上并收集在过滤器外壳的底部。

高温陶瓷过滤器,由碳化硅制成,能在1 903.3 ℃下使用。安装在难熔衬里的外壳内部,圆柱形过滤器元件被悬挂在支撑板上。当运行压力降超过限值时,压缩空气反吹陶瓷过滤芯,以清洁过滤器。

b. 集尘袋式过滤器

织物过滤器(FF),又名为集尘袋式过滤器,用于去除悬浮的颗粒,比较像家用真空吸尘器上部的过滤器装置。FF还用作预过滤器,以减小HEPA过滤器的堵塞。FF用在温度相对低的环境(大约176.7 ℃),但必须保持在水和普通酸雾的露点以上。载有颗粒的气流进入到FF室并通过垂直悬挂的过滤袋时,在烟气中的颗粒被收集到滤袋里。通过不同的方法,定时去除滤袋中累积的颗粒。收集的颗粒掉在处于滤袋下方的收集斗里。FF有如下特点:

— 较高的捕集效率(包含小颗粒);
— 捕集效率与颗粒特性无关;
— 需要频繁的常规维护;
— 监测、检查和维护简单。

FF从气流中去除悬浮的颗粒,捕集在多孔织物的表面。净化的气体从排气管排出。过滤器收集的颗粒在过滤器的表面上形成一个灰饼。当灰层成形时,颗粒穿透变得更加困难,这将增加穿过过滤器的压力降。实际上,灰饼代表已经达到高效收集颗粒的目的。FF通常通过内部加热或绝缘,保证装置的温度在运行需要的最小值以上,阻止会引起过滤袋堵塞和腐蚀的冷凝。当温度有可能降到气体露点以下时,在启动和关闭期间控制温度特别重要。FF的最高运行温度受织物的工作温度所限制。许多普通的过滤织物,运行温度最高值在260 ℃以下。FF上部装有火星捕集器,防止火花和热飞灰烧着过滤器。

当过滤器被灰尘涂覆时,效率最大。但是,太重的涂层将使穿过过滤器的压力降过高。

穿过FF的压力降是一个重要的参数，它直接关系到鼓风机的成本。FF的压力降通常为25～152 mm水柱。过滤器需要定时清扫，当去除累计的灰尘时，不要去除太多的灰“饼”，否则当新的灰“饼”形成前将出现过多的灰尘渗滤。FF有四种主要的清除形式：脉冲喷射、逆流气体、振动器和声波。

脉冲喷射系统利用高压力空气清除过滤器，如简图4-18所示。高压空气使滤袋膨胀，让内部的灰“饼”破裂。当空气排出时，袋子又恢复到它们原先的形状，灰“饼”掉进收集斗里。脉冲喷射装置能用于在线清除，使装置连续运行。可从收集器外部维护过滤器，使维护工作在干净、安全的环境下进行。这种强劲的清除技术将限制过滤袋的寿命。

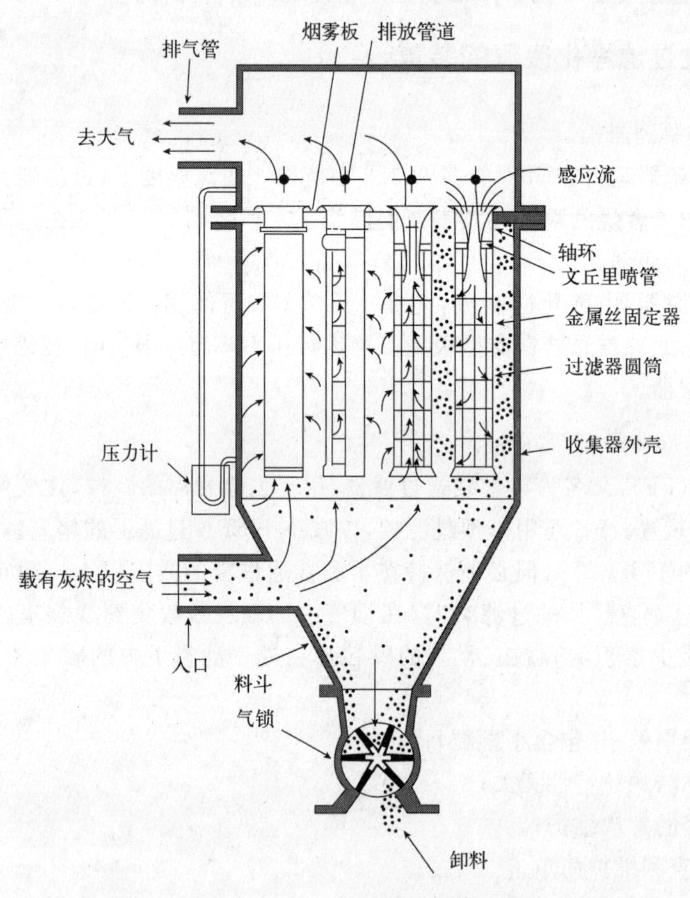

图4-18 脉冲-空气-喷射型袋过滤器

逆流空气清除集尘系统如图4-19所示，废气进入FF并从内到外通过袋子。清除期间FF必须分成几个模块，各模块与整个过滤系统脱离。低压空气从袋子的外部进入，压缩袋子并使内部灰饼破裂，掉进收集斗里。用相对较低的压力完成清除，使得袋子的寿命延长。对于容易损坏的织物，首选这种方法。

振动器清除系统如图4-20所示。以圆形轨迹移动袋子顶部，使袋子在长度方向形成波

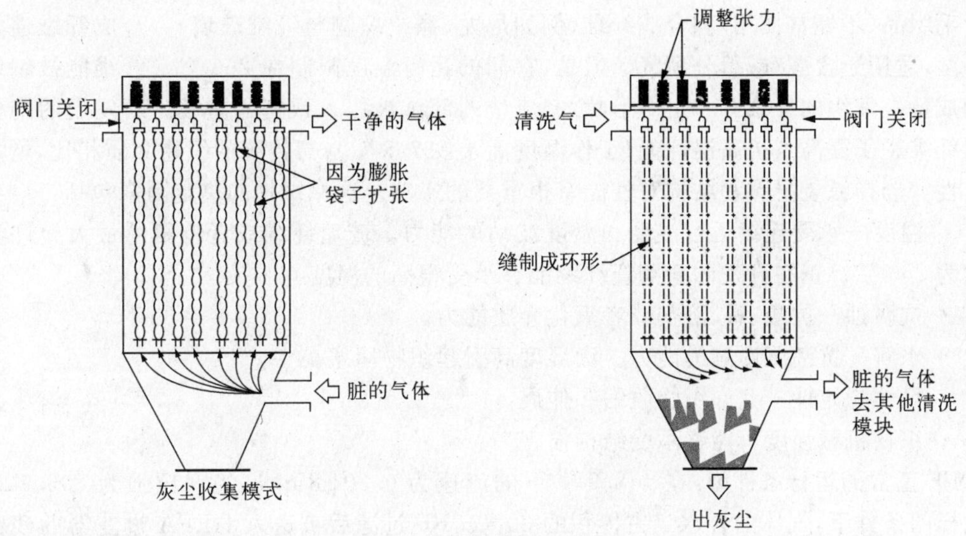

图 4-19　逆流空气清除集尘室

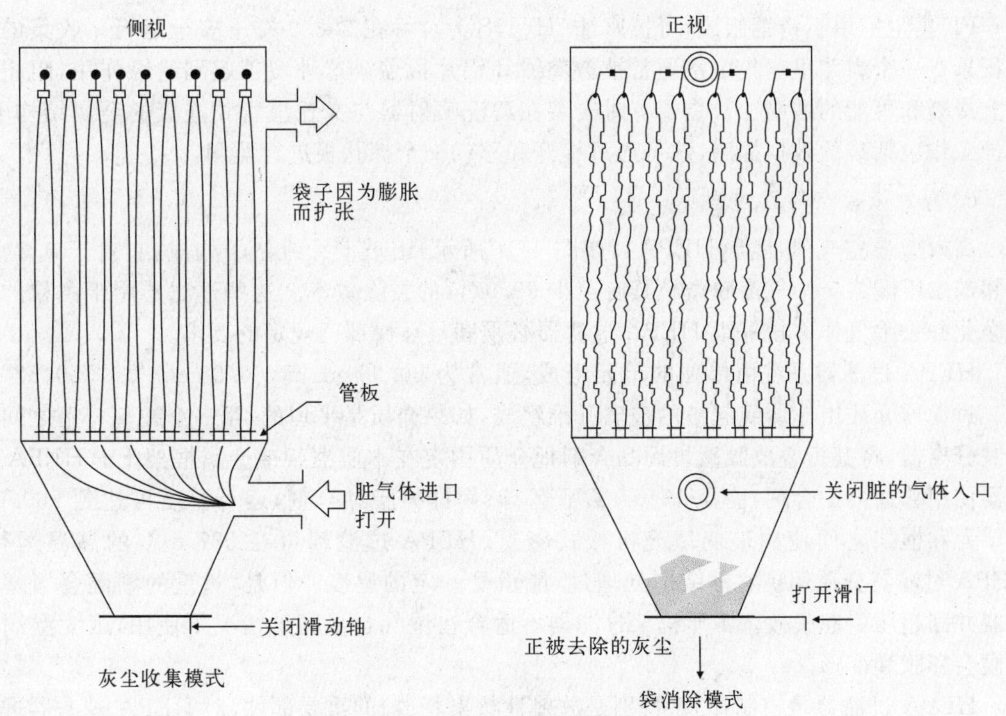

图 4-20　振动器清除集尘室

动，导致灰饼破裂并掉进收集斗里。对于这种清除技术，袋子必须具有良好抗磨损性能。另外，离线清除处理单个袋子。

声波清除系统是得到发展的另一种清除方法。声波能量进入过滤装置，产生加速力，从织物上除去灰尘。

滤袋的织物通常是有机织物，具有相对大的格子，直径超过 50 μm。纤维类型包括棉花或者毛织品(不经常使用)和合成纤维(例如尼龙、涤纶织物与纤维玻璃)。合成纤维通常能抗潮湿,适用于含酸/碱组分烟气。但是,它们的运行温度限制在 260 ℃。纤维能被编织或者制成毡。编织的纤维有一定的形状,制成毡的纤维被压入致密的垫子。新发展的陶瓷和金属纤维袋子提高了抗高温性能(工作温度高于 537.8 ℃);与传统的织物介质相比,增加了耐久性。选择滤袋材料和结构对性能有很重要的影响。选择织物的决定因素包括:

· 温度—承受连续运行温度和温度波动的能力。玻璃纤维或者特氟纶最大允许温度通常为 260 ℃。正在开发的新陶瓷纤维能够承受很高的温度。

· 抗腐蚀—抗酸、碱、溶剂或者氧化介质能力。

· 水解—抗潮湿影响的能力。潮湿度高引起织物堵塞。

· 尺寸稳定性—允许织物收缩和伸展。

· 织物机械强度—能够承受结构损害。

FF 正常的运行条件为:在 148.9 ℃下的流速为 0.304 8 m/s,绝对压强为 206.9 kPa。在这样的条件下,气体的含水量占体积的 30%。FF 过滤后被送入 HEPA 过滤器的残留灰烬量是十分低的。FF 过滤器有超热保护,也就是温度警报器会自动打开袋式过滤器的旁路阀门。如果使用玻璃纤维,运行温度控制在 204.4~279.4 ℃的范围内。

FF 集尘室由不锈钢制成,可抗腐蚀(HCl,SO_2),可在 398.9 ℃下安全运行。收集的灰尘积累在一个料斗里。集尘室通常被玻璃绒和铝片覆盖。这种覆盖起到绝缘作用,阻止在壁上冷凝和可能的酸腐蚀。袋子有时安装在清洗喷射器与文丘里管相连接的金属结构上。维护工作包括袋的破损探测,这可通过旋开和移动一个探孔板进行监测。

c. 高效微粒空气过滤器

高效微粒空气过滤器(HEPA)(如图 4-21 所示)由玻璃纤维垫子构成,它对于 0.3 μm 的邻苯二甲酸二辛酯气溶胶微粒具有至少 99.97%的去除效率。这些过滤器用于微粒的最终净化并去除气体。核等级 HEPA 过滤器必须满足环保部门规定的要求。

HEPA 过滤器系统由单独的单元组成,通常为 60.96 cm 高,60.96 cm 宽, 350.52 cm 深。过滤器介质由非纺织起皱的玻璃纤维组成,如果介质是平坦的,用一个在每一褶之间的起皱分离器,将其折叠成皱褶。用黏合剂把介质固定在木质框架或金属框架上。HEPA 过滤器使用普通的黏合剂,能在 121.1 ℃下运行;用硅树脂黏合剂,运行温度可达到 260 ℃。在单元和框架之间使用玻璃填充机械式密封,HEPA 过滤器可在 537.8 ℃的高温运行。HEPA 过滤器介质用抗水黏结剂处理过,能承受一定的湿度。但是,过量的潮湿会堵塞过滤器并因超压引起失效。木质框架过滤器不适合在湿气含量高的情况下使用,因为湿润的时候会膨胀和变形。

HEPA 过滤器是控制释放(特别是放射性核素释放)的重要部件,对 HEPA 过滤器进行压力监测以保证它的工作有效性。HEPA 过滤器最大压力降设计为 25 mm 水柱。50 mm 水柱的压力表明过滤器被弄脏并且已经达到它的使用寿命。HEPA 过滤器的使用寿命取决于废气中的微粒数量,能通过在释放控制系统的前端部分去除较大微粒而延长。其他可能导致过滤器失效的因素包括高温和压力。HEPA 过滤器的密封剂在高于设计温度下使用一段时间会失效。运行压力高于 HEPA 的设计压力可能导致过滤器介质断裂。正常过滤器压力降的减少,显示过滤器介质发生断裂。

必须按美国军用标准 282 号[Mil-Std-282,过滤器 DOP(邻苯二甲酸二辛酯)烟尘穿透

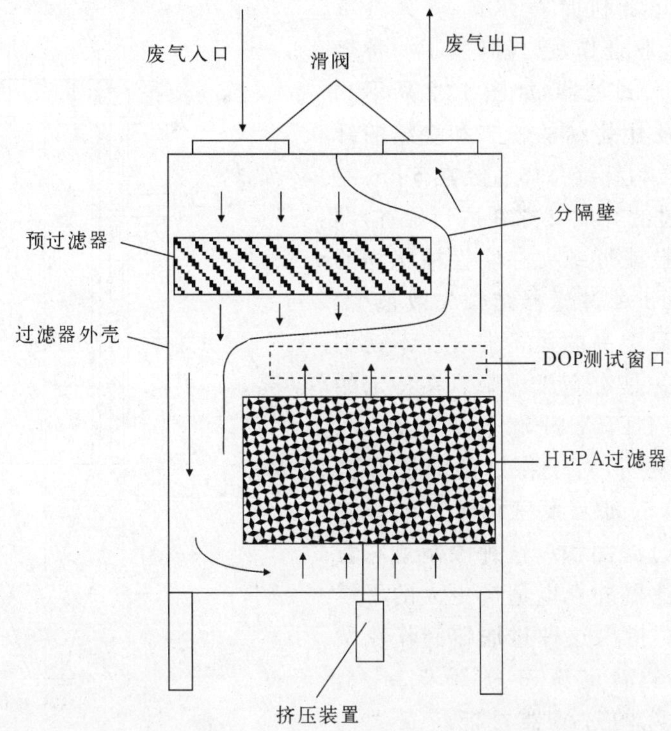

图 4-21 卡尔斯鲁厄 HEPA 过滤器简图

和空气阻力]对核等级 HEPA 过滤器进行测试。因为用通过加热产生的 DOP 微粒来测试过滤器,Mil-Std-282 程序称为“热”DOP 测试。为形成单分散性的气溶胶,使用射线透度计保证 DOP 微粒大小(0.3 μm)均匀。

需测试的 HEPA 过滤器在测试箱中密封,以保证通过垫圈或者框架的任何渗漏计入总渗透。通过过滤器的总渗透不超过 0.03%(即效率在 99.97%以上)。这一效率代表了这种微粒过滤器的平均效率。过滤器的某些微小部位(垫圈、框架或者元件)可能具有较高的渗透性,但是,通过过滤器的清洁空气体积较大,使这些渗透性变弱。20%的流量测试能帮助察觉主要的小孔渗漏,这些小孔渗漏可能在满流量测试中未被察觉到。20%流量测试的小孔渗漏大约为 100%满流测试的小孔渗漏的 25 倍。这是因为空气通过小孔时,空气收缩与速度的平方成函数关系。

即使所有的核级 HEPA 过滤器通过工厂测试,在过滤器装运到使用设施前,都应对其再次进行测试。HEPA 过滤器安装时要在适当位置进行测试——可用 ANSIN510(测试核气体净化系统的标准)进行测试。这种实地测试被称为“冷”DOP 测试,用多分散的 DOP 气溶胶完成,DOP 气溶胶的粒度范围在 0.1～3 μm。它常用来发现系统中出现的任何泄漏,这种泄漏可能是装运或安装 HEPA 引起的,这不是效率测试。冷 DOP 测试要求被引入到气流中的测试气溶胶在 HEPA 系统足够远的上游,以保证适当的混合。

新型的 HEPA 过滤器正在开发,主要是围绕设计与材料。新的 HEPA 过滤器设计依靠有机玻璃纤维织物和铝分离器的使用。这些改进降低了过滤器遭受结构上失效和突然爆裂的可能性,允许过滤器在较高的温度下使用。

在美国，劳伦斯利弗莫尔国家实验室(LLNL)与工业企业合作，已经开发了一种烧结的不锈钢 HEPA 过滤器（如图 4-22 所示）。不锈钢过滤器介质用烧结的粉末和烧结的纤维做成。粉末颗粒和纤维总体直径在 5 μm 左右。用钢网丝将过滤介质支撑在适当位置，即钢丝网将粉末颗粒或纤维夹在刚性褶状物的中间。不锈钢 HEPA 过滤器结构失效很少，比玻璃纤维能承受更高的运行温度。不锈钢过滤器的限制之一是有高压力降。在特定的流速下，不锈钢 HEPA 过滤器必须较大。LLNL 表面测试表明，对于特定的流速和微粒，不锈钢 HEPA 过滤需要三倍于玻璃纤维 HEPA 过滤器的过滤面积。这种限制意味着必须安装新的过滤器外壳以适应更大的不锈钢过滤器。LLNL 指出这种过滤器制作花费昂贵，据估计一个额定流速为 28.3 m^3/s，25 mm 水柱压力降的过滤器可能花费大约 ＄200 000，传统的玻璃纤维 HEPA 过滤器花费大约为 ＄200。

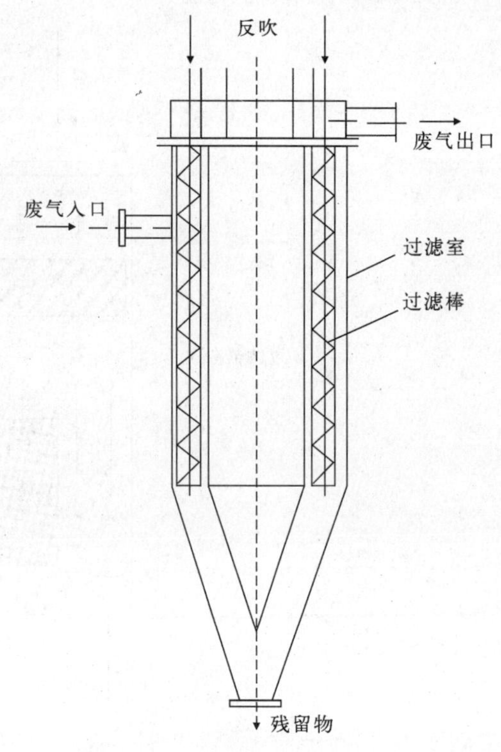

图 4-22 烧结金属过滤器

注：过滤室——因科镍尔合金 600；
过滤棒——因科镍尔合金 600。

除焚烧释放控制之外，HEPA 过滤器用于所有核设施的空气控制。实际上，用旧了的 HEPA 过滤器是一类数量相当大的废物。旧的 HEPA 过滤器构成了一种大体积、低密度废物，它由木质或者金属框架、有机黏合剂和垫圈、玻璃纤维介质等组成，用于低放废物的 HEPA 过滤器可通过焚烧处理。太平洋西北实验室(PNL)用模拟的超铀废物进行了 HEPA 过滤器的焚烧测试。测试在三个焚烧炉上进行：电加热的控制空气焚烧炉，气加热的控制空气焚烧炉和旋转炉。测试证明，这三种焚烧炉都能有效地处理 HEPA 过滤器。

与其他过滤器相比，HEPA 过滤器的载荷能力是相当低的。考虑到这个原因，HEPA 过滤器通常用预过滤器进行保护，特别是运用在高浓度灰尘的情况下。如果灰尘的浓度超过 0.090 kg/m，建议使用预过滤器。HEPA 过滤器的运行参数如表 4-9 所示。

表 4-9 HEPA 过滤器的运行参数

	范 围	注 释
温 度	最大值 121.1 ℃	— 微粒板结构和橡胶基质黏合
	最大值 260 ℃	— 钢结构和硅黏合
	最大值 537.8 ℃	— 钢结构和玻璃包装密封
流 速	0.033～1.259 m^3/s	
压力降	25 mm 水柱	— 额定流速的清洗压力降

续表

	范 围	注 释
	50 mm 水柱	— 载有微粒的压力降
湿 度	0～95％	应当避免冷凝
颗粒载重	最多到 2.04 kg	取决于粒度、湿度和过滤器的表面积
效 率	99.97％	用邻苯二甲酸二辛酯测试过
腐蚀性气体	在气流中，最多出现的是 NO_x，HNO_3 和 HF	使用抗酸纤维（诺梅克辛或者 Kerler）、分离器和密封剂

4.3.5.2 分离净化废气的设备

a. 旋风分离器

旋风分离器可去除气流中大于 10 μm 的微粒，通常用于其他净化设备之前，例如静电沉降器或者集尘室。旋风分离器经常使用在旋转炉的主燃烧室下方。旋风分离器的工作原理如图 4-23 所示。

旋风分离器通常包含在预过滤处理中，从烟气中去除大的颗粒。旋风分离器能在较高的温度下运行，它没有活动部件，使得运行简单。旋风室产生漩涡气流，使悬浮颗粒加速靠近室壁。颗粒从气流中分离出来并撞击在旋风室壁上。旋风分离器垂直竖立，微粒在重力作用下掉进收集料斗。

旋风分离器去除效率取决于气体速率、粒度分布、密度和组分。旋风分离器的主要限制是不能有效地去除直径小于 5 μm 的颗粒。对于小颗粒，因惯性分离力低，小颗粒更倾向于仍悬浮在气流中。旋风分离器的分离效率能通过增强气体的漩涡速度，增加颗粒的惯性分离力或者动量得到提高。通过减小旋风室的直径或者增加气流速度能有效地提高效率。旋风分离器的效率对于灰尘载重不敏感，实际上，在较高的载重下，颗粒的相互作用会增加旋风器的效率。

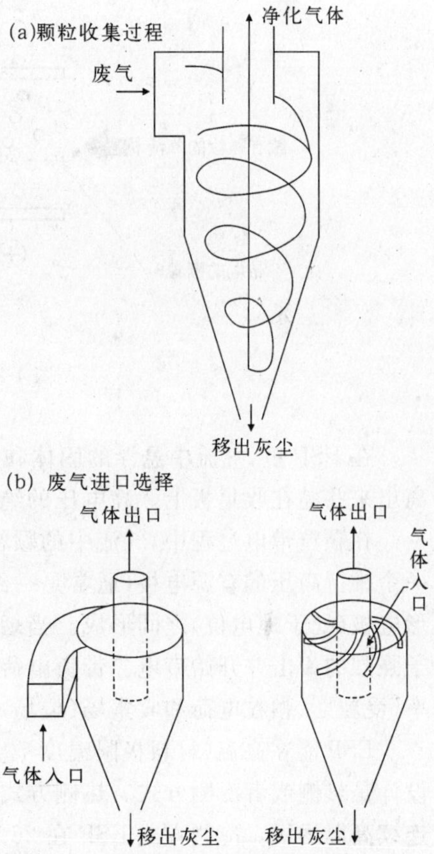

图 4-23 旋风分离器运行示意图

旋风分离器的效率与静电沉降器和织物过滤器相比，通常是较低的。对于亚微型颗粒，旋风分离器效率低于 20％。效率与粒度成线性变化，效率范围通常是 5％（对于 0.5 μm 的颗粒）到 50％（3 μm）。

b. 静电沉降器

静电沉降器(ESP)是普通的空气净化设备,它已经在美国和其他国家运行了许多年。ESP 通常可以从气体中有效地去除小颗粒。ESP 有多种设计,能在干燥或湿润环境或冷气条件下运行。ESP 有以下显著特性:

— 高捕集效率;

— 捕集的颗粒小(0.1～1 μm 的颗粒);

— 自动控制;

— 常规维护少。

ESP 有若干优点,最显著的优点是高捕集效率和气体压力降低。ESP 的工作原理如图 4-24 所示。

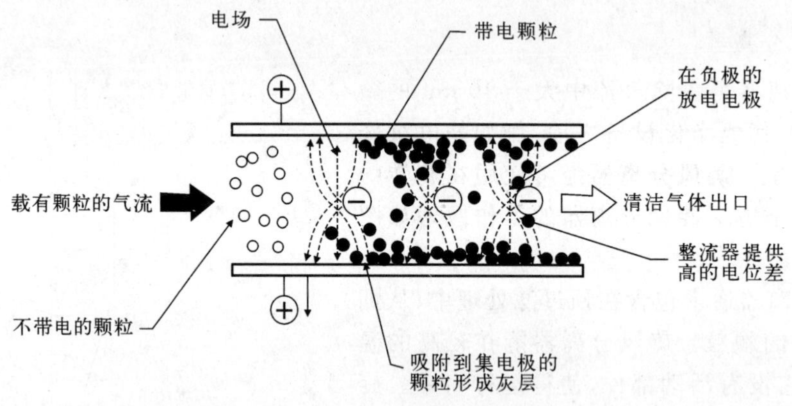

图 4-24 ESP 的颗粒收集过程

在 ESP 里,气流中悬浮的固体和液体微粒带正负电荷,电场使带电荷微粒从气流中分离出来并黏在收集板上。高电压的绝缘是必要的。电力供应为直流电(25～50 kV)。

在颗粒带电过程中,气流中的颗粒通过高压电晕放电产生的阴离子电流带电。电晕在一个维持高压的有源电极(通常是一细金属丝或者负极性板)和一个光滑的圆柱形电极或板形电极(处于地电位)之间形成。当烟气经过电极附近的时候,经过电晕场的颗粒遭到阴离子强烈的轰击并开始带电。带负电荷的颗粒被吸附到接地的收集表面上。颗粒的“移动速率”受粒度、颗粒电荷和收集场(电场)强度的影响,通常在 0.03～0.91 m/s。

ESP 能在高温(材料极限温度 704.4 ℃)和低温(低于烟气组分的冷凝点)下运用。ESP 设计是热侧或者冷侧方式。热侧方式 ESP 有较大的收集板面积并用适当的钢材做成,用于连续高温运行。冷侧方式 ESP 在 26 ℃(气体温度)以下运行。ESP 通常的结构是一根金属丝(或棒)放电电极,安置在两收集板之间的中心距上。ESP 壳体内有许多平行收集板通道,通道内相隔一定间隔悬挂金属丝(或棒)。板被进一步分成若干区域,通常每一区域用自己的电源装置通上电压。一负高压直流电源应用于放电电极,收集板接地。高压直流电源通过电离气体在金属丝-板之间产生电晕。电晕造成从放电电极负极传到接地收集板的负离子雪崩。悬浮的颗粒经过金属丝-板空间时,被负离子轰击,开始带电。在金属丝与板之间,高压电流产生电场,带电颗粒被吸附到收集板。

ESPs分成三种类型：金属丝-板型、平板型和圆筒形。

金属丝-板型ESP简图如图4-25所示。它由平行的、薄的金属板组成。板的收集表面有悬挂在板与板之间的金属丝电极。

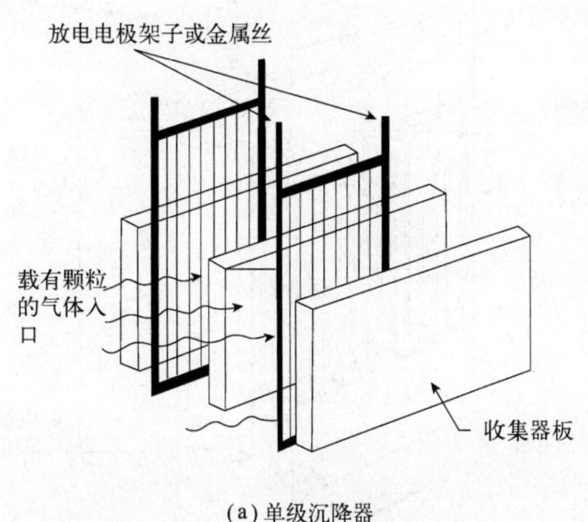

(a)单级沉降器

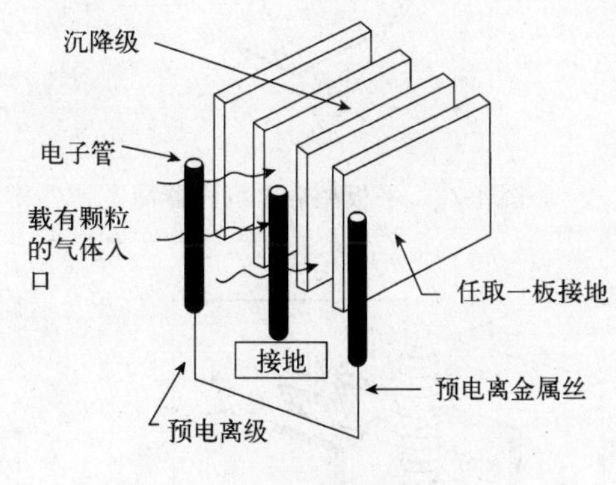

(b)两级沉降器

图4-25 单级和两级金属-板静电沉降器原理图

平板型ESP如图4-26所示。不同于金属丝-板型的地方是电极由平板组成而不是金属丝。板增强了用于收集颗粒的电场，使得收集区面积增大。但是，平板型ESP运行只有一小点或没有电晕，这导致收集率很低，特别是在气体速度快的时候。

圆筒型ESP简图如图4-27所示。它是由圆形或者多边的、起着收集表面作用的排列管道和位于每一个管道盘中间的放电电极组成。

在ESP中，通常电极有两种设置：单极或两级，如图4-25所示。在单级设置中，放电和收集电极在一个室里。在两级设置中，放电电极布置在第一室，在这里使颗粒带电。收集电极被放置在第二室，位于第一室的下游。在第二室里，颗粒从气流中去除。

ESP用一内部或者外部振动系统去除在收集板上的灰层。内部的落锤振动系统对收集板提供较高的作用力，但是，外部系统更容易操作。静电沉降器的操作范围通常取决于废

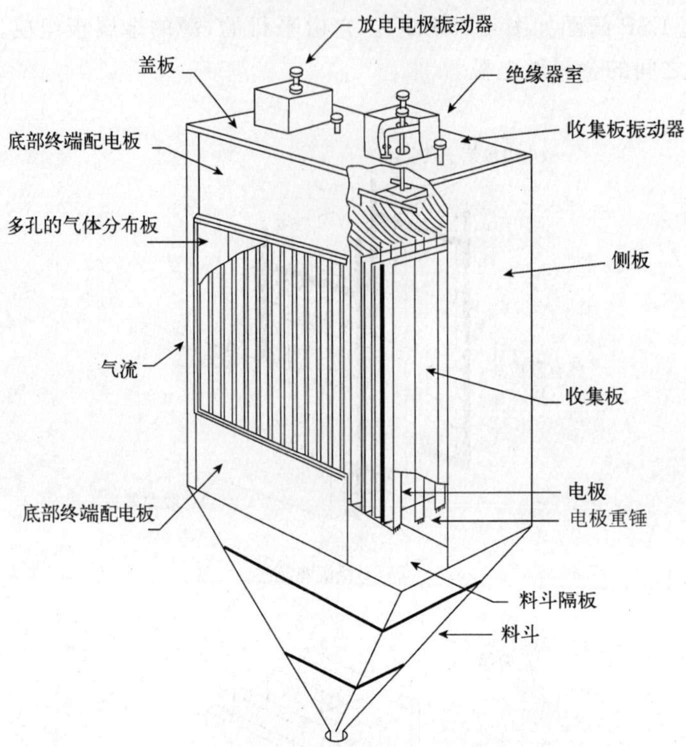

图 4-26 平板型静电沉降器简图

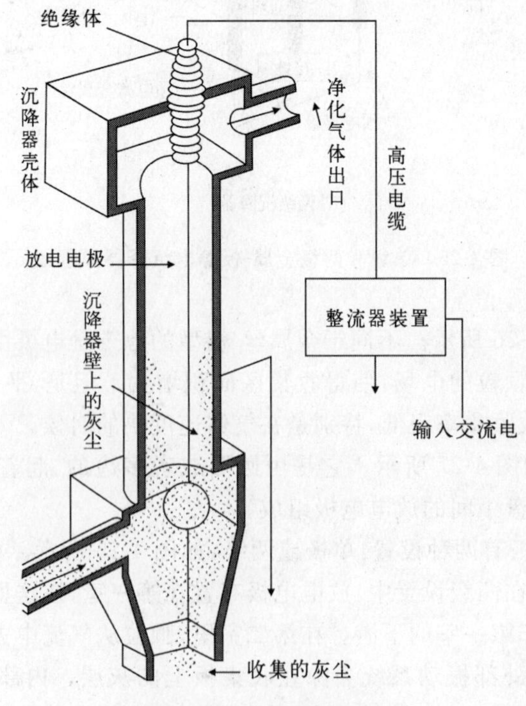

图 4-27 圆筒型沉降器

气速率、导电物质或者水滴的存在。额定温度范围在 148.9～171.1℃。维护重点主要是清除沉积的碳氢化合物，它能导致短路，腐蚀收集板和使收集器板的载荷过高。

c. 湿静电沉降器

湿静电沉降器(WESP)除在入口处有一个湿喷雾器用来冷却气流、吸附气体和收集粗糙的颗粒之外，WESP 和 ESP 相似。此外，收集电极被弄湿以冲去收集的颗粒。

如图 4-28 所示，湿静电沉降器（WESP）利用水冲洗掉收集表面上收集的颗粒层。WESP 必须在冲洗液体（水）的绝热饱和温度或者此温度以下运行，因此液体不会被蒸发。有几种类型的 WESP，取决于不同的冲洗方式。

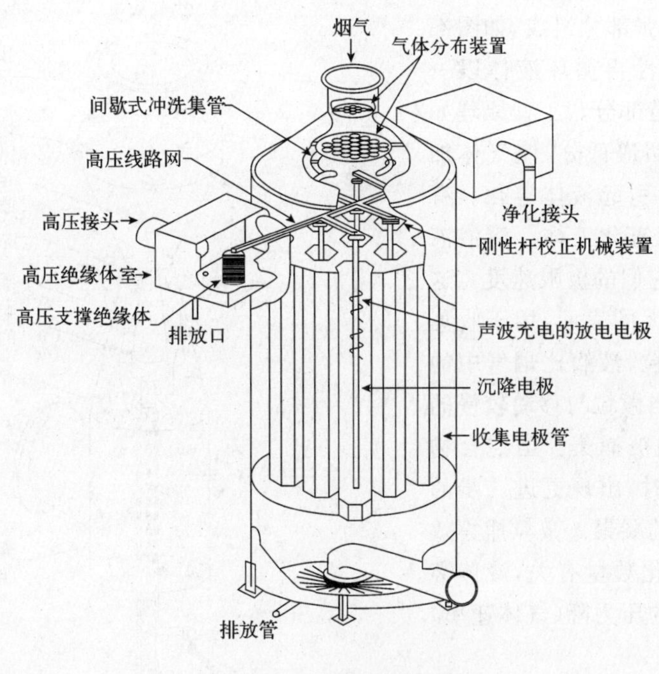

图 4-28　湿静电沉降器

- 自我冲洗—捕集到的液滴润湿收集表面。
- 喷射冲洗—喷嘴连续冲洗收集表面。
- 间歇式冲水冲洗—按干燥沉淀器运行，定时用水冲洗代替振动。
- 膜冲洗——连续的液体膜冲洗收集表面。

WESP 的操作程序包括维持适当的液体/气体比（通常在 0.67∶1）和一个压力降（2.5～25 mm 水柱）。日常维护包括定时冲洗以阻止颗粒积累在壁上和消除喷嘴的堵塞。

d. 除雾器

除雾器的功能就是去除废气中的液体颗粒飞沫，通常安装在洗涤器的下游。除雾器一般由精细金属丝网眼或者波片组成，维持一定空泡空间（大约 99%），收集表面大，将由夹带固体微粒造成堵塞的风险最小化。通常，除雾器的前面安装一个冲洗喷嘴。除雾器可以安装在洗涤器的顶部，使收集到的液体能直接排回到洗涤器中。

除雾器的压力降不能超过 100 Pa。运行温度范围在 50～90 ℃。构造材料可以是聚丙烯、聚乙烯或者其他的合适材料。

4.3.5.3 洗涤净化废气的设备

洗涤设备的主要功能是去除废气中的 HCl，SO_x，NO_x和 HF；第二个功能是冷却废气，并去除废气、气溶胶和水蒸气中的放射性核素。

a. 文丘里洗涤器

传统的文丘里洗涤器由收缩部分、咽道部分和扩张部分组成，如图 4-29 所示。通常碱性再循环液体以一个角度注射进咽道部分。工程原理如图 4-30 所示，在咽道部分，使气体加速到一个高速率，引起液体雾化。有些情况下，用喷嘴雾化液体。溶液液滴于是被加速到它们的极限速度。这些液滴产生一个大的表面，用于收集在烟气中的细颗粒，液滴比烟气中的颗粒大许多倍。当微粒与移动较慢的液滴相撞时，它们被捕集。当混合物在扩张部分减速时，出现更进一步的碰撞并引起液滴的凝聚。微粒捕集效率主要与液体雾化数量有关，液体雾化量与穿过设备的压力降（气体速率）成比例。

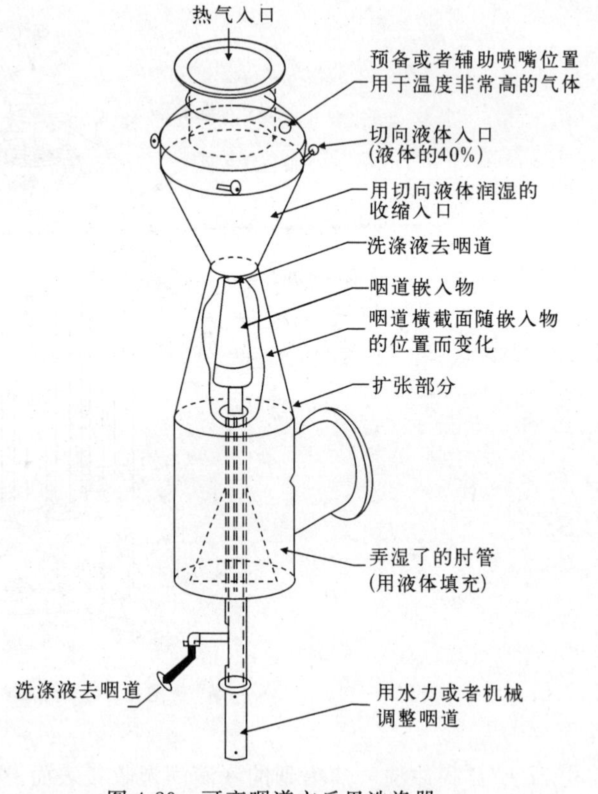

图 4-29　可变咽道文丘里洗涤器（带湿的肘管）结构示意图

一旦微粒被液体捕集，用分离器（例如，旋风器、除雾器、涡旋叶片）从净化的气体中去除液体。

文丘里洗涤器显著的特征就是设计有一个收缩的咽道部分，它引起了烟气流的加速。洗涤液从咽道的入口进入并被高速的烟气流剪切成液滴。咽道下游的湍流区域促进气体与液滴完全混合。当液滴减慢下来，通过离散的部分时受到撞击而凝聚，并通过重力从净化的气体流中分离出来。

如图 4-29 和 4-31 所示，文丘里洗涤器利用两种方法中的一种：湿润或者非湿润法。

当进入文丘里管的气体不是饱和的时候，用湿润法。这种方法在文丘里管的收缩部分形成了液体的保护膜。在咽道的上游，液体被引入并沿着收缩面流入咽道，在那里它被雾化。气体蒸发冷却并在接近饱和的状态下到达咽道。当入口气体是热的以及大量液体需要蒸发时，则用非湿润方法。非湿润方法限制亚饱和气体进入咽道。如果热气体进入咽道，它

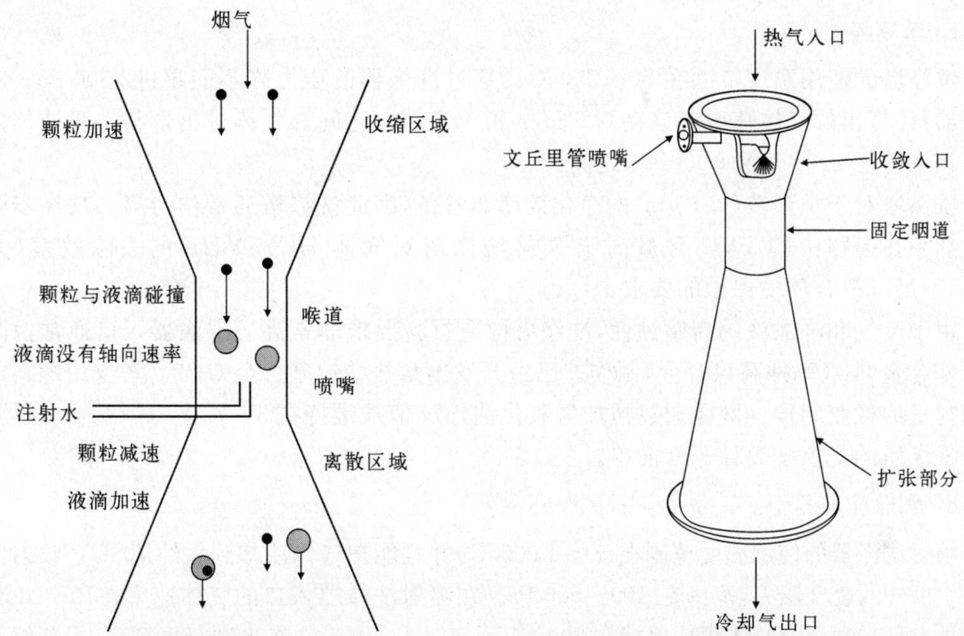

图 4-30　文丘里洗涤器的工作原理　　图 4-31　未湿润的、固定咽道的文丘里洗涤器

们将使水滴蒸发并降低设备捕集颗粒的能力。进入洗涤器的烟气被水完全饱和时洗涤器工作最好，注射的液滴没有蒸发的趋势。蒸发作用产生水蒸气，从水滴靶的表面散逸出来，抑制较小烟气颗粒的捕集。如果液体被冷却到气体温度以下，小颗粒的捕集将被加强。出现这种情况归结于来自烟气的水蒸气在液滴靶上的凝结具有使颗粒向靶表面移动和聚集的趋向。洗涤器的维护要重视腐蚀。

b. 填充塔洗涤器

填充塔洗涤器如简图 4-32 所示，在洗涤器中装填充料。液体从底部注入，通过填充料，填充料是块状物，例如球状物、鞍形物、环形物或者随机成形固体物。烟气进入塔的底部然后向上流动，通过填装物与从洗涤器顶部引入的液体对撞。填装物使烟气慢下来，使气体和液体散开，增加了气体接触液体的表面积，产生高的去除效率。填充塔运行主要问题为：气体速度变化阻碍液体在填充塔的移动，固体的沉降堵塞填充塔。

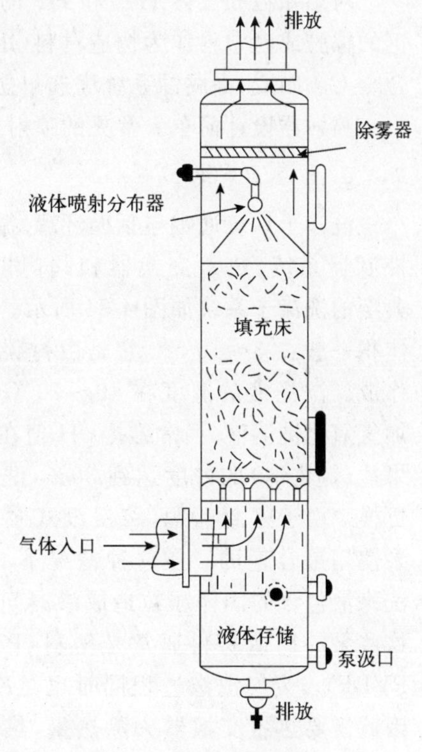

图 4-32　填充塔湿洗涤器

填充塔操作和维护重点主要是控制水流、水位、气流速率、塔水分布和污水池位置。拔去水流系统的塞子，消除在塔内部的泥浆累积并维护泵。去除 NO_x 和 SO_2 的效率，通过添加氧化剂，例如氧气或者过氧化氢来加强。

c. 洗涤塔

洗涤塔的使用温度范围在50～250 ℃。穿过洗涤器的压力降不能超过2 500 Pa。对空洗涤器，计算出的气体速率应该在0.5 m/s和1.5 m/s之间。气体进出量与洗涤液体的比例应该维持在200：1和1 000：1之间。

洗涤塔对于小颗粒(<1 μm)的净化效率非常低，因此洗涤塔通常作为第一洗涤步骤使用。如果在废物中的PVC含量高于3%，洗涤塔对气体HCl和HF的去除效率(大约90%)不足以符合环境保护的要求。

由于废气和洗涤液的高腐蚀性，洗涤塔构造材料要求非常高。洗涤器入口通常由耐盐酸镍基合金C-4(一种高镍合金)制作。已经开发出耐盐酸镍基合金C-22。塔身用塑料或者碳钢衬里的橡胶制作。液体通过添加氢氧化钠，pH值被维持在3～7。

洗涤塔的优点是设计非常简单。

d. 喷射洗涤器

喷射洗涤器的使用温度范围在50～1 000 ℃，并且能把气体冷却到大约70 ℃。喷射洗涤器产生额外的废气压力，范围在100～500 Pa。在喷射洗涤器入口的气体速率在10～20 m/s。气体进出量与洗涤液的体积比保持在200：1到50：1。由于洗涤水进行再循环，用新鲜水弥补蒸发损失的水量。洗涤水大约一周更换一次，每一周产生大约800升二次废水。

对小颗粒和气体HCl和HF的净化效率，喷射洗涤器和洗涤塔具有同样范围。衬有碳钢的橡胶或者塑料作为构造材料(用于洗涤器和分离容器)。洗涤器入口通常用耐盐酸镍基合金C-4制成，高腐蚀系统优选耐盐酸镍基合金C-22。

喷射器设计简单。常见的喷射器设计如图4-33所示。

e. 洗涤子系统

洗涤子系统通常包括循环罐、循环泵、pH控制器系统、热量交换器和阀门以及管道。典型的洗涤子系统如图4-34所示。循环罐的体积一般在3～10 m³，它是由衬碳钢的橡胶作成。洗涤液的温度在40～70 ℃。通过添加氢氧化钠溶液，经常维持pH值在3～7。如果盐(氯化钠)的浓度达到30%，洗涤液分批更换。由于密封问题，将浸没式泵作为循环泵使用是合理的。在这种情况下，可以避免洗涤液包含的固体颗粒造成渗漏问题。用于这些泵的构造材料通常是塑料(PTFE或者PVDF)。废气洗涤过程同时也是冷却过程，因此需要热量交换器去除热量，热量交换器的运行温度范围在30～50 ℃。石墨被用作构造材料，石墨热量交换器的使用寿命大约是8年。用于洗涤液的管道和阀门通常是用塑料做成的，例如PTEF，PVDF，PP或者

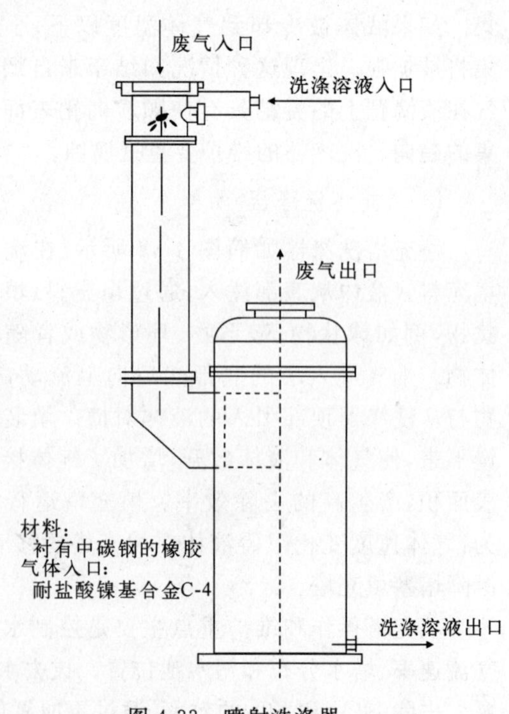

图4-33 喷射洗涤器

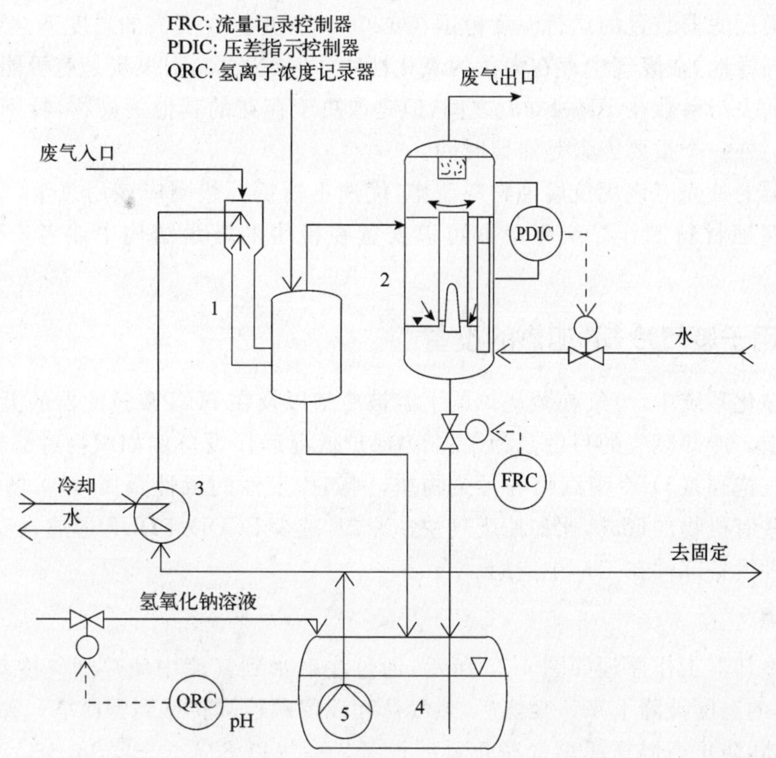

图 4-34 洗涤子系统的流程图

1—喷射洗涤器;2—高效文丘里洗涤器;3—热量交换器;4—循环罐;5—循环泵

PVC。由于运行温度的关系,最好的构造材料是 PVDF。

要在废树脂处理设施中净化废气,洗涤子系统需要添加过氧化氢的额外设备(如进料系统)。另外有时候也需要过滤器去除洗涤液中的固体颗粒。

4.3.5.4 通过吸收或者吸附净化废气的设备

机械分离对于去除挥发性和半挥发性元素与化合物没有效果。需要化学或者物化反应去除来自废气中的上述成分,可使用液体吸附和固体表面吸附法。

a. 液体吸附法

对于液体吸附,水或者特殊的化学溶液被喷射进气体流中或者让气体通过液体泡沫。那些在溶液中可溶的或者发生反应的废气成分被去除。4.3.5.3 节的装置能够达到这个目的和作用。

b. 固体吸附法

吸附主要发生在活性表面,通常是由表面材料与成分之间特殊的或者一般的相互反应引起的。通过石灰石或者氧化钙吸收酸性气体的化学作用也可以利用。

当焚烧的废物中存在碘时,需要炭吸附器从废气中去除它。用于这样的洗涤器的炭通常用碘化钾或者有机胺浸渍以提高吸附能力和速率。当使用碘化钾时，通过同位素交换发生吸附。这类过滤器装置的运行温度范围在120～150 ℃。在更高的温度下，会发生解吸和自发燃烧。同样地，在废气中存在大量的氧化性物质时(NO_x)，引燃炭是有可能的。

炭对碘的去污系数在10～1 000之间，但是取决于存在的其他污染物，特别是被净化废气的湿度。另外一个重要因素是滞留时间。

炭吸附器的外壳应该用抗腐蚀材料制作，优选不锈钢。垫圈应该用氯丁(二烯)橡胶或者类似的耐腐蚀材料制作。炭吸附器可以安置在模块的塔盘结构中或者安置在单个装置中。

4.3.5.5 用于废气冷却/加热的设备

在废气净化系统中，废气在焚烧炉的下游被冷却以及在HEPA过滤器的上游可能被加热到露点以上。冷却废气的目的是为了：(1) 保护低温运作设备例如织物过滤器；(2) 在湿洗涤前使废气饱和；(3) 冷凝汽化的污染物质，例如挥发性的毒性金属；(4) 防止飞灰催化反应引起某些有机物的形成，比如使废气快速冷却，减少PCDD/PDDF形成；(5) 回收热量。当前已有多种设备部件在工厂中应用。

a. 骤冷塔

水骤冷冷却器工作原理如图4-35所示，通过注射水到气流中使热烟气冷却，当水喷射气体时，气体的温度被降下来。焚烧后，热气体和残留颗粒被转移到骤冷塔。骤冷塔冷却焚烧炉的热气体，防止高温损坏烟气净化系统设备。废气以898.9～1 298.9 ℃，从焚烧炉或者后燃烧室出来。通过注射水或洗涤液，冷却废气。在骤冷塔的入口有洗涤液蒸发器，使废气快速地冷却下来。在这样温度条件下，达到水汽平衡需要较长的接触时间。在入口，通过一个外部的热交换器，骤冷溶液的温度保持在37.8～46.1 ℃的范围。冲洗SO_2，HCl和HF产生的酸，通过NaOH或者KOH中和。一部分溶液从冷却回路被连续或者分批地去

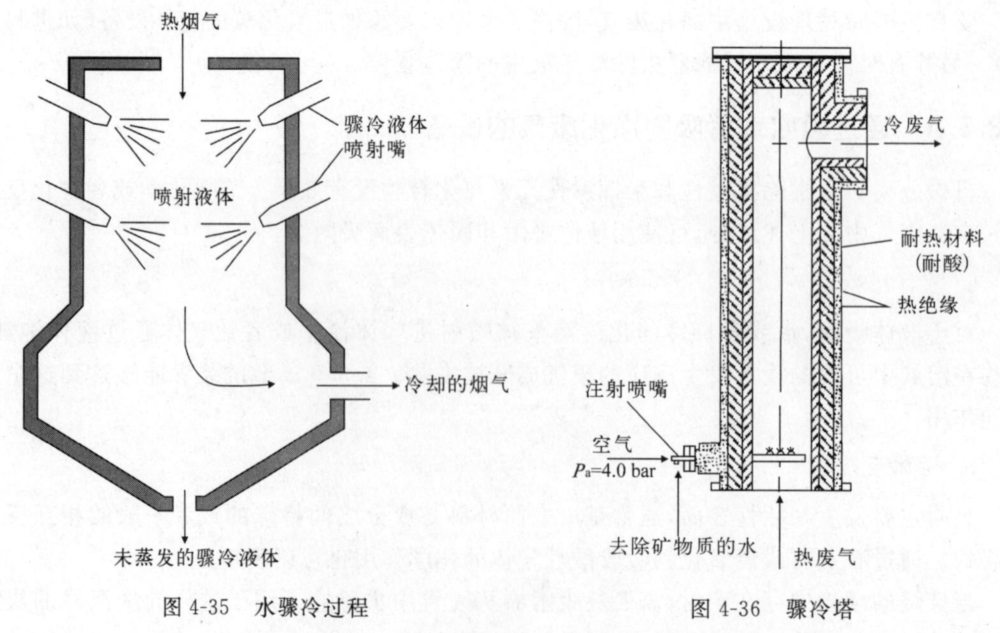

图4-35 水骤冷过程　　图4-36 骤冷塔

除，并用来自系统的洗涤液进行替换。

运行中通常在塔坑里维持适当的水位；维持适当的水流速以及控制塔和水的温度。通常的维护包括：替换喷嘴与清除喷嘴堵塞。替换泵密封材料、控制维护和防腐（涂漆，表面钝化）是经常需要的。常见的骤冷塔如图 4-36 所示。

b. 冷凝器

冷凝器的运行涉及冷凝水蒸气并将它从气流中分离出来。冷凝器仅仅是一个热交换器，没有活动部件。因此，标准的操作包括维持适当的冷却水流速和控制冷凝器温度降。维护包括去除挥发性金属，挥发性金属随着时间的增加在管板上形成。当需要时，替换聚合物垫圈防腐。如果发生腐蚀，另外的维护工作是需要更换管道。因为管积垢会降低交换器的性能，使传热系数降低，这是维护所要考虑的。

c. 热交换器

1) 冷却废气的热交换器

热交换器在焚烧炉废气冷却装置中大量使用。污染的废气通过管道进入热交换器，因为运行成本低，大量使用气体-空气、筒体和管道热量交换器。问题是在大多数装置中发生堵塞，需要日常维护以清除堵塞物。挥发性金属氧化物和氯化物的沉积增加交换器的压力降和降低热量转移性能。焚烧卤化物（例如 PVC）会导致卤化金属和无机酸雾的沉积。对于热交换器的构造材料（较高等级的不锈钢和合金），长期的影响会导致发生破裂。所以要求在热交换器的上游对空气稀释，进入交换器的气体温度降低到大约500 ℃。这样的话，热交换器管束的使用寿命在2～5年。热交换器管道的直径范围在 20～40 mm。简化的热交换器如图 4-37 所示。

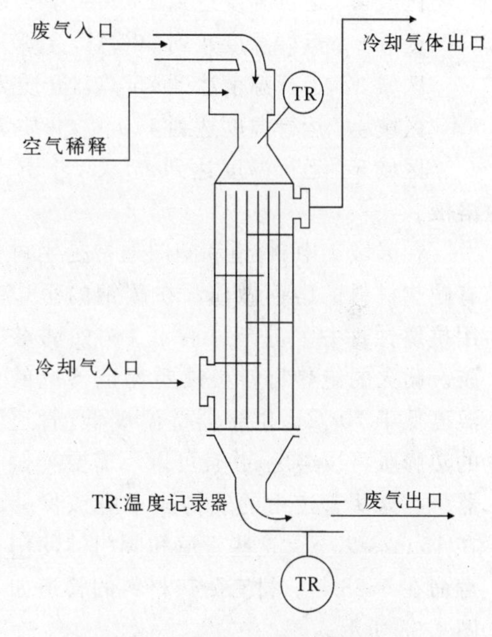

图 4-37 冷却废气的热交换器

2) 加热废气的热交换器

这样的热交换器通常在 HEPA 过滤器的上游使用以加热废气。废气离开洗涤器时已经被水完全饱和，温度在 50～70 ℃，所以必须要重新加热以避免在过滤器里边水汽被冷凝。

废气加热可以通过电加热器完成。在这种情况下，加热棒应当用耐酸镍基合金或者类似的抗腐蚀材料做成。通过添加预热的空气也能完成废气的预先加热。为了获得超过露点 10～20 ℃的温度，按空气与废气的体积比率 1：20～1：10，添加足够多的预加热的空气（300 ℃）。碳钢也可以作为热交换器的构造材料。

4.3.5.6 风机

在废气净化系统中，风机使用有两个目的：

— 供给冷却气体；

— 废气通风。

为了供应冷却气，通常使用径流式风机，需要的压力差范围在1 000～6 000 Pa，构造材料为碳钢。

废气通风机一般安装在 HEPA 过滤器的下游。对于在干燥的废气净化系统中使用的废气通风机而言，其运行温度范围在 200～250 ℃，必要的压力差为 6 000～18 000 Pa。运行温度远高于废气的露点，因此不会出现腐蚀问题。这类通风机的使用寿命 4～6 年。在湿废气净化系统中使用的废气通风机的运行温度为 80～110 ℃，必要的压力差为 10 000～30 000 Pa。旋转活塞送风机和另外的径流式送风机（两级）也能使用。放置送风机的房间应该是隔音的。

4.3.5.7 管道和阀门

在焚烧炉废气净化系统中使用的管道和阀门必须满足以下要求：

区域 1　运行温度达到 1 300 ℃，介质为含有 HCl，HF，SO_x，NO_x 的烟气；

区域 2　运行温度达到 600 ℃，介质为含有 HCl，HF，SO_x，NO_x 的烟气；

区域 3　运行温度达到 250 ℃，介质为含有 HCl，HF，SO_x，NO_x 的烟气；

区域 4　运行温度达到 120 ℃，介质为含有 SO_x，NO_x 和微量的 HCl，HF 废气；

区域 5　运行温度达到 80 ℃，介质为含有氯化物、氟化物和其他腐蚀性盐类的洗涤溶液。

在区域 1 中，管道和阀门通常是用衬有耐热材料的碳钢做成。在碳钢的里边用抗腐蚀性材料进行了涂覆，例如防酸胶。耐火的绝热材料必须要保证器壁的温度低于 70 ℃。由于器壁温度低，管道的热膨胀可以避免，并且可以不需要补偿器。在这些管道中的废物速率应该保持在 15 m/s 以下。这些管道和阀门的使用寿命在 5～8 年。衬有耐热材料的管道如图 4-38 所示。

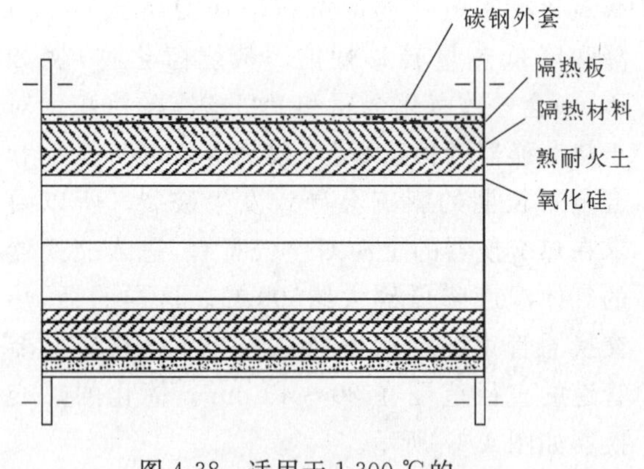

图 4-38　适用于 1 300 ℃的衬有耐热材料的管道

在区域 2 中，管道和阀门用抗高温钢铁做成。这些管道和阀门的服务寿命在 2～5 年。废气在这些管道中的速率保持在 20 m/s 以下。由于热膨胀，管道必须安装补偿器。

在区域 3 中，管道和阀门用碳钢做成，使用寿命在 5～10 年。在这些管道中，气体速率应该保持在 15～25 m/s 之间。

在区域 4 中（洗涤器的下游）的管道和阀门通常使用塑料做成（PVDF，PP），使用寿命在 5～10 年。

在区域 5 中，管道和阀门通常用塑料（PTFE，PVDF，PP，PVC）做成。

4.4 焚烧炉的运用

在国外,焚烧炉的运用已经有很多年。本节主要介绍国外一些运行的焚烧炉(如表4-10)。

表4-10 一些IAEA成员国焚烧设备的现状

国 家	设备/场地	开始运行	能 力	注 释
奥地利	Seibersdorf研究机构	1983	固体40 kg/h	
比利时	Goprocess,CILVA	1995	固体79 kg/h 液体61 kg/h	固体、液体和离子交换树脂
加拿大	安大略电站,西部废物管理设施	1976 2002	固体17 m^3/d, 液体9 L/h 固体2 t/d 液体45 L/h(极限)	间歇式装载系统,在2001年因更换设备而关闭,连续进料,空气不足系统
法国	Cadarache Socodei Centraco Melox IRIS,Valduc 格雷诺布尔	1988 1998 1998 1994 1996	20 kg/h 固体3 500 t/a 液体1 500 t/a 20 kg/h 7 kg/h 20 kg/h	商业低放废物处理设备 用于α污染的固体废物 用于α污染的固体废物
德国	卡尔斯鲁厄	1980	固体50 kg/h 液体40 L/h	固体废物包括织物、塑料、橡胶;液体包括油、溶剂等
印度	纳罗拉核电站	1990	固体1 kg/h	每个月只运行数天,处理低放固体废物
日本	东海村,PNC	1991	固体50 kg/h	
荷兰	弗利辛根,COVRA	1994	液体40 L/h 固体60 kg/h	两焚烧炉,一种处理液体废物,另外一种处理固体废物
俄罗斯	RADON RADON	1991—2001 2002	液体20 L/h 固体100 kg/h 固体250 kg/h	 使用等离子火焰
斯洛伐克	Jaslovske,Bohunice废物处理设施(BSC)	2001	液体10 kg/h 固体50 kg/h	用于处理低放废物
西班牙	ENRESA-EI Cabril	1992	固体,液体50 kg/h	位于低放废物处置场
美国	橡树岭,洛斯阿拉莫斯,TSCA焚烧炉 萨凡纳河,改进型焚烧设备 Duratek,橡树岭	1991 1997 1989	700 kg/h固体与有机液体 400 kg/h固体 450 kg/h液体 两焚烧炉,每个大约200 kg/h	处理混合化学/放射性废物; 处理PUREX后处理溶剂,低放与混合废物; 商业低放废物处理设施

4.4.1 美国

在美国能源部的四个工厂应用放射性/混合废物焚烧炉。它们是洛斯阿拉莫斯(LANL)的控制空气焚烧炉，橡树岭的毒性物质控制(TSCA)焚烧炉，RFP 流化床焚烧炉和爱达荷州工程实验室废物试验的减容设备(WERF)。在洛斯阿拉莫斯国家实验室和萨凡纳河场址分别建造了新的控制空气焚烧炉和一个新的旋转焚烧炉(改进型焚烧设备或简称 CIF)。

4.4.1.1 洛斯阿拉莫斯国家实验室控制空气焚烧炉

美国洛斯阿拉莫斯国家实验室的控制空气焚烧炉(CAI)如图 4-39 所示。它是为处理含铀和含混合裂变物质的废物设计的。

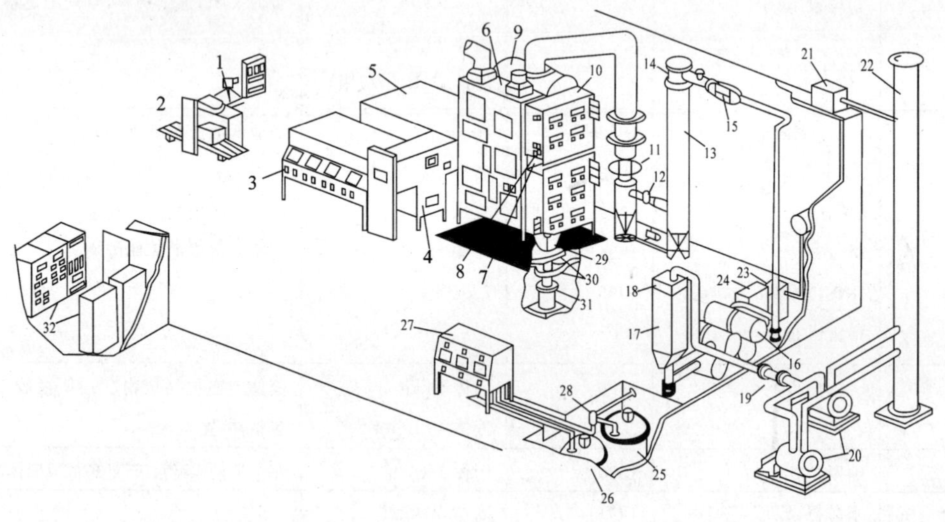

图 4-39 洛斯阿拉莫斯控制空气焚烧炉

1—多级能量 γ 分析系统；2—微剂量 X 射线废物包装扫描仪；3—废物接收手套箱，带有气锁入口；4—旁侧推杆进料器；5—主推杆进料器；6—助燃燃料/空气供应手套箱；7—焚烧炉主燃烧室；8—中间燃烧室；9—焚烧炉第二燃烧室；10—焚烧炉附属的手套箱；11—骤冷塔；12—高能量文丘里管洗涤器；13—填充塔洗涤器；14—废气除雾器；15—废气超级过热器；16—HEPA 过滤器(第一级和第二级)；17—活性炭吸附器；18—HEPA 过滤器(第三级)；19—废气监测(CO,CO_2,H_2O)站；20—连续的烟囱取样系统；21—连续的烟囱取样系统；22—设施和工艺通风烟囱；23—洗涤水主要冷却液热交换器；24—单独的第二冷却液回路热交换器；25—洗涤水水力旋流微粒分离器；26—洗涤水再循环污水槽；27—洗涤水送风过滤器；28—设施液体污水槽和转移系统；29—灰烬重力去除料斗；30—灰烬去除阀门；31—灰烬去除桶系统；32—工艺说明和控制面板

焚烧炉废气通过一个普通的烟囱排放，烟囱还用于厂房的其他区域。CAI 废气处理系统由一系列的部件组成，包括：水-喷射骤冷塔、文丘里洗涤器、填料塔吸附器、超级过热器、起始 HEPA 过滤器、活性炭床、末级 HEPA 过滤器。焚烧炉安装有在线 α 监测系统，该系统为欧洲设计，能区分天然放射性辐射(也就是氡和钍)与人工 α 辐射体(例如，钚-239、

镅-241等)。

烟囱监测系统在烟囱的出口附近取样。无论 CAI 是否在运行,都进行连续空气取样。用固定的抽样速率,通过一个微粒过滤器抽取样品。过滤器每周进行更换和分析。按试验程序进行放射性分析。

四年的空气辐射监测数据如表 4-11 和表 4-12 所示。表 4-11 展示的是 1985—1988 的烟囱释放数据。钚的释放占总释放的一小部分。混合裂变物质占了大约总辐射的 98%,总辐射释放由洛斯阿拉莫斯形成记录。在每年的释放量基础上,烟窗的放射性核素的年度平均浓度如表 4-12 所示。得出的空气浓度仅仅代表烟囱的放射性核素的释放,而不是厂区外的空气放射性。通常,混合裂变物质和钚的年度平均释放浓度在检出限左右波动。

表 4-11 洛斯阿拉莫斯控制空气焚烧炉释放[1)](四年的摘要)

放射性核素	每年的释放(Ci/a)[2)]			
	1985 年	1986 年	1987 年	1988 年
混合裂变物质	1.8E−07	1.9E−06	1.6E−06	7.6E−07
钚-238,钚-239	1.4E−07	1.7E−08	…[3)]	2.3E−08

注:1) 摘录于美国能源部,排放物信息系统——1986—1988 年,排放物分析报告,运行日期 9/18/89。文件标题:用于含铀和化学废物的洛斯阿拉莫斯空气控制焚烧炉,图表标题-TA-50-37 空气控制的焚烧炉:总空气辐射放射性释放记录,没有日期;

2) 所有值是四舍五入过的并用科学记数法记录;也就是说 1.8E−07 等于 1.8×10^{-7};

3) 指示结果在检出限以下。

表 4-12 洛斯阿拉莫斯控制空气焚烧炉烟囱放射性核素浓度[1)]

放射性核素	年度的平均浓度(Ci/cm³)[2)]			
	1985 年	1986 年	1987 年	1988 年
混合裂变物质	…[3)]	1.0E−14	7.4E−15	5.6E−15
钚-238,钚-239	3.7E−15	9.0E−17	…[3)]	1.7E−16

注:1) 来源于美国能源部,排放物信息系统-计算机运行 ALDET001006A,8/9/90;

2) 显示的值代表了烟囱浓度而不是厂区外的大气放射性。通过烟囱排放的总空气体积分别是 1.9E+8,2.E+8 和 1.4E+8 m^3(1986—1988)。所有值是四舍五入过的并用科学记数法记录;也就是说 1.0E−14 等于 1.0×10^{-14};

3) 显示结果在检出限以下。

4.4.1.2 洛基弗拉茨(Rocky Flats)流化床焚烧炉

洛基弗拉茨流化床焚烧炉(FBI)主要是从大量的废物中回收钚。焚烧炉(图 4-40)位于厂房776#,废气排放到一个公共系统(776-202#压力通风系统)。

废气处理系统设备包括:一套烧结金属过滤器;一个工艺气体热交换器和一个四级 HEPA 过滤器。通过从高效微粒空气过滤器、空气监测和取样站的连续取样,进行废气辐射监测。FBI 仅进行了断断续续地测试(超过两年),进行了三次评估测试。废物中除了钚是值得怀疑的污染物之外,测出的放射性核素浓度非常低,在 10 nCi/g 以下,如表 4-13 所示。

表 4-13 排气辐射监测表

测试运行编号	结尾日期	焚烧废物量/kg	废物质量减少倍数	废物体积减少倍数
3	6/79	640.02	4.0∶1	…
4	8/79	3 180.14	…	…
5	8/80	2 327.84	4.0∶1	23∶1

注:这些是能源部/RFP 提供的数据 10/29/90(LUK90)。

与厂房 776-202♯压力通风系统有关的所有释放中,1986—1988 年的大气放射性核素释放如表 4-14 所示。这些放射性核素是钚-239、钚-240、铀-233、铀-234 和铀-238。表 4-15 所示的是每年的平均烟囱浓度。

表 4-14 洛基弗拉茨流化床焚烧炉释放核素[1)]

放射性核素	每年的释放/(Ci/a)[2)]		
	1986 年	1987 年	1988 年
镅-241	5.1E—09	5.7E—09	2.4E—09
钚-238	1.2E—09	4.3E—10	2.5E—10
钚-239	0.0E—00	2.1E—08	0.0E—00
钚-239,钚-240	1.9E—08	0.0E—00	1.7E—08
铀-233,铀-234	2.7E—09	1.4E—08	5.5E—10
铀-238	1.5E—08	1.3E—08	1.1E—08

注:1) 摘录于美国能源部,排放物信息系统-EPA 排放物分析报告,1986—1988 年,运行时间 9/18/89;
2) 所有的值都四舍五入处理过并用科学记数法记录;也就是说 5.1E—09 等于 5.1×10^{-9}。

表 4-15 RFP 流化床焚烧炉烟气放射性核素浓度[1)]

放射性核素	平均每年的浓度/(μCi/cm^3)[2)]		
	1986 年	1987 年	1988 年
镅-241	6.7E—17	6.4E—17	4.1E—17
钚-238	1.6E—17	4.8E—18	0.7E—18
钚-239	0.0E—00	2.4E—16	0.0E—00
钚-239,钚-240	2.5E—16	0.0E—00	2.9E—16
铀-233,铀-234	3.6E—17	1.6E—16	9.4E—18
铀-238	1.9E—16	1.4E—16	1.9E—16

注:1) 来源于美国能源部排放物信息系统-计算机运行 AFGHE776008,8/9/90;
2) 数据代表的是烟囱浓度而不是厂区外的气载放射性。从烟囱排放的总空气体积是 1986 年 7.6E+7 m^3,1987 年 8.9E+7 m^3,1988 年 5.8E+7 m^3。所有的值都四舍五入处理过并用科学记数法记录;也就是说 6.7E—17 等于 6.7×10^{-17}。

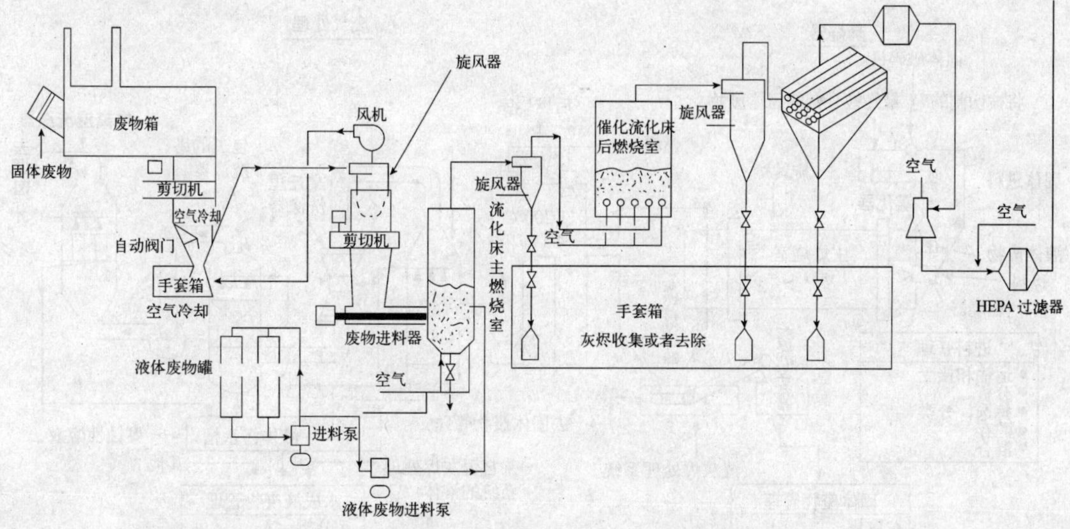

图 4-40 洛基弗拉茨流化床焚烧炉

4.4.1.3 橡树岭毒性物质焚烧炉

橡树岭毒性物质(TSCA)焚烧炉是为处理含铀和危险有机废物而设计的,具有毒性物质净化作用,如图 4-41 所示。其他传统废物,例如中放废物,也能在设备里燃烧。焚烧炉安置在一个专用设施(K-1435)里,K-1435 是橡树岭气体扩散工厂(称为 K-25)的一部分。

废气从烟囱释放前要进行处理。焚烧炉废气处理系统的三大主要设备是:文丘里洗涤器、填充塔洗涤器和一个湿洗涤器、通过一个等速取样系统进行连续辐射监测。取样系统由一个微粒过滤器和一系列的空气采样器和干燥管组成,样品损失最少。每周进行样品收集,取样探测器、过滤器、空气采样器和干燥管在实验室进行分析,确定需关注的放射性核素。

焚烧炉 1988 年 8 月和 9 月试运行,在稍后开始常规运行。TSCA 焚烧炉 1988 年焚烧处理了 4.5 m^3 固体废物和 77.6 m^3 液体废物,大气辐射如表 4-16 所示。

表 4-16 橡树岭 TSCA 焚烧炉烟气辐射和进料废物的放射性(1988 年)[1)]

放射性核素	辐射/(Ci/a)[2)]	进料废物/Ci[3)]
锝-99	1.6E−03	9.5E−05
铀-234	4.9E−04	ND[4)]
铀-235	2.5E−05	ND
铀-238	5.7E−04	ND
总铀	ND	4.0E−02
钍-228	ND	1.0E−06
钍-230	ND	8.8E−07
镎-237	ND	1.4E−07
钚-238	ND	4.8E−07
钚-239	ND	4.8E−07

注:1) 摘录于美国能源部,排放物信息系统-EPA 排放物分析报告——1986—1988 年,运行时间 9/18/89;
2) 所有的值都四舍五人处理过并用试验符号记录;也就是说 1.6E−03 等于 1.6×10^{-3};
3) 相关的废物体积:固体废物 4.5 m^3;液体废物 77.6 m^3。数据摘录于能源部 10/5/90 提交的;
4) ND代表没有数据。

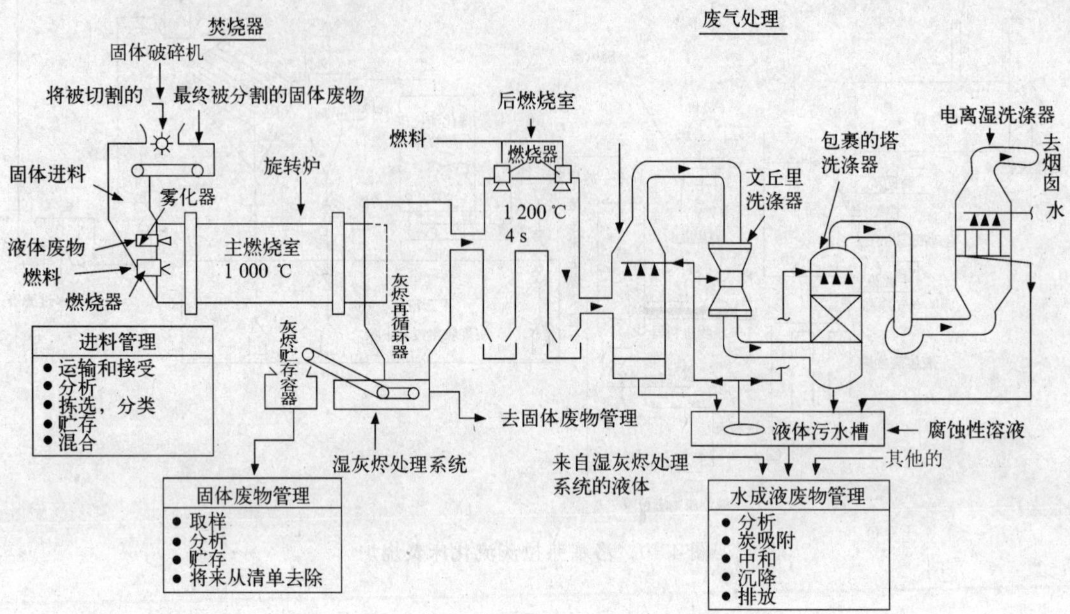

图 4-41 橡树岭 TSCA 焚烧炉简图

基于引用的年释放量，烟囱的放射性核素浓度如表 4-17 所示。

大气浓度反映燃烧试验测试结果而不是厂区外的大气放射性浓度。

表 4-17 橡树岭 TSCA 焚烧炉烟囱放射性核素浓度(1988 年)[1)]

放射性核素	平均每年的浓度/(μCi/ml)[2)]
锝-99	8.6E−11
铀-234	2.6E−11
铀-235	1.3E−12
铀-238	3.0E−11
α 活度	2.6E−12
β 活度	1.2E−12
γ 活度	2.2E−15

注：1) 来源于美国能源部，排放物信息系统-EPA 排放物分析报告——8/9/90 的计算机运行 OUKK001050 和摘录于能源部/布鲁克海文国家实验室提交的报告。所有的值都四舍五入处理过并用科学记数法记录；也就是说 8.6E−11 等于 8.6×10^{-11}；

2) 数据代表的是烟囱浓度而不是厂区外的大气放射性，从烟囱排放的总空气体积，1988 年是 1.9E＋7 m^3，相关的废物体量：固体废物 4.5 m^3；液体废物 77.6 m^3。

4.4.1.4 爱达荷工程实验室实验焚烧炉

实验焚烧炉设置在 609＃厂房，609＃位于爱达荷工程实验室（INEL）的 PBF/SPERT-Ⅲ区域。两个排气烟囱为焚烧炉服务，一个用于热交换器，另外一个用于废气处理系统。废气处理系统由集尘室、预过滤器、HEPA 过滤器组成。用于热交换器的烟囱没有装备废气处理系统，因为它排出的气流没有与燃烧的气体混合。焚烧炉如简图 4-42 所示。

气载辐照监测系统对烟囱释放进行连续监测。从微粒过滤器中取出样品。每一个过滤器每周进行更换，并每月进行分析。分析包括：α总量和β总量、锝-99、铀-234 和铀-238 的测定。锝-99 占总放射性释放的大约 60%，铀（不包括铀-235）占活度的 20%。

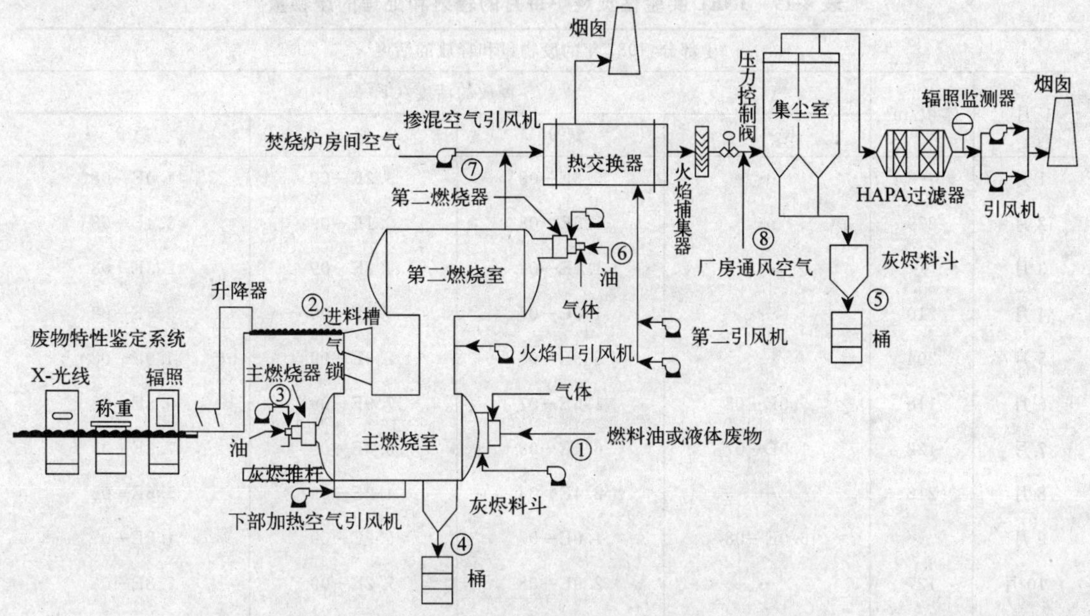

图 4-42 INEL 实验性减容焚烧炉

分析结果按月和年度进行报告。焚烧炉辐射测量结果如表 4-18 所示。气载释放物通常包括钴-60、铯-137、锶-90、钼-99 和锰-54。铯和锶是常规检测的主要放射性核素，它们占总放射性核素的 70%。数据表明：混合的裂变产物（总 β）和混合的 α 核素（总 α）是放射性的主要来源。按 1987 年 INEL 的数据，WERF 焚烧炉平均每年释放的总放射性为1 400 μCi。总活度给出了总 α 和总 β，还列出四年的锶-90 的释放。所有其他的核素活度更低。四年测定发现烟气释放辐射一直处于波动状态。表中所列数值代表在释放点附近的气载放射性活度而不是远的顺风位置的放射性活度。

表 4-18 INEL 试验性焚烧炉辐射[1)]

放射性核素	每年的烟囱释放/(Ci/a)[2)]			
	1986 年	1987 年	1988 年	1989 年
总 α	6.9E−09	3.3E−09	7.9E−08	5.7E−08
总 β	1.3E−07	3.2E−09	1.1E−06	1.1E−06
锶-90	1.3E−07	7.9E−07	1.4E−06	9.4E−08
铯-137	…[3)]	2.0E−07	…	…

注：1）从电话会议获得，INEL-放射性废物管理信息系统，1988 年数据；

2）所有的值都四舍五入处理过并用科学记数法记录；也就是说 6.9E−09 等于 6.9×10^{-9}；

3）无数据。

废物体积和放射性核素浓度如表 4-19 和表 4-20 所示，焚烧炉烟气的放射性核素浓度如表 4-21 所示。

表 4-19 INEL 实验性焚烧炉每月的辐射和处理的废物量[1)]

Ⅰ部分：1987 年的废物量和释放的活度

月	体积/m^3	释放的活度/Ci[2)]			
		铯-137	锶-90	总 α	总 β
1 月	…[3)]	…	5.6E−08	3.2E−09	4.0E−08
2 月	279	…	1.6E−08	6.1E−09	3.4E−08
3 月	…	…	1.1E−09	4.2E−09	2.3E−08
4 月	210	…	1.6E−07	5.6E−09	3.5E−08
5 月	304	…	8.9E−08	2.9E−09	4.0E−08
6 月	118	5.0E−08	1.6E−07	7.9E−09	9.8E−08
7 月	122	1.0E−07	6.4E−08	6.6E−09	7.9E−08
8 月	218	…	2.4E−08	4.2E−09	5.6E−08
9 月	…	5.0E−08	1.0E−07	5.9E−09	1.2E−07
10 月	127	…	2.9E−08	7.2E−09	7.8E−08
11 月	100	…	8.8E−08	3.9E−09	4.5E−08
12 月	…	…	…	7.8E−09	4.8E−08

Ⅱ部分：1988 年的废物量和释放的活度

月	体积/m^3	释放的活度/Ci		
		锶-90	总 α	总 β
1 月	241	1.6E−07	1.0E−08	9.9E−08
2 月	249	1.2E−07	1.9E−08	2.0E−08
3 月	116	2.9E−08	5.9E−10	8.6E−08
4 月	127	2.9E−08	1.3E−09	1.6E−08
5 月	240	2.4E−08	5.5E−09	6.8E−08
6 月	137	…	2.6E−12	5.4E−08
7 月	118	6.7E−08	7.9E−09	1.0E−08
8 月	99	9.9E−07	5.8E−09	6.0E−08
9 月	247	3.8E−09	5.5E−09	9.0E−07
10 月	118	1.3E−08	9.3E−09	1.3E−08
11 月	133	1.4E−08	5.8E−09	6.8E−08
12 月	172	…	7.3E−09	1.8E−08

Ⅲ部分：1989 年的废物量和释放的活度

月	体积/m^3	释放的活度/Ci		
		锶-90	总 α	总 β
1 月	…	1.9E−08	3.2E−09	5.7E−08
2 月	5	3.8E−08	6.1E−09	2.3E−07

续表

Ⅲ部分:1989 年的废物量和释放的活度				
月	体积/m^3	释放的活度/Ci		
		锶-90	总 α	总 β
3 月	…	3.3E−09	4.2E−09	4.3E−08
4 月	251	…	5.6E−09	6.0E−08
5 月	244	3.9E−10	2.9E−09	6.7E−08
6 月	119	1.8E−10	7.9E−09	2.4E−08
7 月	110	…	6.6E−09	1.5E−08
8 月	230	…	4.2E−09	9.3E−08
9 月	239	1.4E−08	5.9E−09	5.9E−08
10 月	…	…	7.2E−09	6.2E−08
11 月	209	2.0E−08	3.9E−09	1.8E−07
12 月	217	…	7.8E−09	1.1E−07

注:1) 从能源部/INEL 提交的报告获得,日期 10/5/90;

2) 所有的数值都四舍五入处理过并用科学记数法记录;也就是说 5.6E−08 等于 5.6×10^{-8};

3) 无数据。

表 4-20 INEL 实验焚烧炉低放废物放射性核素浓度[1]

放射性核素	平均的废物浓度/(μCi/cm^3)[2]		
	1986 年	1987 年	1988 年
钴-60	3.7E−07	1.3E−04	3.9E−06
铌-95	2.7E−07	0.0E−00	0.0E−00
锆-95	1.4E−07	0.0E−00	1.5E−07
铯-134	2.9E−07	0.0E−00	2.5E−08
铯-137	1.2E−06	0.0E−00	1.8E−07
铈-144	1.9E−07	0.0E−00	8.2E−09
β/γ	1.2E−07	0.0E−00	0.0E−00
混合裂变产物	1.1E−03	1.0E−03	7.7E−04
混合 α 辐射体	2.9E−04	2.3E−05	2.9E−05

注:1) 来源于美国能源部排放物信息系统-计算机运行 IIAWR76055A,8/9/90;

2) 处理的总废物量为 1986 年是 1 611 m^3,1987 年是 1 564 m^3,1988 年是 1 465 m^3。

表 4-20 列出了一系列的放射性核素,但是,废物比活度由 α 辐射体和混合裂变产物确定。每年处理的废物量在 1 465～1 624 m^3 范围内变化,每月处理的废物量 5～250 m^3,平均 130 m^3。对于混合裂变和 α 产物,焚烧炉去污系数(*DF*)见表 4-22。表 4-22 表明,焚烧炉 *DF* 可达到 10^{10} 到 10^{11}。这些结果好于其他工厂的试验结果。IAEA 调查报告中 *DF* 为 10～10^7。

表 4-21 INEL 试验焚烧炉烟气放射性浓度[1)]

放射性核素	平均每年的浓度/(μCi/cm³)[2)]			
	1986 年	1987 年	1988 年	1989 年
总 α	4.2E−16	5.5E−16	8.8E−16	3.7E−16
总 β	8.1E−15	5.4E−15	1.2E−14	7.3E−15
锶-90	7.7E−15	1.1E−14	1.6E−14	6.0E−16
铯-137	…[3)]	2.8E−15	…	…

注：1) 来源于美国能源部排放物信息系统-计算机运行 IIAWR 76055A(8/9/90)和能源部/INEL10/5/90 提交的报告；

2) 数据代表的是烟囱浓度而不是厂区外的气载放射性。从烟囱排放的总空气量分别为：1986 年是 1.7E+7 m³，1987 年是 6.0E+6 m³，1988 年是 8.9E+7 m³，1979 年是 1.6E+8 m³；

3) 无数据。

表 4-22 INEL 实验性焚烧炉综合去污系数[1)]

放射性核素	废物与烟气放射性浓度之比		
	废物/空气之比	废物/空气之比	废物/空气之比
	1986 年	1987 年	1988 年
总 α	10^{11}	10^{10}	10^{10}
总 β& MFP	10^{10}	10^{11}	10^{10}

注：1. 数据代表的是废物比活度与它相应的烟气放射性浓度之比，所有的数值都四舍五入处理过。

1) 来源于前面两表。

4.4.1.5 萨凡纳河场址的 β-α 焚烧炉

萨凡纳河场址 β-α 焚烧炉(BGI)已经用于处理中放固体废物，这些固体废物是由多个类型的工厂运行以及处理液体废物时产生的，例如废普雷克斯溶剂。位于厂房 230H＃的焚烧炉间歇运行了多年，从 1989 年开始就不运行了，因为 BGI 被改进型焚烧设备替换，在 1993 年开始运行。除处理中放固体废物之外，该设备还处理危险混合废物。焚烧炉简图如图 4-43。

烟气释放以前经过废气系统处理。处理系统装备了一台冷却燃烧气体的干燥骤冷塔，一个集尘室和一套 HEPA 过滤器。废气从 18.29 m 高的烟囱排放，流速为 4.72 m³/s。

烟囱排放物放射性监测系统由一个连续的取样泵和微粒过滤器组成。微粒过滤器定时更换和进行总 α，β 活度分析。过滤器还将进行 α 谱分析。表 4-23 列出了 1986—1988 年气体排放物中的氚含量。氚是主要的放射性核素，还有其他放射性核素，但都处在较低的活度水平，这些核素包括：铷-106、碘-131、铯-134、铯-137、铈-144、镅-241、镅-243、锔-242、锔-244 和未确定的 β/α 辐射体。在 1986 年，这些放射性核素加起来大约为 10^{-5} Ci；在 1987 年小于/4.0×10^{-5} Ci；在 1988 年小于/10^{-6} Ci。

萨凡纳河场址 β-α 焚烧炉焚烧的废物量如表 4-24 所示。焚烧炉每年只运行几个月：1986 年 6 个月，1987 年 7 个月，1988 年 1 个月。这三年在焚烧固体废物时也焚烧过氚污染的油。1987 年焚烧的油量最大，氚放射性水平最高。

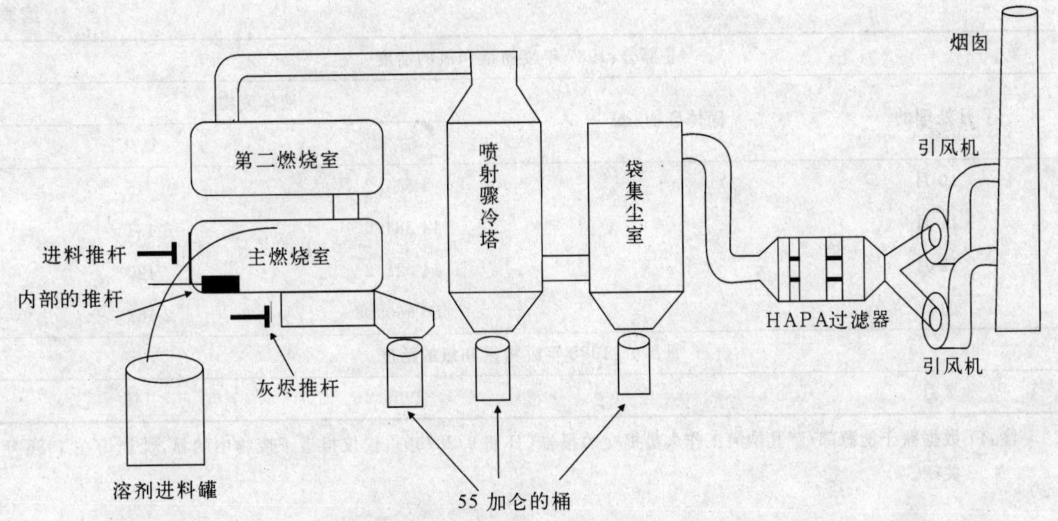

图 4-43 萨凡纳河场址 β-α 焚烧炉简图

表 4-23 萨凡纳河场址 β-α 焚烧炉排放(Ci/a)[1)]

放射性核素	1986	1987	1988
氚	4.6E+02	2.5E+03	1.5E+02

注:1) 从萨凡纳河场址工作人员的电话会议(7/20/1990)和能源部/萨凡纳河提交的报告(日期 9/28/90)获得数据。1988 的数据仅仅是二月份的,焚烧炉已经关闭。

表 4-24 萨凡纳河场址 β-α 焚烧炉处理的废物量及活度(1986—1988)[1)]

月处理的	固体废物/m^3	液体废物	
		油/L	氚/Ci
Ⅰ部分:1986 年废物量和氚的活度			
4 月	103.7	…	…
5 月	73.8	…	…
6 月	12.5	…	…
10 月	2.3	…	…
11 月	1.4	1 646.6	49
12 月	…	13 627.5	409
	……	……	……
总计	193.8	15 274.1	458
Ⅱ部分:1987 年废物量和氚的活度			
5 月	…	16 186.4	485
6 月	…	26 308.6	789
7 月	…	11 337.3	335
8 月	…	1 907.9	57

续表

月处理的	固体废物/m^3	液体废物	
		油/L	氚/Ci
Ⅱ部分:1987 年废物量和氚的活度			
10 月	…	1 514. 2	45
11 月	…	14 384. 6	431
12 月	…	14 021. 2	420
总计		85 660. 08	2 562
Ⅲ部分:1988 年废物量和氚的活度			
2 月		4966. 46	149

注:1) 数据获于能源部/萨凡纳河工作人员提交的报告(日期 9/28/90),仅仅报道了废物中的氚,焚烧炉在 1988 年关闭。

萨凡纳河场址改进焚烧炉设备工艺流程图如简图 4-44 所示:

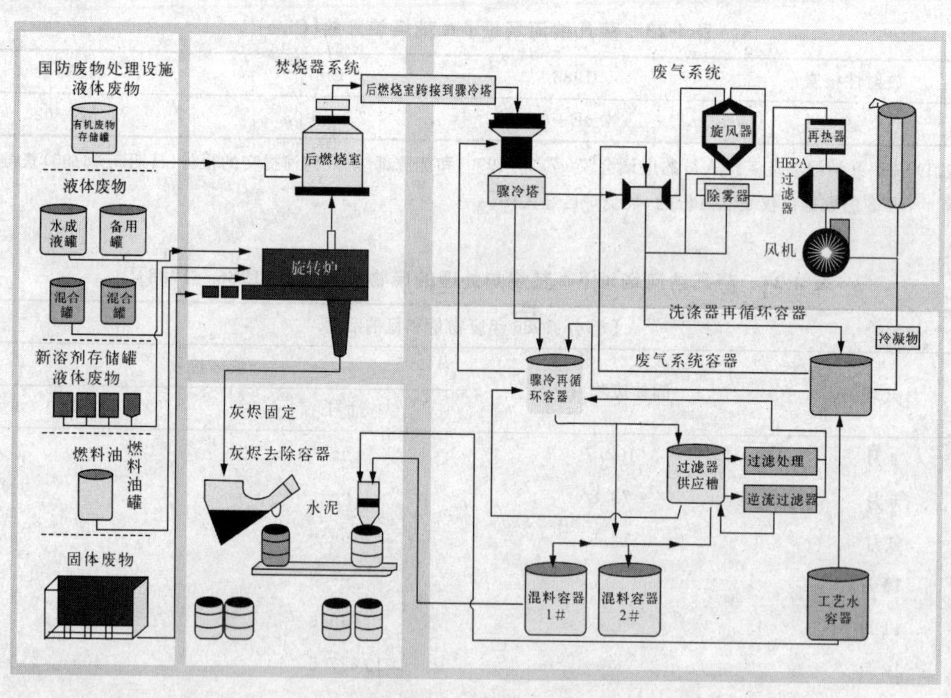

图 4-44 萨凡纳河场址改进焚烧炉设备-工艺流程简图

4. 4. 2 德国

4. 4. 2. 1 卡尔斯鲁厄核研究中心焚烧炉

卡尔斯鲁厄核研究中心(KFK)的固体废物焚烧炉由 NUKEM 公司设计,一台焚烧 β/γ 核素污染固体废物,一台焚烧 α 核素污染固体废物。两台固体焚烧炉的炉型与烟气净化系统是相同的。由于防止 α 放射性泄漏要求更为严格,α 废物焚烧炉的进料和出灰设有作为第二重屏障的密封隔离系统，即都要通过专设的手套箱来操作。

β/γ 固体废物焚烧炉如简图 4-45 所示，它是典型的立式过量空气焚烧炉。炉体高 6 m，衬有 0.5 m 厚的耐火砖，内径上部为 1 m，底部收缩到 0.4 m。过量的助燃空气从三处送入炉中。废物的燃烧热使炉温保持在1 000 ℃左右。后来又增设了后燃烧室，喷入丙烷燃烧使温度保持在 900 ℃。原来的烟气净化流程为干式，热烟气经过串联的两级陶瓷过滤器，第一级过滤器的温度为 800 ℃，第二级为 500 ℃。两级之间借混入冷空气来降低烟气温度。过滤后的烟气再用冷空气稀释，使温度降至 250 ℃。后面有备用的高温高效过滤器，这些过滤器只在烟气的放射性浓度高时才使用。净化后的烟气在引风机后与车间的通风排气混合，通过 70 m 高的烟囱排放。

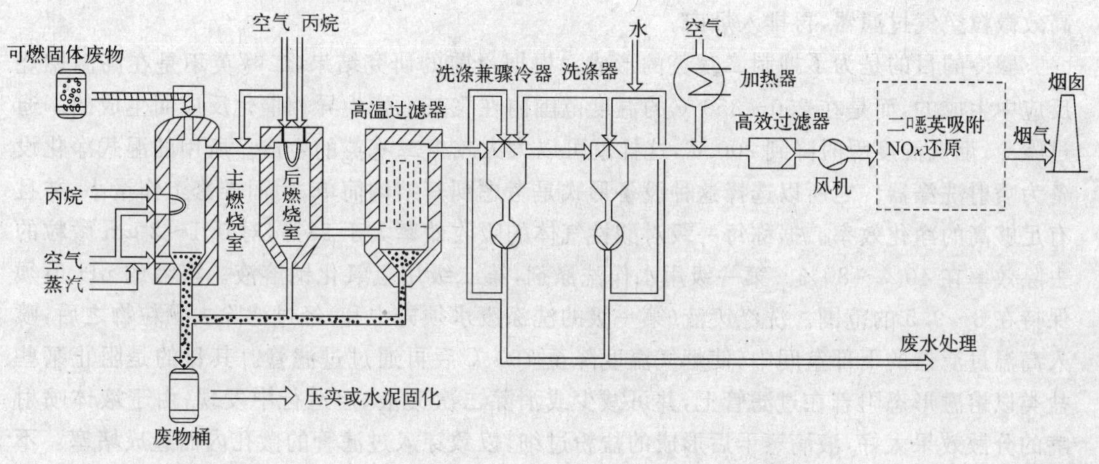

图 4-45 KFK 热解焚烧炉流程示意图

α 废物焚烧炉的炉体结构与上述炉子相同，但空气供应方式改变为：从底部送入少量(低于燃烧理论量)的空气与水蒸气的混合物，而大部分助燃空气在料层上方送入。这样，炉子里分成两个燃烧区。在料层中发生的是热解和部分燃烧。蒸汽的作用是与碳发生吸热的水煤气反应，因而可以使温度降低。通过调整蒸汽量，使料层温度不超过 800 ℃，防止灰烬熔化，在耐火炉衬上结疤。逸出料层的可燃部分在料层上方进行过量空气式燃烧，形成高温区。这里的温度可达到 1 000～1 050 ℃。这种操作实际上已类似于控制空气焚烧方式。燃气进入后燃烧室继续燃烧。烟气净化也是使用串联的两级陶瓷过滤器。

KFK 焚烧炉的炉体结构与焚烧操作都非常简单。但由于过量空气燃烧方式的固有缺点，燃烧是不完全的。而不完全燃烧的产物，如烟炱、焦油的存在，会给后面的烟气净化带来很多麻烦。KFK 焚烧炉的成功运行主要是依靠高温陶瓷过滤器。高温陶瓷过滤器的过滤元件是微孔碳化硅陶瓷管，最高使用温度可达 1 100 ℃。其最大孔径为 30 μm。工作气流速度为 1～1.5 m/s，这时它对大于 5 μm 的粒子的过滤效率为 99%。在运行中，除飞灰外，不完全燃烧产生的烟炱和焦油也被阻留在第一级过滤器的过滤管外表面上。在高温下，这些烟炱、焦油可以慢慢地燃烧掉。因此它不仅有很高的过滤效率，而且可以起到后燃烧的作用，从而消除烟炱、焦油的影响，这是它最独特的优点。过滤器的工作压差在100～400 Pa，但阻力大时则用压缩空气进行反吹清理。通常每天反吹清理一次。微孔陶瓷管的尺寸为长1 m，外径60 mm。由于是在高温下使用，烟气体积流量很大，所以需要的过滤面积很大。实际使用的过滤器由四个单元组成，每个单元有95根过滤管，悬挂在过滤器的隔板上。设备体积庞大，另外，陶瓷过滤管的寿命只有1 000 h左右，因此更换频繁。这不仅增加了设备费用，也增大了维修工作量。虽然如此，它的优点是其他过滤设备无法相比的。

在德国颁发的新环保法规中，对HCl、SO_2、NO_x等有害气体以及二噁英等致癌物的排放限制更加严格。为此，KFK焚烧炉净化系统做了相应的改变。现在的净化流程如图所示，是干湿法结合。烟气在一级高温过滤除尘后，经喷水急冷，再经两级洗涤净化。在洗涤中，除了吸收酸性气体（如HCl，SO_2）外，同时还可除去残余的微尘（包括放射性核素与凝结的重金属氧化物）。洗涤后的饱和湿烟气与热空气混合，以减小烟气的相对湿度。最后通过高效微粒空气过滤器，再排入烟囱。

骤冷的目的是为了抑制二噁英的形成。根据目前的研究结果，二噁英不是在高温燃烧反应中生成的，而是在250～350 ℃的温度范围内在飞灰上发生异相催化反应而生成的。通过骤冷，烟气温度瞬时降到200 ℃，这样就可以大大减少二噁英的生成。所用的湿式净化设备为喷射洗涤器。之所以选择这种设备形式是考虑到其结构简单，因而维修工作量小，并且有足够高的净化效率。据称每一级对酸性气体的吸收效率大于98%，对0.1～2 μm微粒的去除效率在40%～80%。第一级用水作洗涤剂，第二级用氢氧化钠溶液。溶液的pH值须保持在8～9.5的范围。洗涤废液（第一级的洗涤废水须先中和）经过滤除去颗粒物之后，喷入高温过滤器的下部空间中，使烟气温度降至700 ℃后再通过过滤管。其目的是阻止某些盐类以熔融形态附着在过滤管上，并可减少或消除二次废液，但运行中发现，由于液体喷射嘴的分散效果太好，液滴蒸干后形成的盐粉过细，以致穿入过滤管的微孔内而造成堵塞。不过，运行中未出现过喷嘴堵塞现象。

为了进一步降低二噁英和NO_x的排放量，在高效过滤器之后还准备增设二噁英吸附床和NO_x催化反应器。所用吸附剂为活性炭，失效的活性炭再返回焚烧炉烧掉。NO_x的消除是利用NH_3与NO_x在催化剂存在条件下反应生成N_2达到的。

KFK焚烧炉不要求对废物进行破碎和严格的分拣。α废物焚烧炉的备料和加料操作是：打开废物桶的外盖，将桶与加料手套箱联接；打开桶的内盖，通过反转机构使桶内的废物倒落在加料箱中；用手工拣出大块的金属和易爆炸的物质后，通过两道密封闸门投入炉中。投料的时机根据炉温决定。

焚烧炉体的下部没有炉排，只设有一耐热蝶阀。阀板与炉壁间有一定空隙。部分助燃空气经由此空隙进入炉内。通过阀板的翻动进行排灰。每天排灰一次。在蝶阀上方有两个空气枪，其功能是在必要时喷入脉冲气流，使灰层松动，以便于排灰。炉子底部为一个收集灰使用的手套箱。将打开外盖的空桶与收集灰箱的底联结，再打开桶的内盖，即可承接落下的灰烬。后燃烧室与过滤器下的灰烬通过水平管道经振动输送系统送到收集灰箱。

焚烧灰烬先装入180 L薄壁铁桶中，再用1 500 t超高压压实机压成饼，将若干个饼袋装入一个200 L桶。最后将14个这样的桶放入7.2 m^3的方形钢容器中，空隙灌入水泥浆。每个容器的灰大致相当300 m^3可燃废物，即总的减容比为45。显然，按这种方式处理，灰饼并没有固定成一体。按德国konrad处置库的废物接受标准，这种形式是容许的。

焚烧炉上部设有紧急泄压管，与缓冲罐相连，罐的出口接高效过滤器，然后通向烟囱。KFK 焚烧炉可处理含有大量塑料、橡胶成分的废物。但对含卤素塑料(如聚氯乙烯，聚四氟乙烯)的含量有严格的限制。按照设计要求，废物的组成应为：

布、纸、木　　50％～70％

塑料　　30％～50％

其中：聚氯乙烯　　<5％

　　聚四氟乙烯　　<0.05％

1991 年 11 月—12 月对废物组成做了实测，结果为：

布、纸、木　　59.8％

橡胶　　4.8％

含卤素塑料　　0.6％

不含卤素塑料　　31.7％

不可燃物　　3.1％

由此可见，在实际操作中对聚氯乙烯之类卤素塑料的含量是控制得很严的。

按照设计要求，KFK 焚烧的废物的比活度限制是：β/γ 废物为小于 1×10^{11} Bq/m^3，α 废物为小于 5×10^{7} Bq/m^3。对于非挥发性核素，实际达到的去污系数(*DF*)大于 1×10^{5}(包括高效过滤器)。运行是连续的，每天 24 h，每周 5 d。

4.4.2.2 于利希研究中心焚烧炉

于利希(KFA)的焚烧炉是 Kraftanlagen Aktiengesellschaft Heidelberg 公司设计的，属于热解炉型。KFA 焚烧炉属于反燃烧式热解焚烧炉，其工作原理与我国的双层炉排锅炉相似，如图 4-46 所示。炉子为立式，炉膛截面为长方形，有耐火砖衬里。炉子中部装有活动炉排，炉排上面为热解室，下面为燃烧室。它的备料与加料系统与 KFK 焚烧炉相似，它的加料箱还设有专用的闸门，可以将整个的废高效过滤器送入。废物从加料箱通过两道密封闸门从上方投入炉中。热解室几乎全部为废物所充满。从料层上方引入低于燃烧理论量的一次空气与部分氧含量低(约 10％)的烟气，空气和烟气向下流过料层，由上而下大致可分为干燥层、热解层与炽热层，最上面温度接近室温，炉排上方达到 800～900 ℃。一次空气量应根据炽热层的温度来调节。下面的物料不断烧掉，整个料层不断下移。废物在热解室中须停留约 3 小时。废物热解需要的热，部分来自热解产物的燃烧，部分来自循环的烟气。热解产物随下行气流穿过炽热层，从活动炉排的缝隙进入下面的燃烧室。在经过炽热层时，大分子的热解产物进一步分解成易于燃烧的小分子。助燃的二次空气从活动炉排上的小孔喷出，与热解产物混合，在高温的燃烧室中燃烧。燃烧室还装有液化气烧嘴，借以使温度维持在 850～1 050 ℃。

活动炉排是这种炉型的关键部件，它是用特种耐热钢制作的，外面有耐火层。通过铰链，它可以作向上 15 度，向下 90 度的翻转运动。借助炉排的翻转可以破坏料层中的架桥现象，同时可以使未燃尽的焦物破碎成小块，通过炉排的缝隙落入燃烧室继续燃烧。废物中夹杂的不可燃烧物，如金属部件，在运行中留在炉排上。运行终止后将炉排翻下，排出这些不可燃烧物。实践表明不可燃烧物的存在高达 25％时，也不会影响正常运行。这样，废物的前处理就可以大大简化，这也是炉排的一个重要功能。活动炉排中间是空的，二次空气就送

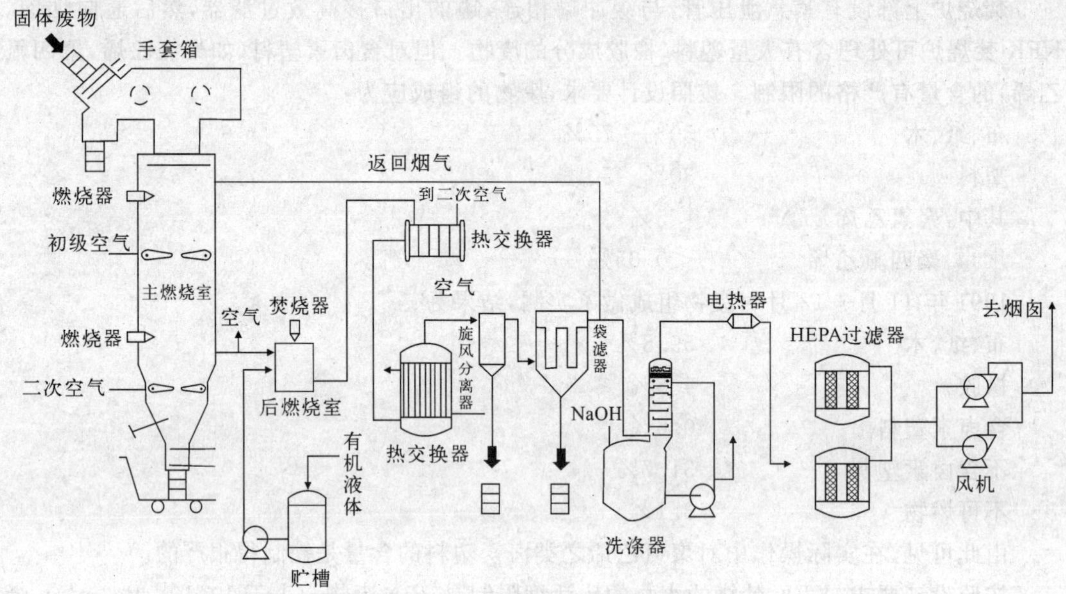

图 4-46 KFA 热解焚烧炉

入炉排的空腔中，再从炉排壁上的小孔喷出，这样炉排就得到冷却。加上外面的耐火层的保护，活动炉排虽然长期在高温下工作，其使用寿命仍可以达到 3 年之久。

KFA 焚烧炉是热解炉型，在热解炉中，废物不是直接燃烧，而是先使废物在低氧的气氛中受热分解，生成挥发的热解产物，然后再把这些热解产物烧掉。也就是把固体废物直接燃烧转化为气态成分再燃烧，因此热解产物燃烧的完全程度高。特别是当废物中塑料、橡胶含量高时，这种优点显得格外明显。热解焚烧的另一个优点是废物比较缓慢的热解，使热值不同的废物的燃烧过程“平均化”。即燃烧过程的释热率不随废物热值的不同而有较大的波动。因此燃烧过程比较平稳，易于控制。此外，由于一次空气流量小，气流的扰动程度低，所以夹带的飞灰量低，烟气净化的负担也相应较小。

事实上，KFA 焚烧炉的燃烧效果并不十分理想，因此原来的烟气净化流程中仍使用了高温过滤器(800 ℃)，以对付未燃尽的烟炱、焦油。高温过滤器过滤介质是陶瓷纤维毡。改进的焚烧装置中，增设了后燃烧室，以提高完全燃烧的程度。后燃烧室还装有液化气喷嘴，使温度提高到1 000～1 100 ℃。停留时间为 2 s。由于经过了后燃烧，新流程中取消了高温过滤器。

按现在的流程，离开后燃烧室的热烟气先经过辐射散热器冷却至 600 ℃，再经过两级列管换热器(气冷)冷却至 200 ℃。高温段之所以使用辐射散热器是为了避免沉积物造成堵塞。因为器壁经历了反复的加热-冷却后，上面的沉积物可以自动脱落下来。冷却后的烟气先经过旋风除尘器，除去炽热的颗粒，以保护后面的袋滤器。袋滤器中所有滤袋材质为聚四氟乙烯。滤后烟气中飞灰浓度可降低到 1～3 mg/m^3。当过滤阻力增大时，利用压缩空气脉冲反吹进行清理。从过滤后的烟气中引一小部分返回到热解室，以代替一部分一次空气。其余的烟气经串联的两级高效过滤器后，经引风机送入湿式净化系统。湿式净化系统包括骤冷器和洗涤器，所用洗涤液为氢氧化钾溶液。对 HCl 的吸收效率可达 99%。洗涤废液一半可直接排放,一半须送去进行蒸发处理。洗涤后的湿烟气与来自列管换热器夹套的热空气混合,排入烟囱。

燃烧室、旋风分离器和袋滤器底部都设有插板阀,下面可与灰桶连接。插板阀上方安装有视镜,可以直接观察桶中是否已充满灰。焚烧灰烬的处理过去采用水泥固化,以后准备采用KFK所用的超级压实减容的方法。焚烧炉上部接有泄压系统。有两个缓冲罐,罐中一半装有水。当出现超压时,排出的气体通过水层鼓泡而出,再通往烟囱。作为应急的设备,还设有备用的风机和电源。该焚烧炉的处理能力为50～60 kg/h。废物的典型组成为:

破布	9%
废纸	44%
碎木	18%
橡胶	2%
聚乙烯	16%
聚氯乙烯	3.5%
杂物	7.5%

运行中严格限定聚氯乙烯的含量不大于6%。还试焚烧过混有湿离子交换树脂的废物。湿树脂的含量高达60%,仍能正常运行。

废物的β/γ放射性活度一般不大于2×10^6 Bq/kg。系统的去污系数在1×10^5到1×10^6。

4.4.2.3 RWE NUKEM有限责任公司热解焚烧炉

为了处理不同有机放射性废物,德国REW NUKEM公司已经设计一款卵石床反应器装置。作为一个高温热解反应器,它非常成功地将有机物质转化成化学性质不活泼的产物。

卵石床反应器被合并到一个完整的高温热解工厂,具有以下优点:

· 成套结构具备多种功能。

· 对废气的去污系数至少在10^6(对于非挥发放射性核素),能保证危险成分的浓度在限值以下,限值是由EC-规章强加的。

· 反应器能当作一个分解器、蒸发器或者干燥器运行。这种多功能性使得可处理各类液体废物及有机固体废物,例如离子交换树脂,减小其体积和将其转化成化学性质不活泼的形态。

· 包含在分解器里的动球提高了径向和轴向的热传递,延长了正在被处理废物的停留时间并破碎由高温热解产生的固体。

· 干燥产物(即所形成固体)可以直接贮存在适当的容器里或者立即固定(如,水泥基质)。例如,高温热解的树脂是一种黑色的、自重流动的产物,与水接触不会膨胀。与未经处理的树脂相似,高温热解的球形树脂有稠性。但是在水泥中,它们的行为表现像一种惰性材料(如沙子)。因为热解的树脂的化学性质稳定,所以它们与未处理的树脂相比,能以较高的包容系数与水泥混合,水泥固化最终体积明显减小。对于球形树脂,体积减小系数大于5;对于粉末树脂,体积减小系数大于9。

· 能连续运行

经常处理的有机废物，具有代表性的是中放树脂（球形或粉末）和后处理的废溶剂，例如煤油或其他稀释剂的磷酸三丁酯（TBP）。一些放射性油类可以与废溶剂一起高温热解。

(1) 有机废物的预处理

对于 TBP/稀释剂的高温热解，利用高温热解设施的接收/进料设备制备料液，因此之前不要求预处理。树脂的高温热解要求预干燥步骤使水分含量减少约 50%（质量）。

(2) 工艺描述

固体有机废物的高温分解，无论是否是树脂，液体有机废物，或者 TBP 溶液，它们的处理设施完全相似。主要的不同在于进料系统。虽然简单的工艺流程图（如图 4-47 所示）显示了普通高温分解器有两种进料系统（液体和固体），高温分解设施通常设计成处理一种类型的废物，即液体或者固体。

· 进料系统

TBP 溶液进料系统

稀释剂和 TBP 放射性液体混合物被收集在液体废物进料罐里。进料罐预先注入定量的去矿质水、乳化剂和氢氧化钙并通过搅拌器进行混合。液体放射性混合物要按预先确定的周期进行搅拌，保证悬浮液的质量和稳定性。通过计量泵，悬浮液随后以恒定的速度连续加入预先加热的高温分解器中。向进料流体添加氮气，在热解器里形成隔离作用。

· 树脂的进料系统

球形或者粉末树脂分批加到圆锥形混合器里。混合均匀后，在氮气压力下固体物质进料器把树脂传送到预先加热的高温分解器里。

· 高温分解反应器

— TBP 溶液的高温热解

TBP 溶液的热解主要发生下面反应：

$$2(C_4H_9O)_3PO+2Ca(OH)_2 \longrightarrow Ca_2P_2O_7+6C_4H_8+5H_2O$$

反应还形成了一些丁醇。稀释剂，例如十二烷，在高温分解条件下是稳定的，仅仅转化成气相。流过内置烛式过滤芯后，气体成分离开反应器进入燃烧器。在高温分解期间形成的固体移到反应器的底部。在它们之中，二磷酸钙、过量的碳酸氢钙以及放射性成分都呈固体。高温分解器运行负压大约在－15～－30 mbar；所有部件的温度不一样，在 200～500 ℃范围内变化，主要部件运行在 380～450 ℃。结构材料都是耐热的镍锰铁合金，例如因科洛依和因科镍合金。床的长度大约为 1 m，它的直径在 600～900 mm 之间。

液体悬浮液分布到热解器（设计成一种成卵石床反应器）上部的圆柱形区域，非常快速地达到反应温度。这是来自反应器壁直接热传递的结果，热解器中做三维运动的球使热传递加强。球的材质可能是金属或者是陶瓷；它们的直径在 20～25 mm 之间。在反应区里反应物的滞留时间很重要，并且要进行调整，目的是使 TBP 和它的降解产物完全转化。另外，动球还保证了使成形的固体破碎。

在高温分解器较低的部分是过滤区域，在那里固体微粒沉降，缓慢地降到最低。轻的微粒被保留在烧结金属过滤器滤芯上，用氮气有规律地回吹过滤器，分离的固体微粒收集在圆锥形的底部，在氮气作用下通过排放闸定期地排出。

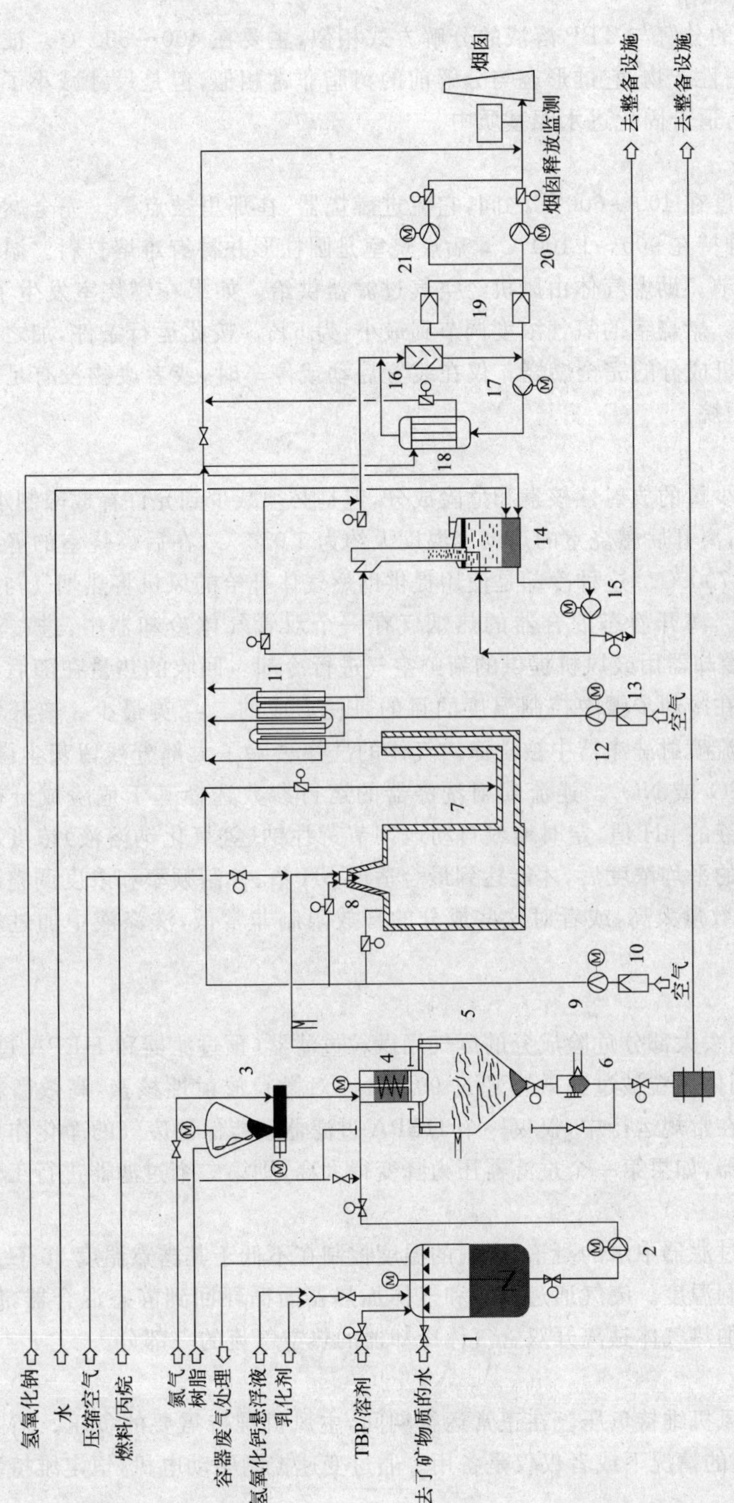

图 4-47 TBP或树脂的分解示意流程图

1—进料罐；2—计量泵；3—树脂进料器；4—反应器；5—过滤器；6—排放闸；7—后燃烧室；8—燃烧器；9—鼓风机；10—HEPA过滤器；11—冷却器；12—鼓风机；13—过滤器；14—倒转-喷射洗涤器；15—循环泵；16—混合器；17—循环风机；18—加热器；19—HEPA过滤器；20/21—主鼓风机和辅助鼓风机

— 树脂的高温热解

树脂有机成分的分解与 TBP 溶液的分解方式相似,主要在 400～550 ℃。被分解的树脂是自重流动,为惰性产物,它的形态与分解前的树脂非常相似,但是尺寸减小了。这种惰性产物主要包括炭,适合固化进水泥基质中。

· 燃烧部分

分解气体的温度在 400～600 ℃之间,它流进燃烧器,在那里被点燃。完全燃烧在后燃烧室,那里的温度维持在 900～1 100 ℃。后燃烧室是圆柱形并衬有难熔材料。温度控制主要通过燃烧气流调节。助燃气体由风机经空气过滤器供给。如果在燃烧室发生了超压,该过滤器还提供保护。燃烧室的氧气浓度调节到最小,为 6%。按此运行条件,加之滞留时间超过 2 s,可保证有机成分的完全燃烧。仅在装置启动或停车时,或者废物没有足够高热值时,向燃烧器供给丙烷。

· 烟气净化

烟气仅仅含有少量的放射性核素和危险成分,但是必须减少到允许释放限制水平以下。连续的处理过程中,离开后燃烧室的热烟气温度大约为 1 050 ℃,在后燃烧室的静态混合设备的出口被冷却到 700 ℃。这种冷却是使用提供助燃气体补给的风机将热烟气与新鲜空气混合达到冷却作用。离开静态混合器的热烟气在一个双管气体冷却器中,进一步冷却到 450 ℃。这种气体冷却器用鼓风机提供的新鲜空气进行冷却。回收的热量在随后的处理中(精细过滤)使用。在冷却步骤中控制温度的目的是使形成的二噁英最少。离开气体冷却器的烟气在一个逆流喷射洗涤器中被洗涤。气体的洗涤去除了大部分残留灰尘微粒,且吸附危险成分,例如 SO_2 或 NO_x。逆流喷射洗涤器的运行参数选择基于危险成分被有效吸附。必须控制洗涤液的 pH 值,定时地或自动地调节苛性钠(氢氧化钠溶液)浓度。了解废物料中包含的杂质的平均浓度后,才能达到最合适的 pH 值、控制频率和浓度调整。如果废物热解产生的 NO_x 数量太高,或者对这些成分的释放限制非常低,洗涤液中加过氧化氢可解决问题。

· 精细过滤

在最后一步,除去大部分危险成分的废气用微粒过滤器(预过滤器和 HEPA 过滤器)进行过滤。在这里,固体微粒被过滤效率超过 99.9%。对微粒放射性核素,高效微粒过滤器是最后一道屏障。在常规运行中,仅仅一个 HEPA 过滤器就能保证废气的净化作用。但并行地安装二个过滤器,如果第一个过滤器压力降变得太高,则第二个过滤器进行工作。这样装置就能连续运行。

为了避免微粒过滤器中水的凝聚,废气的温度控制在不低于其露点温度 30 ℃。过滤前在静态混合器中控制温度。废气通过风机和气体加热器而循环回到静态混合器,使温度升高。气体加热器的加热气体是离开双管气体冷却器的热空气流的一部分。

· 维持负压

装置依靠两个风机维持负压。在正常运行期间,主风机维持需要的负压。辅助风机比较小,用在热解中止的情况下或者仅仅是备用。通过变速控制驱动电机,恒定维持装置中的负压。

(3) 技术数据

废物组分		TBP 和煤油或其他稀释剂 (TBP 占体积的 10%) 预干燥的球形或粉末树脂 (通常残留水含量:质量的 50%)
废料活度		3.7×10^{12} Bq/m^3
TBP 热解	— 生产能力	15～30 kg/h TBP
	— 体积减小	大约 45%
	— 灰烬产品	大约 0.5 kg/kgTBP
树脂热解	— 生产能力	30～50 kg/h(包含残留的水)
	— 体积减小	大约 70% (分解的树脂/预干燥的树脂)
	— 灰烬产品	0.25～0.30 kg/kg 干树脂
运行模式		每天 24 小时连续运行,每周 5 天
去污系数		最少 10^6 (对于非挥发性放射性核素)

4.4.3 加拿大

图 4-48 所示的是加拿大安大略西部废物管理设施的安大略电站(Ontario Power Generation,OPG)放射性废物焚烧炉的示意图。该焚烧炉于 2003 年开始服役,代替了从 1976 年到 2001 年间运行的旧的间歇装料、不足空气焚烧炉。新炉连续进料,处理低放固体废物的能力为 2 t/d,处理液体放射性废物的能力为 45 L/h。它运行时有一个不足空气的主室和一个过量空气的后燃烧室。

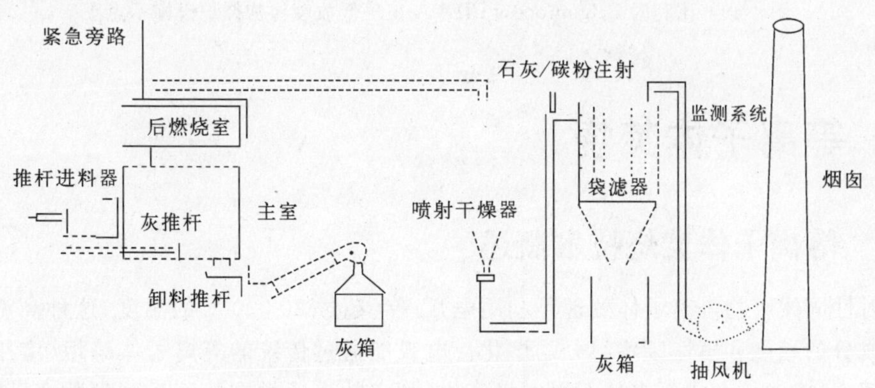

图 4-48　加拿大 OPG 焚烧炉设施示意图

4.4.4 比利时

比利时的处理公司(Belgoprocess)工业化焚烧设施用于燃烧固体和液体放射性废物。该焚烧炉在 1995 年开始运行,作为低放废物综合处理设施(CILCA)的一部分。

焚烧炉由以下部件组成：

— 主燃烧室，主燃烧室温度范围 900～950 ℃，放射性废物经过燃烧和高温分解的复合处理。

— 第二燃烧室(后燃烧室)，未燃烧的气体和烟灰颗粒进入第二燃烧室，与过量空气混合后完全燃烧。

— 冷却废气的蒸发器

— 一个湿废气洗涤系统，由骤冷塔和逆流洗涤塔(用腐蚀性液体去除 HCl 和 SO_2)组成。

在焚烧炉中，废离子交换树脂可与其他可燃烧废物一起燃烧。其他废物与树脂混合燃烧，树脂的含量有一个上限(25%)，超过此限值，不能完全燃烧。当废树脂没有其他可燃烧废物可一起烧时，树脂与易燃泡沫被注射到焚烧炉中，进行焚烧。

被焚烧废物的 β/γ 放射性限制是 40 GBq/m^3，α 为 40 MBq/m^3，每一个废物包表面的剂量率最大值为 2 mSv/h。焚烧炉系统的总流程如图 4-49 所示。过量空气的供应由一氧气分析控制器控制。对设计的废物进料速率，燃烧室提供 2 秒的最小滞留时间。

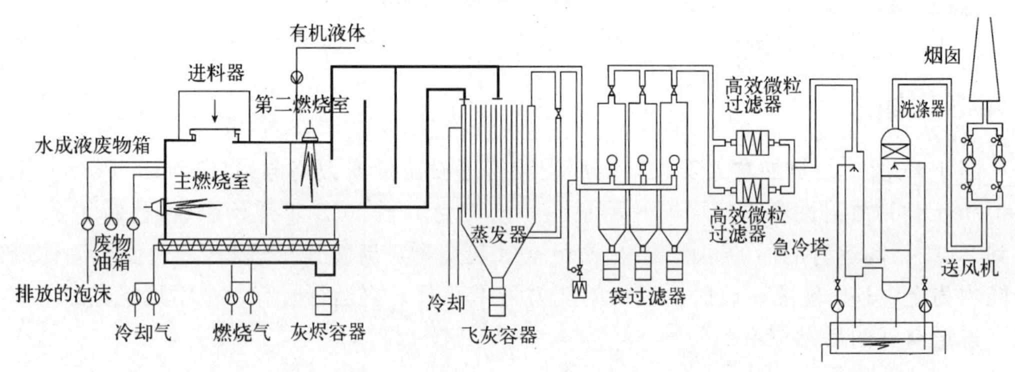

图 4-49 比利时 Belgoprocess CILVA 工厂低放废物焚烧炉设施示意图

4.5 等离子体焚烧

4.5.1 等离子体焚烧技术概述

放射性固体废物等离子体处理是利用电弧产生超过 20 000 ℃的温度，这种高温支持废物有机成分的燃烧和惰性废物组分的熔化。电弧能通过传统的等离子体焰炬(应用在许多工业处理中)或者一个或更多的石墨电极产生，额定功率通常在数百千瓦到数兆瓦的范围。这种方法适用于放射性废物中的有机物质(其他挥发物)蒸发和金属或非有机成分的熔化。通过还原等离子体气体(例如氩气、氮气)变化到氧化性等离子体气体(例如空气、氧气)，可以改变蒸发条件。等离子体废物处理设备如图 4-50 所示。

废物等离子处理后产生的气相经过一个后燃烧室或者催化转化器(用于完全燃烧)，接着对废气进行适当处理。这是一个多级程序过程，旨在消除释放的废气中的化学成分并使

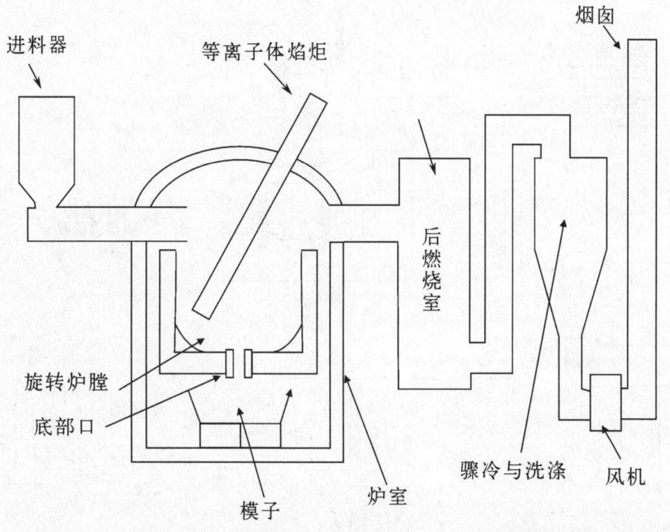

图 4-50　等离子体废物处理设备简图

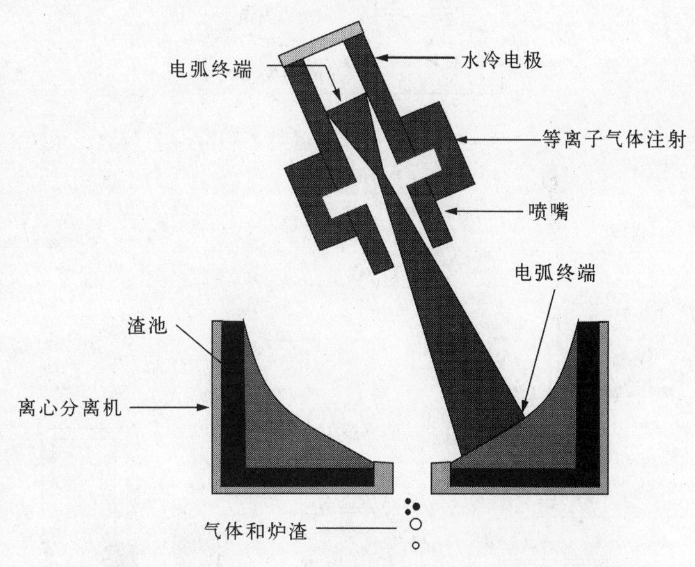

图 4-51　瑞典 ZWILAG 厂等离子体弧离心式处理设备概念图

放射性水平处在常规与放射性规章规定的安全范围之内。包含有大多数放射性的熔融残留物(金属或炉渣)被传送到外部容器中并冷却。通常,固态的残留物(冷却后的)被认为适合直接贮存和处置。在处理期间,通过添加额外的玻璃料到坩埚,炉渣会形成玻璃固化体,构成一种稳定形态。

根据废气处理系统的特性,处理过程将产生二次废物(例如废过滤器芯、泥浆、吸收液等)。这些二次废物可能具有放射性并要求随后进行处理,其中有的可成为等离子体炉处理的进料。

等离子体焚烧技术已经用于不同形式化学废物和低放废物的焚烧/熔化。第一套用于处理低放废物的工业装置——等离子体弧离心式处理设备(PACT)建造在瑞典的 ZWILAG 工厂,如图 4-51 和 4-52 所示。PACT 处理能力为 50kg/h,产生的最终固体废物放置在 200 L 桶中。

向废物处理系统供给废物,最终形成的废物形态是玻璃状的炉渣。一套类似的系统正在日本建造,韩国在 KAERI 废物处理中心建造了一套石墨电极等离子系统(图 4-53)。

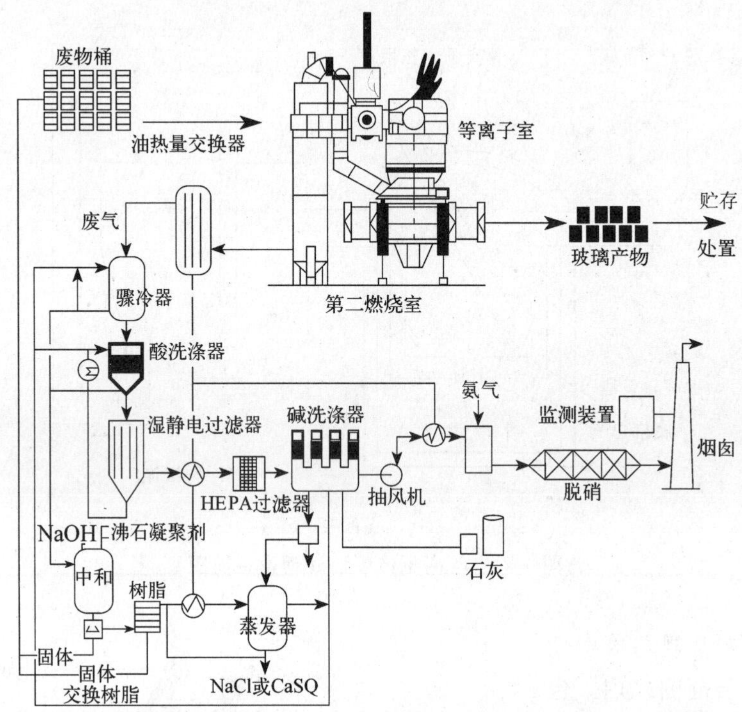

图 4-52 瑞典 ZWILAG 厂等离子系统工艺流程图

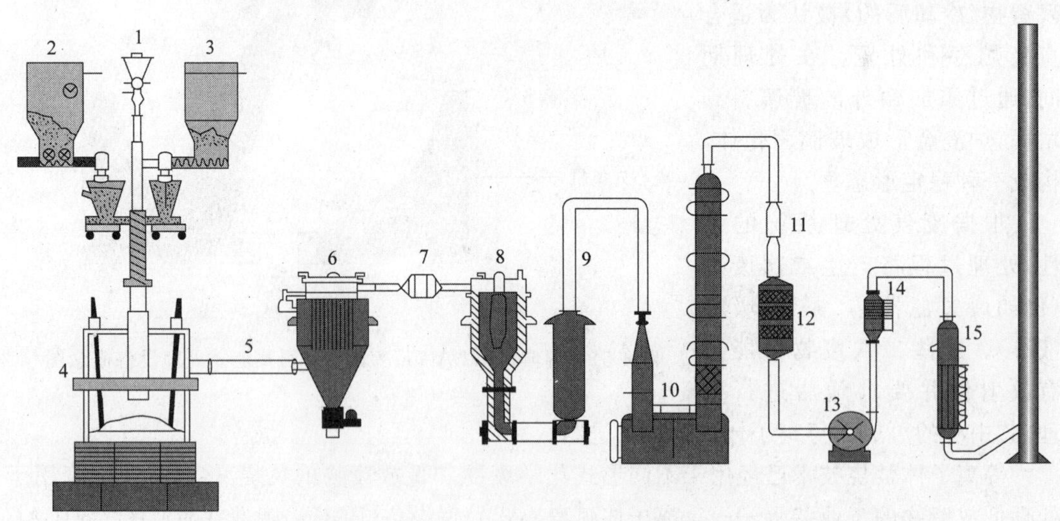

图 4-53 韩国大田 KAERI 的废物处理设施简图

1—玻璃料进料器；2—干燥放射性废物进料器；3—树脂进料器；4—冷坩埚熔炉；
5—管冷却器；6—高温过滤器；7—HEPA 过滤器；8—柱形燃烧室；9—废气冷却器；10—洗涤器；
11—再热器 A；12—活性炭/HEPA 过滤器；13—排气风机；14—再热器 B；15—脱硝系统

4.5.2　等离子焚烧技术的研究开发与应用现状

4.5.2.1　日本

(1) 低放固体废物的处理

在日本，有三套用于低放固体废物减容的等离子体设施。等离子体法处理低放废物诱人的优点是等离子体热量非常高。

有两套装置由日本原子能研究所的东海研究公司管理。一套是双焰炬电弧传输系统，废物处理能力为4 t/d。另外一套装置是使用感应加热等离子体的感应熔炉。带有感应热等离子体焰炬的熔炉如图4-54所示。

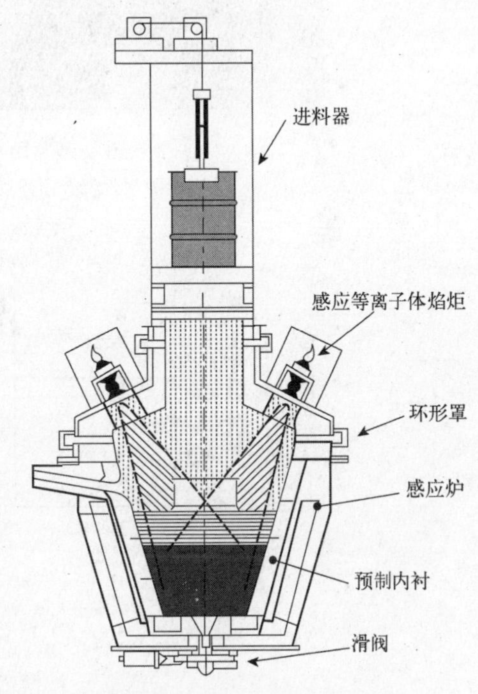

图4-54　等离子体-感应熔炉

等离子体-感应熔炉用于低放废物的熔化和减容。感应等离子体有三个焰炬(200 kW×3)，感应熔炉的功率达到800 kW。与直流传输电弧和非传输电弧相比，空气和氧气能用作感应热等离子体的等离子气体。因此，废物可以达到完全燃烧，最终产物中的放射性核素存在形式变得比较稳定。

日本原子能公司(JAPC)已经决定在敦贺电厂建造采用等离子体电弧离心式处理(PACT)系统的低放废物处理设施。旋转炉膛为2.44 m，能够传输1.2 MW电弧的PACT系统是美国Retech有限公司开发的。低放废物的处理能力是600 kg/h。

等离子体处理低放废物，熔化产生的炉渣使放射性核素存在形式比较稳定，易挥发核素特别是铯捕集在炉渣层中。通过模拟废物材料进行研究，发现铯蒸发速率随着炉渣碱度的增加而增加，炉渣碱度由($CaO+FeO+MgO$)与($SiO_2+Al_2O_3$)之比决定。因此，铯在炉渣中的捕集可以通过增加废物中SiO_2或Al_2O_3的含量来加强。

日本电力工业中央研究所(CRIEPI)已经开发了电弧等离子体炉处理包括金属和无机材料的混合固体废物，这些物料的熔点高。该技术可使混合固体废物处理具有高减容率。

该技术在应用到处理来自核电站的低放混合固体废物以前，进行了熔化和固定后的产物是否适合处置的验证，就对放射性核素的封闭作用而言，这项技术是令人满意的。用模拟的低放固体废物(包含有放射性核素的模拟元素)对被熔化和固定产物的特性进行了测试。测试使用金属、无机和有机材料组成的混合固体废物，把非放射性核素作为模拟放射性核素使用。

在不同的条件下使用等离子体，模拟的材料都同时被熔化。熔化和固定产物的物理特性以及放射性核素的行为用模拟元素进行了测试。测试结果显示产物分离成金属和炉渣层(图4-55和4-56所示)。模拟元素的密度和分布在每一层都是均匀的。当废物在

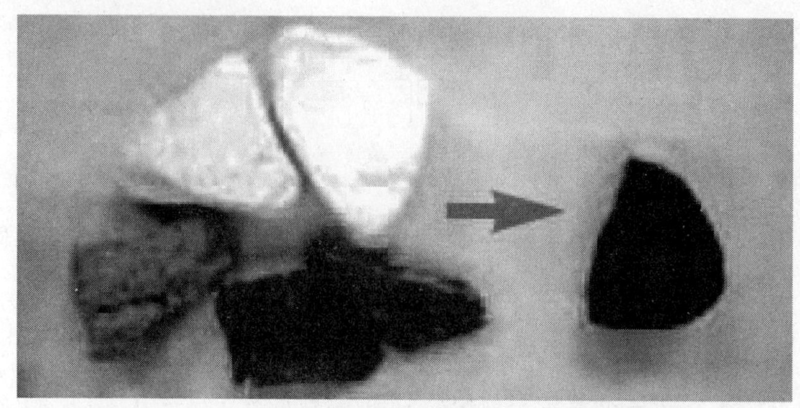

图 4-55　用等离子体焚烧熔化法减容

［左边：放射性混合固体废物；右边：由等离子体熔化产生的炉渣］

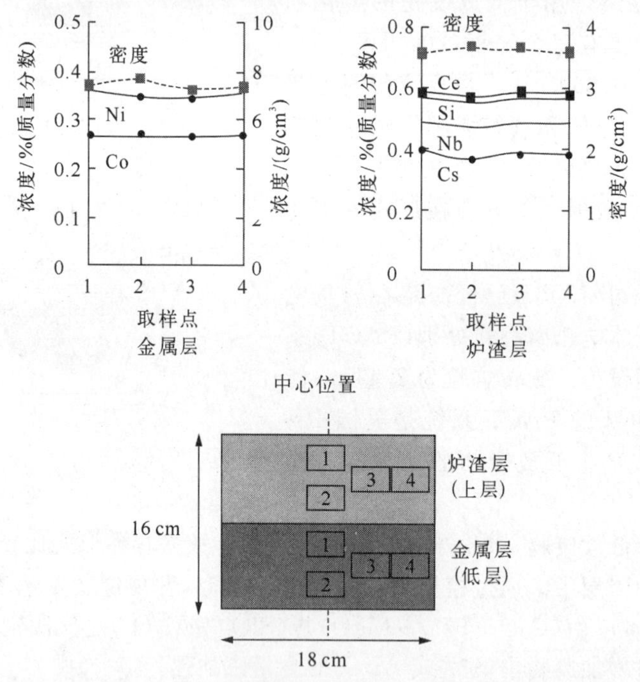

图 4-56　模拟元素在最终废物中的密度和浓度分布

注：方框中数字显示的是取样点。

氧化空气下被熔化和固定时，炉渣层明显地显示有高的机械强度。

经模拟元素试验证明，熔化产物中放射性核素的渗透性是可忽略的，并且产物的化学性质稳定。另外，还对熔化过程中放射性核素的行为进行了验证。除了铯元素之外，几乎所有的元素明显地被捕集在金属层或炉渣层中（如图 4-57 所示）。这种行为基于热力学特性和元素的蒸汽压、氧化物形成的自由能。另一方面，铯向炉渣层和灰土的迁移取决于废物的组分和熔化时间等。

在容器的表面附近很难测量放射性镍、锶和铌在废物中的浓度，通过转化为铯的数量进

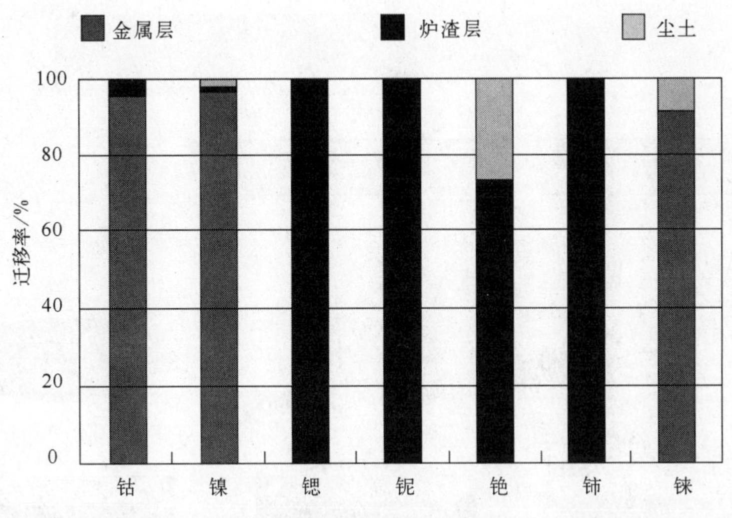

图 4-57　模拟放射性核素的迁移率

注:碳钢、飞灰和木质被处理时,模拟放射性核素在金属层、炉渣层的迁移。

行估计。因此,需要精确测定铯在产物中的捕集率。通过研究熔池在废物熔化期间的形状变化和炉渣中铯浓度的时间-速率变化,建立了用于估计铯的行为的一种模型(如图 4-58 所示)。在这种模型中,通过测量废物熔化后铯进入炉渣的速率和铯从熔化的炉渣表面蒸发的速率的相对差,对铯的行为进行估计。在这种模型的基础上,提出了一种方法估计铯在熔化产物中的捕集率。

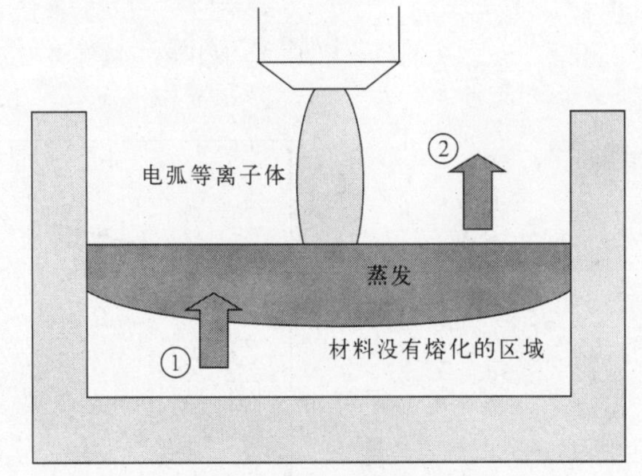

图 4-58　估计铯行为的模型

注:① 废物熔化作用引起的铯流动迁移;

② 铯从熔化的炉渣表面蒸发而流动迁移,铯的浓度与时间的函数关系用①和②之间的相对差进行估计。

(2) 废离子交换树脂的处理

废离子交换树脂的数量一直在增加,因此要求有减少废树脂量的有效方法。富士电力有限公司开发了一种用低压等离子体使树脂废物减容的系统。通过氧等离子体处理离子交换树脂的概念如图 4-59 所示。该工艺包括两个步骤:第一步,等离子体气相氧化,达到低减容(1/4～1/5);第二步,直接氧化离子交换树脂,达到高减容(1/10～1/20)。在 2 L/h 的处理速率下,减容到原始废物的 1/20。在压力 1～10 kPa 下,放射性核素进入废气的迁移率低于 10^{-6}。

反应性热等离子体也用于减小离子交换树脂的质量和体积。在试验中,用涂铯和钴的阳离子交换树脂(SKN-1)作模拟废树脂。在大气压力下,作为反应气体的氧气或空气在正极的下游注入。等离子体处理废树脂的质量减小如图 4-60 所示。由图看出,10 分钟后,质量减小到 80%,40 分钟后,质量减小到 95%。不涂放射性核素的树脂与涂钴和铯的树脂,

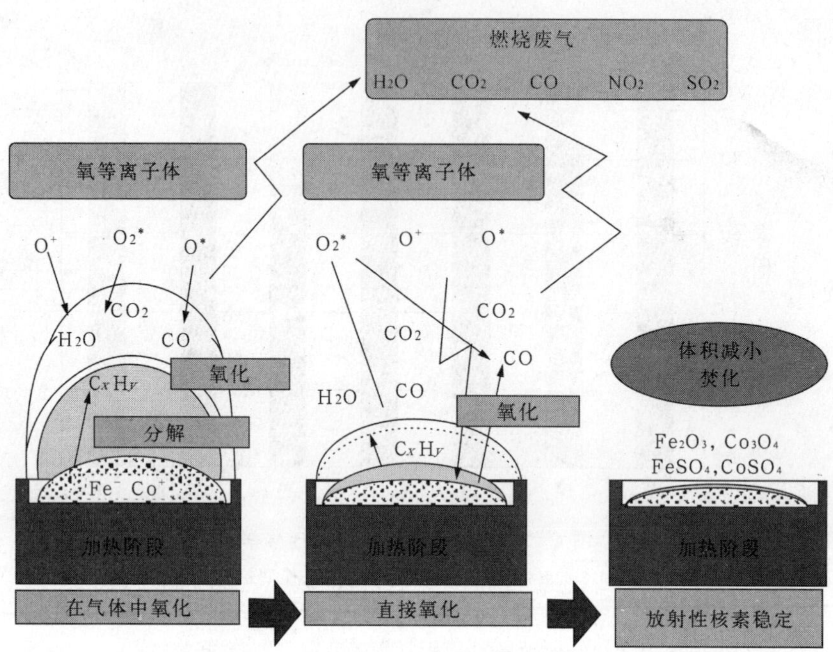

图 4-59　低压感应氧等离子体处理离子交换树脂的机制

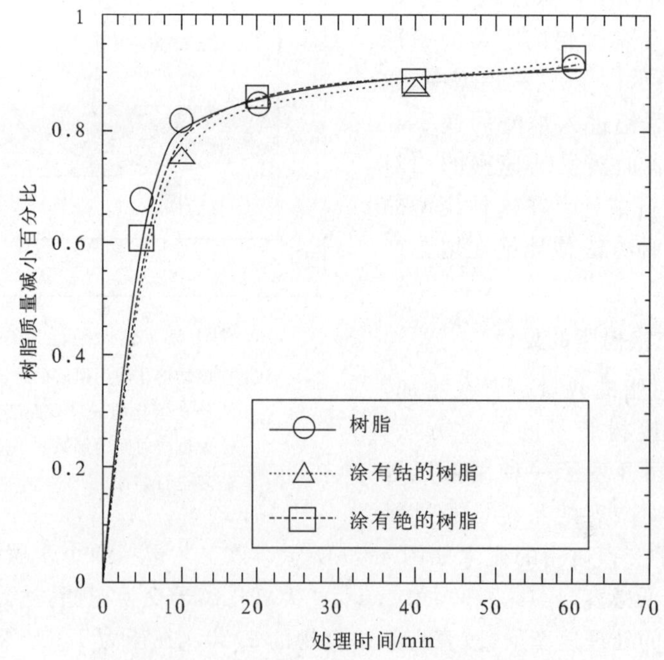

图 4-60　热等离子体处理树脂质量的减小

质量减小存在小差异。

X射线衍射分析表明，钴是以 CoO 和 Co_3O_4 的形式保留在树脂中，铯以 Cs_2SO_4 的形式保留在树脂中。处理后，钴的保留大约 100%。如果氧气注入速率不大，铯的保留也大约

100%。对于离子交换树脂的质量和体积的减小,热等离子体处理有快速有效的作用。另外,对于稳定放射性核素,热等离子体处理还具有很好的作用。

(3) 等离子体去污

处理核反应堆退役、核燃料后处理厂以及废物处理厂产生的废物,需要高效的去污方法。湿法处理去污有产生大量二次废物的缺点,诸如污染的溶剂和离子交换树脂等。等离子体处理法产生的二次废物量小。已经进行了低压等离子体条件下的去污研究,但是考虑到实际应用,不很赞成低压条件下进行等离子体去污。

去除不锈钢表面沉积的放射性核素,开发了大气压下微波等离子体去污方法。去污反应主要是基于形成挥发性化合物的原理,例如通过四氟化碳/氧气等离子体产生氟化物。用高压锅模拟沸水堆情形,在水中准备好不锈钢样品,不锈钢表面的氧化物膜被四氟化碳/氧气等离子体去除。

4.5.2.2 俄罗斯

本小节主要叙述目前俄罗斯 SIA Radon 使用高温法处理低中放废物的情况。固体与液体废物、混合的有机和无机废物在竖炉里面用等离子体加热,形成稳定的抗浸出性炉渣,适合近地表处置。SIA Radon 在该领域有 40 多年的经验,并且一直在开发新的高效处理方法。

焚烧是可燃烧固体和液体低中放废物最有效的减容方法。但是,焚烧炉灰烬是粉末状并且是易浸出物料,它不适合最终处置,还需要固化处理。SIA Radon 开发了焚烧炉灰的高温处理方法。用等离子体电弧处理焚烧炉灰烬就是其中之一。焚烧炉灰被粉碎并与成渣添加剂混合,加到可倾斜、已经加热的(用两个等离子体发生器加热到1 600 ℃)熔炉中。熔化的炉渣定时倾倒进容器中。获得的炉渣是整块的固体,化学性质稳定,适合近地表处置。

另一种技术可消除焚烧灰的产生。一座以等离子体加热竖炉为基础的工厂(具有液体成渣功能)经历了研制、设计、建造、调试,已在运行之中(如图4-61所示)。该厂(如 4-62 图所示)计划用于联合处理固体有机废物与废绝热材料、混凝土、玻璃碎片、建筑废物和其他易熔解材料。废物加到竖炉里面,直到装满,并且在运行期间一直保持这个水平。竖炉用等离子体发

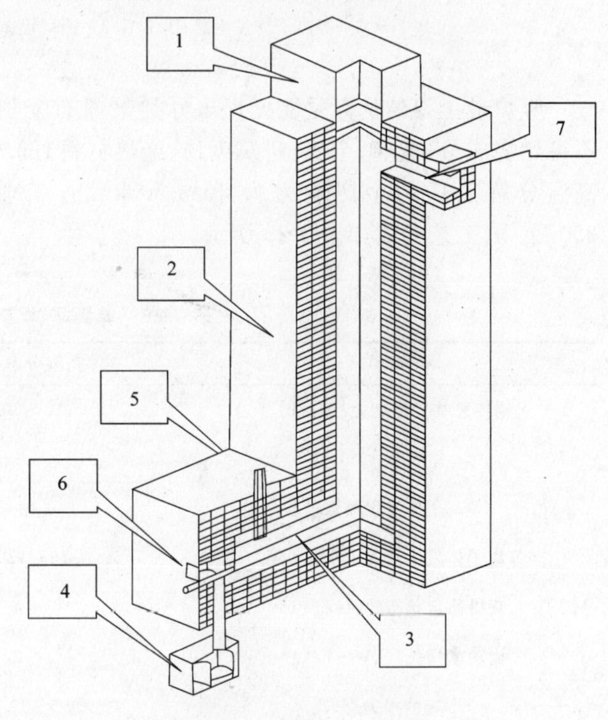

图 4-61 竖炉

1—废物装料装置;2—竖炉;3—底部;4—炉渣收集器;5—等离子体发生器;6—闸门;7—废气管

生器加热。在竖炉里面,废物逐步地干燥、气化、燃烧、形成炉渣并熔化。熔化的炉渣均匀聚集在竖炉的底部,通过制动器倾倒进容器里。在废气处理系统中,废气得到净化。废气处理系统包括高温后燃烧器、化学气体中和装置、催化毒性气体中和装置和两级放射性气溶胶捕集装置等。

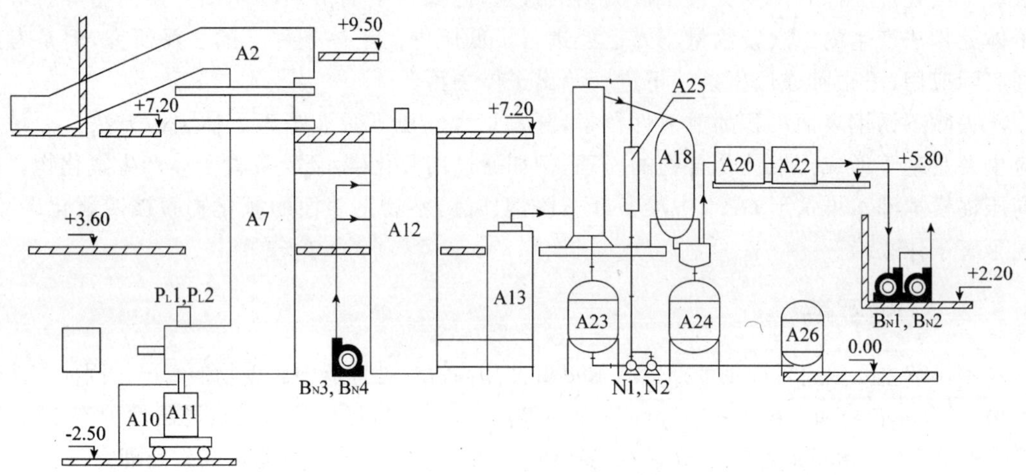

图 4-62 等离子体处理装置流程

A2—废物装料装置;A7—等离子竖炉;A10—炉渣收集器;A11—容器;A12—后喷射引擎燃烧室;A13—蒸发热交换器;A18,A25—热交换器;A20,A22—过滤器;A23,A24,A26—容器;P_L1,P_L2—等离子体发生器;B_N1,B_N2—通风设备;B_N3,B_N4—引风机;N1,N2—泵

竖炉最主要的优点是能处理未分类整理的废物。高温竖炉能够处理包含20%~40%不可燃烧成分(玻璃、金属、建筑废物、绝热材料)的废物,并且形成的最终产物可直接处置。高温分解工厂的生产能力为40~50 kg/h,工业规模"Pluton"工厂的生产能力达到250 kg/h,工艺参数如表4-25所示。

表 4-25 等离子体工厂参数

参数	"高温分解"厂	"Pluton"
固体废物处理能力/(kg/h)	40~50	200~250
外形尺寸/m	8×8×10	12×18×12
等离子体发生器数量	1	2
等离子体发生器的电功率/kW	70~120	100~150
获得稳定状态的时间/min	3~4	6~8
比功率损失/(kW·h/kg)	1~2	0.5~1
^{137}Cs的损失/%1)	5~11	7~9

注:1) 取决于废物成分。

焚烧炉灰烬的整备还有其他一些方法，如用高渗透的水泥浆浸渍焚烧炉灰烬。灰烬放在熔炉里面，接着用液体水泥浆浸渍。这种方法有超过传统水泥黏结的优点，例如具有较高的生产率和产品质量。

4.5.3　等离子体焚烧技术的研究开发状态及其优缺点

等离子体技术在熔融清洁合金和破坏有毒废物方面已证明是有价值的，并且能够用于从碎屑和废物中回收价值高的材料。已开发用于处理各种金属状或玻璃状炉渣的等离子体炉和工艺技术。它们的设计非常紧凑，在工艺控制方面有很高灵活性，并且自动化程度很高。这一切都使得等离子体焚烧技术适用于放射性废物的处理，显示出了明显的优点。通常等离子体处理方法的优点与玻璃固化的优点相似，它产生的废物适合长期贮存或处置，有机材料全部破坏并适用于多种固体/液体废物的处理。等离子体处理不需要对废物材料进行任何预分选，整个废物桶能进入到处理系统(包括桶)。另外，等离子体处理还具有下列优点：

- 核安全性好；
- 满足环境要求；
- 由于自动化运行而降低个人剂量；
- 能在一步操作中完成分解和熔融；

与玻璃固化一样，工艺设备的建造和运行昂贵。

4.6　放射性固体废物焚烧处理的发展动态

放射性固体废物焚烧炉在国外大型后处理厂、核研究中心应用比较普遍。美国能源部所属的单位先后建造了 20 多台焚烧炉。日本原子力研究所和动燃团也先后建造了 6 台焚烧炉。英国哈威尔原子能研究所、德国卡尔斯鲁厄核研究中心、比利时核研究中心和法国的几个核研究中心都设有焚烧炉，这些焚烧炉往往还接受附近地区送来的民用核废物。核电站焚烧炉过去比较少，随着核电的发展，现在人们越来越重视减容废物，核电站焚烧炉的发展也很快。比如说日本，自 1978 年开始运行的核电站焚烧炉就有 12 座。

焚烧炉发展的另外一个特点是一炉多用。早先建造的焚烧炉只能焚烧擦纸、沾污的工作服、拖布等易燃物。现在的焚烧炉能焚烧固体、废树脂、有机废液等多种废物，充分发挥设备的作用，实现大幅度减容。

当前国外焚烧炉开发研究的重点：

(1) 发展多功能焚烧炉；

(2) 开发焚烧灰固化技术，如微波熔融、高频熔融技术等；

(3) 开发灰渣可直接处置、允许加入少量不可燃固体废物的高温熔渣炉；

(4) 开发安全性能好，可方便回收钚的 α 废物焚烧技术。

参考文献

1　Predisposal Management of Organic Radioactive Waste[R]. TECHNICAL REPORTS SERIES NO.

427. International Atomic Energy Agency, VIENNA, 2001

2 Handling and Processing of Radioactive Waste from nuclear Applications[R]. TECHNICAL REPORTS SERIES NO. 402. INTERNATIONAL ATOMIC ENERGY AGENCY, VIENNA, 2001

3 Radiation and Mixed Waste Incineration. Background Information Document Volume 1: Technology [M]. U. S. Enviromental Protection Agency. May 1991

4 Incineration of Radioactive Waste[Z]. RWE NUKEM GmbH. Januar 2002

5 Technical Support Document for HWC MACTS Standards. Volume I: Description of Source Categories [R]. U. S. Enviromental Protection Agency Office of Solid Waste and Emergency Response (5305) 401 M Street, SW. Washington, D. C. 20420. February 1996

6 Status of Technology for Volume Reduction and Treatment of Low and Intermediate Level Solid Radioactive Waste[R]. TECHNICAL REPORTS SERIES NO. 360. International Atomic Energy Agency, VIENNA, 1994

7 Treatment of Off-Gas from Radioactive Waste Incinerators[R]. TECHNICAL REPORTS SERIES NO. 427. International Atomic Energy Agency, VIENNA, 1989

8 赴德国、荷兰、比利时三国考察低中放废物减容技术总结[J]. 放射性废物管理及核设施退役第 6,7 期(总第 36,37 期). 核工业总公司八二一厂,核科学技术情报研究所,1994 年 6 月

9 Pyrolysis of Radioactive Organic Waste[Z]. RWE NUKEM GmbH. Januar 2002

10 Application of Ion Exchange Processes for the Treatment of Radioactive Waste and Management of Spent Ion Exchangers[R]. TECHNICAL REPORTS SERIES NO. 427. International Atomic Energy Agency, VIENNA, 2002

11 Research Laboratory for Nuclear Reactors, Tokyo Institute of Technology, Tokyo, Japan. Recent Development of Waste Treatment by Reactive Thermal Plasmas in Japan[A]. Proceedings of 16th International Symposium on Plasma Chemistry, Taorumina, Italy, June 2003

12 New Method of Treating Low-level Radioactive Miscellaneous Solid Wastes-Simultaneous Treatment of Various Wastes to Reduce volume Using Plasma[Z]. CRIEPI news 393

13 HIGH TEMPERATURE TREATMENT OF INTERMEDIATE-LEVEL RADIOACTIVE WASTES-SIA RADON EXPERIENCE[A]. WM'03 Conference, February 23-24, 2003, Tucson, AZ

14 放射性废物管理及核设施退役第 9 期(总第 19 期)[J]. 核工业总公司八二一厂,核科学技术情报研究所,1992 年 11 月

15 罗上庚,放射性废物概论[M]. 北京:原子能出版社,2003

第5章　压实技术及设备

5.1　概述

低水平放射性干废物是核电厂或其他核设施运行产生的主要废物之一。贮存、运输和处置这些废物需要耗费很多人力、财力和物力，还要准备很大的贮存库和处置场地。为了节约存储空间和成本，在处置前，必须对它们进行减容处理。在国外，放射性固体废物的压实减容已经普遍地应用在核电站、核研究中心和核燃料循环设施中。安全、经济、有效的压实装置正在开发研究。

5.2　压实减容的特点

压实减容是一项比较成熟的技术，应用广泛。压实主要是减小体积。压实减容是基于提高废物密度，消除废物中的空隙而减小体积。可压实的废物种类很多、例如纸张、木材、塑料，还有如橡胶、炉渣、玻璃、旧零件、过滤器、旧工具、电缆等也可压实减容。

压实所取得的减容倍数取决于废物种类和所施加的压力。如果在压实处理前进行分类等预处理，可以获得较好的减容效果。

如图5-1所示，可以看出，纸和布只需施加较低的压力，钢铁则需要施加较大压力才能达到最大密度；施加的压力和密度不成正比关系，在一定压力范围内，压力增加，密度显著提高，但压力达到某值后，再提高压力，密度变化很小。最初的压实机的工作压力不超过1 MN。在20世纪80年代发展起来的超级压实机具有10～15 MN的压力，在90年代增加到20 MN甚至50 MN。在压实处理前，必须排除废物中的爆炸性物质。

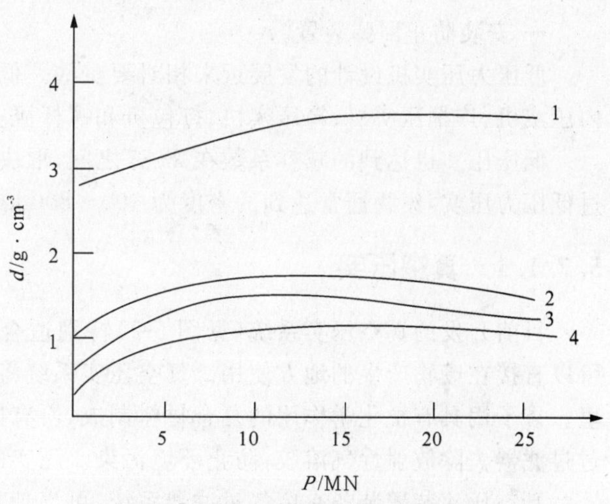

图5-1　压缩的压力与密度的关系

1—钢（板和管）；2—玻璃；3—破布和聚乙烯套靴；4—碎屑

压实是一种机械减容方法，使用垂直或水平的推杆向在桶或箱形容器中的废物施加压力。市场上可供选择的压实机类型很多，有在桶内压实的，有压实后再装桶的。从结构上分有单向压实、三向压实，有卧式、立式的，有固定式的、车载流动式的，从驱动力分有水压、油压和汽动，从压力大小分有低压（几十～100 t 压力）、中压（几百～1 000 t 压力）和高压（几千吨，甚至上万吨压力，又为超级压实机）。一般情况下，低压压实机在固体废物产生的现场使用，高压压实机建在处置场或废物贮存库。

放射性固体废物的压实减容与一般工业的压缩打包不同，它有特殊的要求。设计和操作压实装置需要考虑以下问题：

— 放射性固体压实过程会释放存在于原包装中的气体，可能导致气溶胶污染，因此需要适当的尾气处理系统；

— 压实 α 废物要求在气密室中进行；

— 压实中放废物需要屏蔽措施和遥控操作；

— 吸收或附着在固体废物上的液体在压实过程中会释放出来，应该用适当捕集器收集；

— 被压实物的化学活性在压实后并没有消失，而且可能提高，自燃或爆炸性物质应该在预处理步骤中分拣出来，压实机房要配备灭火装置；

— 大块坚硬不可压实组分会损坏压实机，应该在预处理步骤中分拣出来；

— 压实之后，克服废物的回弹作用有着重要意义。

5.2.1 低压力压实

对低压力压实，需要在容器合好盖子前控制压实后的废物回弹，有许多减少回弹或者控制回弹的方法：

— 将弹性材料例如塑料和其他材料均匀分散；

— 在容器底部放置弹性材料，在弹性材料上面覆盖多层密致材料；

— 降低压实力；

— 用压实机压头将盖子盖在容器上；

— 安装防止回弹装置。

低压力压实机设计的发展近来相对要少些。低压力压实机主要类型有：真空压实机、桶内压实机、连桶压实机、箱压实机、打包机和螺杆压实机。

低压压实机达到的减容系数在 2～5 之间，取决于废物材料的特性和初始容积密度。通过低压力压实，废物通常达到的密度为 400～800 kg/m^3。

5.2.1.1 真空压实

目前开发的真空压实系统（见图 5-2）特别适合密封和压实低放固体废物和毒性废物，可以直接在废物产生的地方使用。真空压实系统将危险废物和其他物质包封进特殊塑料袋里。袋子用具有抗化学作用的复合材料制成，所有操作在真空中进行。操作期间，排气机通过过滤器去除放射性气溶胶，防止环境污染。压实的减容系数至少能达到 2。

真空压实装置装备有废气过滤器系统，可以使用不同类型的过滤器。现有的过滤器废气系统能容易地连接到真空压实机的过滤器系统。

经验显示，在废物产生的地方使用真空压实机非常有效，如果对废物进行仔细地分离，将减少要处理的固体废物的体积和二次污染的风险。真空压实和包装系统主要用来收集、分拣和包装低放固体废物。

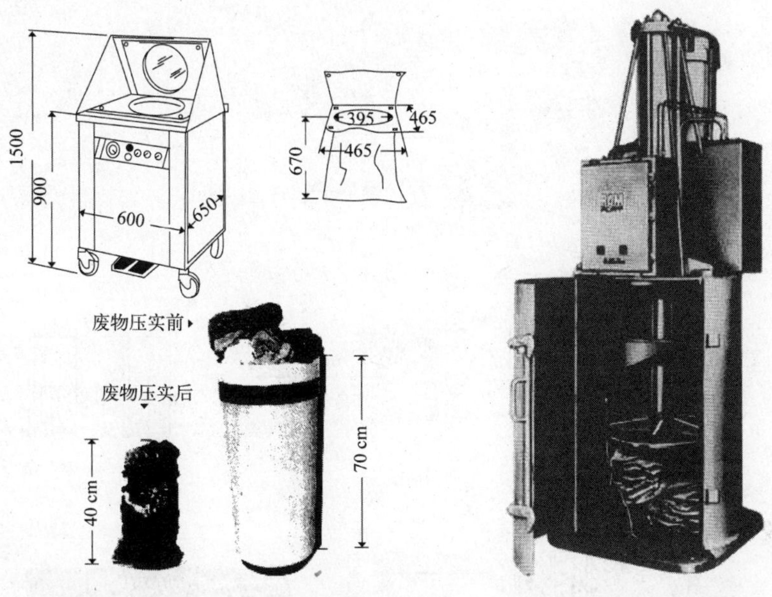

图 5-2　CORA 真空压实系统　　图 5-3　桶内压实机(美国)

5.2.1.2　桶内压实机

典型的桶内压实机如图 5-3 所示。桶内压实机应用广泛,提供的压力通常在 100 kN 和 5 000 kN 之间,装备有高效微粒空气过滤器(HEPA)和风机、液体收集槽、载桶平台和可以调整压力的动力源。现在有几种装置连接有剪切机、自动装桶器。有防回弹装置用来解决回弹问题。

低压桶内压实机主要在现场使用,有时候直接用于废物处理厂。在产生废物的场址,低压压实通常将废物袋在 200 L 桶内进行简单压实。在这种装置的设计中,要求提供足够的密封和空气过滤功能以满足安全需要,用桶内压实机压实整备可压缩放射性固体废物的流程如图 5-4 所示。

桶内压实机可靠不易出问题。总减容系数能达到 3～5,废物的处理能力可达到 4 000 m^3/a。通常通过手动向压实机进料,因此要求废物的放射性低,并且尺寸足够小,能装进桶里。在压实前,大的物体必须剪切成较小的块。

例如,在加拿大安大略的 Bruce 核电站运行了一套桶内压实废物的压实机系统。袋装的废物手动堆积在加压室,并被压实到 200 L 桶中。压实板由液压缸产生的 450 kN 压力进行驱动。为了避免污染扩散,对加压室进行完全密封,空气过滤系统包括一台风机、一个预过滤器和一个 HEPA 过滤器(见图 5-5 所示)。

5.2.1.3　连桶压实

连桶压实的处理特征是将装容可压实废物的桶压实成稳定的压块。压实程度取决于施加的压力和废物材料的物理特性。典型的桶压实(粉碎机)设备如图 5-6 所示。

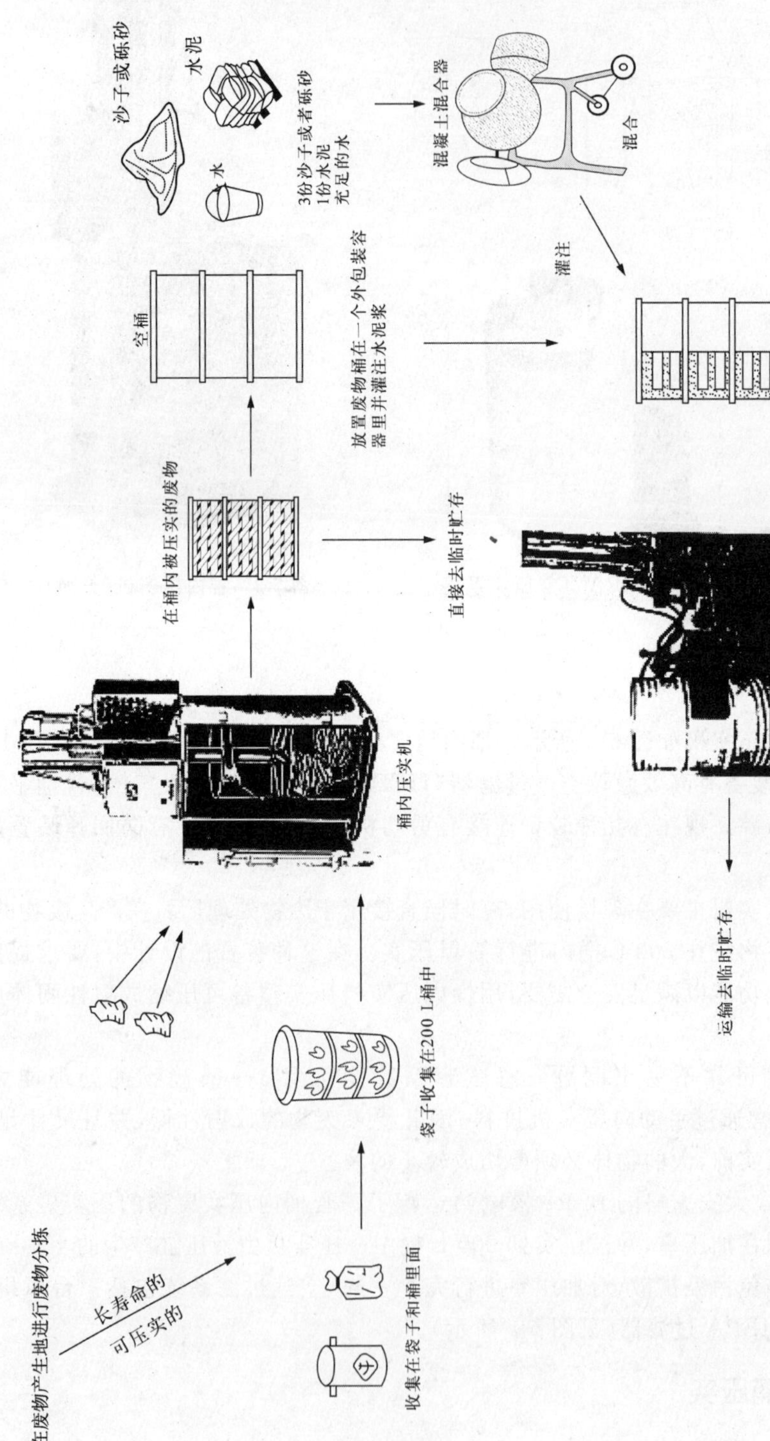

图 5-4 桶内压实机整备可压缩固体废物的流程示意图

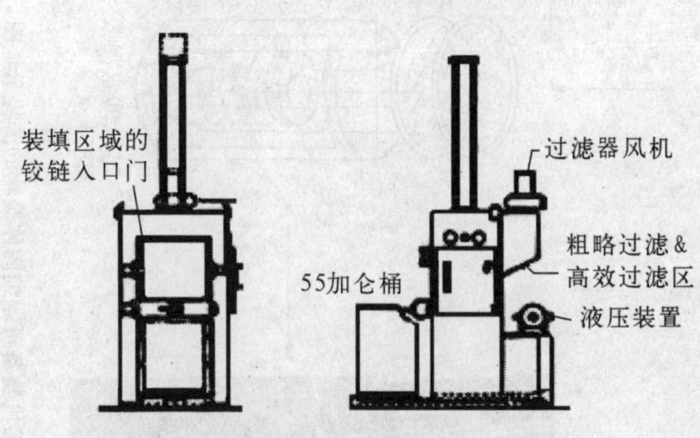

图 5-5 加拿大安大略的桶内压实机

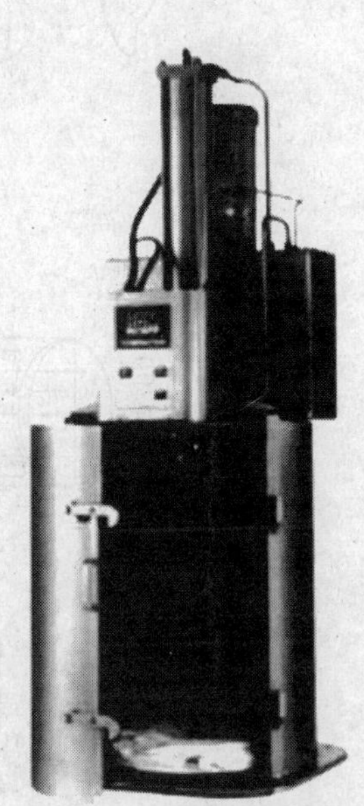

图 5-6 连桶压实

桶内装的废物可能是在产生废物的地方收集的可压实废物，或者是已经用桶内压实处理的废物。桶先被装到压实装置里。随后使用 0.1～1.5 Gg(100～1 500 t)的高压力压实机达到进一步的减容。当桶中废物间的空隙被完全消除的时候，可以达到最高的压实效果。连桶压实装置的性能和效率经实践验证非常好，工作可靠。这些设备在市场上都能购到，它们可能都是手动开关操作模式(遥控、自动)。但是，连桶压实机比简单的桶内压实机贵，不推荐用来处理数量低的废物。连桶压实机整备可压缩放射性固体废物的流程如图 5-7 所示。

5.2.1.4 箱压实机

箱压实机利用金属箱或者衬有金属片的夹板箱。向压实机提供垂直、有锯齿的金属带以保护防回弹装置。放下一种柔性覆盖物遮盖箱压实机的顶部，控制放射性释放。一些箱压实机使用双重压头，以便均衡压实。箱与桶相比，它能适应大的物体和装容更多的废物，但是这种设备比桶内压实机更昂贵。另外，箱压实机封装废物更困难，因为包装箱比标准的桶包装废物的尺寸大。

5.2.1.5 打包机

典型的打包机是在纸板箱内三向压实废物，然后用钢带和塑料带将箱子捆绑，塑料制

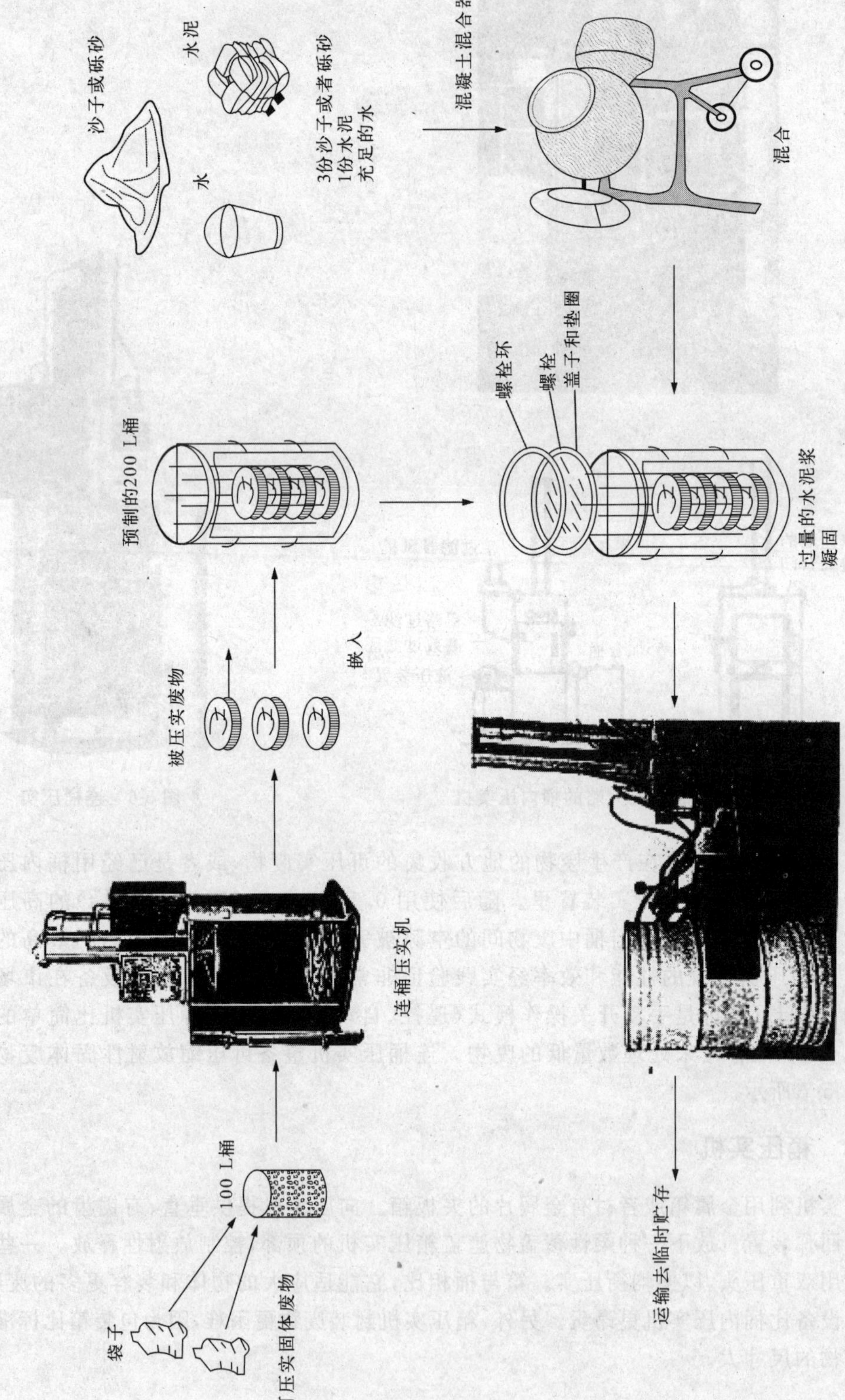

图 5-7　连桶压实机整备可压缩固体废物的流程示意图

品能抑制渗漏。打包机能处理相对大的物体，运行经济、有效。因为包装易碎，很难抑制和避免刺破。随着时间变化，包装会恶化，根据处置标准，打包机压实的废物不可能适合最终处置。

5.2.1.6　螺杆压实机

螺杆压实机实际上是一个挤压机，适用于塑料含量高的废物。塑料含量在40%～50%(质量分数)的情况下能获得最好的结果，热塑性塑料含量也在10%～15%(质量分数)。这些塑胶可能包含在废物里面或者是添加的塑料黏结剂。废物加进压实机前必须剪切。螺杆压实机处理熔化塑料是将塑料作为黏结剂和封装介质，生产出完整的固体废物或者较小的固体颗粒物。一旦达到运行温度(通常为135～150 ℃)，由挤压过程形成的摩擦向压实机提供热量。螺杆压碎热塑性物质，使之与其他废物混合，同时提供挤压过程的压缩力。螺杆挤压机非常适合β/γ废物，但是不适用于α废物，因为有产生可燃烧气体的可能性。

5.2.2　超级压实

超级压实对核设施退役过程中切割解体的金属废物、碎混凝土块、建筑材料、电气设备和机械部件减容特别有效，这些废物不能在低压压实设备中压实减容，又不能用其他方法有效地处理。超级压实机提供的压力范围在10 MN或者更高。对于不易压实废物的减容系数能达到2～4；对于可压废物，减容系数为6～7(如表5-1所示)。取决于废物材料的性质，经超级压实机压实过的废物的密度通常在1 000～3 500 kg/m³。在超级压实机的压实过程期间，废物容器被夹持在一个套模里，它的内径与容器的外径相匹配。被压实的桶成为饼块，装进外包装容器后密封。用来压实的容器和外包装容器通常都是圆柱形桶，也使用长方形容器。

表5-1　使用超级压实机常见废物的减容系数

废物类型	减容系数	压实后的体积/%
混合废金属	6～7	～15
剪切的金属碎片	6～7	～15
焚烧炉灰烬	2～3	～40
绝缘材料(玻璃、毛织品)	16	～6.3
碎石(砖块、水泥)	2.2	～45
沙	1.3	～77
玻璃瓶	5.2	～28

5.2.2.1　超级压实机的基本形式

压实机系统可以设计成水平或者垂直的装置。超级压实可以安装成固定式或者可移动系统。

选择垂直还是水平装置，取决于设施的需要和花费。

可移动或者固定系统的总载荷能力在10 MN到22 MN。这些系统的处理能力为每小时1～40个容器(如图5-8所示)。一个在美国运行的50 MN装置能处理方形容器，该装置因为体积太大而不能成为移动装置。

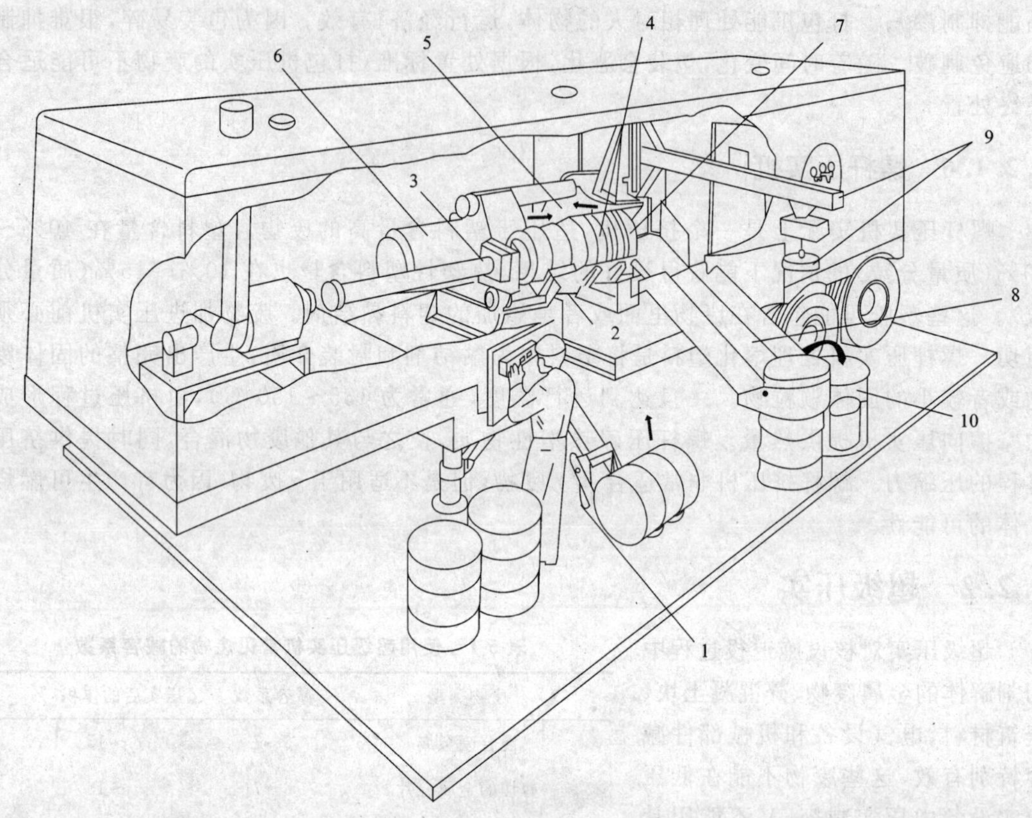

图 5-8 可移动式超级压实机

1—装载机构;2—压实加载台;3—载荷/推出压头;4—可收缩的套子;5—压实台;6—主压头;7—加载/推出台;8—取出台;9—卸载起重机;10—55 加仑 DOT 17-H 容器

5.2.2.2 预压实

一般用桶内压实机进行预压实。例如,如果废物松散地装在一个容器里,密度为 112 kg/m³,超级压实将它的密度增加到 1 120 kg/m³,将要压实 10 个桶。

如果废物经预压实,先达到密度 500 kg/m³,那么仅有两个容器被破坏。因为需要装运的废物量减少,运输的成本可以减少。进行预压实有重要意义,但是预压实需要考虑:

— 要求额外的设备和劳力。

— 废物包装袋可能破裂,造成放射性泄漏和辐照。

— 回弹控制,防止回弹的成本可能将节约桶的成本抵消。

— 废物密度更大,饼块更厚。每个外包装容器装容的饼块少些,使得完全装满外包装容器困难,在无计算机外包装优化操作的情况下尤其如此。

— 为避免再次操作,不能在废物产生的地方对废物装桶、加盖。

5.2.2.3 包装超级压实后的饼块

超级压实机的外包装空隙设计上应最小化,也就是压实的容器与外包装容器之间的空隙和/或者废物容器顶部与外包装顶盖之间的空间最小化,方法有:

— 把压实的容器装进外包装容器的设备需要的空隙最小。

— 减小需要空隙的定制外包装设计。

— 在超级压实前，减小废物容器的直径，使之与外包装容器配合最佳。

外包装容积效率的关键是控制保证在垂直方向填装到最大高度的过程，这点也与管理有关，例如在美国，废物货包要为处置场接受，外包装容积的 85%必须装有废物。

向外包装容器装进废物可采用不同方案：

· “最基本”系统，用一种手动操作的机械辅助方法把饼块装进外包装容器中。在这样的系统里，控制外包装空隙的灵活性较小。

· 有些系统对容器分级，把不同质量的容器送进超级压实机。压实的容器的高度更加多样，有利于外包装容器的有效使用。

· 有些自动化系统对大量测量过质量和辐照水平的容器进行分级，选择不同操作。这些系统还对大量压实的容器进行(高度)分级；对外包装容器分级供装进饼块时选用；控制容器压力输入，使外包装容器利用效率最大。包装效率可达 95%以上。

有些装置的外包装空隙设计得相当大，具有装颗粒放射性材料或者混凝土的空间，所装混凝土对处置的废物体有增强作用。

5.2.2.4　系统组件

具有不同类型的超级压实装置，从具有少量辅助设备和手动按钮的基本系统到精心设计的全计算机控制系统，它能够选择将要被处理的废物容器，把压实的桶装到外包装容器中，密封外包装并通过控制系统驱动的微处理机测量包装的废物量，所有操作都是自动化的。

基本系统包括以下各项：

· 配有模具的压床，在容器尺寸减小期间夹持住容器；

· 液压装置和辅助组件；

· 控制压实期间可能产生放射性灰尘的通风系统；

· 电动输送器，用来输运待压和压实之后的废物；

· 有收集液体的装置或措施；

· 可能是按钮操作和/或者可能包括一个微处理器。

然而，以上这种配置通常会引起处理速率低、成本高和操作员受照，外包装装填效率经常受到限制，且与远距离操作系统相比，可处理的废物的辐照水平限制在较低的水平。

现代的、自动化程度高的超级压实系统通常包括下列部分：

· 数据记录(条形码读卡机)和桶装载器；

· 废物桶通过气锁去环境室；

· 桶打孔(可选择)；

· 桶装到模具或者冲模上；

· 压实，一步或者两步；

· 饼块移到堆放区；

· 外包装定位；

· 借助计算机进行饼块选择和外包装优化；

· 添加混凝土(可选择)将废物封盖或封装;
· 检查外部污染和谱仪分析放射性核素的成分;
· 外包装容器通过气锁从环境室退出或者从装填仓移出;
· 输送去进行混凝土凝固或者贮存。

5.2.2.5 污染控制

影响污染控制的主要考虑事项有四条,也需考虑内部管理。
— 被处理废物的辐照水平和同位素含量。
— 控制放射性释放与辐照的规章和安全准则。
— 在压实处理过程期间,液体、固体和空气粉尘的存在。
— 污染程度和清洁的难易程度;有效收集液体和空气粉尘的能力。

在设计压实设施时,必须要认真考虑从废物容器里流出的各种流出物以及保证合理的收集和处置。在压实处理过程中,压实机施加的压力将压榨出容器里面几乎所有的液体物质。这些液体物质可能是水和有机液体(溶剂),可能来自潮湿的粉末、过滤器介质,等等,它们可能含有放射性同位素或者其他的有害成分。压实设备应当设计成能有效收集液体。

可能的潮湿区域应设计成易于清洁,安全性好。设计包括:
— 盛油盘可以安装在辊式输送器和其他设备的下面;
— 可能接触液体的表面要求用磨光的不锈钢制作;
— 可能污染的表面或者部件应当避免破裂和裂缝。

5.2.2.6 液体处理

在压实处理期间收集的液体,必须要正确地处理。许多情况下,在设施的实验室进行测试和处理,可利用测试与处理其他放射性液体或危险液体的设备。如果没有这样的设备可用,就需要独立设备。

5.2.2.7 混凝土密封

许多系统用混凝土密封以满足目前或者计划的处置要求。为了给混凝土提供空间,曾经使用含隔套钢制外包装容器,隔套在容器的四周和顶部形成空隙。然而,钢制隔套可能腐蚀,成为水进入的途径。有些系统使用预浇加固的混凝土外包装。当给外包装提供混凝土封装的时候,通常不需要盖子。制备混凝土的设备一般位于未被污染(非放射性)区域。但有些装置把压实产生的放射性液体当作水泥基质需要的水使用,如果液体的放射性浓度大,就不能这样做。

5.3 压实机的应用

在这一小节中,简要介绍国外运用的一些压实机(超级压实机)和它们的当前状况。超级压实机已在国外的核电站、核研究中心和核燃料循环设施中运行多年,如表 5-2 所示。

表 5-2　一些核成员国低中放固体废物超级压实工厂的运行情况

国家	工厂/地点	开始运行	压力/MN	注释
澳大利亚	Seibersdorf	1995	20	
比利时	Mol-CILVA	1993	20	
中国	中国原子能科学研究院	2000	20	
法国	阿格/高杰马	1986	15	
	Soulaines	1991	15	
	阿格/高杰马	1997	25	中放废物
	阿格/高杰马	1997	25	中放废物
	EdF Bugey	1990	20	移动式/另外用于其他地方
	法马通	1999	15	
德国	布龙斯比特尔电厂	1983	20	
	卡尔斯鲁厄	1984	15	在 2001 年拆除
	卡尔斯鲁厄	2001	15	在 2001 年服役
	卡尔斯鲁厄	1997	20	
	Amersham Buchler		20	通过 AEA 技术运行
	Philippsburg	1994	20	不愿意透露数据
	Jülich	1996	15	
	Würgassen	1997	20	
	GNS-Dortmund 工厂		20	
	Energie Nord/Lubmin		20	
	Gundremmingen/KRB		20	
	KWU-Karlstein	1988	16	
意大利	ENEA Casaccia	1988	20	移动式系统
日本	东京电力公司		20	
荷兰	COVRA-Vlissingen	1993	15	
韩国	Kepco	1992	20	移动式系统
俄罗斯	Balakova 核电站	2001	20	
	RADON Moscow	1980/1997	15	旧设备来自荷兰的 Petten
斯洛伐克	Bohunice	1998	20	
西班牙	EL Cabril	1992	20	
英国	UKAEA Dounreay	1990	20	移动式系统
	塞拉菲尔德-SDP	2000	20	建立两装置 2005 年开始运行
	WTC	1996	20	用于 PCM
	UKAEA	1986	20	

续表

国家	工厂/地点	开始运行	压力(MN)	注释
美国	BWX Technologies	1986	15	在海军燃料厂运行
	INEEL	2001	20	
	GTS Duratek	1990	50	
	GTS Duratek	1987	15	
	能源部,萨凡纳河场址	1986	10	
	ATG 汉福特	1992	15	
	汉福特 WRAP	1996	20	由 INET 提供
	Race 公司		20	从 INET 租借的
	能源部 Rocky Flats	1989	20	
	Chem nuclear chicago		12	早期在芝加哥建成/埋葬在巴威尔
	北美电力公司	1985	20	移动式
中国台湾	国圣电力厂	1985	20	
乌克兰	Chmelnitzki 核电站	2001	20	
	南乌克兰核电站	2001	20	

5.3.1 荷　兰

荷兰能源研究财团在 1975 年就完成了超级压实机作为低放废物减容方法的可行性研究,其结果表明,对于 100 L 桶,在特定压强(65 MPa)情况下将获得最理想的减容效果,更高的压力不会获得进一步的明显减容,在 1978 年,荷兰第一台用于低放废物减容的超级压实机在荷兰能源中心投入运行,所安装的压实机有 15 000 kN 压力,其压强高于 65 MPa 值的 22%,所以这么做的原因是想用来处理较大尺寸的桶,荷兰 Fontijne 公司承担了研究和开发任务。由于 20 世纪 80 年代以来装低放固体废物大多用 200 L 桶,因而 Fontijne 公司从 80 年代初期就致力于 20 000 kN 超级压实机的研究,先后开发了固定式和可移动式超级压实机,但取得更多成就的是固定式压实机。该公司在超级压实机的研究和应用方面已经取得了明显的成果,先后有 10 多个国内外的核设施购买了 Fontijne 公司的超级压实机。表 5-3 所示为 Fontijne 公司销售的 10 台超级压实机的情况。

5.3.1.1 Fontijne 可搬运式超级压实机

Fontijne 公司的可搬运式超级压实机具有如下优点:

(1) 超级压实机的安装相当复杂,其安装费用在整个安装费用中占有相当大的比例,因此采用可搬运式超级压实机可以节省现场安装费用;

(2) 可搬运式超级压实机到达现场后只需简单检查后即可工作,可以很快地投入运行。

(3) 可搬运式超级压实机节省包装运输费用。

Fontijne 公司的可搬运式超级压实机是由两箱体组成,一个箱体装超级压实机和 HEPA 过滤器箱体,另外一个箱体装液压装置和操作控制台。超级压实机的箱体在运输时的总高度 3.4 m,不需要特殊拖车,放在一般的平板拖车上即可运输,压实机的箱体顶部有一天窗结构,可以抬起大约 570 mm,因而不影响压机的操作。

Fontijne 公司超级压实机的主体结构部分与德国 NUKEM 公司的基本相似,如图 5-9 所示。

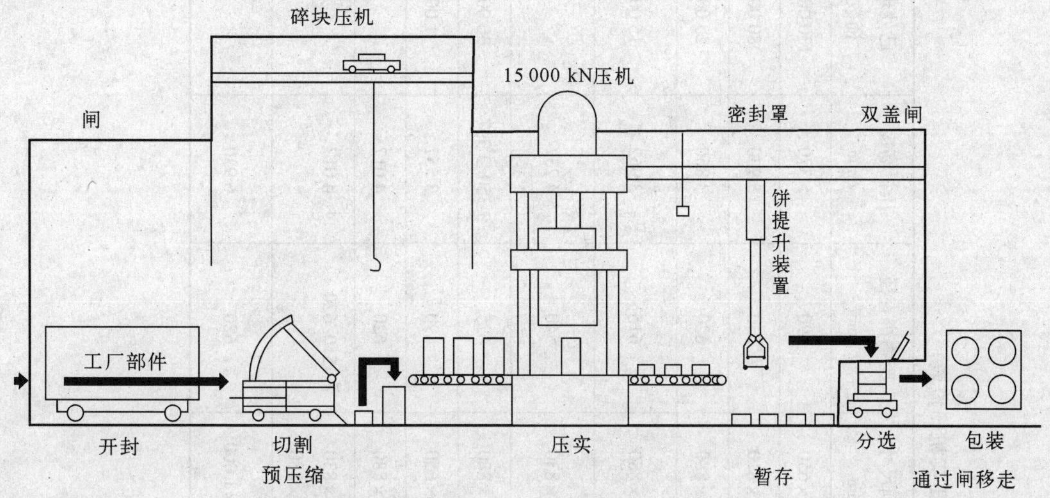

图 5-9　固体废物切割解体压实减容示意图

但是有以下几点不同之处:

(1) 主压头和油缸之间设置了 5 层专门的密封垫,避免了维修的问题。所采用的专门密封垫中含有石墨,一旦投入运行石墨就起到了润滑作用,设计上考虑了不更换这种密封垫,采用这种密封垫的 Fontijne 公司第一台超级压实机投入商业运行 18 年,未更换过密封垫。

(2) 废物桶的放入和压实后"饼"的取出都是通过专用的自动抓具进行,抓具的托架安装在上部轨道上,通过液压马达驱动,所以废物桶的对中和定位十分准确,不像 NUKEM 公司需要靠刚性模具来套住废物桶定位。

(3) 对所压实的废物没有硬度要求。

(4) 在设计上考虑了废物桶所装废物径向上的分布不均匀性,采取了措施使压实操作能够适应这一情况,不会影响超级压实机的运行。

超级压实机的主要参数

压力	最大 20 000 kN
液压压力	275 bar
刚性模具内径	625 mm
最大桶高	900 mm
立柱间间距	1 260 mm
压实机质量	约 40 t

液压系统主要技术参数

主泵电机	45 kW

表 5-3 Fontijne 制造的超级压实机一览表

序号	公司	地点	建造安装时间	压力/kN	桶容量/L	最大桶尺寸 /mm	废物饼直径 /mm	压机高度 /mm	已处理桶数	Fontijne 编号
1	E. C. N	荷兰 PETTEN	1978/1981	15 000	100	ϕ480×650	490	5 370	130 000	NHR 97
2	KfK	德国 卡尔斯鲁厄	1982/1984	15 000	180	ϕ520×810	530	5 930	80 000	NHR 109
3	B&W	LYNCHBURG	1984/1990	15 000	208	ϕ610×880	620	3 860	25 000	NHR 115
4	ENEA NUCLECO	CASACCIA	1988/1990	15 000	208	ϕ605×880	615	3 962	15 000	NHR 116
5	台湾电力公司	中国台湾 国圣	1988/1990	15 000	681	ϕ530×830	540	4 237		NHR 121
6	UK AEA	英国 唐瑞	1989/1990	20 000	208	ϕ610×880	625	3 350/3 997	30 000	NHR 123
7	COVRA	荷兰 BORSSELE	1992/1993	15 000	100	ϕ480×650	490	3 557	1 000	NHR 130
8	NIRAS	比利时 DESSEL	1992/1993	20 000	200	ϕ605×880	620	4 017		NHR 136
9	ABB 反应堆	德国 KKW	1992/1994	20 000	150 200	ϕ502×830 ϕ610×880	510/620	4 017		NHR 141
10	BNFL	英国 塞拉菲尔德	1993/1995	20 000	208	ϕ600×1 000	620	6 950		NHR 144

辅助泵电机 5 kW

油箱容积 2 m³

液压系统的电气控制安装在一个箱体中，而排风和 HEPA 过滤系统安装在压机箱体中，这是和 NUKEM 不同的另外一个方面。

5.3.1.2 Fontijne 可移动式超级压实机

Fontijne 可移动超级压实机是全自动装置，具有高度安全性，每小时可以压实 20 个桶，压实后的“饼块”由专门的远距离吊具装入二次包装容器中。压实机如图 5-10 所示。可移动式超级压实机同样由压实机箱和液压、控制箱体两部分组成，整个装置是全天候工作，并且能在其他建筑物中远距离操作。由于要求能在室外－10 ℃条件下工作，所以价格十分昂贵。

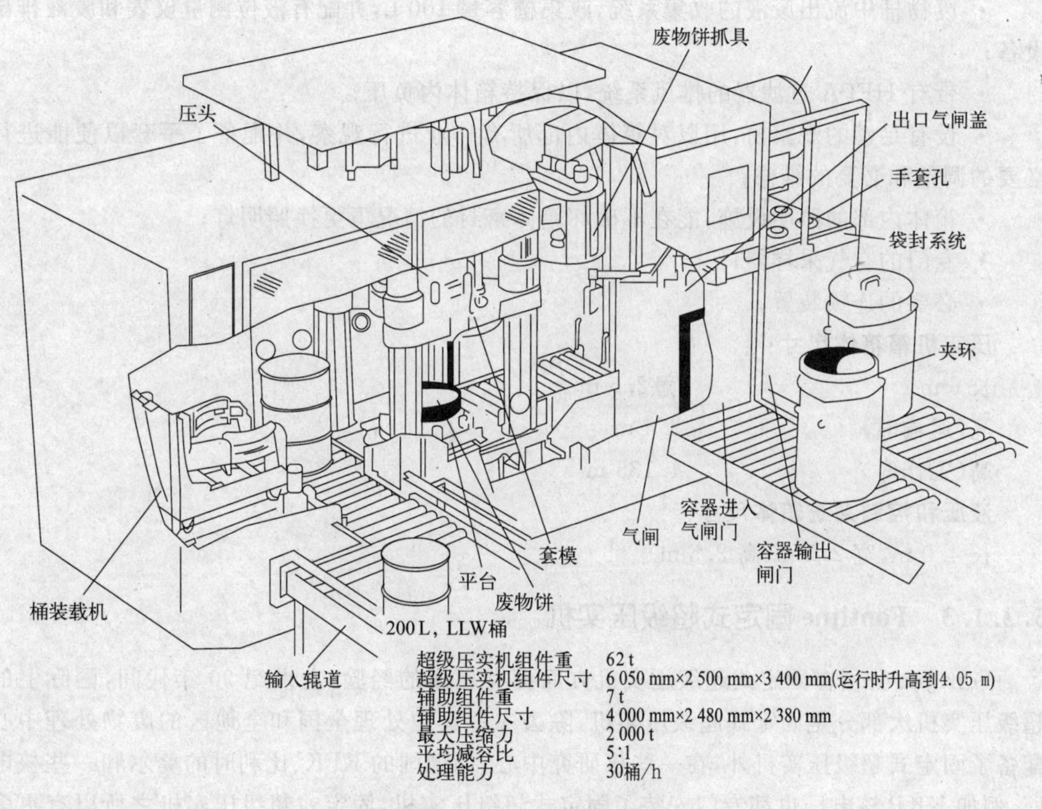

图 5-10 Fontijne 可移动式超级压实机示意图

整个可移动式超级压实机的特点是：

(1) 压机在箱体中的突出部分在运输过程中能够降下来，从而保证了箱体总高度小于 3 400 mm，放在拖车上的高度不超过 4 m，处于公路行驶高度限制范围之内。

(2) 压机箱体总重大约 52 t，液压、控制箱体重 6 t，箱体的特殊设计使得超级压实机工作地不需要设置专门地基。

压机箱体的内部结构情况如图 5-10 所示，依照图 5-10 中所示废物桶的进入，到压实后的“饼块”，经包装后输出的顺序，该压实机包括以下设备：

· 放射性废物桶进入放射性污染箱体的“气闸”；

· 动力输送辊道(传送桶和压实后的“饼”)；

· 打孔装置(在桶上、下部位打孔)；

· 自动抓具，自动抓取桶并把桶放在压实机中心位置，同时把压实后的“饼”推到辊道上；

· 压实后的“饼块”专用抓具，把“饼”从辊道上抓起，放入包装容器中；

· 双盖系统；

· 包装容器的输送辊道；

在压机箱体中还配备了如下设备：

· 水喷枪，用于压机和内箱体远距离冲洗；

· 废物桶中流出废液的收集系统，收集槽容量 100 L，并配有液位测量仪表和废液排出设备；

· 带有 HEPA 过滤器的排风系统，以保持箱体内负压；

· 设有足够的观察窗，用以对箱体内部所有作业进行观察，并配备了手套以便能进行必要的调整和必要的维修；

· 箱体内部的照明设施，能在不破坏箱体密封的情况下更换照明灯；

· 专门的空气采样器；

· 必要的连锁装置。

压实机箱箱体尺寸：

长 6 m	宽 2.5 m
高(运输时)	3.4 m
高(工作时)	4.135 m

液压和控制系统箱体尺寸：

长 4.0 m，宽 2.5 m，高 2.5 m

5.3.1.3 Fontijne 固定式超级压实机

Fontijne 公司在固定式超级压实机方面拥有更多的经验，上世纪 90 年代间，国际上的超级压实机大部分是固定式超级压实机，除去一些集中处理全国和全地区的废物处理中心配备了固定式超级压实机外，在一些核研究中心，如德国的 KFK、比利时的莫尔和一些核电厂，例如 KKP 核电厂也都专门安装了固定式超级压实机，固定式超级压实机之所以有更多市场的原因有以下几点：

(1) 超级压实机是一种重型机械装置，主机质量就达 40 t 左右，拆卸和搬运是一件很不容易的事情；

(2) 可搬运式或可移动式超级压实机没有足够的检修空间，一旦发生故障，要进入箱体内检修，十分困难；

(3) 固定式超级压实机价格相对比较便宜；

(4) 固定式超级压实机可以比较灵活地和一系列辅助设施搭配，根据不同用户的要求组合成合乎要求的总体布置。

通常固定式超级压实机由下列设备组成：

· 带有桶称重的供料辊道；

· 打孔装置；

· 自动抓取废物桶放进压机的抓具；

· 从压实机中取出压实饼块的机械装置；

· 有/没有称重装置的饼块辊道；

· “饼”高度测量器；

· 8位转台；

· 抓取“饼块”并将它放入包装容器的专门抓具；

· 输送包装容器的辊道；

· 液压系统；

· 电气柜；

· 控制柜。

Fontijne公司的固定式超级压实机主压机部分和可移动式、可搬运式压实机基本相同，只是由于没有运输高度的限制，因而有些固定式压实机的快速推进液压缸放到了主液缸的外部，有利于更换液压缸的密封件，也简化了压实机主压机的结构。

各种固定式超级压实系统的不同之处主要在于辅助装置的配备，Fontijne有以下5种固定式超级压实机配置方案：

· 配置方案(一)(图5-11)

废物桶放到辊道上，首先经过一个打孔装置，它是一个单独的框架结构，安装有两对液压驱动的打孔器，分别在桶两侧及顶端和底端打孔。随后废物桶由辊道进入自动抓具的夹持位置。自动抓具准确把废物桶放入超级压实机的压实位置，并且把压实后的“饼块”推送到另一端的辊道上。辊道上有“饼块”的高度测量装置和称重装置。测高和称重后，“饼块”被推送入8位转台，从8位转台上选择抓取不同位置上的“饼块”，通过双盖系统二次包装。全部通过液压装置远距离自动化操作。

· 配置方案(二)(图5-12)

废物桶由辊道进入自动抓具夹持位置，废物被夹持住准确地送入超级压实机的压实位置。刚性模具降下套住桶的顶部，由安装在压机一侧的打孔装置进行打孔后，缩回打孔装置进行压实作业。压实后的“饼块”重新由自动抓具取出放在辊道上测高和称重。随后“饼块”被推送入8位转台，通过选择不同位置上不同高度的“饼块”，对“饼块”实现最优化包装。

该方案的优点是废物进入到压实机内部才被打孔，所以打孔后的污染被限制在压机内部的小空间里，可以避免污染的扩散。

· 配置方案(三)(图5-13)

方案(三)和方案(一)基本相似，但是有两点不同。一是废物桶传送进入方向与自动抓具成90度方向布置，这样自动抓具抓取桶更加方便，第二是桶的打孔器设置在自动抓具上，在抓具把废物桶抓取并准确地放入压实机位置后，打孔器就立即开始工作，打孔后，打孔机随同自动抓取工具一起退出压机。

· 配置方案(四)(图5-14)

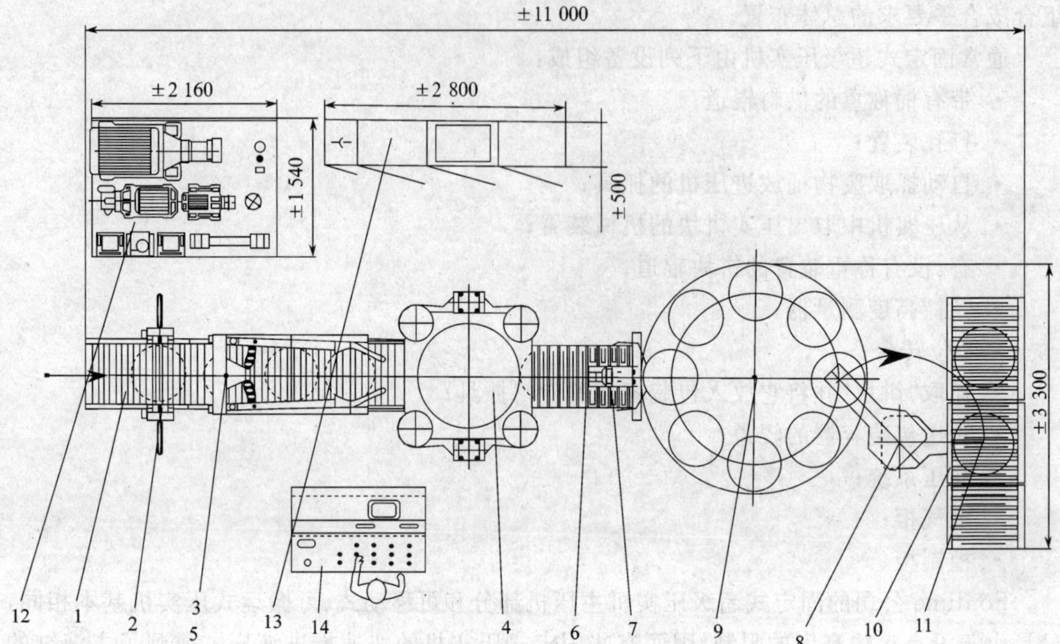

图 5-11　Fontijne 固定式压实机配置方案(一)

1—桶输入辊道;2—打孔装置;3—装桶机;4—超级压实机;5—卸饼机;
6—“饼”输出辊道(称重);7—高度测量装置;8—八位转台;9—装饼机;
10—外包装容器辊道;11—双盖系统;12—液压动力装置;13—控制盘

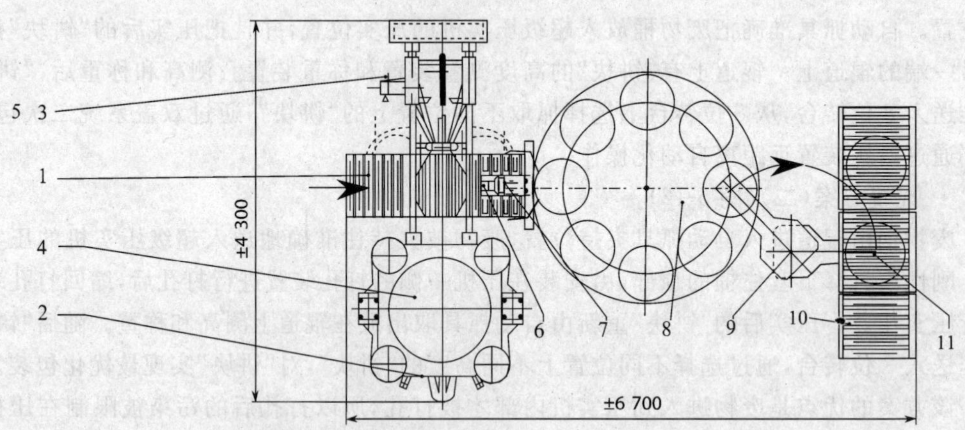

图 5-12　Fontijne 固定超级压实机配置方案(二)

1—桶输入辊道;2—打孔装置;3—装桶机;4—超级压实机;5—卸饼机;
6—“饼”输出辊道;7—高度测量装置;8—八位转台;9—装饼机;
10—外包装容器辊道;11—双盖系统

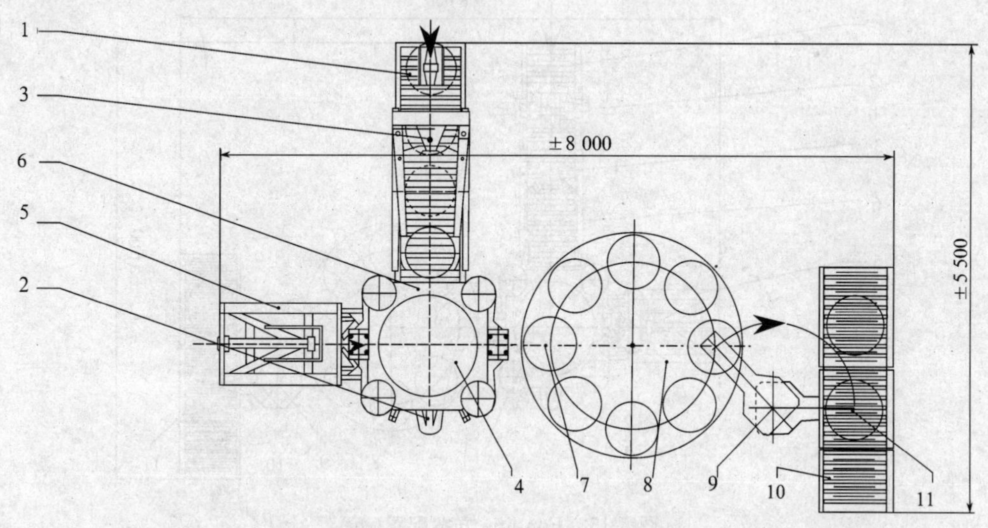

图 5-13　Fontijne 方案配置(三)

1—桶输入辊道；2—打孔装置；3—装桶机；4—超级压实机；5—卸饼机；
6—"饼"输出辊道(称重)；7—高度测量装置；8—八位转台；9—装饼机；
10—外包装容器辊道；11—双盖系统

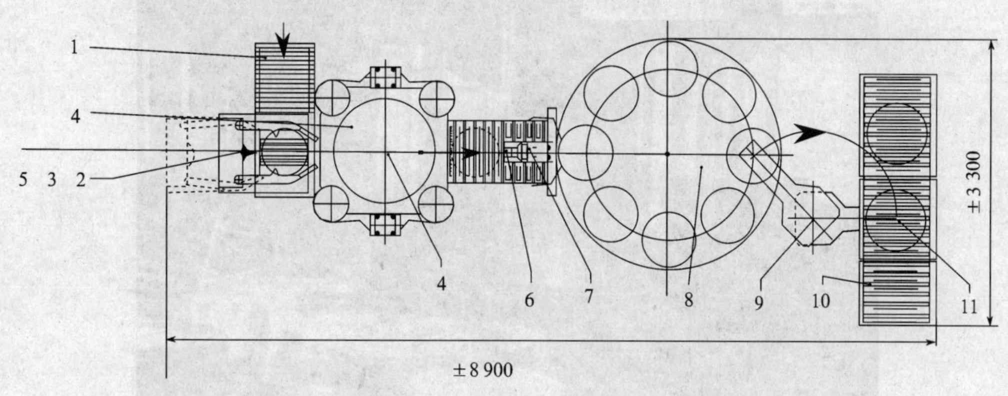

图 5-14　Fontijne 方案配置(四)

1—桶输入辊道；2—打孔装置；3—装桶机；4—超级压实机；5—卸饼机；
6—"饼"输出辊道(称重)；7—高度测量装置；8—八位转台；9—装饼机；
10—外包装容器辊道；11—双盖系统

和配置方案(一)相似，但有两点不同之处，其一是打孔装置和方案(二)一样是安装在超级压实机一侧，桶进入压实位置，降下刚性模具套住桶的顶部，由液压驱动的打孔器进入，在废物桶上打孔，随后打孔器退出，结束桶的打孔作业；其二是设置了专门的"饼块"推出装置，并且和桶进入辊道的方向成 90 度布置。

- 配置方案(五)(图 5-15)

和配置方案(四)基本相似，惟一不同之处是在压实机外部设置了与配置方案(一)相同

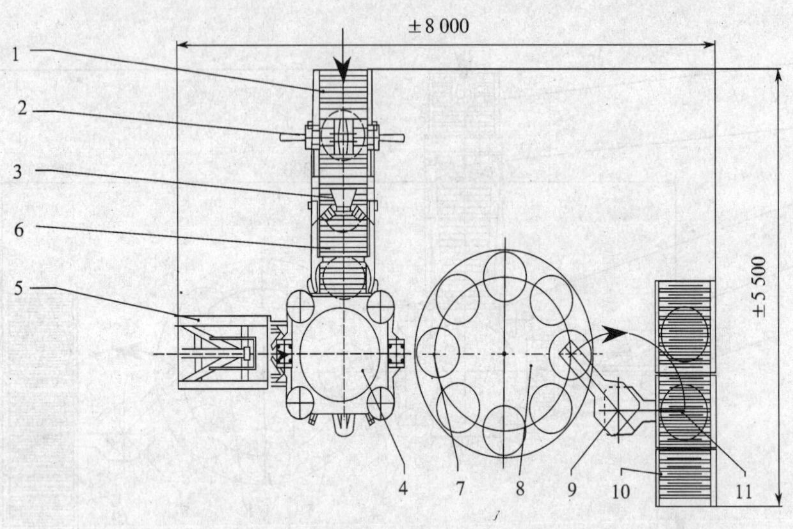

图 5-15 Fontijne 方案配置(五)

1—桶输入辊道;2—打孔装置;3—装桶机;4—超级压实机;5—卸饼机;
6—“饼”输出辊道(称重);7—高度测量装置;8—八位转台;9—装饼机;
10—外包装容器辊道;11—双盖系统

图 5-16 荷兰 COVRA 工厂固定式超级压实机简图

的打孔装置。

所有上述配置方案的费用基本相似。

如图 5-16 所示为荷兰 COVRA 工厂的超级压实机,由前面所述可知,它购买于Fontijne 公司,为固定式超级压实机。100 L 被超级压实的废物桶放置在 200 L 桶中,进一步用水泥封装。

5.3.2 德国

对德国的压实机，主要介绍德国 NUKEM 公司开发的产品。

5.3.2.1 卡尔斯鲁厄核研究中心超级压实机系统

1983 年，NUKEM 公司为卡尔斯鲁厄核研究中心设计并安装了 1 套用于处理低放废物，带切割和预压实系统的超级压实装置。

核设施拆卸和更换下来的大型污染部件在气闸中打开包装，随即进入切割箱，利用等离子体、液压剪或电锯进行切割解体，切割后的废物进入 5 000 kN 的三向压实机进行预压实，预压实后的废物块放到直径为 520 mm，高度 830 mm 的 180 L 桶中，废物桶随后进入到 15 000 kN的超级压实机中进一步压实减容。废物经超级压实后得到的“饼块”的直径大约在 540 mm，高度则取决于废物经预压实后的密度。这些“饼块”首先被抓放在带“环形柱”的不锈钢板上，以尽量排出在压实过程中释放出来的带有放射性的液体，再根据它们的不同高度，有选择地吊起，通过双盖系统装入到 200 L 废物桶中。

安装该装置的空间尺寸：

气闸	8 m×4 m
切割、预压空间	12 m×8 m×7 m
超级压实机间	10 m×4 m×3 m

切割解体部件的最大质量可达 100 t，最大尺寸可达 11 m×3.5 m×4.0 m，处理能力为 3 000 m^3/a，平均减容系数可以达到 6。

该装置存在的主要问题是：尽管在切割室内安装了远距离操作的吊车，但是大型设备的切割解体仍需要工作人员穿着气衣在气割室内进行操作，只有经过预压实后的废物装入 180 L 桶并送上输送辊道后，才基本上可以实现远距离操作。卡尔斯鲁厄核研究中心的这套超级压实机装置中，15 000 kN 的固定式超级压实系统采用的是荷兰 Fontijne 公司的产品。

5.3.2.2 可搬运式超级压实机

德国 NUKEM 公司一直在开发可搬运式超级压实机，它由以下几部分组成：

(1) 超级压实机主机部分

整个压机封装在一个箱体内，箱体部分还设置了另一个带有进排风的密封小室，密封的压机下端有两个开口，用于让废物桶进入和压实后饼的递出，开口处设有卷帘门和密封门两道屏障，用以隔离废物压实作业，限制气溶胶的扩散。压实机主机部分如简图 5-17 所示。

压实机由 4 根立柱、底板、顶板连接成一个刚性结构，作为压实桶的刚性套模通过 4 个安装在刚性结构上部的 4 个液压油缸抬升或下降，压机本身虽然只有单向压实的动作，但是由于有刚性套模的约束，实际上相当于三向压实，该套模内部容易磨损，所以设计上采用了可以拆卸更换的套模内衬。在刚性模上部有两个压头：主压头和辅助压头。向主压头和辅助压头之间的空腔内注油可使主压头快速下降，但只能提供较低压力，向压头上部的空腔内注油则提供低速高压的力。

主压头的下端和底板上的压板由于是受力部件，易于磨损，都设计成可拆卸更换的

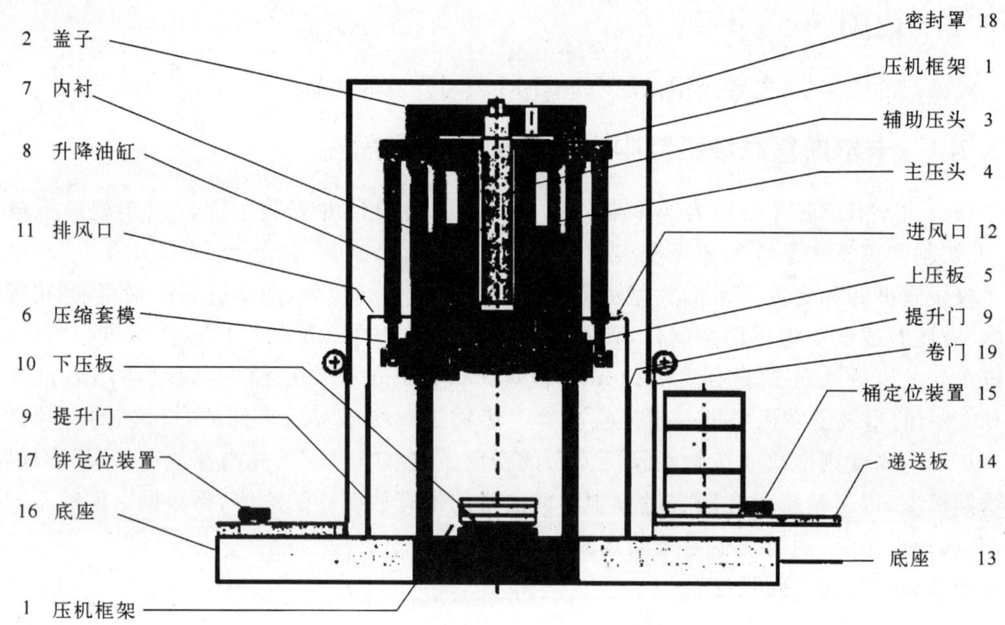

图 5-17 NUKEM 可搬运式超级压实机主机示意图

形式。

(2) 废物桶的送入和"饼块"的递出系统

废物桶放在装载板上(14),装载板上有桶的对中装置(15),由专门的机械装置使装载板移到刚性模(6)的下部,与此同时,饼的输送板也移到密封小室内另一侧,通过装载板和输送板之间的高度差,装载板的前端将经压实后的废物"饼块"从压机推出到输送板上,装饼的输送板退出压机。此时通过液压油缸(8)的运动使刚性模具下降,刚性模具罩住桶大约400 mm,桶被刚性模具夹持定位,从桶的下部撤走装载板,关上密封门和卷帘门即可开始废物桶的压实作业,如简图 5-18 所示。

(3) 液压系统

液压系统由油箱、浸入式加热器、液压油泵、液压回路阀门组、油冷却器等设备组成。液压系统配备了下列监测、控制装置:

- 限定主泵压力和流量的比例调节阀系统;
- 液压压力释放和供油的限定系统;
- 压力限制器;
- 控制电压故障时的消压系统;
- 就地油压、油温指示器;
- 电机风扇温度监测器;
- 油泄漏监测器。

(4) 控制和电气设备

包括电气柜和控制台,为了满足液压系统的不同要求,设有一个程序控制系统协调

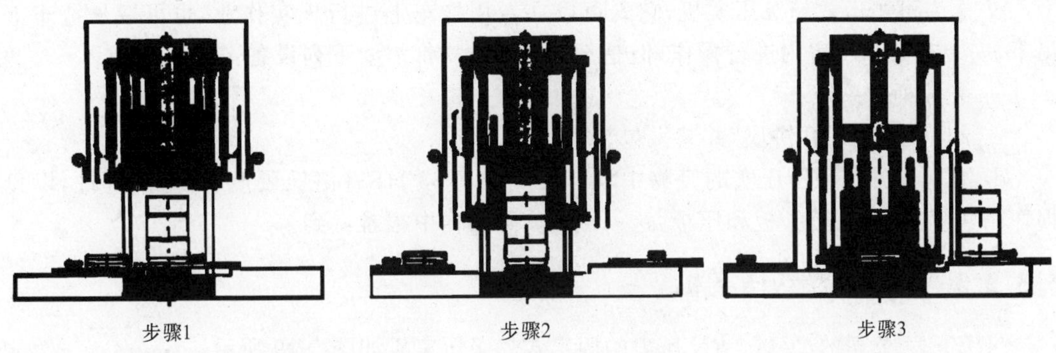

图 5-18　NUKEM 可搬运式超级压实机操作示意图

整个压实过程，整个压实过程从控制台进行监测，所有主要操作条件都显示在控制盘上，操作条件的任何变化都能显示出来，并且能够根据变化的类型通过手动或程序控制自动校正。

(5) 废气和废液的排出设备

在压实过程中释放的废气和废液以受控制的方式排出，压实过程中的排气由压机下部的封闭小室经过一台高效微粒空气过滤器排到厂房的排风系统。在相反的一侧设有空气入口过滤器，在封闭小室内形成一个负压，保证放射性气溶胶不污染小室外部的环境。

在压实机的下部设有一个环形管线用以收集在废物压实过程中排出的任何液体，并且流到一个小的废液收集槽，通过收集槽排出。

NUKEM 公司可搬运的超级压实机装置的主要技术参数如下：

压力	20 000 kN
压实桶的最大直径	615 mm
最小直径	500 mm
最大高度	900 mm
最大质量	1. 2 t

压实桶的直径变化可以通过更换刚性套模的内衬直径来实现。整个装置分装在两个箱体中：

— 压实机箱体，长 2 455 mm，宽 2 455 mm，高 3 750 mm，组装后高度 3 950 mm，运输质量约 22 t；

— 液压装置和控制台箱体，长 4 305 mm，宽 2 455 mm，高 2 950 mm，运输质量约 7 t。

该装置存在以下几个主要问题：

a. 压实机箱体高 3 750 mm，如果放在一般的平板拖车上运输，其总高度就超过了公路运输总高度不超过 4 000 mm 的限高规定。因此，还需要向 NUKEM 公司购买专门用于运输这些箱体的特殊拖车，从而增加了设备进口费用。

b. NUKEM 公司的超级压实机其压机的主压头与油缸之间的密封座需要定期更换，而更换这一密封座的操作是相当复杂的，并且需要专门的工具。

c. 作为可搬运式超级压实机，它既可以在专用拖车上进行压实作业，也可以从拖车上吊下，安装在某一厂房内进行操作，但是不管哪种方式都需要下列设备：

— 装载桶的系统

— 卸下压实后的“饼块”并装入包装容器的系统。

d. 要求买方保证所压实的废物中没有硬度大于 35 HRc(洛氏硬度)的金属部件，以免损坏刚性模具内衬、压头板和压板，这一点在实际操作中很难做到。

5.3.2.3 固定式超级压实机

NUKEM 公司的 20 000 kN 压力的固定式超级压实机如图 5-19 所示。

图 5-19 超级压实机外貌

超级压实机组件包括以下系统：

- 主压实机机身(如简图 5-20 所示)
- 桶横向进给系统
- “饼块”移出系统
- 液压系统
- 空气、气体和微粒处理系统
- 液体处理系统
- 电气与控制设备的开关设备

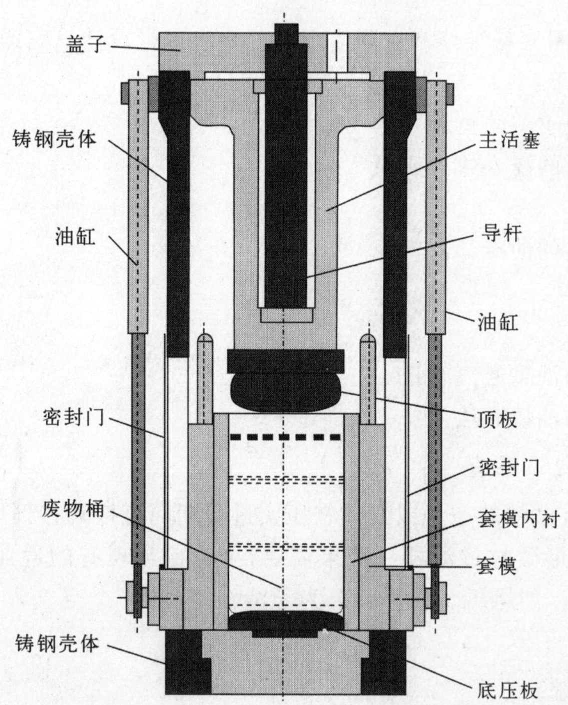

图 5-20　固定式超级压实机主压实机身简图

· 控制台

(1) 主压实机机身的设计

压实机主要的部件是一个两端开口的铸钢结构。一个用于进料桶,另一个排出经压实的"饼块"。顶端部分构成了主要的高压力油缸。盖子扣住钢结构并刚性地支撑着导杆。主活塞提供高压/低速功能,同时导杆提供低压/高速功能。四个外部液压油缸使主活塞回到上部位置。重的支撑件或模具用于承受在压实过程中产生的径向载荷,避免这些径向载荷传送到钢结构中。两个密封门是标准零件,用来隔离压实过程,限制气体微粒的传播。例如支撑件内衬和压板(顶部和底部)设计成可更换式的,如果在系统的寿命期间磨损,则可进行更换。为了使压实过程中产生的气体和微粒安全释放,在一个门上设有排气口。在另外一个门设有气体入口挡板。

(2) 桶横向进料系统

通过直接与主压实机机身相连接的横向进料系统,桶被装载进压机。主要的部件是基础零件、装载板、桶的对中装置。装载板提供输送能力,同时打孔装置为压实处理作准备。超级压实机的操作次序是通过压实机的控制设备来协调完成的。

(3) "饼块"传送系统

"饼块"通过装载板从压实机传出。"饼块"传送系统还提供其他操作步骤的平台,例如测量饼的高度和称重。"饼块"传送系统包括底座和传送板带。

(4) 液压系统

液压动力组件按照容易维修和空间需求低的要求进行设计。它通常安置在一个独立室内。主要的零部件如下：

- 有一个焊接盖子的铸钢罐
- 可调节到高压的浸入式液压泵
- 转换开关
- 与冷却水相连的油冷却器
- 浸入式加热器
- 油过滤器
- 带有过滤器的油罐通气管道
- 带有过滤器的油填充法兰

(5) 气体和微粒处理系统

标准设计中,带有微粒的空气或气体在压实过程期间直接转移到压实机室出口,经过位于一个密封门里的S形微粒过滤器。如果需要,可直接与现有的通风系统连接,如果有必要,使用通风辅助设备(如风机、过滤器)。为了清洁空气,一个空气入口挡板安置在门相反的一边上。

(6) 液体处理系统

在压实前,大体积的液体应当从废物中去除。任何压出的残留液体通过在压实机较低部位的环形排水管收集,输送到一个临时贮存罐中。

(7) 控制和电气设备

转换开关系统包括：

- 安装电气和控制设备的小室
- 控制台

为了满足压实机不同的需要,用一种可编程控制系统(PCS)协调压实过程。控制台监测单独的步骤,运行状况显示在控制台的控制板上。任何偏差会触发警报,取决于偏差的类型,将用手动或自动进行纠正。有两种可能的运行模式：

—自动运行

这是标准模式,压实过程自动进行。

— 手动运行

在调整、维护和维修以及重复测试中,有可能采用手动操作。

该超级压实机的操作步骤为：

- 桶的装载

用叉车将废物桶运输送到桶横向进给系统。对中装置将桶安置和调整在装载板上。超级压实机在启动位置,钟形套模和主活塞都在上部位置,密封门是开着的。

- 压实前的准备

桶进行打孔作业后被传送到主压实机身的中心。两个步骤再一次用桶横向进给系统执行。

· 压实位置

四个外部液压油缸降下套模。在达到它的末端位置前，装载板收回。桶放置在底部板上并被套模夹持在正确的位置。

· 压实过程

关闭压实机的密封门。最低的末端位置保证了桶的完全封装。对导杆进行加压，主活塞快速下移到桶上，开始压实的第一步。同时使主活塞注满液压油，主活塞腔和控制杆腔的压力增加，桶被压实成一个“饼块”。到达设定数值后，将压力维持规定的一段时间，以达到最大压实率。

· “饼块”移出

压力减小后，压实的桶从钟形套模中排出。在去除阶段，主活塞仍保持在它的低停留位置，套模升到它的上部停留位置。打开密封门，主活塞返回到它的上部停留位置。当装载一个新桶时，桶横向进给系统的装载板将底部的“饼块”移动到“饼块”传送器的传送板上。

该超级压实机的技术数据如下，这些数据根据不同的废物情况可能会产生变化。

固定式超级压实机机身

压力	可变，能达到 20 000 kN	
生产能力	10 桶/h(取决于管理)	
刚性套模	直径 1 050 mm	
主活塞	与桶的直径相匹配	
套模内衬	根据不同的桶径而变换	
材料	铁素体钢	
尺寸		
高度	大约 4 000 mm	
宽度	大约 1 600/2 100* mm	*带有打孔装置
长度	大约 4 600 mm	
质量		
主压实机身	25 t	
桶横向进给系统(带桶)	最大 1.6 t	
“饼”递出系统(带饼)	最大 1.6 t	
液压动力填充(已填充)	5 t	
待压缩材料的限制		
极限应力	$R_{p0.2}=400\ N/mm^2$(例如，DN250 管子，厚 15 mm)	
硬度极限	35 HRc	
桶		
直径	最大 615 mm，最小 500 mm	
高度	最大 900 mm	
质量	最大 1.2 t	
控制系统		
类型	西门子 S7 或者类似系统	

液压系统

运行压力	当压实时:等于 50 MPa 平均 26～28 MPa 填充时:10 MPa
运行温度	30～50 ℃
辅助功能	
动力消耗	400 V,50 Hz,48 kW
冷却水	大约 0.07 m^3/min,温度为 5 ℃和 0.4～0.6 MPa

5.3.2.4 可移动式超级压实机

NUKEM 公司一直在开发更完善的可移动式超级压实机,其概念设计如图 5-21 所示。

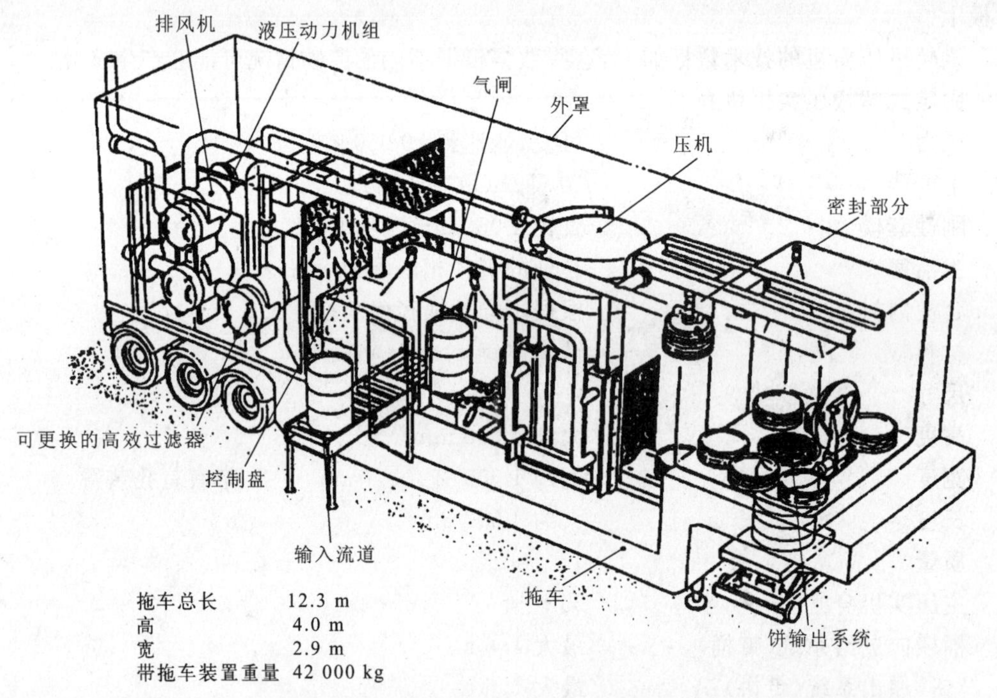

图 5-21 NUKEM 可移动式超级压实机示意图

由图可看出,液压、控制装置和压机、压实后的“饼块”的包装虽然都在一个箱体中,但其中和放射性废物直接接触的部分即压机的下部和“饼块”的包装部分由一个密封罩隔开。经过称量的废物桶(保证不超过 250 kg)通过一个气闸进入密封罩内部,在进入压机前的通道上配备了必要的桶对中装置和打孔设备,可移动式超级压实机的压机部分和可搬运式的相同,但在压机的后面配备了“饼块”的吊装、暂存和包装设备。

在可移动式超级压实机内部,废物桶的运输同样采用辊道输送方案,采用这一方案的原因是它易于排出打孔、压实过程中释放出来的液体,使这些液体易于排到设于密封罩下部的收集槽中,收集槽中的废液通过泵排到现场的放射性废液处理系统或废液槽车中。

整个箱体的设计考虑了易于日常维修，整个密封罩是不锈钢焊接结构，内表面抛光，以利于去污，密封罩内部的照明通过罩顶小窗透射。设置了工业电视，由控制小室可以直接观察桶的进入、压实和包装情况。

在控制室的后部除液压装置以外，还设置了强力排风机和 HEPA 过滤器，以保证密封罩内有足够的负压，以及在密封罩破损这样的预期事故情况下有足够的换气次数。压机是主要的气溶胶污染源，因此在废物桶的入口和压实后“饼块”的出口都设有排风管，并且在压机的每一侧都有两个高的和两个低的吸风口，用以保证在压机区域内最有效的排风能力。

在操作人员控制台和密封罩之间设计有一个薄的屏蔽墙，用以减少操作人员所受到的辐射剂量。在操作人员和液压系统、排风系统之间设置了隔音墙，以减少噪音。NUKEM 公司认为这种移动式超级压实机也可以改为固定式超级压实机，仅仅只需要在整个装置的基础部分改装成能承重的钢结构即可，但是在厂房内需要配备一台 42 t 吊车，用以将它从拖车上吊下固定到指定的位置上。

5.3.2.5 桶内压实机

NUKEM 公司桶内压实机(IDC)设备包括以下系统：

- 主压实机身
- 桶防护套筒
- 进料闸门
- 活塞
- 电气开关箱
- 操作台

这类压实机的主压实机身是一焊接的钢结构，钢结构有一进料门，目的是装入 200 L 桶。压实机的上部分是压实活塞的基础。另外，一个桶固定器能从它的上部位置下降，把桶夹持在正确位置。通过手动(控制)装进废物，到达预先设定的限值时，降下压实活塞。设计上可获得不同的最大压力值。采用一个或两个液压油缸提供压力。最大减容系数取决于废物成分与所施加压力。为了保护周围区域不被污染，使用桶防护套筒。排气和微粒物(或气溶胶)经填充室排出。在活塞回到它的上部位置后，可进一步加入废物。重复这些步骤，直到桶被(压实后的)废物填满。

下面介绍 IDC-160 与 IDC-500 的技术数据。

部件

IDC-160/500 设备包括以下组件：

— 泵
— 开关
— 液位指示器
— 油箱
— 控制面板，装备有运行和控制装置、控制灯

连接

液压：　　所有连接器装在压实机上
电气：　　必要的电缆

通风： IDC-160 的通风系统必须连接到现有的通风系统；
IDC-500 的通风系统包括风机、预过滤器、绝对过滤器和气闸

功能： 所有的功能性步骤通过限制开关互锁

安全： 安装必要的安全装置和互锁，用以保护操作人员

图 5-22 桶内压实机 IDC-160 外貌

(1) 桶内压实机 IDC-160(图 5-22)的技术数据

桶内压实机机身

压力： 可变，可达到 160 kN

主活塞： 与桶的直径相匹配

活塞移动距离： 大约 1 200 mm

压实时间： 取决于装载速度

材料： 油漆

尺寸

高度： 大约 3 700 mm

宽度： 大约 2 300 mm

长度： 大约 1 300 mm

质量

总质量： 大约 4 t

可压实的材料

纸，过滤器材料等等

桶

体积：　大约 200 L

直径：　大约 600 mm

高度：　大约 900 mm

控制系统

类型：　西门子 S7 或类似系统

液压系统

液压机液体：　防火

运行温度：　30～50 ℃

辅助功能

能量消耗：　动力 380 V/50 Hz，大约 4 kW

通风排气能力：　大约 0.5 m^3/min

(2) 桶内压实机 IDC-500 的技术数据

桶内压实机机身

压力：　可变，可达到 500 kN

主活塞：　与桶的直径相匹配

活塞移动距离：　大约 1 000 mm

压实时间：　取决于装载速度

材料：　油漆

尺寸

高度：　大约 3 800 mm

宽度：　大约 1 200 mm

长度：　大约 1 700 mm

质量

总质量：　大约 5.5 t

可压实的材料

金属、纸张、洗衣废物、木材、过滤器材料，等等

桶

体积：　大约 200 L

直径：　大约 600 mm

高度：　大约 900 mm

控制系统

类型：　西门子 S7 或类似系统

液压系统

液压机液体：　防火

运行温度：　30～50 ℃

辅助功能

能量消耗：　动力 380 V/50 Hz，大约 4 kW

通风排气能力: 大约 7 m^3/min

5.3.3 瑞 典

瑞典核技术公司 Studsvik 生产的一超级压实机如图 5-23 所示。液压为动力,具有气锁功能,减容系数能达到 10。适合处理的废物有金属碎片、塑料、石棉、绝缘材料、电力零件、电缆、玻璃、木质、纸张以及来自焚烧炉的灰烬。超级压实机规格:压力 750 t,处理能力为 6 桶/h,压实机室和气锁的通风装置使用微粒过滤器(DIN1822),可调整压实时间和压力,可调整预先设定的废物块压实高度,对污染废物有合适的封闭系统。

图 5-23 瑞典 Studsvik 压实机简图和废物桶压实后的形态

5.4　压实的优缺点

压实是一种世界核工业普遍使用的处理方法。压实减容的优点是:可压实的固体废物范围宽;减小体积,空隙被消除;如果需要,可利用移动式设备;通常将废物压实装进桶或其他容器,不需要进一步处理,过程简单、可靠,不易出问题;不需要昂贵的设备;花费相对较低。

压实减容的不足是:减容倍数小,不减轻质量,未免除废物着火、热解、腐烂的可能。超级压实设备的资金花费比较高。如果增加远距离计算机控制和密封,运行变得复杂,需要熟练的操作员。二次废物(液体和气溶胶)必须另外进行处理。

5.5　压实机的开发研究动态

针对放射性固体废物的压实减容,有很多研究开发工作正在进行,这些工作旨在改进压实设备和提高效率,重点有以下几项:

— 开发研究后处理厂废包壳的压实装置。包壳废物体积大、密度小、处理 1 t 乏燃料约产生 0.2 m^3包壳废物(重约 320 kg),压实具有重要意义。但是锆具有自燃危险性,需要采取特殊安全处理。在 SCK/CEN Mol,不锈钢覆层包壳和锆合金覆层包壳在 3.4 MPa 下被压实,压实后包壳密度分别达到了理论密度的 75%和 74%。

— 随着核电的发展,核废物数量不断增加,退役工程产生大量污染的钢铁、混凝土类废物,为减少需要最终处置的废物的体积而重视研制新型高压(超级)压实机。

— 为充分利用压实装置,提高设备的经济效应,流动压实装置的开发与推广使用受到重视。

参 考 文 献

1　Compaction of Radioactive Waste. RWE NUKEM GmbH. Januar 2002

2　罗上庚. 放射性废物概论[M]. 北京:原子能出版社, 2003

3　Status of Technology for Volume Reduction and Treatment of Low and Intermediate Level Solid Radioactive Waste[R]. TECHNICAL REPORTS SERIES NO. 360. International Atomic Energy Agency, VIENNA, 1994

4　Handling and Processing of Radioactive Waste from nuclear Applications[R]. TECHNICAL REPORTS SERIES NO. 402. INTERNATIONAL ATOMIC ENERGY AGENCY, VIENNA, 2001

5　Predisposal Management of Organic Radioactive Waste[R]. TECHNICAL REPORTS SERIES NO. 427. International Atomic Energy Agency, VIENNA, 2001

6　赴德国、荷兰、比利时三国考察低中放废物减容技术总结[J]. 放射性废物管理及核设施退役第 6、7 期(总第 36、37 期). 核工业总公司八二一厂,核科学技术情报研究所,1994 年 6 月

第 6 章 水泥固化

6.1 概述

水泥固化放射性废物的应用在核工业和核研究中心已超过 40 年。它是将放射性废物与水泥均匀搅拌成糊状,凝结后失去流动性,逐渐硬化成为固化体,进行贮存或处置。

从铀(钍)矿开采、水冶、浓缩、燃料元件制造到辐照元件后处理的核燃料循环过程,同位素和核技术的生产应用过程,核设施(设备)退役以及核电站运行过程,都会产生各种各样的放射性废物。

放射性物质的毒性用现有的化学、物理和生物方法都是不能够消除的,只能按其固有规律衰变到无害水平。大约经过 10 个半衰期后放射性水平降到原来的千分之一,20 个半衰期后降到原来的百万分之一。大多数医用同位素的半衰期小于 7 天,贮存几十天到百天左右就已衰减降到安全水平,处置医疗放射性废物相对而言很简单。核电站运行过程产生的放射性废物含有铯-137(半衰期 30.2 a)和锶-90(半衰期 28 a)等较长寿命的核素,需要安全隔离 300～600 a。后处理厂产生的高放废物和核武器生产过程产生的超铀废物,半衰期很长,要求安全隔离几万年到几十万年。

产生的放射性废物以不同的物理和化学形态存在,包括气体、液体和固体,且放射性水平的范围宽。为了安全储存或处置,需要整备废物,固定放射性核素。废物固化的目的是阻止或限制放射性核素从储存或处置设施中散布到环境中去。固定封装放射性物料,可便于运输、贮存和处置。

放射性废物与材料必须以物理和化学性质稳定的形态固定,以很少需要控制、维护和监测的安全系统与人类生活环境隔离。

要求整备的放射性废物包括液体、湿固体、泥浆、淤泥、粉末、微粒材料等,为了确保它们处于安全形态,要求:

- 固化体贮藏的能量(可能由内部存在的水或气体引起)要降低到最小
- 固化体的化学反应性、溶解性以及可燃性低
- 固化体能抗腐蚀,抗水反应或者微生物降解作用
- 固化体除了自然空气循环外不需要进行冷却

适合水泥固定和(或)固化的低放废物和中放废物包括:

- 金属
- 有机物(例如纸张、塑料、有机离子交换树脂)
- 玻璃和陶瓷制品
- 混凝土、水泥与碎石

· 石墨

· 混杂的非有机物，也就是泥浆、絮状物、液体浓缩物和土壤（例如镁诺克斯合金淤泥、碳酸钡泥浆、非有机离子交换材料）

· 其他废物

核电站或其他核设施常规运行产生的废物称为运行废物，核电站或其他核设施在它们的寿命末期拆除产生的废物称为退役废物。

运行低放废物主要是丢弃的防护服、纸张、手巾和塑料包装材料以及废弃的设备和工具。

退役低放废物主要是混凝土、水泥与碎石，以及金属（如风管、管道系统等）。

放射性水平超过低放废物的上限，但是在贮存或处置设施的设计中不考虑发热的废物称为中放废物。金属是组成运行中放废物的主要部分，它们大都来自拆除活动和后处理受辐照的核燃料产生的燃料包壳和燃料元件碎片，放化工厂运行与维护产生的混杂废零件。另外，处理放射性液体和泥浆产生的残渣与浓缩物占运行中放废物总质量的大部分。

退役反应堆芯的石墨和金属（工厂的主要零件与管道系统）属于退役中放废物。在英国，这些低中放废物通常固定在水泥基质中。

放射性废物的水泥固化，美国、法国、德国、俄罗斯等许多国家都进行了研究。本文对一些基本的问题，如固化材料、固化方法以及各国的应用开发情况进行介绍。

6.2　水泥固化工艺

6.2.1　固化系统的要求

水泥固化系统基本要求操作简单、安全可靠、容易维护，在操作和维修期间，个人的辐照剂量最小化、成本合理以及保证固化产品符合质量标准。

工艺的选择还要考虑其他因素，例如废物的性质、比活度、要求的处理速率、固化产品的特性和它的处置路线。这些相互关联的因素将影响到废物整备处理的经济性。

6.2.2　工艺控制程序

所有固化系统必须了解水泥固化过程对废物成分、混合均匀性的灵敏度，因为这将影响到水泥、废物和其他成分的进料范围和控制要求。所以，要求合理的系统控制程序确保固化的产品满足固化产品标准。这样的程序由两部分组成：第一部分是为系统和废物参数设置限定值，经过这样的设置后，预期满意的固化才有可能发生。这可以用“成分”图表（图 6-1）进行说明。固化产品为 0～40％（质量分数）的干废物，30％～35％（质量分数）水和 30％～70％（质量分数）水泥。

工艺控制的第二部分是系统化程序（使用合理控制方式和仪器），验证固化系统是否能够在设定的限定值内运行。作为程序的一部分，应该定期检查产品以核实控制参数。

6.2.3　混合方法

废物与水泥固化的方法可以分成两类：容器内混合和混合后装桶。

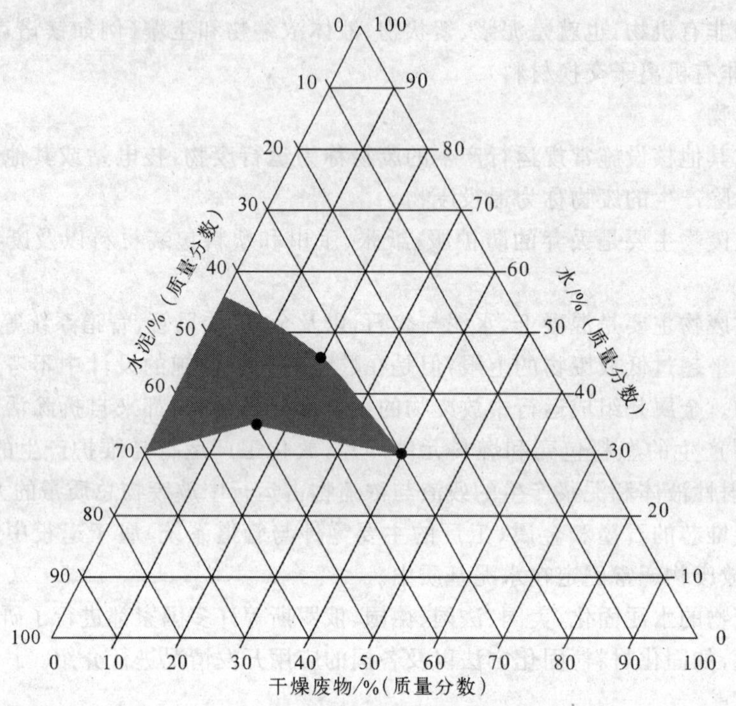

图 6-1 过程控制程序成分图表

6.2.3.1 容器内混合

容器内混合方法就是在最终处置用的容器里混合废物和水泥。使用的混合技术包括下列几项:

—在翻转或者旋转的密封容器(包含有废物、水泥和添加物)内,放置一个起捣腾作用的物件,搅拌混合废物。

—用搅拌桨搅拌。废物与水泥混合后,搅拌桨丢弃在容器内。这种方法失去了搅拌桨,但搅拌桨的制造加工便宜,能使容器混合物匀质。

—用可反复使用的搅拌装置搅拌桶内装填的物质,混合均匀后移出搅拌装置。这种搅拌必须去除搅拌器上的残留物,冲洗搅拌器以避免污染物凝固在上面和污染工作区域。

6.2.3.2 混合后装桶

混合后装桶是先将废物和水泥均匀混合,然后将混合物输送到最终处置用的容器。这种混合有以下方法:

—间歇式混合。废物和水泥在一个容器里混合,然后以间歇方式将废物输送到产品桶里。

—连续式混合。废物和水泥持续地(经过计量)进入到混合器,混合物又持续地输送到产品桶里。

通常,要为设备提供冲洗系统并处理冲洗出来的物料。

6.2.4　容器内水泥固化工艺

这种工艺有两种，都以 200 L 钢桶作为产品容器。第一种方法(如图 6-2)：在桶内加入废物、水、水泥，然后将可动式螺旋搅拌器降下进行搅拌。这种方法的优点是混合容器就是产品容器。此法缺点是：由于水泥配方及废物的不同，有时难于均匀搅拌；容器上部还留有一定的空间无法填充满；必须仔细地掌握投料顺序、投料速度等。另一种方法：在贮存桶中加入水泥和能起捣腾作用的重物，泵入要处理的废液，然后加盖封严，送到翻滚或震动台架上翻滚或震动，使得废物和水泥混合。这种方法操作简单，但混合均匀程度差。

容器内混合固化，特别适合废液和湿固体废物。

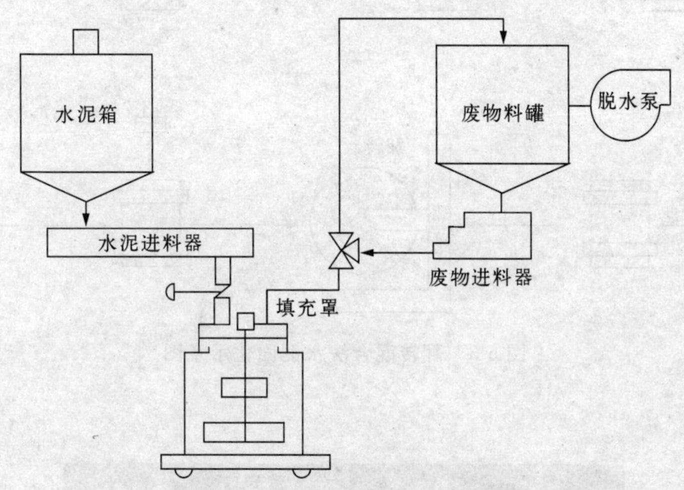

图 6-2　容器内水泥固化系统简图

美国开发了一种经济的处理方法——翻转混合法，如图 6-3 所示，将桶及其所含物在一个翻转框架上旋转，目的是完全混合桶内的混合物。在这种方法中，干的水泥和丢弃的起捣腾作用的物件放置在 220 L 桶中，然后将桶传送到处理装置，添加废物和需要的化学品，封盖旋转。旋转一段时间后，桶重新打开，对桶仍有的空间再填充，桶封盖并再翻转。对桶进行贮存使混合物凝固。在这种翻转系统中，桶揭盖、填充与翻转都是自动进行。水泥通过称重，废物输送到桶里要经过一个正排量精密计量泵。翻转的混合效果好于滚动法(该方法已不再使用)，但是不能保证总是均匀混合。

德国 NUKEM 公司开发了一种高性能的桶内混合器(图 6-4)，它是具有双螺旋状的行星式混合器，通过混合装置行星式的旋转，能达到均匀混合。垂直升降器将混合器从桶内升起。如果需要维护，在残留物凝固后，用手持式振动器进行清除。另外，还可以通过在去污溶液中，旋转混合器来去污。NUKEM 公司桶内混合如简图 6-5 所示。

水泥和添加剂(适合水泥配方)预先装入 200 L 桶内，桶放置在辊道传送器上。辊道传送器将桶传送到混合室的下方，按给出的水泥配方，废物通过管道直接进到桶内，当废物达到预设的值后，自动关闭废物流。通常废物填充到桶高度的 95%。废物一般分三次加入，第一次混合，混合器装置降到桶中大约三分之一。混合器旋转数分钟，使废物/水泥的高度

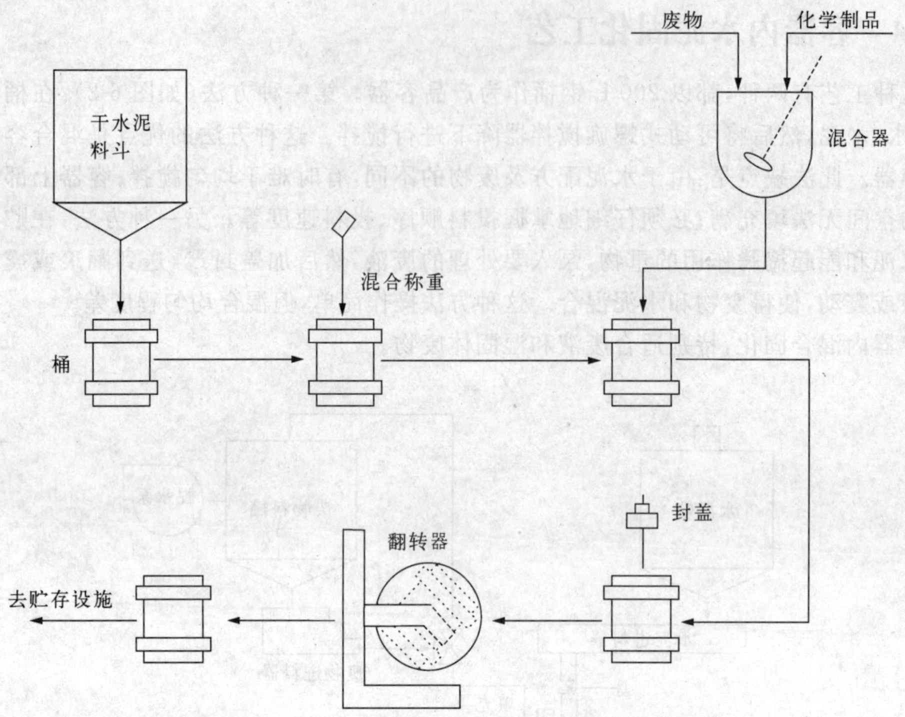

图 6-3 翻转混合法水泥固化示意图

图 6-4 高性能桶内混合器

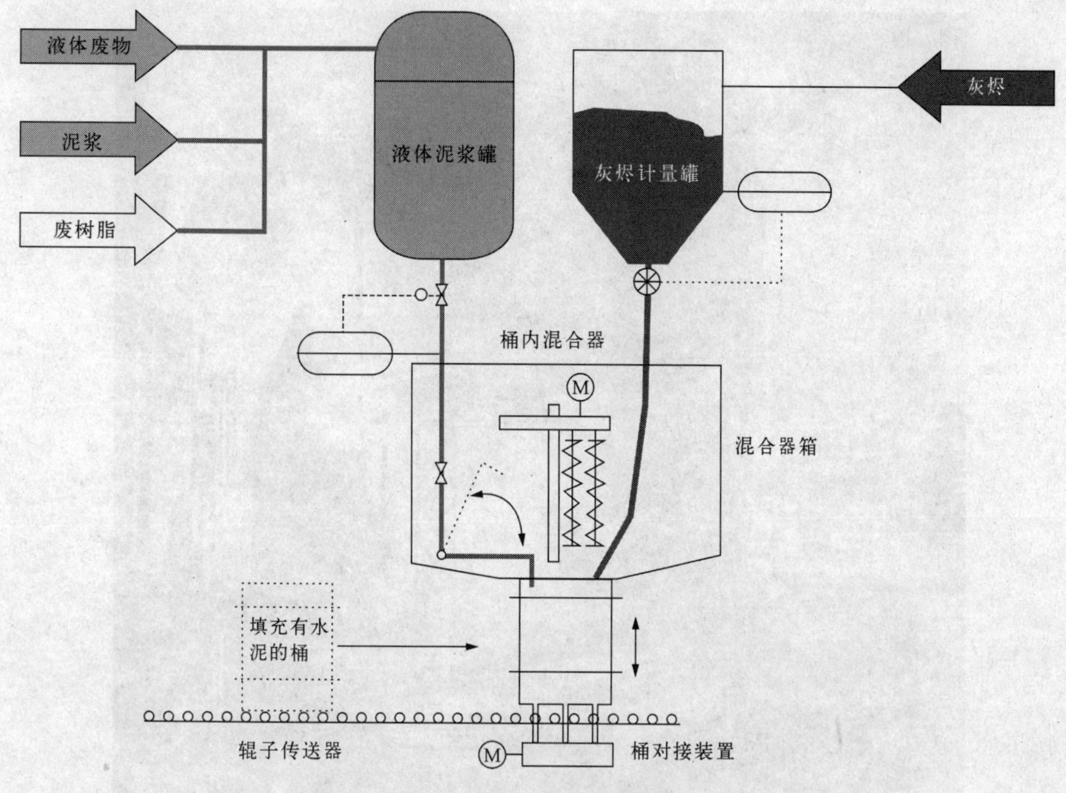

图 6-5　桶内混合器的示意流程图

下落。桶随后准备接受第二部分废物。最后加第三部分废物。

当混合第三部分废物的时候,混合器降到桶的底部并转动数分钟,以比先前更快的速度旋转,保证最大程度的混合,得到高度均匀的水泥浆。

这种高性能桶内混合器和如图 6-5 所示的流程已经成功地在一系列的固定和移动式固化装置中应用。用遥控器控制或者在热室里用机械手操作高性能桶内混合器,则取决于辐射水平,如图 6-6 和图 6-7 所示。水泥固化装置的辅助设备布置在热室周围的建筑物里。

德国卡尔斯鲁厄核研究中心水泥固化车间年生产能力 3 000 桶。首先在 200 L 标准桶泵入 220 kg 波特兰水泥,将桶送进热室。通过机械手将搅拌器降到贮存桶中,一边搅拌,一边泵入调到合适 pH 值的放射性浓缩液 100 kg。搅拌均匀后,将废物桶转移到另一热室,在那里称重,测量桶外壁是否沾污,封盖,最后运出热室,送去贮存。采用远距离遥控操作,非常安全。

瑞典 ABB 原子能公司开发了使用水泥将废物固化在混凝土容器内的固化系统。这些容器的容量接近 1 m^3。在 ABB 原子能公司开发的这套系统中,过滤淤泥和粉末树脂经脱水,达到 20%～30%的干含量。颗粒树脂通过空气提升器输送到一个计量罐里,用适当的水再将沉下来的树脂分批输送进废物容器里。

干燥的水泥中添加某些添加剂以提高最终产品的特性,例如添加络合剂消除硼酸盐的影响,因为硼酸盐能延缓水泥的凝固。

固化后,在上方浇铸一层非放射性混凝土,填满容器的空间。通过编程和遥控的运输工

图 6-6 布置在热室里的桶内混合器

具将废物包从固化车间运去贮存。ABB 原子能公司的废物固化系统如图 6-8 所示。

6.2.5 流线水泥固化工艺

这种工艺是先将废物、水、水泥添加到混合器内，经混合好后装入贮存桶中。这种方法不仅适合处理废液、湿固体废物，也能处理粒状和粉状固体废物。混合器将废物和水泥容器混合均匀，工艺设备较少，可以连续生产。与容器内混合相比，其缺点是搅拌混合器的洗涤和去污有点麻烦。

典型的水泥固化流线工艺如图 6-9 所示。经过计量的水泥和废物分别进入到混合器。水泥通过一个螺旋进料器进料，与此同时，废物通过一个正排量计量泵进料。经搅拌均匀后，水泥/废物混合物直接从混合器排放到桶里。对水泥/废物装入桶中的高度进行监测，可用超声波或接触探测器。然后，对桶进行密封、去污、监测后送去贮存。混合器在每次运行后进行冲洗。如果需要，冲洗水存储起来，用于下一次运行的进料准备。

图6-7　操作员正将放射性废液注入桶内

一种倾斜间歇式混合器(图6-10)成功地在几个废物处理中心使用。德国RWE NUKEM为这些混合器配置了辅助设备,例如树脂脱水装置,灰烬传输和计量系统。该混合器能固化浓缩物、离子交换树脂-浓缩物、焚烧灰等。倾斜间歇式混合器的水泥固化工艺如图6-11所示,图6-12为美国西屋流线间歇式混合水泥固化装置。

放射性废物以不同的方式进入到水泥固化设备中:

· 能用泵运送的废物(例如废物溶液或放射性泥浆)存放在废物接收罐。

· 通过重力作用直接在溶液计量罐里接收浓缩物。

· 用水力传输接收树脂接收器罐里的废树脂,携带的过量水通过罐内置的长缝筛过滤器被分离,分离出来的水又返回去。

· 装在适当容器里的焚烧灰,倒入计量罐,通过传输箱送到水泥固化设备。

· 装在桶内的固体废物(例如压实的固体废物)常有许多自由空间(可能超过容器体积的50%),需要注入水泥浆填充空隙和固定废物

水泥用传统的料斗卡车输送并卸到水泥仓中。水泥从水泥仓传送到水泥计量罐里。一些添加剂,如混凝土缓凝剂、促凝剂、吸附剂等等,经称重放进添加剂罐。

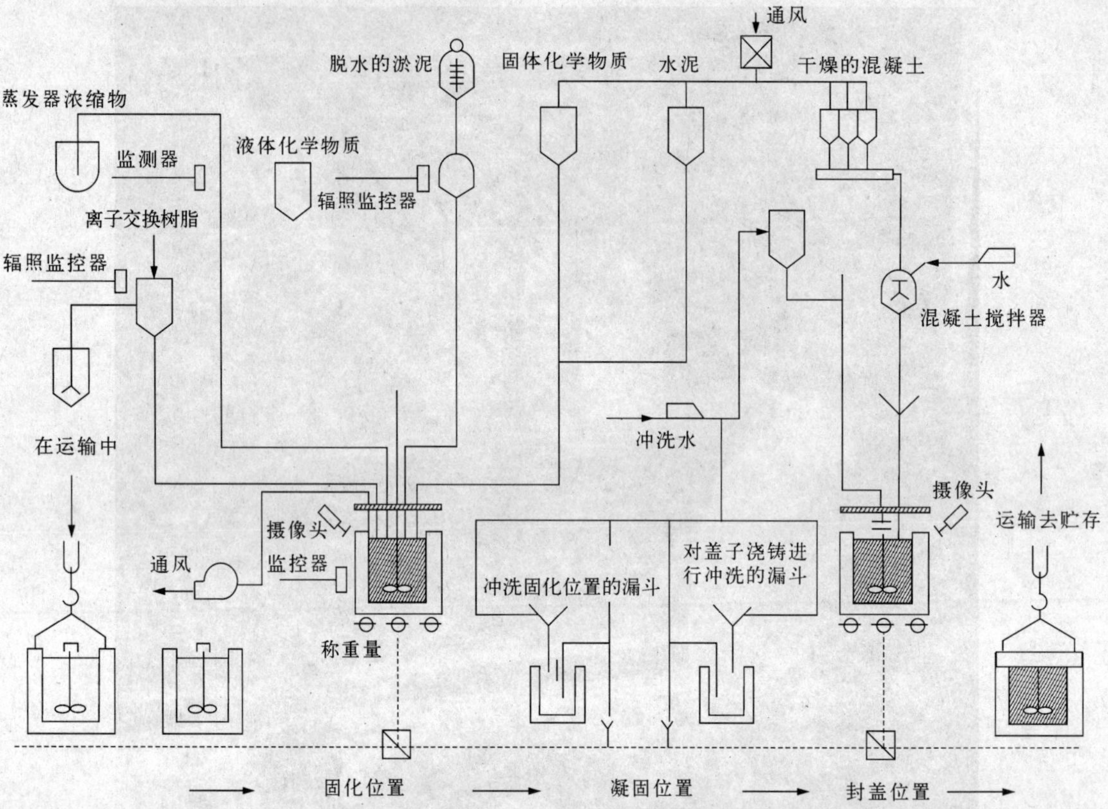

图 6-8 瑞典 ABB 原子能公司放射性废物水泥固化系统

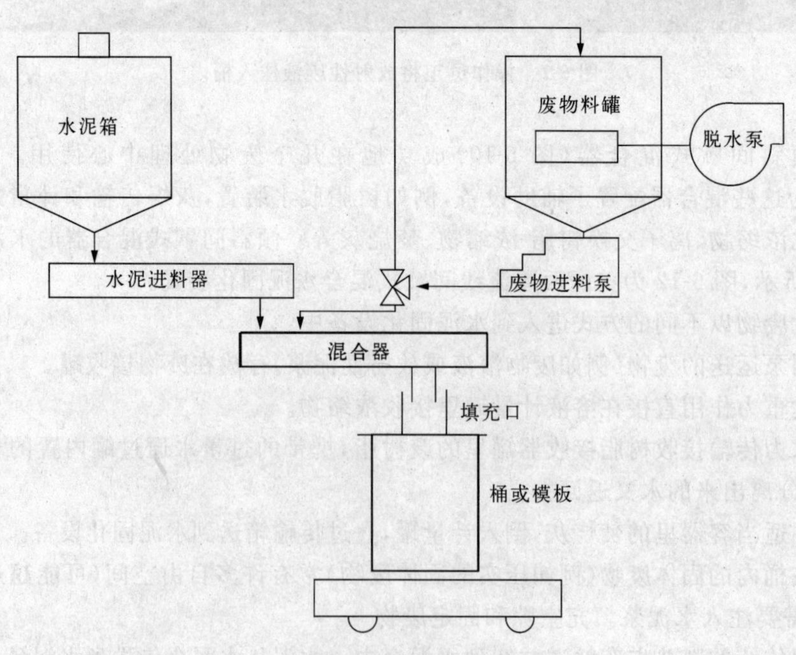

图 6-9 连续式流线水泥固化工艺

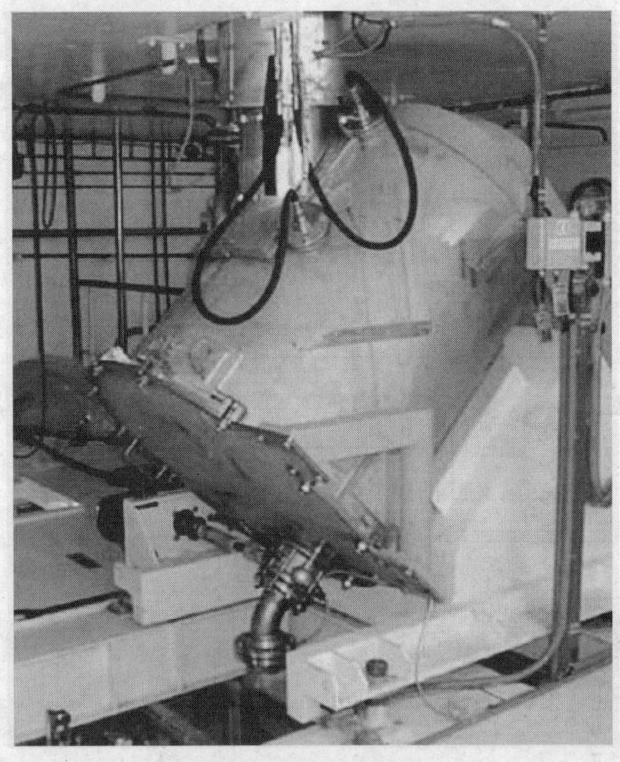

图 6-10 NUKEM 公司的倾斜间歇式混合器

(1)浓缩物的水泥固化

空容器放置在振动器上(是辊道传送器的一部分),空容器的口对着混合器排放管。经重力作用,浓缩物进入到计量罐。计量罐对进料量进行控制。再通过重力作用输送到倾斜间歇式混合器里,启动混合器。要求数量的水泥用一旋转阀和振动传送器送到旋转的倾斜混合器里。水泥的计量通过质量的减小进行自动计量。按照预先设定的时间(大约 30 分钟)混合后,混合的水泥产物排放到产品容器中。在排料期间,为了提高水泥在容器中的分布,对容器进行振动。容器通常填充到它容积的 95%。远距离给容器盖上盖子,然后将容器送到库里进行凝固。凝固后,在屏蔽下进行密封。

(2)废液的水泥固化

按照水泥固化配方,废液通过泵从废液罐输送到溶液计量罐。其余操作步骤,与浓缩物水泥固化一样。

(3)离子交换树脂与浓缩物的水泥固化

离子交换树脂和浓缩物一起嵌入到水泥当中,产生匀质的最终产物。通过在树脂接收罐里的搅拌装置,树脂与残留的水混合。随后用泵传送到溶液或者树脂计量罐里。当树脂达到规定的质量时,停止传送。在计量罐里,每一批树脂用一个搅拌器搅动,目的是为了保持树脂混合物的流动性。这时把需要的浓缩物通过前面所述的方式添加到树脂中。经过计量的树脂与浓缩物的混合物经重力作用输送到倾斜混合器中,然后开启混合器。

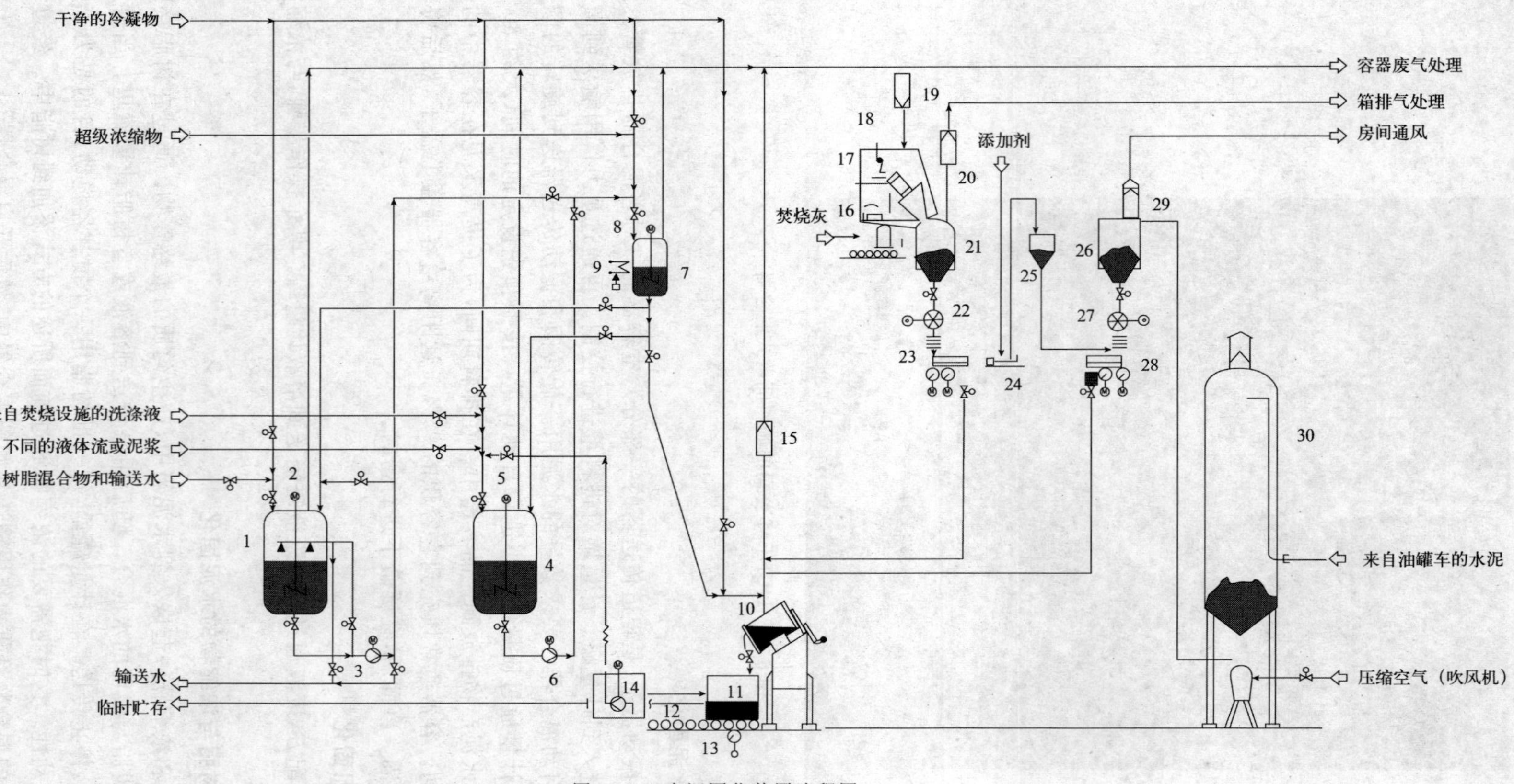

图 6-11 水泥固化装置流程图

1—树脂混合物接收罐；2—搅拌器；3—树脂混合物传送泵；4—液体废物接收罐；5—搅拌器；6—液体废物传送泵；7—溶液或树脂混合物计量罐；8—搅拌器；9—加热器；10—倾斜式混合器；11—贮存容器；12—辊子传送器；13—振动设备；14—泵；15—过滤器；16—灰烬传送箱；17—桶倾翻装置；18—升降机；19—过滤器；20—过滤器；21—灰烬计量罐；22—灰烬计量罐；22—多孔圆盘；23—振动传送器；24—添加剂称重设备；25—添加剂罐；26—水泥计量罐；27—多孔圆盘28—振动传送器；29—过滤器；30—水泥仓

按水泥固化配方，添加剂经添加剂罐和振动传送器输送到旋转的倾斜混合器中。水泥的进料、混合步骤和容器灌装都同前面的描述。

(4)灰烬的水泥固化

焚烧炉设施的灰烬用洗涤器溶液进行水泥固化。按水泥固化配方规定量的洗涤器溶液，通过重力作用从溶液计量罐进到倾斜混合器。灰烬用旋转阀和振动传送器输送。其余操作步骤与废液的水泥固化一样。

(5)水泥固化配方

为优化固化产品，每一种废物形态必须用它自己的配方进行水泥固化。为了达到此目的，必须了解要被固化的废物的成分。下面提供参考的配方。

—浓缩物的水泥固化

总的盐含量：　(600±100) g/L

密度：　大约 1 450 kg/m^3

在水泥基质中的盐含量：　25%(质量分数)

水/水泥比率：　0.55

—离子交换树脂与浓缩物水泥固化

盐含量：　14%

干树脂的含量：　3%

水/水泥比率：　0.7

—灰烬的水泥固化

灰烬含量：　30%

水/水泥比率：　0.7

(6)技术数据

生产能力：　8 小时为 3 400～8 500 kg

盐含量：　达到 30%(质量分数)

树脂含量：　达到 10%(质量分数)

(7)产品质量

铯的浸出率：　10^{-2} $g/cm^2 \cdot d$(年平均计算值)

抗压强度：　10 N/mm^2

活性均匀分布

6.2.6　可移动式水泥固化装置

可移动式固化装置方便不同类型放射性废物的容器内固化。这些废物包括蒸发器底部残渣、颗粒树脂、粉末树脂和过滤器泥浆等湿固体废物。

常用容易获得的波特兰型水泥连同熟石灰和适当添加物固化废物。废物所有的整备和固化都在处置容器里进行。有些废物可能需要把化学物质添加到容器里。

化学添加物用来控制 pH 值，增加基质强度，减小浸出性，提高废物包容比，减小热量产生，控制和调整水泥凝固时间等。

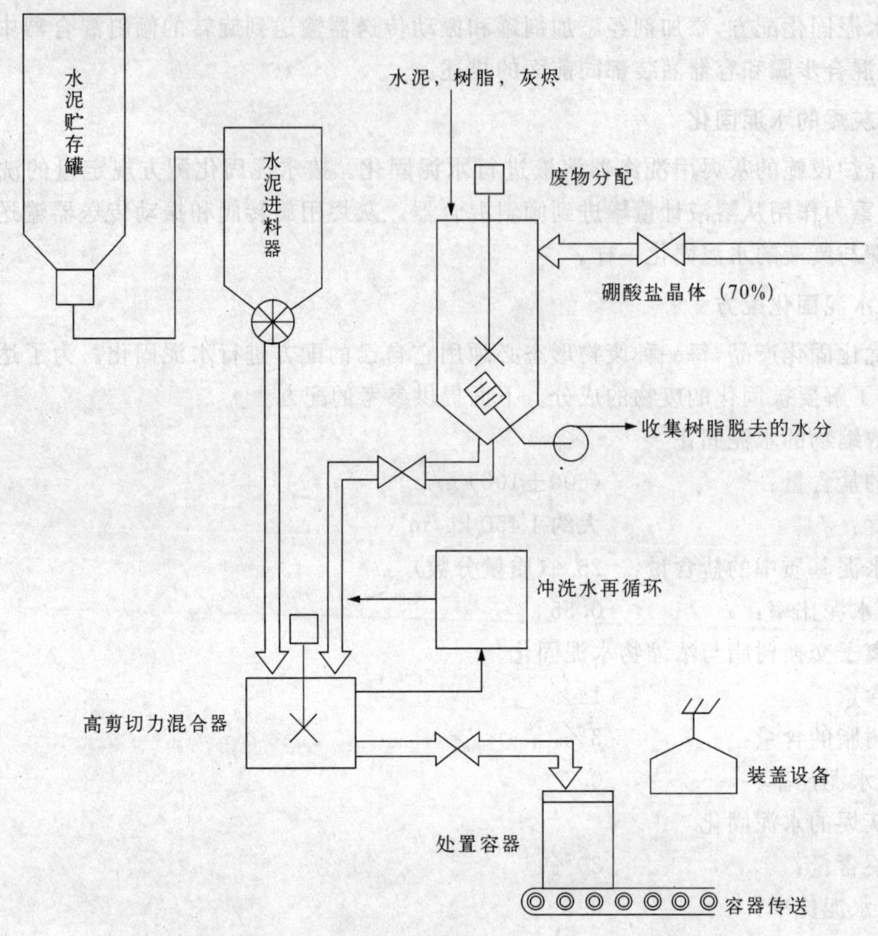

图 6-12 美国西屋流线间歇式混合水泥固化装置

有的处置容器要做一些准备工作，如安装温度探测器引线和液位测量管。处置容器放置在一个屏蔽桶或者防护物后面(如果需要)。

德国 NUKEM 公司生产了一种移动式水泥固化装置，被称为 DEWA(图 6-13)。

DEWA 用简单、坚固和可靠的部件装配而成，操作方法简单。水泥固化是在废物容器桶里进行，水泥预先装到桶里。

经测试，水泥固化体的物化性质如抗压强度和抗浸出性都非常好。水泥固化体满足最终处置的要求，剂量率在要求的范围之内，固化产品不含自由水。DWEA 固化装置对被固化的废物，没有太高的要求。但废物必须可泵送，它们可能是含有 25％的硼酸和 35％的干燥物质。对于水泥固化，要求对强的放射性作适当的屏蔽。

DEWA 水泥固化装置可用拖车运输到使用地点。装配 DEWA 需要一个 6×3.3 m，总高度为 4.53 m，负载能力 0.09 N/mm^2 的平台。

方形的 DEWA 水泥固化装置设置有屏蔽的钢热室。该装置有操作平台，平台带有控制板和一辊道传送器，用于传输废物桶。桶引入装置将桶送到热室，在热室里对废物进行计量、混合。热室里安装有高性能桶内混合器，超声波位置传感器，用于清洁的手持式振动器，供给废物的管线。如果需要，排气机上装 HEPA 过滤器系统。转动的盖子覆盖热室底部的

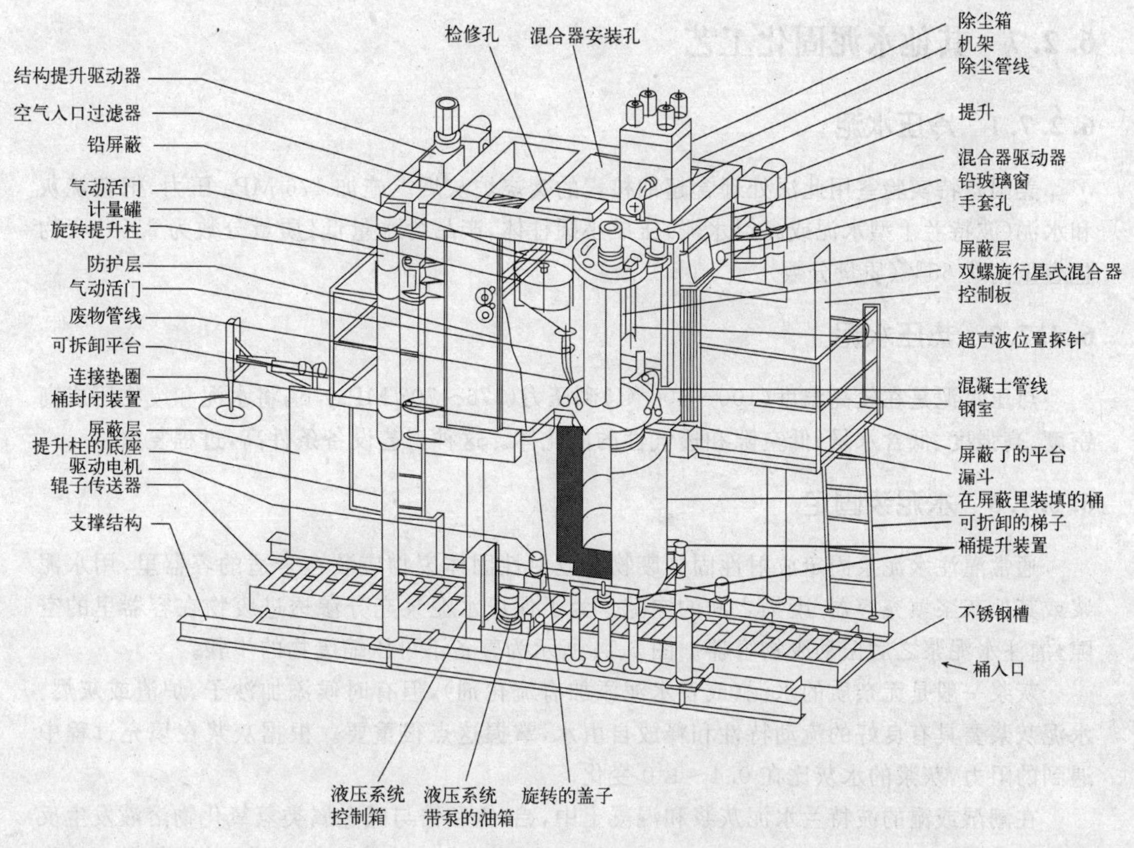

图 6-13　移动式水泥固化装置 DEWA

引入孔。预先装好水泥的桶，用叉车放到辊道传送器上并被夹住，送到引入孔。通过科里奥利质量计间歇加入废液并与水泥混合均匀。混合过程能通过铅玻璃窗观测。容器的封闭在辊道传送器上进行。如果废物活度较低，则手动进行封盖；如果活度较高，则要用遥控方式密封盖子。

该装置还能处理固体废物，把废物材料（例如粉末、颗粒等等）装到桶的一半，然后传送到打开的热室，立刻添加干燥的或者与水混合了的水泥。程序与前面叙述到的相似。不能被压缩的部分污染物（如过滤芯子、小零件）放置在桶内同样能够固化处理。

DEWA 已用于固化放射性废物，如德国的贡德雷明根（Gundremmingen）沸水堆核电站，比布利斯（Biblis）核电站以及 Neckarwestheim 核电站。操作 DEWA 需要操作员 3～4 名，设备的可用性达到 95%。活度在 3.7E+09 Bq/m^3 和 1.85E+11 Bq/m^3 的过滤器酸性泥浆、去污污水和蒸发器浓缩物已经被固化。装置的性能取决于废物的比活度、防护要求和干物质的含量。用内部屏蔽的 200 L 桶，处理能力为 1.8～2.2 m^3/d。如果使用外部屏蔽的 400 L 桶，处理能力达到 3.6～4.6 m^3/d。铅防护层和远距离操作容器保证了工作人员遭受到的累计剂量保持在较低水平。当处理活度为 1.48E+10 Bq/m^3，铯-134 为 14%，铯-137 为 33%，钴-60 为 36%以及锰-54 为 5%的淤泥时，操作员位置的剂量率<3 mrem/h。平均剂量率低于 10 mrem/(d·人)。

6.2.7 其他水泥固化工艺

6.2.7.1 冷压水泥

美国蒙特实验室用此法处理含超铀核素的焚烧炉灰烬。施加 176 MPa 压力，把焚烧灰和水泥（波特兰Ⅰ型水泥或高铝水泥）压成小圆柱体，产品含水量低（质量分数为 3%），废物包容量高达 65%（质量分数）。

6.2.7.2 热压水泥

热压水泥是在较高温度（100～400 ℃）和压力（176～703 MPa）下，将水泥和废物压成高密度、高强度、低含水量、低空隙和透气性的固化体。这种工艺设备条件高，过程复杂。

6.2.7.3 水泥浆固定

通常灌注水泥浆固定放射性固体废物。放射性固体废物应装在合适的容器里，用水泥浆或其他灰浆填充容器/废物之间的空隙。为了保证水泥浆充分渗透进废物在容器里的空隙，灌注水泥浆之后振动废物容器。图 6-14 所示为整备不可压缩废物的步骤。

灰浆一般是无杂质的水泥（或者水泥添加有流化剂），但有时候添加沙子、炉渣或灰烬。水泥灰浆要具有良好的流动特性和释放自由水，掌握这点很重要。根据灰浆在填充过程中遇到的阻力，灰浆的水灰比在 0.4～1.0 变化。

在潮湿或湿的波特兰水泥灰浆和混凝土中，铝、锌和锆与碱金属类氢氧化物溶液发生反应并产生氢气。铅和黑色的轴承合金在它们的表面形成一种保护氧化膜，引起混凝土的膨胀、破裂和退化。在有些情况下，这可能导致容器破裂，因此使得水更易侵入和渗出。预料到会有这种问题，在容器倒进水泥灰浆之前，需要对金属涂上沥青和聚合物。这些涂料会与金属材料形成一种保护透水的屏障。

6.3 水泥固化的技术特性

水泥固化技术开发很早，已经有 40 多年的历史，是一门成熟的废物处理工艺，广泛应用于世界各国。

6.3.1 水泥固化的适应性

一般来说，水泥固化高放废物不合适，因为水泥固化必定要有水参加水化反应，而高放废物有很强辐射剂量率，并且水泥热导率比较低，因此会使水汽化和辐解产生大量的氢气和氧气，很不安全。

水泥用作放射性废物固化的基质和作为建筑材料使用相比，有许多特殊问题。放射性废物具有放射性而且组成相当复杂，含有通常混凝土土建结构材料中所没有的各种化学成分。有些物质，例如压水堆核电站硼酸，去污剂中的络合剂，还有洗涤剂和有机溶剂，对水泥的凝固常有缓凝作用；而反应堆乏燃料元件后处理厂的偏铝酸钠中放废液则有促凝作用；有的物质甚至会使水泥不凝固。水泥固化的适应性见表 6-1 所示。

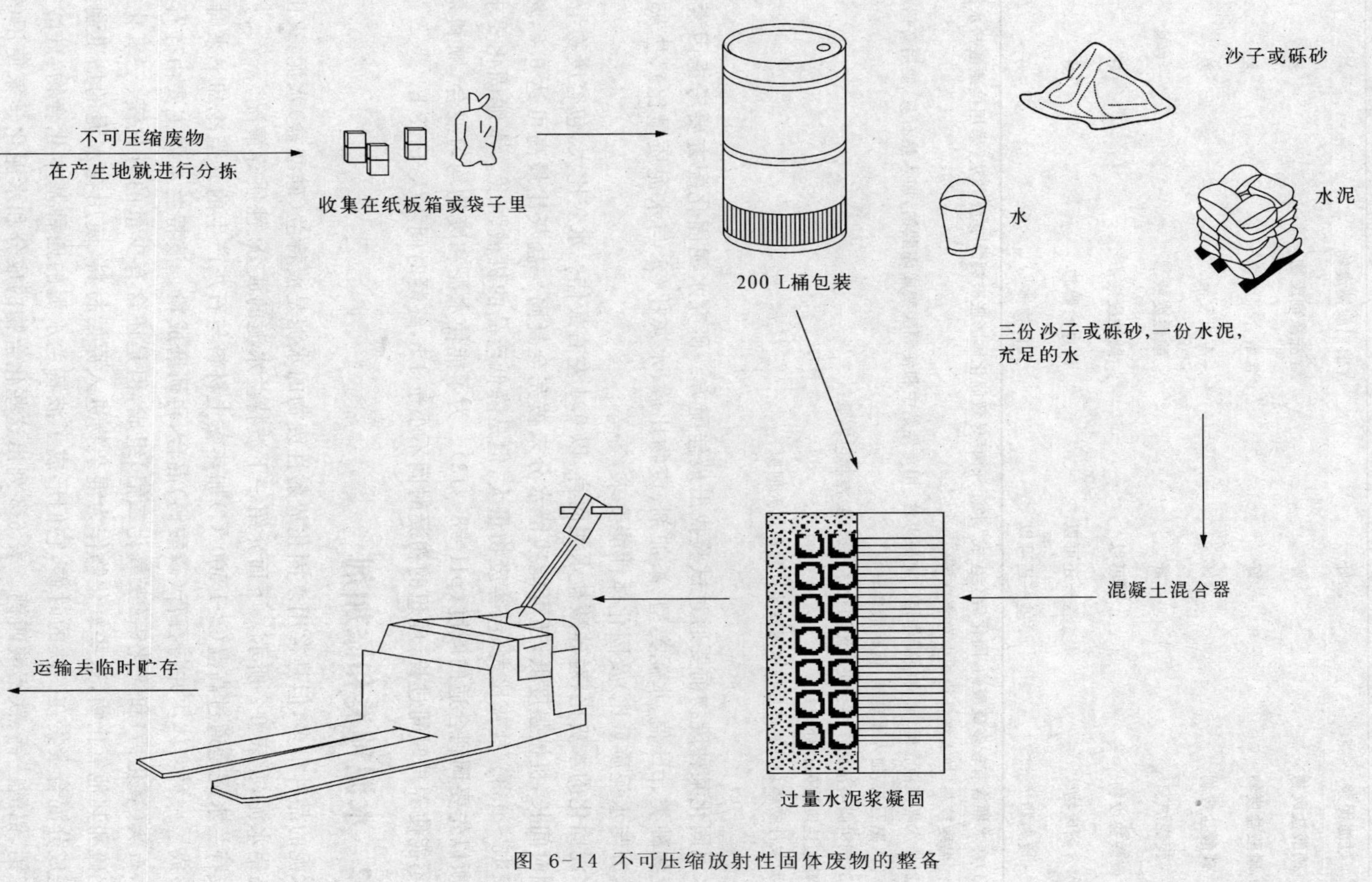

图 6-14　不可压缩放射性固体废物的整备

表 6-1 水泥固化适应性

废物类型	适应性	废物类型	适应性
过滤泥浆	好	含偏铝酸钠废物	差
硝酸盐废物	好	含洗涤剂废物	差
磷酸盐废物	好	含络合剂废物	差
碳酸盐废物	好	有机废液	差
焚烧炉灰	好	酸性废液	差—好[4]
硫酸盐废物[1]	还可以	碱性废液	好
含硼废物[2]	差—还可以	废过滤器芯	好
废树脂[3]	差—还可以	大件物体[5]	好

注:1)沸水堆含有较多硫酸钠,固化后会生成"水泥杆菌"导致固化体膨胀破裂。克服办法:采用抗硫酸盐水泥,养护温度较高,加入细骨粉减少总膨胀等;

2)压水堆废液含硼,硼有缓凝作用。克服办法:用苛性钠中和使硼酸变成硼酸钠,加入热石灰,使用高铝水泥,加入熟石灰,加入水玻璃,偏铝酸等;

3)废树脂有溶胀作用会使水泥固化体龟裂,要控制包容量;

4)酸性废液碱化处理;

5)大件物体切割解体后用水泥砂浆固定和填充间隙。

水泥固化某种废物前要通过试验找出最佳配方。研究水泥固化配方要考虑因素很多,包括废物种类、pH 值、水泥类型、添加剂、废物比放、水灰比(水与水泥质量比)、盐灰比(废物干盐分与水泥质量比)及固化体性能要求,等等。

水泥固化的水灰比,对硅酸盐水泥而言,以 0.4 左右最佳。水灰比大,包容废物量多,但是凝固时间长,机械强度低,还可能残留水分未被完全凝固。盐灰比最高可达 0.5,然而一般为 0.15～0.3。盐灰比大,包容废物量大,但是降低产品的机械强度。水泥固化要求碱性条件,所以先要调到合适的碱度(pH=8～13)。为了能使水泥和废物均匀混合,顺利泵送和装桶,不能使养护时间过长,理想的初凝时间不小于 1 h,终凝时间不大于 48 h。

6.3.2 水泥种类和添加剂

水泥的品种很多,但是常用来固化放射性废物的水泥是波特兰(硅酸盐)水泥,火山灰水泥和高铝水泥,见表 6-2 所示。下面介绍一下波特兰水泥的成分、性质等情况。

波特兰水泥是通过高温(>1 500 ℃)加热黏土材料与石灰产生的。当冷却下来时,这些材料形成了一种实体块并与石膏(磷酸钙)混合,再研磨成粉。波特兰水泥主要由硅石(二氧化硅)、石灰(氧化钙)和氧化铝(三氧化二铝)组成,但是还含有少量的氧化镁、三氧化二铁、三氧化硫和其他氧化物,这些氧化物作为混杂物进入原始材料,使用在水泥的加工制造中。当这些成分混合聚集在一块的时候,它们形成了波特兰水泥的四种基本化合物:硅酸三钙、硅酸二钙、铝酸三钙、铁铝酸四钙。表 6-3 列出这些化合物的成分和水泥化学家使用的缩写词。

表 6-2　水泥固化废物常用的水泥

水泥种类	特性
波特兰Ⅰ	最常用
波特兰Ⅱ	放热少，生热速率慢，凝固快，抗硫酸盐好
波特兰Ⅲ	凝固快，生热速率快
波特兰Ⅳ	凝固慢，生热速率慢，放热少
波特兰Ⅴ	抗硫酸盐腐蚀好，抗海水作用好
火山灰水泥	浸出率低，增加了强度和抗海水侵蚀作用以及抗破裂能力，固化体比重比波特兰水泥轻15%～25%
高炉水泥	凝固慢（长于工作时间），浸出性低，抗硫酸盐作用好，固化温度较低
沸石水泥	强度好，抗浸出性能好
高氧化铝水泥	凝固快，抗硫酸盐和海水作用好，水化过程激烈，放热量大，价格高

由不同的组分，可以组成很多的标号。商业上5种波特兰水泥的成分如表6-4所示。

Ⅰ型，世界上一些地区称为标准的或普通的波特兰水泥，使用得最普遍。

Ⅱ型，水合作用比Ⅰ型低，并且生热速率慢。另外还提高了抗硫酸盐的侵蚀能力。

表 6-3　波特兰水泥中的主要化合物

化合物	氧化物成分	缩写词
硅酸三钙	$3CaO \cdot SiO_2$	C_3S
硅酸二钙	$2CaO \cdot SiO_2$	C_2S
铝酸三钙	$3CaO \cdot Al_2O_3$	C_3A
铁铝酸四钙	$4CaO \cdot Al_2O_3 \cdot Fe_2O_3$	C_4AF

表 6-4　商业上使用的波特兰水泥成分/%（质量分数）

成分	化学式	水泥类型				
		Ⅰ	Ⅱ	Ⅲ	Ⅳ	Ⅴ
硅酸三钙	$3CaO \cdot SiO_2$	50	42	60	26	40
硅酸二钙	$2CaO \cdot SiO_2$	24	33	13	50	40
铝酸三钙	$3CaO \cdot Al_2O_3$	11	5	9	5	4
铁铝酸四钙	$4CaO \cdot Al_2O_3 \cdot Fe_2O_3$	8	13	8	12	7
其他		7	7	10	7	7

Ⅲ型，高强度水泥，因为铝酸三钙和硅酸三钙的含量高，所以迅速地硬化。这种迅速硬化伴随着高的生热速率，不宜用于大体积水泥固化。

Ⅳ型，这是一种低热量的水泥，适用于大体积废物固化。这种类型水泥固化产物的低发热速率主要归结于它的硅酸二钙含量高，硅酸三钙含量低。

Ⅴ型，有抗硫酸盐作用，因为铝酸三钙的含量低。它是一种特殊的水泥，适用于暴露在严重的硫酸盐条件下。它的硬化速率低于标准的波特兰水泥。

波特兰水泥Ⅰ，Ⅱ和Ⅲ型通常用于放射性废物的固化。这三种类型水泥成功地用来固化硫酸钠溶液，固化体载荷基本上差不多。假如是一种碱性材料（消石灰或者氢氧化钠），或者硅酸钠添加到水泥中，或者废物的碱度增加到 pH＝8～12，硼酸能被固定。Ⅰ，Ⅱ和Ⅲ型波特兰水泥能与这些添加剂一起进行固化。但是，Ⅲ型优先用于硼酸类放射性废液，因为这种水泥具有快速凝固的特性，可抵消硼酸引起的缓凝作用。

当波特兰水泥与水混合时，将发生一系列的化学反应，水泥最后硬化。水泥的化合物与水之间的反应称为水合作用。水合反应能用波特兰水泥中存在的主要化合物进行描述。两种硅酸钙约占水泥质量的 75％，与水反应生成两种新的化合物：氢氧化钙和一种硅酸盐水化物，这种水化物被称为水化硅酸钙凝胶体。铝酸三钙和铁铝酸四钙比硅酸钙化合物水结合更多的水。

每一种形成的化合物在水泥的性质中都起到了重要作用。最重要的是水化硅酸凝胶体，它是混凝土主要的凝结成分。水泥的性质例如凝固和硬化、强度和空间稳定性主要依赖于水化硅酸凝胶体。

水/水泥比（W/C）是影响混凝土强度和抗化学能力的最重要的因素。在制作混凝土时，使用（比水合作用需要）更多的水。对于形成一种可操作的和流动性更好的水泥混合物，需要额外的水。不适当地压实混凝土会产生高空隙百分比，但是在水泥中的空隙体积主要取决于在起始过程中与水泥混合的水的数量。

波特兰水泥浆的渗透性与 W/C 比之间的关系如图 6-15 所示。当暴露在侵蚀的地下水中时，渗透性增加将导致混凝土可浸出性增加和性能退化。利用适当的 W/C 比，使冻结-解冻循环对混凝土的损坏影响最小，以保证混凝土的机械持久力。由高 W/C 比引起的大空隙，影响混凝土的机械持久力与化学性质。

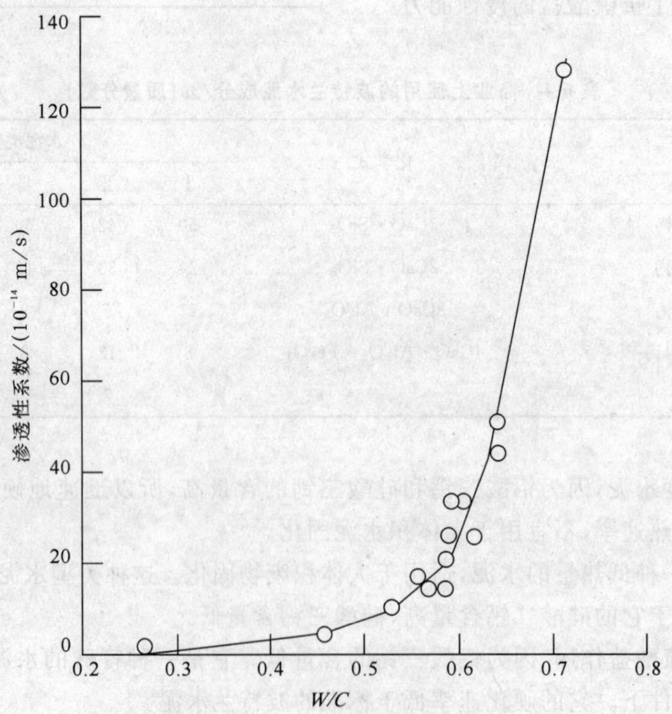

图 6-15 渗透性与 W/C 之间的关系

在核工业的早期，实际上是用普通的波特兰水泥进行放射性废物的固化。这主要是因为花费低、实用性好和兼容含水废物。但是，已经发现有些特殊的废物（如下表 6-5 所示），它们与水泥的相容性并不好。

表 6-5 关于波特兰水泥对废物的兼容性

废物类型	兼容性	废物类型	兼容性
有机离子交换树脂	差/高1)	沉淀泥浆	好2)
硼酸废物	差/好1),2)	硫酸盐废物	相当好
硝酸盐废物	好	磷酸盐废物	好
清洁剂溶液	差/好3)	络合剂废物	差
油类，有机液体	差/好4)	酸性废物	差/好5)

注：1) 使用特殊水泥和氢氧化钙好；
2) 使用混合物好，例如，硅酸钠；
3) 使用抗起泡剂好；
4) 在中和之后好；
5) 中和后兼容性好。

为了克服不利影响，把一种或更多的添加剂添加到波特兰水泥中。一些添加剂已经用于水泥的商业化生产（如表 6-6 所示）。

表 6-6 改进的波特兰水泥

类型	添加剂	用途	作用
圬工用水泥	石灰	硼酸废物	调整 pH 值
波特兰硅酸钠水泥	硅酸钠	有机液体	加速凝固，减少多孔性
波特兰火山灰水泥	活性硅土	硫酸盐废物	与氢氧化钙反应，减少多孔性
波特兰高炉炉渣水泥	炉渣	硫酸盐废物	与氢氧化钙反应

人们常常加入各种适当的添加剂以改善水泥固化体的抗浸出性、机械强度、包容量和凝固特性。使用最频繁的添加剂及它们的作用见表 6-7 所示。

为了改进水泥固化体的性能，人们进行了许多开发研究。例如，混凝土的有机聚合体浸渍，在 165 ℃下干燥水泥固化体后，用甲基丙烯酸甲酯或者苯乙烯浸渍。浸渍有机聚合体的混凝土抗压强度好，并且抗浸出能力也明显得到了加强。水泥-有机聚合体基质已在国外得到应用。在法国卡达拉希的研究指出，离子交换树脂水泥固化体的抗老化和风化力通过使用混合物基质材料得到了改进。这种基质材料包含：沙子（56%，质量分数），波特兰水泥（29%，质量分数），沥青乳剂（15%，质量分数）。

在日本，胶乳改良的水泥灰浆的几个质量测试标准（表 6-8）已经发布。水泥的胶乳改良由水泥水合作用过程和在黏结剂相中形成聚合体膜控制。水泥水合作用通常在聚合体形成过程之前。对于水泥与水的化合，聚合体膜的形成过程如图 6-16 所示。

表 6-7 水泥添加剂摘要

添加剂	作用	添加剂	作用
蛭石	降低铯浸出(含硫酸废物忌用)	锰铁矿	降低铯浸出
沸石	降低铯浸出,增加强度	消石灰	消除硼干扰
膨润土	降低铯浸出	页岩粉	防止发生裂纹
硅酸钡	降低锶浸出	陶土	降低铯浸出
水玻璃	消除硼干扰,促进凝固	飞灰	降低铯浸出
甲醛	防止细菌的增长 (细菌能导致气体压力在内部聚集)	硅酸钠	提高水泥固化含有硼酸的离子交换树脂的凝固性能
有机衍生物	提高流动性和水密性	硅藻及其他吸附剂	吸附过量的水

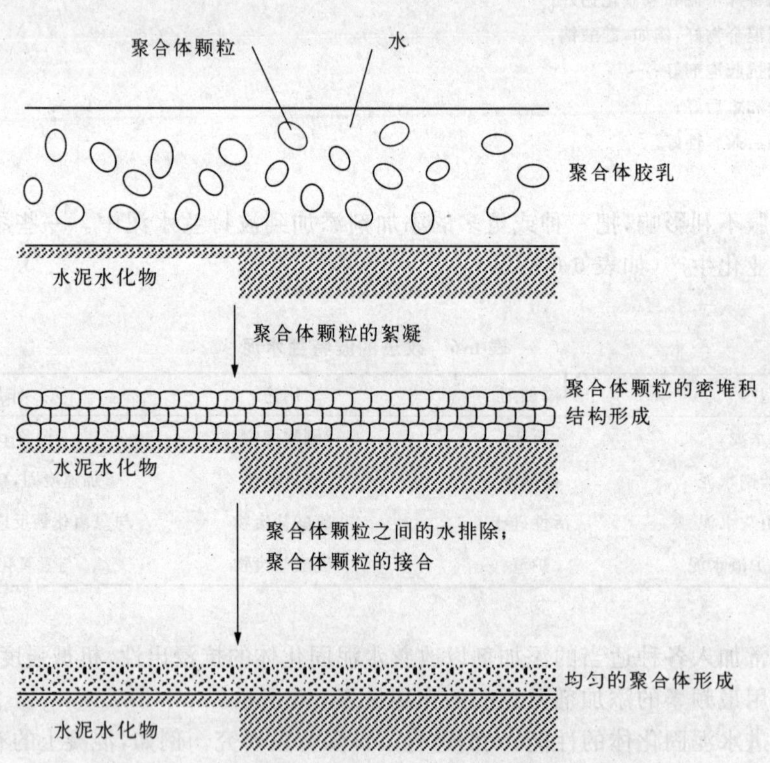

图 6-16 在水泥水化物上形成聚合体薄膜的过程示意图

通常认为硬化的水泥浆有一种硅酸钙氢氧化物的凝聚结构,氢氧化钙通过微弱的范德瓦尔斯引力聚集在一起;因此,在压力作用下,废物里面会轻易地出现微裂缝。这种机制会使普通水泥灰浆和混凝土的抗张强度和断裂韧度变差。通过对比,在胶乳改良的灰

表 6-8 乳胶改良的水泥灰浆的工业标准(日本)

JIS A 1171	聚合体改良的水泥灰浆的样品实验室测定
JIS A 1172	聚合体改良的水泥灰浆的强度测定
JIS A 1173	聚合体改良的水泥灰浆的坍塌测定
JIS A 1174	新浇聚合体改良的水泥灰浆的密度测定
JIS A 6203	水泥改良剂的聚合体扩散

浆和混凝土里,微裂缝的出现会被聚合体薄膜或者隔膜桥接,这将防止裂缝蔓延,同时,形成一种坚固的水泥水化物-聚合体结合物。

随后的作用将随着聚合体含量的增加而增加,并导致抗张强度和断裂韧度增高。但是过量聚合体的夹带和加气处理会中断形成的整体网状物结构,因此它们的强度减小。在改良的固化体里形成的聚合体薄膜和隔膜造成了密封效应,密封效应改进了固化体的特性,相当程度地增加了防水或者对水进行密封的性能,提高了对水分转移的抵抗力、化学抵抗力和冻结-解冻持久力。这种效应不仅仅改善渗出性能,通过增加对腐蚀性水的抵抗力,还提高了固化体在处置环境的耐久性。

6.4　固化体的特性

由于放射性废物处置的要求,水泥固化体应具备一定力学性能、稳定性、抗浸出性、比重等特性。

6.4.1　水泥固化应具备的条件

水泥固化体应具备的条件可列举如下:

① 固化处理凝固时间要满足要求;

② 固化体内部不含有自由水;

③ 固化体内部不产生内压;

④ 耐冲击;

⑤ 性能不易太受温度、湿度变化的影响;

⑥ 放射性物质从固化体中的浸出要少;

⑦ 有耐久性,对容器的腐蚀要小;

⑧ 固化体尺寸、形状和表面剂量率都应便于运输及管理。

6.4.2　化学稳定性

6.4.2.1　废物-固化剂相互作用

废物和水泥之间的反应会影响水合作用,这些反应的进行速率较低,但最终导致固化体在贮存或者处置期间的恶化。

测定废物-固化剂相互作用,广泛使用的技术是将整个样品浸没在水溶液介质中较长时间(例如 90 d)。水溶液介质可以是蒸馏水、地下水、盐水或者海水。在浸泡期间,要对样品进行检查,例如膨胀、破裂、抗压强度减小,等等。

6.4.2.2　浸出性

浸出性是放射性核素通过水溶液介质从固化体输运到环境中去的一种度量。浸出性测试的一般目的是:

—对比固化剂-废物化合物。

—评估添加物和附加剂。

一测定释放速率。

一测定浸出机制

测试浸出性有多种方法可用，选用合适的测出方法在很大程度上由处置情景决定。通常用的浸出测试有静态法、半动态法、加速法和流室法。

水泥固化体的核素浸出由几种释放原理(扩散、吸附加扩散和溶解性)决定，取决于考虑的元素。过渡金属例如钴、镍和铁，以及超铀元素的浸出速率，一般非常低。因为水泥毛孔水的pH值高，这些元素的溶解性十分低。通常，铯的释放速率高，主要是受固化体的多孔性和扭曲控制，并且有些吸附也会引起铯释放。锶的浸出一般比铯低1～2个数量级，因为锶和水泥的成分要发生反应。废物成分能相当大地改变放射性核素的浸出特性。例如，来自去污废液的钴可能是络合物，所以它是阴离子，在水泥的化学环境中极不稳定。

模拟放射性核素最重要的释放途径，建立一种改进的原理推断浸出数据。用著名的空间扩散试验和浸出试验验证模型方程式。在计算机程序辅助下的加速浸出试验用来测定扩散、溶解性或扩散加吸附是否是作用于释放。将测出的元素浓度曲线(恶化的圆柱水泥-硝酸钠样品)和以有限元为基础计算出的浓度曲线进行了对比。通过浸出和扩散试验与固相分析，对水泥固化体的浸出特性进行检测，确定控制浸出的固有特性。

水泥固化体浸出性问题，各国建立了一些试验方法。由于统一的试验方法未确定，所以现只将国外进行的一些主要试验结果介绍如下。

1. 美国洛斯阿拉莫斯实验室

将100g或50～70ml样品浸泡于1L水中。一周～1年的浸出结果如表6-9所示。被浸出的放射性为11.2×10^6～$2\ 160\times10^6$计数/分(平均167×10^6计数/分)，占固化体总放射性的0.001%～0.2%。

表6-9 浓缩废液水泥固化体中放射性核素的浸出

样品号	浸出液的α计数，(计数/分)/周							浸出率/%$\times10^{-3}$	样品的放射性，$\times10^6$计数/分
	1周	2周	4周	8周	6月	1年	合计		
52	3 158	14	16	13	30	2	4 155	3.02	137
53	172	439	3	13	42	8	2 716	2.59	106
56	1 899	57	318	13	9	19	4 616	4.53	101
59	13 776	209	64	6	23	0	15 099	24.51	61
62	3 805	764	2 654	182	53	22	19 911	22.1	90
64	68	23	131	2 982	55	1	25 942	26.0	99
66	1810	649	421	87	9	—	5 486	7.52	72
69	537	277	417	11	—	—	3 042	15.0	20
71	1 156	1 773	472	103	7	—	7 595	15.95	47
74	1 075	1 944	251	286	24	—	8 858	4.19	211
77	35 621	29215	1 563	745	53	—	107 646	202.1	53
101	446	1 058	607	22	10	—	4 293	1.06	40

2. 日本京都大学

日本京都大学对放射性废物固化体中放射性核素的浸出进行了一系列的试验研究。其中水泥固化体试验如图 6-17 所示，他们以多孔体中的扩散现象来解释浸出。

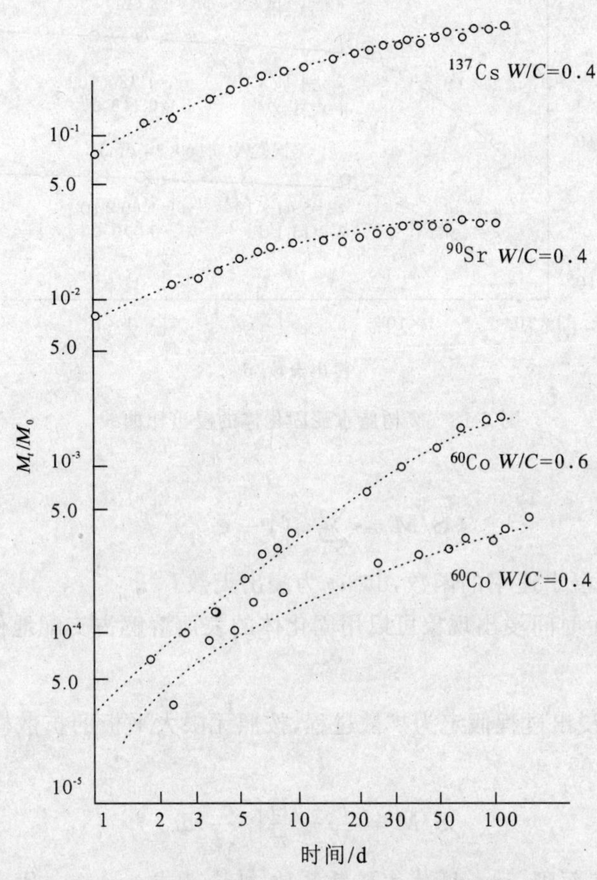

图 6-17 水泥固化体的浸出曲线

试验条件：样品尺寸，ϕ3.5 cm×5 cm(上下表面均以聚氯乙烯涂覆)；

样品成分：水、水泥、载体(10^{-3}克分子/升)；

养护时间：一周；

浸泡水：自来水和海水，约 300 ml。(起始 每 1～3 天，然后每 1～2 周更换一次)；

W/C：水/水泥之比。

3. 日本电力中央研究所

在日本电力中央研究所，进行了离子交换树脂和滤渣的放射性废物水泥固化体中的放射性核素的浸出试验。从结果可以看出，水泥固化体的浸出可分三个阶段：浸泡一天之内达到饱和的早期浸出，浸泡 10 天左右达到饱和的中间浸出以及经过 100 多天浸泡浸出量缓慢增加的长期浸出。这种情况的浸出比 S/M 随时间的变化可由下式表示(参见图 6-18)。

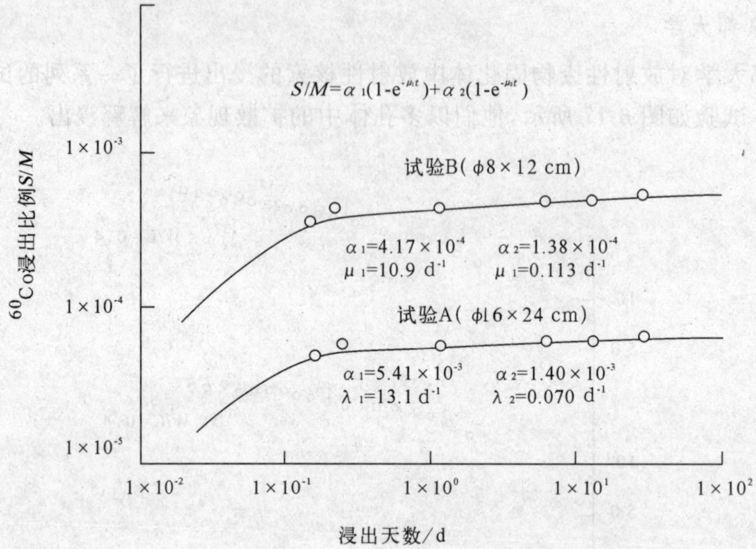

图 6-18 废树脂水泥固化体的浸出比曲线

$$S/M = \sum_{i=1}^{3} \alpha_i (1 - e^{-\mu_i t})$$

式中：α_i 为常数；μ_i 为浸出速率的函数，d^{-1}；t 为浸出天数。

研究指出，早期短时间浸出现象可以用固化体的表面溶解占支配地位来解释。

4. 扩散系数

IAEA 的计算将浸出过程假定为扩散过程，按照无限大平板的扩散模式计算浸出量，可用下式表示：

$$S/M = \frac{F}{V} \frac{D}{\pi} \int_0^t \frac{e^{-\lambda t}}{t} dt$$

式中：F 代表样品的表面积，cm^2；V 代表扩散系数，cm^2/d 或 cm^2/a；t 代表浸出时间，d 或 a；λ 代表样品中放射性核素的蜕变常数，d^{-1} 或 a^{-1}。

根据试验结果，水泥固化体中放射性核素的扩散系数列于表 6-10。

表 6-10 放射性核素扩散系数

核素	废物		浸出剂	扩散系数 $D/(cm^2/a)$	试验单位
	名称	混入量/%			
^{90}Sr	—	0	海水	$4\sim9\times10^{-5}$	日本京都大学
^{137}Cs	—	0	海水 自来水	$2.5\sim7\times10^{-3}$	
^{131}I	—	0	纯水	$2\sim3\times10^{-4}$	—
^{137}Cs	硫酸钠	≈12	海水	$4\sim10\times10^{-4}$	—
^{60}Co	离子交换树脂	11	海水 纯水	$2.3\times10^{-8}\sim$ 9.7×10^{-7}	日本电力中央研究所

从表 6-10 可以看出，核素浸出性随着试验条件、核素种类、配方、养护条件的不同而变化。因此需要确立包括样品形状、尺寸、浸出剂量及更换周期、固化体养护条件等在内的统一的试验方法。

6.4.2.3　固化体-容器的相互作用

容器的完整性影响固化体受地下水作用引起的浸出和降解作用。固化体和容器材料的反应是导致容器过早失效的潜在原因。为使容器过早失效这种可能性最小化和为贮存、运输以及处置提供安全，容器中自由水的数量应尽可能的小。另外，水呈碱性可以减小钢铁或者混凝土容器的腐蚀速率。对自由水的测试可在容器的底部钻一个小孔，测量排泄出来的液体。这种方法简单，但是有明显的污染可能性。其他的测试可以考虑使用声波传感。应保证固化体已经达到它们规定的凝固时间才能进行这些测试。

6.4.2.4　固化体-处置环境的相互作用

对于固化体的耐久性，固化体成分和处置环境之间的反应是重要考虑因素。研究测定所包含的反应过程和它们的速率，常常需要大量跨学科方法。掌握水泥基材的反应性要求了解固化体和处置环境之间的反应机理。数学模型能够预测固化体在处置环境中的长期行为。

一种研究固化体和处置环境长期反应的方法是在一个密封的土壤柱里使用测渗计(含有固化体)。测渗计暴露在自然降雨和处置场其他环境下。泵和取样器系统用来回取经过土壤聚集在底部的滤液。分析浸析液是为了研究从废物渗出的放射性核素和其他元素。测渗计研究已在几个国家进行，包括美国、加拿大。测渗计设备的概念如图 6-19 所示。

在德国，进行了固化体长期评估研究，在研究中必须考虑基质溶解和腐蚀过程是由水泥基质和盐水反应造成的。

另外还进行过一系列使用盐水(质量分数为 24%的氯化镁和 2%的硫酸镁)的试验。试验用的盐水(Q 盐水)相似于在岩石-盐处置库出现的盐水。使用的圆柱形水泥样品都加了塑料涂层，这样使得腐蚀性侵袭仅在外表面有可能发生。水泥样品由波特兰水泥(质量分数为 5%的斑脱土)和炉渣水泥制成。研究是在 40 ℃，55 ℃和 90 ℃下进行的。在 1，3，5，6 和 12 个月之后，对样品和盐水进行了详细的分析。

首先对样品进行膨胀和破裂检查，然后用电子扫描显微镜和 X 射线衍射技术测定固相和化学成分到固化体表面的相对距离。获得的结果摘录如下：

—水泥固化体的 Q 盐水腐蚀导致了弗里德尔盐(Friedel'salt)的形成，$C_3A \cdot CaCl_2 \cdot 10H_2O$，$Mg_2(OH)_3Cl \cdot 4H_2O$ 和硫酸钙体水泥的毛孔部分密封。连续的腐蚀甚至引起水泥基质的塌陷，因为硫酸钙水合作用的形成导致体积的扩张。没有探测到钙矾石形成的情况。

—温度升高加剧腐蚀，压力的影响小。

—没有斑脱土的炉渣水泥样品最能抵抗氯化物的渗透和 Ca-Mg 互换。含有斑脱土的样品的抵抗力下降是因为它们的水/水泥比较高。

处置场的水流速率较低，热力学方法可以用来描述放射性核素的释放和固化体与环境之间的反应。固化体-浸出剂接触引起的平衡浓度代表了最高的浓度。平衡浓度通过溶解性或者吸附作用影响得出。

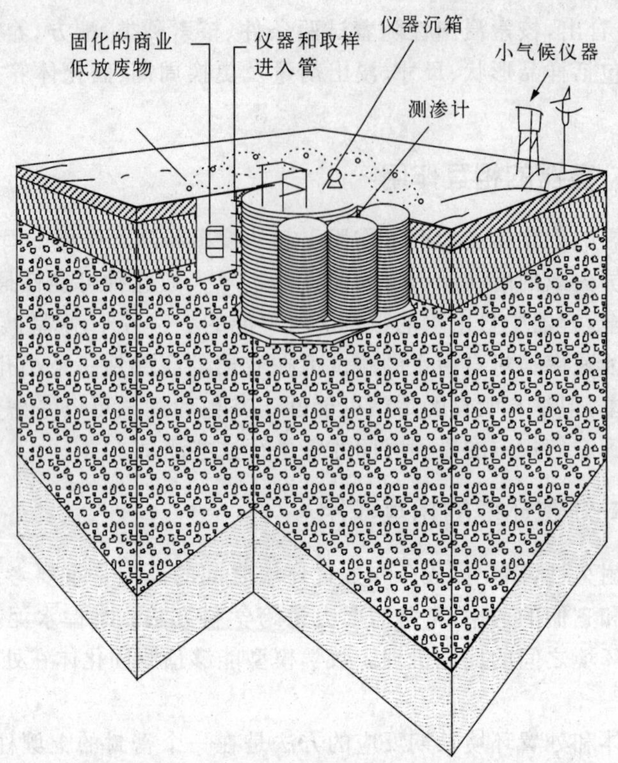

图 6-19　测渗计设备的概念图

在英国哈威尔进行了处置库成分的平衡浓度测试。研究包括测定铀、钚、镎和镅的平衡值，这些元素在不同阴离子（SO_4^{-2}，CO_3^{-2}）中的溶解性，水泥对它们的吸附度。另外还对铯、锶、镎、镅和钚的平衡浓度进行了理论计算。每一同位素的试验结果与计算值允许在一个数量级之内，如表 6-11 所示。这表明：

—获得的铯、锶、镎、镅和钚的平均值可以作为平衡浓度值。

—吸附作用对测定平衡值是重要的，因为它维持钚、镅和镎在溶液中的溶解水平低于它们的溶解度。

研究平衡化学的目的是为了获取实验的数据，揭示放射性核素在处置库环境中的行为，了解、控制水溶液的重要放射性核素浓度。这些认识可构建预示处置库行为（在延长时期里）的模型。

表 6-11　平衡浓度计算值与试验值的对照

	^{137}Cs /(nmol/L)	^{90}Sr /(nmol/L)	^{237}Np /(nmol/L)	^{241}Am /(nmol/L)	$^{239/240}$Pu /(nmol/L)
试验值	—	15	210	5	130
计算值[1]	37	31	40	8	960
计算值/试验值	—	2.1	0.2	1.6	7.4

注：1）基于浸出剂中^{137}Cs 的平均水平为 6×10^{-8} M 和核素在水与水泥之间的分布值（K_d）：铯，5；锶，10；镎，1 000；镅，5 000；钚，8 000。

6.4.3　机械稳定性

水泥基材最相关的机械特性是它的抗压强度。抗压强度高，固化体的长期化学稳定性好。水泥固化体的抗压强度取决于参数的设置，其中最重要的如下：

—水/水泥的比值；

—水泥/废物比值；

—水泥类型；

—养护时间。

已经建立了水泥灰浆和混凝土的标准抗压强度测试方法。如果近地表处置仅仅关注过载压力，也许 345 kPa 就是可以接受的值。但是，如果认为抗压强度代表固化体的耐久性，那么更高的值是适当的。抗压强度常用来评估固化体样品的降解，样品被水浸泡的情况或者结冰-解冻循环。

表 6-12 和 6-13 表明在不同测试条件下抗压强度与包容硫酸盐和硼酸盐浓缩物的关系。

表 6-12　包含有模拟硫酸盐废物的普通波特兰水泥体和火山灰水泥体的抗压强度/kPa

$\frac{水+盐}{水泥}$	养护 28 d (r·h 95%)	浸泡在水中一个月	加热到 110 ℃，持续时间 7 d
普通水泥			
0.37	556	590	850
0.41	528	562	768
0.44	488	520	710
0.48	422	470	604
火山灰水泥			
0.37	441	468[1]	—
0.41	413	446[1]	—
0.44	396	418[1]	—
0.48	364	392[1]	—

注：1)被浸泡在水中。

对水泥固化体的强度要求，因处置方法、容器结构等的不同而不同。一般的水泥固化体(即砂浆和混凝土)的强度与水灰比、填料性质及数量等有关，因此，当进行水泥固化时，重要的是按对水泥固化体的要求找出一个最好的配方。同时，为了制取均匀的固化体，还必须有合适的混合方法和适于灌注的合适的流动性。虽然废物的水泥固化体在本质上是一样的，但是由于废物的性质多样化而出现各种各样的问题。因而恰当地选择水泥品种和混合材料并搞清楚这些材料的配方对固化体质量的关系十分必要。

表 6-13 包含有硼酸盐废物的普通波特兰水泥体和火山灰水泥体的抗压强度/kPa

水+盐/水泥	养护 28 d (r·h 95%)	浸泡在水中一个月	加热到 110 ℃，持续时间 7 d
普通水泥			
0.46	246	270	145
0.52	212	236	132
0.58	187	204	126
0.63	179	196	125
火山灰水泥			
0.46	292	318[1)]	—
0.52	258	282[1)]	—
0.58	238	254[1)]	—
0.63	230	246[1)]	—

注：1)被浸泡在水中。

6.4.4 热稳定性

6.4.4.1 热解作用

水泥作为一种无机黏结剂是不可燃烧的。但是水泥固化体因温度升高失去水，可发生降解。另外，在水泥固化体(例如，离子交换树脂或者可燃烧废物)包含的有机材料能通过热解而分解。水或者热解产物从固化体释放出来会导致放射性的释放，例如放射性气溶胶的形成。

水泥水合作用包含有两种不同形态的水。通过加热到 105 ℃，自由或者未结合的水轻易地从水泥里面移出。另外一种形态的水束缚在水合相里，这种形态的水在更高温度下(取决于水合相的分解温度)释放。

热释质量分析(TGA)对解释这种在加热期间发生的现象有帮助，对水泥产品观察到下列结果：

25～200 ℃：损失了吸附的水、毛细孔含的水以及结晶水；

25～800 ℃：水从硅酸钙水化物(CSH)和铝酸钙水化物(CAH)相里连续释放；

350～450 ℃：氢氧化钙分解；

500～800 ℃：碳酸钙分解。

6.4.4.2 冻结-解冻稳定性

为了在处置场长期(会遭受低温)安全处置，对固化体抗冻结-解冻循环的能力进行评估。

毛细孔含的水和凝胶体中的水的冻结习性不同，水泥冻结的倾向与水/水泥比率、废物包容量和多孔性有关系。冻结能导致不可预测的膨胀。

测试混凝土抗冻结的方法，最广泛使用的是 ASTM“混凝土对快速冻结与解冻的抵抗力”测试法(ASTM C666)。测试应用的循环频率和温度梯度要仔细选择。在这些测试中，允许的冻结速率为 6～60 ℃/h，不同于自然的条件，自然条件下的结冰速率很少超过 3 ℃/h。表 6-14 给出了固化体(包含有模拟硫酸盐)冻结-解冻循环测试结果。

表 6-14　冻结-解冻对水泥固化体的影响(包含有模拟的硫酸盐废物)

(水泥＋盐)/水泥	水/水泥	测试Ⅰ循环 10 次	测试Ⅱ循环 10 次	测试Ⅲ(破裂时的循环次数)
		普通的波特兰水泥		
0.30	0.30	持久的	持久的	循环 50 次
0.37	0.30	持久的	持久的	循环 40 次
0.41	0.33	持久的	持久的	循环 35 次
0.44	0.36	持久的	持久的	循环 35 次
0.48	0.39	持久的	持久的	循环 35 次
		火山灰水泥		
0.30	0.30	持久的	持久的	循环 10 次
0.37	0.30	持久的	破裂	—
0.41	0.33	持久的	破裂	—
0.44	0.39	持久的	破裂	—
0.48	0.39	持久的	破裂	—

6.4.5　辐照稳定性

来自放射性核素(固定在固化体里)的辐照会改变固化体的特性。水泥和混凝土通常被认为对 10^8 Gy 的辐照剂量有抵抗力。在这种剂量下，没有观测到固化体机械特性发生变化。

包容中放废物的水泥固化体，会发生两种辐照损害：离子相互作用导致原子置换；束缚分子松散造成的辐解作用引起化学影响。在关注的处置时间范围内，这些原子置换未必显得重要，因为在中放废物里有低浓度的 α 辐射体存在。

使用 γ 源外照射评估模拟废物，在高剂量的 γ 辐照下对固化体的稳定性、机械特性、气体析出和核素浸出的影响已经进行了研究。但是，α 和 β 辐照对固化体影响的资料比较少。

辐照最主要的影响就是产生辐解气体。在 γ 辐照期间，大多数水泥固化体析出氢气。氢气的析出量与吸收剂量(最高到 9 MGy)成线性函数关系。关于固化体的 $G(H_2)$ 值(分子/100 eW)，虽然观察到 0.01 的值，但是它们一般在 0.05 和 0.13 之间。

6.4.6　生物降解

微生物不能在混凝土内生存，因为混凝土的碱度高并且缺乏滋养物。在一定条件下，细菌和真菌类能够恶化混凝土的结构。但是，一般不会出现比表面更严重的影响。通过混凝土与细菌代谢的化学反应，细菌能直接地恶化混凝土。在下水道系统，能明显地观察到这种现象，那里的混凝土管道被恶化。在下水道，厌氧性细菌使硫酸盐和硫化物的数量减小，形成硫化氢和硫的挥发性有机化合物。这些挥发性物质释放出来，转移到下水道管道的顶部，在那里它们被生物氧化形成硫酸，这样会侵袭混凝土管道。这种类型的恶化能快速地形成，导致下水道管道安装几十年后就会失效。

真菌类也能恶化混凝土，在特殊的情况下，通过它们菌丝体包含的酸性（pH＝2）液体来降解混凝土。试验测试表明在3～4个月之内，有些真菌类能渗透3 cm水泥灰浆。

水泥为基质的低中放固化体不太可能受到微生物群造成的任何重大侵袭。然而，水泥中包含的废物可能作为微生物群的滋养物，尽管在下水道发现的大量滋养物在处置场不可能存在。除此之外，形成大量硫酸需要的化学和物理条件通常不会存在。当测试了解微生物群生长的时候，应该注意测试的目的是观察实际的降解过程。试验打算确定，固化体性质例如光学透明度和颜色发生改变，是否意味着在微生物的侵蚀下，固化体的持久性可能不好。

微生物通过pH和Eh使处置场地下水的化学性质发生变化。这些变化会影响有些放射性核素的物种形成，影响化合物在处置环境中的迁移率和稳定性。微生物酸性水平能影响固化体表面的化学反应，预计不会影响固化体的耐久性。

6.5 各国应用的水泥固化装置

国外的水泥固化装置在表6-15列出。

表6-15 水泥固化工艺的运用

国家和地点	废物类型	工艺	生产能力	
			进料	固化废物
奥地利				
塞伯尔斯多夫研究中心	灰烬、淤渣	桶内混合	—	10×200 L桶/d
比利时				
多伊尔电厂	浓缩物、淤渣、离子交换树脂	流线间歇式混合，400 L桶	$3\ m^3/d$（浓缩物、淤渣）$2.5\ m^3/d$（树脂）	—
	过滤器	桶内灌浆400 L桶	20个过滤器/天	—
蒂昂热	浓缩物、淤渣树脂、过滤器	桶内混合（400 L桶）	$1\ m^3/d$（浓缩物、淤渣）$0.4\ m^3/d$（树脂、过滤器）	—
德国				
核研究中心	低中放浓缩物、焚烧灰烬、树脂	桶内混合	$2.8\sim4.2\ m^3$/班	28桶/d

续表

国家和地点	废物类型	工艺	生产能力	
			进料	固化废物
法国				
马库尔后处理厂	固体废物	—	6 m³/d	—
阿格后处理厂	固体废物	—	4 m³/d	—
典型 900 MW 的 PWR 双堆	浓缩物、淤渣 过滤器和活化部件	桶内混合 (混凝土容器)	3～5 m³/d	—
1 300 MW 电厂	过滤器和活化部件	流线混合	—	—
封特耐·欧·罗兹研究中心	蒸发物	桶内混合 (混凝土和蛭石)	0.3 m³/d	—
萨克莱研究中心	淤渣	混合器内混合 (卸入混凝土容器内)	100～300 kg/d	—
卡达拉希研究中心	蒸浓物	桶内混合(混凝土容器)	1.7 m³/d	—
芒什废物处置库	经压缩的废物, 经预包装的废物	场址灌封(水泥地沟)	20 m³/d	—
荷兰				
佩腾研究中心	淤渣 液体	流线混合 桶内混合	5 m³/d 0.5 m³/d	— —
鲍塞尔电厂	蒸浓物、树脂	桶内混合 (移动式装置)	2～2.5 m³/d	16～25×200 L 桶/d
多德瓦德电厂	蒸浓物、树脂、淤渣	流线混合	3.1 m³/d	25×200 L 桶/d
西班牙				
加罗纳电厂	浓缩物	桶内混合	2 m³/d	25×200 L 桶/d
阿尔马拉兹电厂	浓缩物、淤渣、树脂	桶内混合	2 m³/d	—
阿斯科电厂	浓缩物、树脂	双螺旋桶内水平混合	1.2 m³/d	—
康弗伦兹电厂	浓缩物、淤渣、树脂	桶内混合	2 m³/d	—
范德洛斯电厂	浓缩物、树脂	双螺旋在线水平混合	1.2 m³/d	—
特列洛电厂	浓缩物、树脂	泵入水泥,石灰和废物	—	—
瑞典				
林哈尔斯电厂 奥斯卡斯哈门电厂	树脂、过滤器、 淤渣、蒸浓物	桶内混合(混凝土容器, 容积 1 m³)	50～500 L/容器	2～5 容器/d
CLAB(乏燃料中心贮存设施)	树脂	容器内混合	50～500 L/容器	2～5 容器/d
斯图茨维克研究中心	树脂、絮凝淤渣、 焚烧灰烬	桶内混合	—	8×200 L 桶/d
瑞士				
莱布城电厂	树脂粉,蒸浓物	桶内混合物	—	6×200 L 桶/d
贝兹瑙电厂	蒸发器	桶内混合	—	20×200 L 桶/d
维伦林根研究中心	焚烧灰,经压实的固体	桶内混合并在桶内灌浆	—	10×200 L 桶/d

续表

国家和地点	废物类型	工艺	生产能力	
			进料	固化废物
英国				
欣克利角电厂	冷却水池淤渣	桶内混合	0.42 m^3/d	12×80 L 桶/d
特劳斯菲尼德电厂	冷却水池淤渣	桶内混合	0.6 m^3/d	15×80 L 桶/d
唐瑞研究中心	后处理液体	桶内混合	75 m^3/a	35×200 L 桶/d
温弗里思	堆淤渣	桶内混合	100 m^3/a	4×500 L 桶/d
	β/γ	固体装桶	50 m^3/a	2×500 L 桶/d
塞拉菲尔德后处理厂	燃料元件包壳	振动密实灌浆	1 000 m^3/a	8×500 L 桶/d

6.6 大体积浇注

大体积浇注法，就是将掺有废物的水泥直接灌浇入处置沟槽中，合废物固化与处置为一体的处理工艺。与普通水泥固化法相比，具有处理量大、无需包装、工序简单、成本较低、固化体的比表面积较小因而浸出率较低等优点。

在美国萨凡纳基地和汉福特基地贮存有大量的高放废液，这些高放废液要进行玻璃固化。为了减少玻璃固化体的体积，两基地在对贮存的高放废液进行玻璃固化前，先对这些废液进行预处理，把其中所含低放盐分分离出来，作近地表处置。萨凡纳采用大体积浇注水泥固化就地处置技术对分离出的低放废物进行处置，截至 1998 年已经处置盐石（萨凡纳基地把从高放废液分离出来的低放废物的水泥固化物称为盐石）2 052 m^3，整个工作要到 2023 年才能完成。汉福特基地也准备这样做，在 20 世纪 80 年代就已建成处置室，并用放射性废液进行了试验，但汉福特基地的高放废液玻璃固化设施至今还未建成，所以低放废液的大体积浇注水泥固化仍未投入运行。

中国西北戈壁沙漠的某处核设施也采用大体积浇注水泥固化技术对低中放废物进行就地处置，从 20 世纪 90 年代初开始进行研究，截至 2001 年已进行过配方验证试验，模拟料液试车等，预计不久将开始工程运用。

本节叙述萨凡纳用大体积浇注水泥固化技术处置废物的情况和中国开展大体积浇注处置低中放废物的情况。

6.6.1 美国的大体积浇注

6.6.1.1 大体积浇注的处置设施

图 6-20 所示为萨凡纳的高放废物设施，包括 51 个废物贮槽、3 台蒸发器、6 套废物处理装置和 2 个废物处置设施。大体积浇注水泥固化低放废物的处理和处置设施建在场区中心的 Z 区。图 6-21 所示为 Z 区已建和待建的 15 个处置室的位置。Z 区占地约 650 000 m^2。处置室的长度都是 180 m，宽度除了 1 号处置室为 30 m 之外，其余的全部为 60 m。高度都

是 7.6 m。处置室顶部在地面处或稍低于地面。

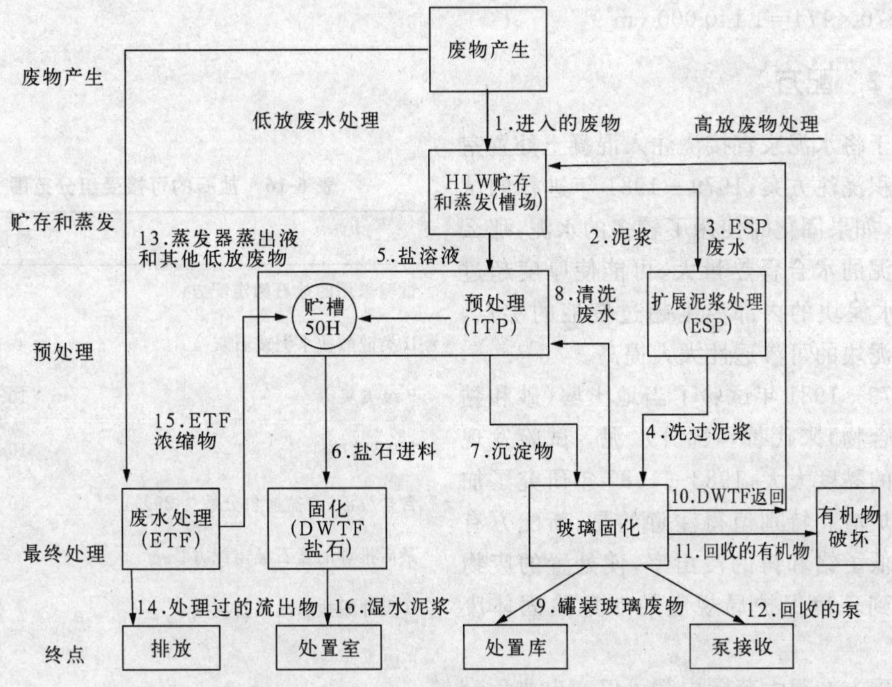

图 6-20　萨凡纳河场址的高放废物综合体

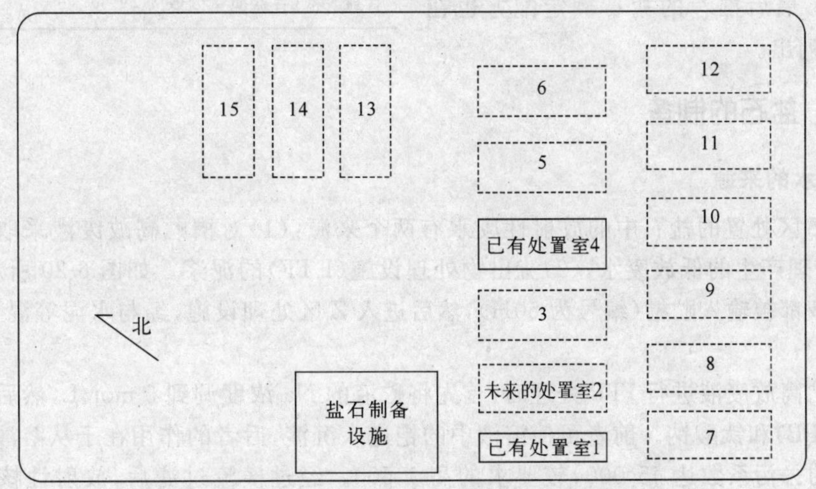

图 6-21　Z 区的盐石制备设施和处置室

每个处置室又分割为若干个单元，如 1990 年建造的 1 号处置室分割为 6 个单元。4 号处置室分割为 12 个单元。以后将建的处置室也将分割为 12 个单元。15 个处置室可处置低放废液 730 000 m^3。1 号和 4 号处理室各单元的混凝土壁为 30 m 长，7.6 m 高。处置室的混凝土壁厚 0.46 m，混凝土底板厚 0.76 m，倾斜的顶部厚 0.6 m。

基于处置单元的尺寸，每个单元可容纳盐石：

$30\times30\times7.3=6\ 570\ (m^3)$

Z 区的 174 个处置单元可容纳盐石：

$6\ 570\times174=1\ 140\ 000\ (m^3)$

6.6.1.2 配方

对于将水泥浆直接浇注入混凝土处置室的大体积浇注方案，1979－1981 年进行的试验发现，如果固化时使用了较多的水泥，那么由于水泥的水合释热量大，可能使厚度超过 3 m 的水泥块的内部温度超过废液的沸点，结果水泥块的可渗透性大大提高。

1979－1981 年试验了当地土壤（砂和黏土的混合物）来代替一部分水泥。试验发现新配方的黏度太大，1983－1987 年研究了加飞灰和炉渣。特别值得注意的是，新配方有效地降低了铬和锝的浸出率，使处置的废物可以达到环境保护局规定的非危险固体废物。

新配方在很大范围内都可以产出非危险固体废物。经验证，盐石的可接受组分范围如表 6-16。最后推荐的盐石额定配方也在表 6-16 中列出。

表 6-16 盐石的可接受组分范围

比较项目	质量分数/%
试验采用的盐石额定配方：	
II 类硅酸盐水泥或石灰	0～10
F 级飞灰	10～40
120 级炉渣	10～40
含盐废液（含盐质量分数为 29%）	40～55
最后推荐的盐石额定配方：	
II 类硅酸盐水泥或石灰	3
F 级飞灰	25
120 级炉渣	25
含盐废液（含盐质量分数为 29%）	47

6.6.1.3 盐石的制备

(1)废水的来源

进入 Z 区处置的盐石中的放射性废水有两个来源：(1)对槽贮高放废液采取槽内沉淀法（ITP）处理产生的低放废水；(2)流出物处理设施（ETF）的泥浆。如图 6-20 所示，这两种放射性废液都被输入贮槽（编号为 50H），然后进入 Z 区处理设施，经与水泥等混合后，送入处置室。

对槽贮高放废液进行 ITP 处理时，首先将贮液的 Na 浓度调到 5 mol/L，然后加四苯硼酸钠（NaTPB）和钛酸钠。前者可使溶液中的铯进入沉淀，后者的作用在于从溶液中除锶和钚。ITP 的去污系数达 45 000，较要求的高 1 500。经过横流过滤后，放射性核素含量占 95%而其体积占 5%的沉淀去玻璃固化。经去污的含盐溶液去盐石处置。

过去，后处理产生的低放废液直接排入渗滤池排放，1988 年才开始排入 ETF，用离子交换、过滤和反渗透法进行净化后才排放。从上述作业产生的含盐和放射性核素的溶液经蒸发浓缩后，送入盐石处理和处置设施。

图 6-22 和表 6-17 分别示出盐石液体进料所含放射性核素和化学组分。从图 6-22 可以看出，盐石所含核素的放射性活度，Tc 和 Ru-Rh 各占约 30%。

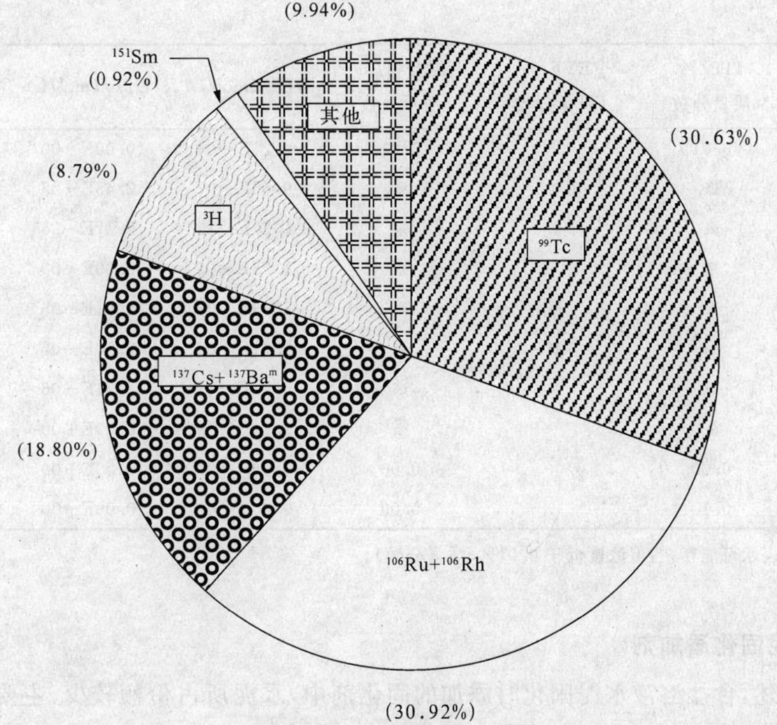

图 6-22　盐石生产所用含盐溶液的放射性核素组分

表 6-17　盐石液体进料的化学组分

	ITP/%（质量分数）	ETF/%（质量分数）	混合物/%（质量分数）	ITP/(mol/L)	ETF/(mol/L)	混合物/(mol/L)
H_2O	71.80	69.0	71.60			
$NaNO_3$	13.30	21.90	14.30	1.94E+00	3.19E+00	2.08E+00
NaOH	4.20	4.40	4.20	1.3E+00	1.36E+00	1.30E+00
$NaNO_2$	4.10	0.02	3.60	7.36E−01	3.59E−03	6.46E−01
$NaAl(OH)_2$	2.90	0.06	2.60	3.04E−01	6.29E−03	2.73E−01
Na_2CO_3	1.40	1.40	1.40	1.64E−01	1.64E−01	1.64E−01
Na_2SO_4	1.60	0.22	1.40	1.39E−01	1.92E−02	1.22E−01
$Na_2C_2O_4$	0.16	0.05	0.15	1.48E−02	4.62E−03	1.39E−02
Na_3PO_4	0.11	0.02	0.10	8.31E−03	1.51E−03	7.55E−03
NaCl	0.11	0.08	0.10	2.33E−02	1.69E−02	2.12E−02
NH_4NO_3	※	0.60	0.07	9.43E−07	9.28E−02	1.08E−02
$NaB(C_6H_5)_4$	0.07		0.06	2.53E−03	0.00E+00	2.17E−03
Na_2SiO_3	0.04	0.20	0.06	4.06E−03	2.03E−02	6.09E−03
NaF	0.05	0.02	0.05	1.47E−02	5.01E−03	1.47E−02
Na_2CrO_4	0.04	※	0.04	3.06E−03	6.88E−05	3.06E−03
$CaSO_4$	※	0.30	0.03	2.09E−05	2.73E−02	3.09E−03

续表

	ITP/%（质量分数）	ETF/%（质量分数）	混合物/%（质量分数）	ITP/(mol/L)	ETF/(mol/L)	混合物/(mol/L)
Na_2MoO_4	0.01		0.01	4.21E−04	0.00E+00	3.61E−04
KNO_3	※	0.02	※	9.55E−07	2.45E−03	2.45E−04
Pb	※	※	※	1.20E−13	6.57E−05	5.98E−06
Se	※		※	1.25E−05	0.00E+00	1.10E−05
NaHgO(OH)	※	※	※	2.03E−07	2.41E−05	2.89E−06
Ba	※	※	※	1.71E−09	2.70E−05	2.70E−05
Cd	※	※	※	5.51E−07	7.71E−06	1.10E−06
$NaAg(OH)_2$	※		※	9.76E−09	0.00E+00	9.01E−09
As	0.00		0.00	4.96E−09	0.00E+00	4.96E−09
有机物合计	0.10		0.09	0.00E+00	0.00E+00	

注：表中※表示可能存在，但浓度低于0.01%（质量分数）。

(2)水泥固化添加剂

如前所述，含盐溶液水泥固化时添加的固化剂中，水泥所占份额较少，主要成分为飞灰和炉渣。表6-18列出这三种物料的化学成分。

表6-18 水泥固化添加剂组分

	组分/%（质量分数）				
	Ⅱ类硅酸盐水泥	120级炉渣	F级飞灰（低CaO）	F级飞灰（低CaO）	F级飞灰D区
SiO_2	21.10	34.70	52.17	50.95	45.70
Al_2O_3	4.66	10.70	27.60	26.00	29.40
TiO_2	0.23	0.51	1.98	1.28	
Fe_2O_3	4.23	0.41	4.36	7.75	5.60
MgO	1.21	11.90	0.61	1.89	0.80
CaO	64.55	39.37	0.96	5.60	1.10
MnO	0.016	0.539	0.014	0.060	
BaO	0.02	0.05	0.10	0.17	
Na_2O	0.11	0.25	0.26	0.51	0.52
K_2O	0.34	0.55	1.53	3.33	1.91
P_2O_5	0.31	<0.05	0.12	0.24	
SO_3	2.25		0.33	0.46	1.85
SrO			0.04		
燃烧损失（900 ℃）	1.35	1.34	9.92	1.83	12.06
合计	100.40	100.36	100.00	100.10	98.94

(3) 管理限制

基于混合废液的平均浓度水平，Z 区处置的盐石大大低于 NRC(美国核管理委员会)制定的 A 类废物标准(10CFR61)，南卡罗来纳州环保部门要求处置废物不超过 C 类废物标准(超铀核素含量不超过 3.7 MBq/kg)。表 6-19 列出 A 类和 C 类废物的最高浓度限值。

(4)盐石的制备工艺

1990 年萨凡纳基地生产盐石的设备开始运行。图 6-23 所示为盐石制备工艺流程图，溶体进料(表 6-17)与水泥固化添加剂(表 6-18)通过混合器和水泥浆搅拌器去处置室。表 6-20 列出配制的盐石水泥浆的化学组分。

表 6-19 美国联邦法规 10CFR61 对低放废物规定的最高浓度限值

	半衰期	最高浓度限值/(GBq/m^3)		
	a	A 类	B 类	C 类
半衰期不到 5 年的所有核素合计	<5	25 900	※	※
^{60}Co	5.3	25 900	※	※
^{3}H	12.3	1 400	※	※
^{90}Sr	28.0	1.5	5 550	259 000
^{137}Cs	30.0	37	1 630	170 000
^{63}Ni	92.0	130	2 590	25 900
^{63}Ni(在活化金属中)	92.0	1 300	25 900	259 000
^{14}C	5 730	29.60		296
^{14}C(在活化金属中)	5 730	296.0		2 960
^{94}Nb(在活化金属中)	20 000	0.74		7.4
^{59}Ni(在活化金属中)	80 000	814.0		8 140
^{99}Tc	212 000	11.1		111
^{129}I	17 000 000	0.30		3.0
		MBq/kg		MBq/kg
半衰期长于 5 年放射 α 的超铀元素	>5	0.37		3.7
^{242}Cm	0.45	74		740
^{241}Pu	13.2	13		130

注：表中※表示在 B 类和 C 类废物中不限制。

表 6-20 配制成的盐石水泥浆的化学组分

	ITP/%(质量分数)	ETF/%(质量分数)	混合物/%(质量分数)
H_2O	33.7	32.90	33.60
$NaNO_3$	6.30	10.30	6.70
$NaNO_2$	1.90	0.01	1.70
NaOH	2.00	2.10	2.00
Na_2CO_3	0.70	0.70	0.70

续表

	ITP/%(质量分数)	ETF/%(质量分数)	混合物/%(质量分数)
$NaAl(OH)_4$	1.40	0.03	1.20
Na_2SO_4	0.80	0.10	0.70
NaF	0.02	0.01	0.02
NaCl	0.10	0.03	0.05
Na_2SiO_3	0.02	0.09	0.03
Na_2CrO_4	0.02	※	0.02
NaHgO(OH)	※	※	※
$NaAg(OH)_2$	※	※	※
$NaMoO_4$	※		※
KNO_3	※	0.01	※
$CaSO_4$	※	0.14	0.02
$Na_2C_2O_4$	0.08	0.02	0.07
Na_3PO_4	0.05	0.01	0.05
NH_4NO_3	※	0.30	0.03
$NaB(C_6H_5)_4$	0.03		0.02
其他盐	※	0.33	0.04
有机物合计	0.05		0.04
含盐溶液合计	47.18	47.08	46.99
干进料	52.82	52.92	53.01
总计	100	100	100

注:表中※表示可能存在,但浓度低于0.01%(质量分数)。

6.6.1.4 盐石的抗压强度

盐石浆液浇入处置室后,经过30～60 min即可自行调平,并在12～18 h内固化,固化时其上表面未见渗出水。经过28 d养护后,盐石的抗压强度超过1.4 MPa。

6.6.1.5 处置室的封闭

处置室为0.5 m黏土和0.15 m砾石所覆盖,以阻止滞留水积累。在黏土/砾石排水层之上放上纤维,以隔开上面的回填层,回填层的厚度最小为0.3 m。回填层之上再设阻水汽层,其厚度为0.3 m的砾石和0.76 m黏土。此阻水汽层上,先放纤维,再放0.76 m厚的第二回填层。最后,再在第二回填层之上放0.15 m厚的土壤,即完成了处置室顶部的封闭。处置室顶部还要种植竹子,以在地下建立起致密的地下覆盖层,防止当地深根植物的生长。

6.6.1.6 盐石的处置能力

如图6-21所示,萨凡纳河大体积浇注处置拟建15个处置室,共计可处置盐石1.14E+06 m^3。

按此体积,盐石中存在的化学和放射性组分分别列于表6-21和表6-22。

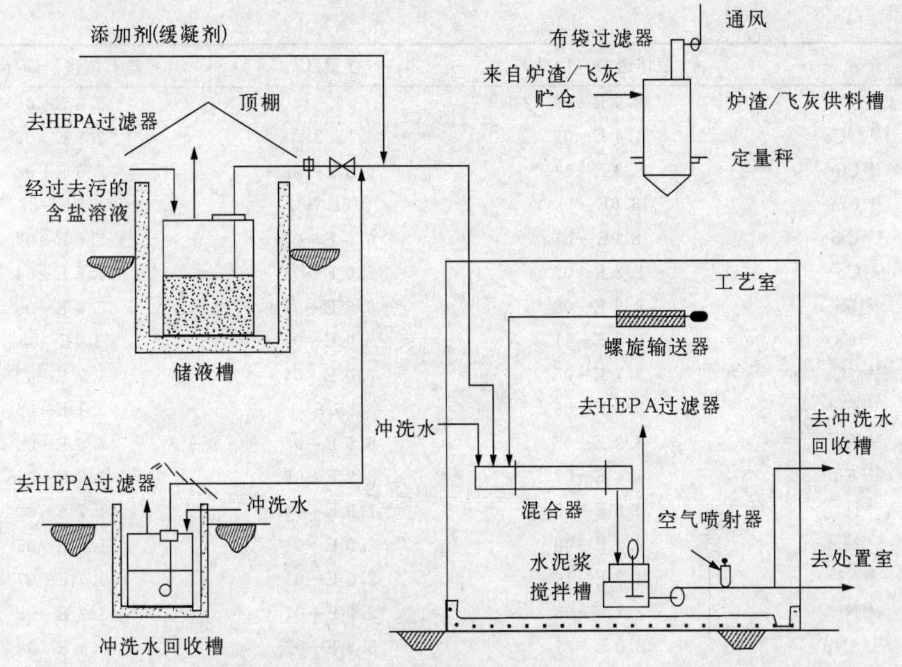

图 6-23 盐石制备工艺流程

从图 6-21 还可以看出，萨凡纳河盐石处置室已经建成两个，其中 4＃处置室已经用于处置海军用燃料生产设施产生的桶装废物，而 1＃处置室的 A 单元已经从 1991 年初开始流入 4 000 m^3 放射性废水——其中 ITP 废水约 1 000 m^3，ETF 蒸发浓缩液 3 000 m^3。

表 6-21 主要化学组分的存量和浓度

溶液组分	液体进料 /(mol/L)	存量 /mol	存量 /kg	盐石浓度 /(kg/m^3)
$NaNO_3$	2.08	1.5E+09	1.3E+08	112
NaOH	1.30	9.5E+09	3.8 E+07	33
$NaNO_2$	6.46E−01	4.7E+08	3.2 E+07	28
$NaAl(OH)_4$	2.73 E−01	2.0E+08	2.3 E+07	20
Na_2CO_3	1.64 E−01	1.2E+08	1.3 E+07	11
Na_2SO_4	1.22 E−01	8.9E+07	1.3 E+07	11
Na_2CrO_4	3.06 E−01	2.2E+06	3.6 E+05	0.3

表 6-22 关键放射性核素的存量和浓度

	液体进料/(Ci/L)	存量/Ci	盐石浓度/(Ci/m^3)
$^{110}Ag^m$	8.0 E−10	5.8 E−01	5.1 E−07
^{241}Am	1.8 E−07	1.3 E+02	1.1 E−04
^{242}Am	8.9 E−11	6.5 E−02	5.6 E−08
$^{242}Am^m$	8.9 E−11	6.5 E−02	5.6 E−08
^{243}Am	5.3 E−11	3.9 E−02	3.4 E−08

续表

	液体进料/(Ci/L)	存量/Ci	盐石浓度/(Ci/m³)
^{14}C	8.9 E−09	6.5	5.6 E−06
$^{144+d}Ce$	4.4 E−09	3.2	2.8 E−06
^{242}Cm	8.9 E−11	6.5 E−02	5.6 E−08
^{243}Cm	3.6E−11	2.6E−02	2.3E−08
^{244}Cm	8.9E−10	6.5 E−01	5.6 E−07
^{60}Co	2.8 E−07	2.0 E+02	1.8 E−04
^{134}Cs	8.9 E−08	6.5 E+01	5.6 E−05
^{135}Cs	5.3 E−11	3.9 E−02	3.4E−08
$^{137+d}Cs$	2.7 E−05	2.0 E+04	1.7 E−02
^{152}Eu	8.0 E−09	5.8	5.1 E−06
^{154}Eu	8.9 E−07	6.5 E+02	5.6 E−04
^{155}Eu	4.4 E−07	3.2 E+02	2.8 E−04
^{3}H	2.6 E−05	1.9 E+04	1.7 E−02
^{129}I	2.7 E−08	2.0 E+01	1.7 E−05
^{59}Ni	2.7 E−10	2.0 E−01	1.7 E−07
^{63}Ni	2.7 E−08	2.0 E+01	1.7 E−05
$^{237+d}Np$	8.0 E−11	5.8 E−02	5.1 E−08
^{234}Pa	5.3 E−12	3.9 E−03	3.4 E−09
^{107}Pd	2.7 E−11	2.0 E−02	1.7 E−08
^{147}Pm	5.4 E−06	3.9 E+03	3.4 E−03
^{238}Pu	6.7 E−08	4.9 E+01	4.3 E−05
^{239}Pu	1.7 E−09	1.2	1.1 E−06
^{240}Pu	4.4 E−10	3.2 E−01	2.8 E−07
^{241}Pu	4.4 E−08	3.2 E+01	2.8 E−05
$^{106+d}Ru$	4.5 E−05	3.3 E+04	2.9 E−02
^{125}Sb	8.9 E−06	6.5 E+03	5.6 E−03
^{126}Sb	1.8 E−08	1.3E+01	1.1 E−05
^{79}Se	4.4 E−07	3.2 E+02	2.8 E−04
^{151}Sm	2.7 E−06	2.0 E+03	1.7 E−03
$^{121}Sn^{m}$	3.6 E−08	2.6 E+01	2.3 E−05
$^{126+d}Sn$	1.8 E−07	1.3 E+02	1.1 E−04
^{90+d}Sr	9.3 E−07	6.8 E+02	5.9 E−04
^{99}Tc	8.9E−05	6.5 E+04	5.6 E−02
$^{125}Te^{m}$	2.7 E−07	2.0 E+02	1.7 E−04
^{228}Th	1.8 E−12	1.3 E−03	1.1 E−09
^{231}Th	1.8 E−10	1.3 E−01	1.1 E−07
^{234}Th	2.7 E−12	2.0 E−03	1.1 E−09
^{232}U	6.2 E−11	4.5 E−02	3.9 E−08
^{233}U	3.6 E−12	2.6 E−03	2.3 E−09
^{234}U	3.6 E−10	2.6 E−01	2.3 E−07
^{238}U	2.7 E−12	2.0 E−03	1.7 E−09
^{93}Zr	3.6 E−10	2.6 E−01	2.3 E−07
其他α核素	1.8 E−07	1.3E+02	1.1 E−04
其他β/γ核素	8.9 E−06	6.5 E+03	5.6 E−03

6.6.1.7 环境监测

盐石设施设计采用的性能准则,要求处置场边界的地下水质量满足饮用水的标准。用测漏计对盐石进行了现场试验,证明盐石设施能满足设计要求。使用矿渣水泥配方可提高对^{99}Tc和Cr^{+6}的滞留,因为它们能够被矿渣中的二价铁还原。浸出的硝酸盐有所减少,因为材料具有较细的孔隙结构,它可以包容硝酸盐。

萨凡纳从1990年即开始用大体积浇注水泥固化处置低放废物,现在处置室已装有几千立方米放射性的盐石。为监测盐石是否有放射性核素泄漏入周围环境,已经在处置室周围建造了几口监测井。经过多年的监测,未发现井水中的受监控物质的浓度有所提高。井水中也测出了氚,但其浓度与Z区处置室投入处置放射性盐石以前是相同的。

6.6.2 中国用大体积浇注处置低中放废物的进展

在中国戈壁沙漠的某处核设施,萃残液浓缩液和化学去壳废液一直贮存在碳钢贮槽里,上世纪90年代提出用大体积浇注工艺把这些废物处置进地下混凝土室。

6.6.2.1 工艺系统简介

我国的大体积浇注工艺的工程设施包括下列部分:

1)废液输送系统

2)水泥进料系统

3)废液进料与混合系统

4)灌浆泵送系统

用泵将废液从贮槽通过输送系统送至进料系统,在位于混凝土室上面的混合器中与水泥和脱水剂混合。把混合好的水泥浆浇注进地下处置室。完成一个处置单元的浇注需要26个小时。几天后在固化废物的表面浇一层干净的水泥浆进行封顶。处置室用200 mm厚的钢筋混凝土建造,上面有5 m厚的覆盖层,覆盖层由7层组成,分别是水泥连接的石块、回填土、黏土、砂、砾石、鹅卵石。处置单元被黏土包围。废物的化学和放射性组成在表6-23中给出。

表6-23 大体积浇注的废物的组成

成分	偏铝酸钠中放废液	中放蒸残液
$NaNO_3$/(g/L)	280	330
$NaCO_3$/(g/L)	40	50
NaOH/(g/L)	80	20
$NaAlO_2$/(g/L)	100	—
^{90}Sr/(GBq/L)	0.056	0.16
^{137}Cs/(GBq/L)	1.32	4.25
^{106}Ru和^{106}Rh/(GBq/L)	0.28	0.58
泥浆/(MBq/L)	—	51.8

6.6.2.2 工程进展情况

1993年完成了某个废液贮槽的泥浆与上清液混合后的热配方试验。在2000年调整了模拟冷试车方案,决定将中放蒸残液泥浆、上清液和偏铝酸钠废液混合后一并固化。在最佳工艺配方条件下,做了真实中放废液工艺配方验证试验。通过试验,得出了满足大体积浇注水泥固化操作及其固化体浸出率要求的性能指标,包括流动度、失流时间、初凝及终凝时间、盐析、泌水情况、抗压强度、固化体的浸出率等等,并进行了去离子水、浸出液、样品初始活度，以及放射性核素（^{90}Sr，^{137}Cs，Pu）的分析测定。

采用大体积浇注水泥固化工艺，最关心的问题是水泥与废液中的水发生水化反应时放出大量热量。这些热量在近似绝热的大体积固化体中不易散失，引起固化体内部温度显著升高，超过废液的沸点，给固化体带来不利的影响。2001 年 5～6 月份，分三次按照原子能院的配方进行 220 m^3 模拟料液试车时，固化体的温升超过 120 ℃，致使固化体表面出现了少量的盐析和细小的裂纹，而这些因素都将导致固化体浸出率的升高。后来通过加入粉煤灰、黏土等优化配方措施，从而使大体积固化体温度降至 90 ℃以下。

6.7 小节

水泥固化有以下优点：

(1)水泥固化简单，工艺温度低；

(2)基材容易获取；

(3)固化体不可燃并且有良好的热稳定性，在低于 100 ℃下较长时间加热，性能无显著恶化；

(4)固化体化学性质和生化性质稳定；

(5)很多废物形态可包容到水泥基质中，也可以用水泥灰浆固定封装；

(6)成本相对较低；

(7)固化体提供了好的自屏蔽，具有很高的抗辐射能力，耐辐照 10^9 rad① 以上。实际上，比放 1Ci/L 的中放废物水泥固化体贮存 100 年，累计吸收剂量小于 10^8 rad。对于比放小于 1 Ci/L 的废物，可以不考虑辐解气体；

(8)水泥固化不会引起蒸发问题；

(9)水泥粉末的保存期限长；

(10)固化体的抗撞击和抗压强度好，比重大，有些核素浸出率较低，如果正确地按配方制备固化体，不会有自由水。

水泥固化的缺点是：

一般来说，水泥固化体核素浸出率比较高，其原因是水泥固化体多孔。据测算，浸泡在水中时与水实际接触的表面积比其几何表面积约大 8 000 倍。水泥固化体的浸出极大地受废物包容量、水泥种类和添加剂影响。另外，固化体的体积比原始固化体积增加很多。

油类与油脂会降低废物材料抗浸出力。在废物中的有机成分干扰稳定性。硫酸盐和氯化物成分干扰化学反应、减弱黏结强度并延长凝固时间和硬化时间，增加浸出性。在同种废物固化体中，各种核素的浸出率不相同。锕系元素浸出率最小，其次是稀土元素，碱金属元素浸出率较高，尤其是铯-137 浸出率较大。

近年来，核废物处理专家和科技工作者对水泥固化做了大量研究改进工作：

(1)加压使固化体致密化，减少浸泡在水中时与水接触的表面积；

(2)给固化体外面敷上涂层，如涂沥青、四氟化硅和有机聚合物等。其中聚合体浸渍混凝土获得了最大发展。先把水泥固化体加热（在 165 ℃）成多孔，然后在常压或减压下浸渍

① 1 rad$=10^{-2}$ Gy。

在苯乙烯或甲基丙烯酸甲酯的有机单体中，最后加热或利用辐照使单体聚合。经过这样的处理，放射性核素浸出率可降低 3～4 个量级，抗压强度可提高 3 个量级。

(3)将废物干燥脱水，进行干盐粉固化。

参考文献

1 Improved Cement Solidification of Low and Intermediate Level Radioactive Wastes[R]. TECHNICAL REPORTS SERIES NO. 350. International Atomic Energy Agency, VIENNA, 1993

2 Handling and Processing of Radioactive Waste from Nuclear Applications[R]. TECHNICAL REPORTS SERIES NO. 402. INTERNATIONAL ATOMIC ENERGY AGENCY, VIENNA, 2001

3 Cementation of Radioactive Waste[Z]. RWE NUKEM GmbH. Januar 2002

4 罗上庚. 放射性废物概论[M]. 北京：原子能出版社，2003

5 放射性废物的水泥固化．译文集．原子能出版社，1982

6 世界各国低放和中放废物的固定和包装现状．放射性废物管理及核设施退役第 3 期(总 第 19 期)[J]. 核工业总公司八二一厂，核科学技术情报研究所，1991 年 5 月

7 袁良本．放射性废物的固化处理及低中放废物的处置[J]. 放射性废物管理及核设施退役，2003(5)

8 袁良本．张天祥．美国大体积浇注水泥固化低放废物情况[J]. 放射性废物管理及核设施退役，2001(5)

9 10CFR61, 1991

10 萨凡纳河工厂的综合废物管理计划[J]. Waste Management’89, 1989(1)

11 Technologies for in Situ Immobilization and Isolation of Radioactive Wastes at Disposal and Contaminated Sites [M]. TECDOC-972, International Atomic Energy Agency, VIENNA, 1997

第7章 沥青固化

7.1 概述

放射性废物的沥青固化技术在核工业的应用已经有40多年,曾有过20个以上国家使用沥青固化放射性废物。沥青固化是将加热的沥青与放射性废物一起混合,然后在处置桶里冷却,形成硬的固化体,将放射性废物转化成稳定的状态,以便于废物管理和适合最终处置。沥青固化工艺主要包括三个部分:废物预处理、废物与沥青的热混合以及二次蒸汽的净化处理。其中关键的是热混合环节。对于干燥的废物,可以直接将加热的沥青与废物直接混合,而对于含水较多的废物,则还需要在混合的同时脱去水分。

7.2 用于废物固定的沥青的特性

7.2.1 沥青的来源和类型

沥青是热塑性有机材料,在室温下是半固体和固体材料,它由不同高分子量碳氢化合物组成,可溶解在二硫化碳里。

自然界存在着沥青,商业上用的沥青大多数是通过原始柏油蒸馏后再进行分离得到的。用于固化和固定放射性废物的沥青分成下列类型:

1. 直接蒸馏得到的沥青,它是原始柏油蒸馏后的底部产物。

2. 氧化的沥青,通过在200~260 ℃之间向沥青吹风得到的。

3. 乳化沥青,通过向蒸馏的沥青添加阴离子(碱性肥皂)、阳离子(胺盐)或者非离子水成溶液(乳化剂)得到的。

7.2.2 沥青物理特性

考虑沥青用来作为固化放射性废物的基质,沥青的以下物理特性是很重要的。

一熔融沥青的贮存和转移

一工艺操作条件

一与废物的兼容性

一最终产物的包装要求

一废物包的装运和贮存条件

一沥青固化废物的最终处置

有些国家用于测量沥青特性的标准如表7-1所示。

表 7-1　测量沥青特性运用的标准

特性	测试		
	ASTM[1)]	AFNOR[2)]	DIN[3)]
软化点(R&D)[4)]	D36	T66.008	52011
硬度(针入度)	D5	T66.004	52010
黏性	D2171		
闪点	D92	T60.118	DIN ISO 2592
密度	D70	T66.007	52004
加热时,质量损失	D70	T66.011	52016
延展性	D113	T66.066	52013

注:1) ASTM:美国材料试验协会;
2) AFNOR:法国标准化协会;
3) DIN:德国标准化研究所;
4) R&D:环状和球状测试。

(1) 化学成分

沥青由碳氢化合物和少量硫、氮和氧化物以及其他微量元素成分(例如金属)组成。沥青的分子结构很复杂,并且至今还有一些仍未了解。沥青的主要成分可以分成以下几种:

① 沥青质,它是高芳香物族化合物,具有高的分子量。

② 软沥青质,它只占高沸点物质的小部分,含有树脂和油类。树脂是非晶质固体,与沥青质有相似的化学结构。树脂的典型特征就是黏性随温度发生变化。油类包含有芳香物族化合物、环烷烃和烷烃馏分。

沥青通常的成分如下表 7-2 所示。

表 7-2　沥青通常的成分

主要化合物	%(质量分数)
芳香物族化合物和环烷-芳香环化合物	38.3
沥青质	15.6
饱和异烯烃和饱和环烯烃	16.1
中性杂化合物	14.2
基本杂化合物	8.5
酸杂化合物	7.2
饱和正烯烃	<0.1
主要元素	%(质量分数)
碳	84
氢	10.3
硫	4.1
氧	1.2
氮	0.4
铝	$\approx 10^{-6}$
硅、钒、镍	$\approx 10^{-6}$

氧化沥青和直馏沥青之间化学成分不同，主要的不同是氧化沥青里有较多的沥青质存在。

(2) 软化点

因为沥青是复杂分子混合物，它们没有适当的熔点(显示从固体到液体状态的转变温度)。沥青从固体到液体是逐渐转变的，有相当大的温度范围。环状和球状测试法测定软化点，就是确定沥青在标准条件下达到某确定软化水平时的温度。

用来包容放射性废物的沥青，软化点在 35～95 ℃之间变化。低温适用于直馏沥青，高温适用于氧化沥青。

(3) 硬度(针入度)

通常用针入度标准测试法测量沥青抗机械变形。针入度标准测试在给定温度(25 ℃)和给定载荷(载荷为 100 g，持续 5 s)下进行，测定针对某给定尺寸沥青样品的针入深度，用 0.1 mm 表示。对于最硬的沥青，针入度为 10(1 mm)；最软的沥青为 110(11 mm)。沥青质含量高的沥青，它的针入度较低。

(4) 黏性

软化点和针入度与沥青机械及流变特性有关，这些特性要取决于沥青的沥青质含量。黏性随温度增加而减弱，加热使沥青液化。乳化沥青在室温下就是液体。

在沥青加热期间，闪点很重要。为了实际应用沥青，预先掌握最适宜的工艺温度(用于泵取、混合、桶装等等)非常重要。黏性和沥青类型之间的关系如表 7-3 所示。

表 7-3 等黏滞温度

单位：℃

Mexphalt 等级	黏性/(10^{-6} m²/s)						
	20 000	5 000	2 000	1 000	200	100	50
180/200	70	85	97	108	138	156	176
80/100	78	94	106	117	149	166	187
60/70	85	101	113	123	155	172	193
50/60	88	104	116	126	158	175	197
40/50	91	107	119	130	162	179	201
30/40	95	111	124	135	168	185	208
20/30	101	117	130	142	175	193	216
10/20	111	128	141	153	186	205	228
H80/90	133	150	163	172	206	224	246
H100/100	154	170	184	195	227	245	-
R85/25	126	144	157	169	205	225	248
R85/40	127	144	157	168	201	220	243
R95/15	143	161	176	188	225	245	-
R115/15	166	186	202	216	(256)	-	-
R135/190	190	210	225	240	-	-	-

与直馏沥青相比，氧化沥青的黏性在室温下与温度关系不大。这个特点在较高温度（例如 60 ℃）下也是如此。

(5) 闪点

在标准条件下，沥青挥发性成分与明火接触开始燃烧的最低温度定义为闪点。测试表明，出于安全考虑，在处理期间，沥青的温度必须要低于闪点。被选择作为固化基材的沥青，闪点较高，通常在 250 ℃～300 ℃。有些沥青则低于 220 ℃。

(6) 密度

在 25 ℃下，大多数沥青的密度稍微高于 1 000 kg/m^3，沥青质的含量增加，密度稍微增加，针入度也降低。

(7) 通过加热引起的质量损失

当沥青被加热足够长的时间，低沸点成分的挥发将影响沥青的一些性质，例如硬度和脆性增加。

在 163 ℃进行持续时间为 5 小时的标准测试，氧化沥青的质量损失为 0.2%（质量分数）；直馏沥青为 2%（质量分数）。

(8) 延展性

沥青的延展性与它的流变特性有关，在标准测试中，拉伸沥青样品，测定其延长。与蒸馏的沥青相比，氧化沥青的延展性较低。这种现象是因为氧化沥青的氧化导致了脱氢卤化和聚合。在老化和辐照情况下也会出现同样的现象。在 25 ℃下，氧化沥青的延展性是 1～5 cm；直馏沥青的是 45～100 cm，甚至更高。

当沥青的温度降低时，沥青的延展性降低，并变得易碎。温度在 −20～−30 ℃，沥青显示出破碎的趋势。

(9) 其他的物理特性

其他特性如表 7-4 所示。在这些特性中，应当注意热传导性低。用沥青固化废物应注意加热装置的设计，特别是加热表面可能的碳化。

表 7-4　沥青物理特性（平均值）

特性	值
比重	1.04±0.03 kg/L（25 ℃）
体积膨胀系数	6.1×10^{-4} ℃$^{-1}$（温度范围在 15～200 ℃）
比热	1.88 $J\cdot g^{-1}\cdot$ ℃$^{-1}$
热传导性	0.54 $J\cdot m^{-1}\cdot$ ℃$^{-1}\cdot h^{-1}$
水蒸气渗透性	$9.75\times10^{-11} g\cdot h^{-1}\cdot cm^{-1}\cdot Pa^{-1}$（25 ℃）
表面张力	$(29\pm1)\times10^{-5}$ N/cm（25 ℃）
总表面能	51±0.1 $\mu J/cm^2$
电阻系数/传导性	$10^{14}\ \Omega\cdot cm$（30 ℃）
绝缘强度	20～30 kV/mm（20 ℃下；平面电极）

续表

特性	值
介电常数	2.7(20 ℃)
介电损失	0.015 $\tan\delta$(50 Hz,20 ℃)
黏性	$10^3 \sim 10^{20}$ P(温度范围 50～0 ℃)
热值	4.2×10^4 J/g
可压缩性	$\approx 4\times10^{-5}$ cm^2/kg
氢气扩散能力	$\approx 3\times10^{-12} g\cdot h^{-1}\cdot cm^{-1}\cdot Pa^{-1}$(25 ℃)

(10) 化学稳定性

在环境温度下,沥青通常对许多化学物质有很强的抵抗力。因此经常用作对化学物质非常敏感材料的防护涂层。

但是,在较高温度下,沥青能与不同的介质反应,例如氧气和硫磺。这些反应会引起沥青的脱氢作用和形成沥青质。沥青与氧气的反应对加工氧化沥青是很重要的。

沥青在高温下可能会发生化学变化(≥300 ℃),导致沥青硬化,这不仅在用蒸馏生产沥青时要考虑,而且在放射性废物固化时也要考虑到。

通常情况下,与碱性溶液相比,沥青更容易受酸溶液的侵袭。在室温下,沥青似乎不被浓缩的碱性溶液所侵袭,尽管稀释的碱性溶液与沥青酸性的成分反应形成盐,例如环烷酸钠,这是沥青很好的乳化剂。这种反应在高酸度的软沥青和在浓度为 0.1%的氢氧化钠溶液中是非常明显的。

沥青对酸的抵抗力取决于酸的浓度。一般而言,浓酸能侵袭沥青。与稀酸反应长久,会导致沥青硬化,是因为环烷酸盐的形成。浓硫酸(例如 96%)会侵蚀沥青的芳香物族化合物成分(酸焦油)。未饱和的碳氢化合物即使在 200 ℃下,也不会被侵蚀。沥青对稀释的硫酸有抵抗力。在室温下,沥青对浓盐酸有非常高的抵抗力。

沥青不能抵抗硝酸的侵蚀,浓硝酸引起沥青氧化和硝化。即使在低浓度和室温下,稀硝酸也能侵蚀沥青。因此,沥青不适合抗硝酸和用作对硝酸的防护材料。

沥青对于不同浓度的不同化学试剂影响的抵抗力如表 7-5 所示。

表 7-5　室温下,沥青对化学试剂影响的抵抗力[1)]

时间/a		MEXPHALT 40/50,20/30,10/20				MEXPHALT R85/25,R85/40,R115/15			
		0.5	1.0	1.5	2.0	0.75	1.0	3.5	5.0
无机酸									
盐酸	≤10%	+	±		−				+
盐酸	10%～30%	±	±		−				+
氢氟酸	40%						+		
硝酸	≤10%	±	−						+

续表

时间/a		MEXPHALT 40/50,20/30,10/20				MEXPHALT R85/25,R85/40,R115/15			
		0.5	1.0	1.5	2.0	0.75	1.0	3.5	5.0
硝酸	10%～25%	−							±
硝酸	25%～50%	−							−
磷酸	5%					+			
硫酸	≤50%	+		±	−				+
有机酸									
乙酸	20%					+			
苯甲酸	1%			−					+
丁酸	85%					+			
蚁酸	10%			−					+
乳酸	1%						+		
石炭酸	1%						+		
水杨酸	0.1%						+		
无机碱金属									
氨水	25%								+
苛性钠	≤30%						+		
苏打溶液	10%						+		
苏打溶液(饱和)							+		
盐									
含氯盐水								+	
普通盐水(饱和)								+	
甲醛溶液	30%					+			
氯酸镁	14%					+			
海水									+
保险粉溶液(饱和)						+			
次氯酸钠						+			
亚硫酸钠溶液(饱和)	5 g/L					+			
阴离子去垢剂								+	+
水玻璃						+			

注:1) ＋没影响,±有适当侵袭,－严重地侵袭。

最后,沥青在溶剂里具有高和快速的溶解性,例如三氯乙烷,对于清洗沥青固化工艺设备,这是个有利的性质。

7.2.3 耐辐照性

沥青对 α,β 或者 γ 辐射的稳定性是一个重要的性质,这决定:

一能包容到沥青基质中的最高放射性数量。

一最终产物在贮存和处置条件下的行为。

(1) 辐射影响

因为沥青是一种脂肪族和芳香族碳氢化合物的高分子混合物,在射线作用下,容易发生辐射分解。

在早期,法国、捷克斯洛伐克和前苏联以及美国对不同类型的沥青进行了试验,使用的是外部 γ 放射源。试验结果显示辐射气体(氢气、甲烷和二氧化碳)的数量,取决于沥青的类型、剂量率和吸收剂量。

从沥青析出气体的 G 值(吸收 100 eV 产生的分子数)在 0.4～0.5 之间,也就是数值相对小,因此部分辐照能量像是通过激发吸收,未发生化学转换。

饱和脂肪族碳氢化合物辐解产生的气体是不饱和脂肪族碳氢化合物辐解产生气体的 100 倍,是芳香族化合物辐解产生气体的 100 倍。实际上,决定辐射反应强度的是沥青中小部分的饱和碳氢化合物。当沥青氧化的程度增加时,辐射反应的速率和辐解产物的量降低,这确定了氧化沥青通常比直馏沥青更稳定(抗辐射)的事实。但是,在德国用有些类型的沥青进行了辐射试验,实际试验结果显示沥青的辐射稳定性没有区别。

沥青的 α 辐射分解仅仅在包容 α 辐射核素后才能进行研究。在德国,对包容乏燃料后处理产生的浓缩物的沥青固化体进行了研究。掺杂有三氧化二锔或者二氧化钚的沥青-硝酸钠样品受照 1.0×10^6～2.4×10^7 Gyα 剂量,时间 1～2.5 年。这些 α 剂量相当于平均废物组成的终身剂量(60 000 a)。氢气的产生速率是 1.2 mL·g^{-1}·MGy^{-1}。与 γ 外照射或者 10 MeV 电子辐射相比,α 内照射产生氢气的平均系数为 2.7。这些试验的详细结果如表 7-6 所示。在英国获得类似的结果。

(2) 物理特性的变化

在英国进行的试验显示了各类沥青的膨胀影响。当氧化沥青(MEXPHAILT R85/40)被 γ 辐射时,辐解气体引起机械张力,导致毛孔和裂缝的形成,使气体容易释放。在直馏沥青样品(MEXPHALT M35)中,形成毛孔更困难并可以运用气泡成长模型来解释,该模型考虑到了气体的形成、气体合成气泡以及气体逃逸。引起的膨胀结果与总剂量的关系如图 7-1 所示,两个辐射过的沥青的外形如图 7-2 所示。

英国进行的膨胀测试,证实了这种气泡成长模型的正确性。显示整桶沥青的膨胀不如小样品的膨胀明显,使用氧化沥青时尤其如此。在法国进行的类似试验也证实了当 γ 剂量超过 2×10^6 Gy 时,直馏沥青的膨胀是重要的。但是对于 2×10^8 Gyγ 剂量,氧化沥青未显示出体积增大。

在辐射的影响下,纯沥青的物理特性将会发生变化。辐射剂量在 10^6 Gy,可能会引起产品的特性(如,软化点和硬度等)增加;在非常高的辐射剂量下(>10^7 Gy),不仅是沥青,包括大多数聚合物会被转化成没用的材料。总剂量超过 0.5 MGy 时,沥青的软化点明显升高,黏弹性明显增强。同时,针入度降低,表明硬度增加。表 7-7 列出了验证这些辐射影响的试验数据。被固化的废物成分的存在不会恶化沥青材料的辐射稳定性，但也不会提高稳定性；也就是说，它们可以起着一种惰性稀释的作用。只要产品不含水和有机废物成分，辐解气体产物产生的数量主要受沥青在固化废物产品中的百分比所支配。

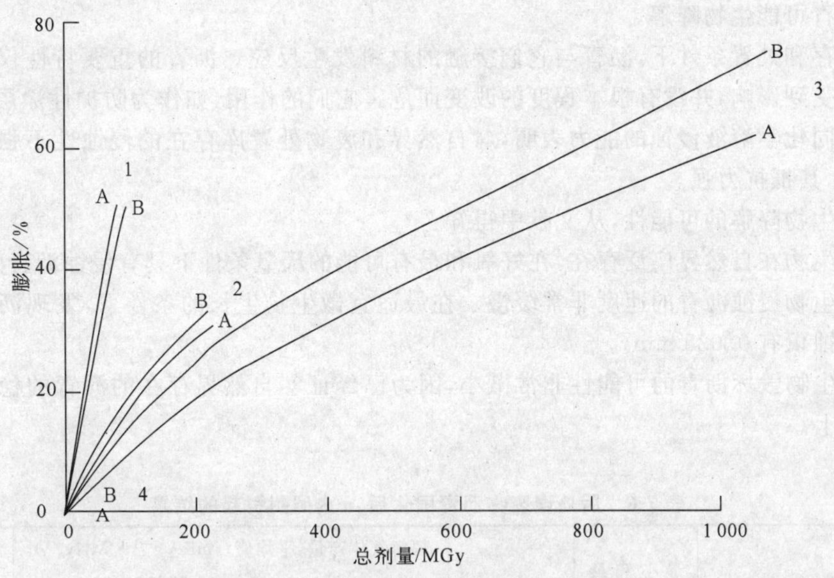

图 7-1　未加填料沥青在不同剂量率下的膨胀

曲线 A 是 MEXPHALT35，曲线 B 是 MEXPHALT R85/40。1—材料在直径等于5.6 cm的开口容器里面，剂量为 5.5 kGy/h；2—无包装物的直径 2 cm 的直立柱，剂量为4.4 kGy/h；3—无包装物的直径 3 cm 的直立柱，剂量为 6.5 kGy/h；4—无包装物的直径2 cm的直立柱，剂量为 0.93 kGy/h。

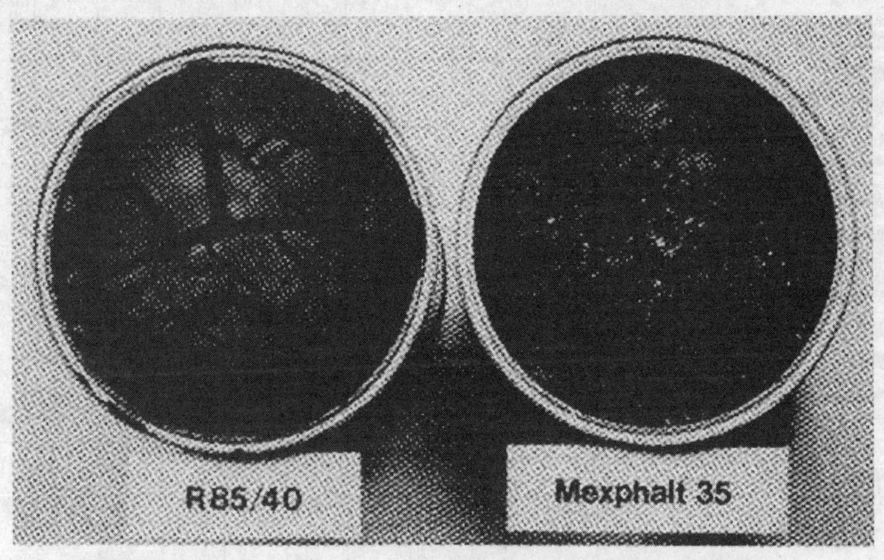

图 7-2　沥青样品(未加填料)R85/40 和 Mexphalt 35 辐照后的外形

(3) 沥青的长期行为

沥青在气候条件的影响下有老化的趋势。老化主要是受几个因素的影响，例如空气与水中存在的混杂物与沥青接触，沥青所含固体物质的性质、状态及数量和辐射影响。此外，还有两个影响因素也需要引起注意：

一反应材料与沥青接触(例如水成溶液和回填材料)。

一沥青可能生物降解。

在贮存和处置条件下，沥青与它们接触的材料发生反应。沥青的重要特性仅在产品的表面附近受到影响，并没有根本程度的改变而危害它们的作用，如作为防护性涂层材料。沥青抵抗不同化学溶液侵蚀的能力表明，对自然界和废物处置库存在的侵蚀性不强的液体和固体物质，其抵抗力强。

至于生物降解的可能性，从文献中得知：

一微生物在自然界广泛存在，在好氧和最有可能的厌氧条件下具有侵蚀沥青的能力。

一微生物侵蚀沥青的速度非常缓慢。在最适宜微生物生长的条件下，发现沥青 3 年后受到的侵蚀仅有 0.025 mm。

一微生物毁坏沥青的可能性非常微小，因为已经证实自然界存在的沥青的稳定性超过百万年以上。

表 7-6 后处理废物沥青固化后，α 内照射引起的结果

成分/%(质量分数)	最小和最高的总剂量/MGy	照射时间/a	辐解气体产量，平均值/$(mL \cdot g^{-1} \cdot MGy^{-1})$(压强 1.01×10^5 Pa，温度 25 ℃)							N_2/O_2 体积比，平均和极值
			H_2	NO (10^2)	CO (10^3)	CH_4 (10^3)	C_2H_6 (10^3)	C_2H_4 (10^3)	C_3H_8 (10^3)	
80%沥青 B15 40%硝酸钠 1.05 mg 三氧化二镅/100 g	1.0～2.0	1.2～2.3	1.2	3.8	6	0.32	1.0	1.0	0.3	23(6～45)
60%沥青 B15 40%硝酸钠 13.6 mg 三氧化二镅/100 g	13～24	1.2～2.2	0.8	3.8	3	0.46	0.13	<0.1	<0.1	12(8～25)
60%沥青 B15 40%硝酸钠 1.4 mg 三氧化二镅/100 g	1.2～2.3	1.0～2.1	1.4	5.5	10	0.7	<0.3	0.4	0.3	16(8～20)
60%沥青 R85/40 40%硝酸钠 1.5 mg 三氧化二镅/100 g	1.4～2.5	1.1～2.1	1.1	5.9	12	0.59	0.32	0.5	—	72(20～110)
60%沥青 R85/40 35.8%A 型淤泥 4.2%二氧化钚	18～20	1.9～2.1	1.2	7.1	5	0.4	0.1	0.2	0.2	12(5～30)
60%沥青 R85/40 35.8%硝酸钠 4.2%二氧化钚	24	2.5	1.4	8.5	—	<0.02	—	—	—	76(7～100)

表 7-7　γ 辐射对 MEXPHALT 35 和 R85/40 的硬度和软化点影响

沥青	MEXPHALT 35		MEXPHALT R85/40	
	软化点/℃	针入度[1]	软化点/℃	针入度[1]
生产商规格	51～62	28～42	80～90	35～45
受辐照的	55.5	37	95.5	31
总剂量,0.54 MGy	59	29	101	31
总剂量,2.16 MGy	60	23	109.5	28
总剂量,10.50 MGy	91	15	124	14

注:1) 25 ℃下,100 g 载荷(持续 5 s)的针入度为 0.1 mm。

7.2.4　放射性废物整备处理使用的沥青

当选择最合适的沥青以满足沥青固化工艺要求时,通常要考虑和评估沥青的一系列特性。这类特性在表 7-8 列出。

表 7-8　沥青—废物混合物在不同废物管理阶段的重要特性

特性	废物管理[1]			
	固化阶段	临时贮存	运输	长期贮存
老化				++
燃点	++	++	++	+
燃烧率	++	+	++	+
耐寒性		++	++	++
抗压强度				++
固体含量	++	+	+	++
密度	+		+	
剂量率	++	++	++	++
微生物的影响				++
闪点	++	++	++	+
气体产生		++		++
匀质性	++	+	+	++
浸出率		+	+	++
针入度		+	++	+

续表

特性	废物管理[1]			
	固化阶段	临时贮存	运输	长期贮存
燃烧期间,相的分离	++	+	++	+
塑性			++	+
多孔性		+	+	++
辐照稳定性		++		++
耐震强度		+	++	+
软点	++	++	++	++
比活度(α,β,γ)	++	++	++	++
膨胀(因为辐解)		+	+	++
膨胀(因为水)		+	+	++
热传导性	++	+	++	++
热膨胀	+	+	++	++
黏性	++	+		+
吸水性		+	+	++
水含量	+	+	+	++

注:1) +,重要;++,非常重要。

通常,固体物质掺合进沥青中导致了沥青的针入度和延展性相当大的减小。除此之外,还引起了沥青的闪点和软化点的升高。当物理特性发生这些变化影响到沥青固化工艺的运行条件和沥青固化体产品的特性时,我们要仔细选择沥青,最大程度满足特殊的要求。

有多种商业沥青可选择作为放射性废物沥青固化的固化基质(见表 7-9)。

表 7-9 在一些沥青固化设施中使用的沥青的特性

沥青类型	10/20	20/30	40/50	80/100	R85/40	40/60	BND 60/90	先锋 312
运用[1]	CH		B(Batch) F(Sa) SU	F(LH,M)	B(Ext) J(T)	J(M)	SU(TFE)	USA
类型	蒸馏的	蒸馏的	蒸馏的	蒸馏的	氧化的	氧化的	氧化的	氧化的
软点/℃(环和球)	67~72	59~69	52~60	41~51(M)	80~90	53	47	88~93

续表

沥青类型	10/20	20/30	40/50	80/100	R85/40	40/60	BND 60/90	先锋 312
针入度 0.1 mm/100 g(5 s，25 ℃)	10～20	20～30	44～50	70～100 (M,LH)	35～45	42	66	20～28
闪点/℃	>290	>275	>220	>230(M) 295～315(LH)	>250	270	280	>288
密度/(g/cm³)	1.03～1.06	1.02～1.07	1.03	1(M) 1～1.05(LH)	1～1.05			
燃点/℃	>400			>300(M) 340～350(LH)				

注：1) B，比利时；F，法国；J，日本；S，瑞典；SU，前苏联；CH，瑞士；LH：阿格；M，美滨；Ba，Basebäck；USA，美国；M，马库尔；T，东海；Fo，Forsmark 1，2，3；Ext，挤压机；TFE，薄膜蒸发器；Sa，萨克莱。

7.3　适合沥青固化处理的放射性废物类型

有些来自核电站，燃料后处理厂和核研究机构的低中放废物可以包容在沥青里面，有几种沥青固化处理工艺可用，但并不是每一种废物都可以沥青固化处理。

为了固化体辐照损害最小，要求限制总辐照剂量不超过 10^7 Gy。反应堆净化工艺的废物，例如过滤、沉淀、离子交换剂和蒸发产生的泥浆、淤泥和浓缩物满足此要求。核动力反应堆废物中含有活化产物，如^{60}Co 和裂变产物^{137}Cs，也适合沥青固化。

后处理厂的废液中盐含量高(硝酸盐)，β/γ 放射性浓度达 4 TBq/m^3，还含 α 核素和有机化合物，例如 TBP 和它的降解产物。硝酸盐对沥青固化是不利的。

7.3.1　淤泥和泥浆

化学沉淀和絮凝沉淀从废液中除去放射性核素是一种广泛运用的处理方法，产生的淤泥浓集了放射性物质。

采用化学沉淀和絮凝沉淀，90%～98%的放射性核素可以从液体中去除。淤泥通过过滤、离心作用脱水。脱水淤泥含有的固体浓度在 1%～20%(质量分数)。去除废液中的放射性核素选用的一些特效化学试剂如下：

一亚铁氰酸盐(镍、钴、铜)对铯和铈；

一硫酸钡对锶；

一氢氧化物金属(Cu^{2+}，Fe^{2+}/Fe^{3+}，Ti^{4+})对 α 辐射体(钌和锑)；

淤泥的特性如表 7-10 所示。

表 7-10　典型化学沉淀淤泥的特性

来源	物理特性			化学特性			放射性核素含量	
	种类	密度	干固体含量%(质量分数)	成分	pH	核素	β/γ/(GBq/m³)	α/(GBq/m³)
核电站	絮凝悬浮液	1.01～1.05	2～6	金属氧化物、氢氧化物和助滤剂	7～9	活化产物、裂变产物	20～100	忽略
燃料后处理厂	稠化的胶状物或者絮凝悬浮液	1.1～1.2	10～20	金属氧化物、氢氧化物、硫酸盐、亚铁氰酸盐，等等	7～9	活化产物、裂变产物、超铀元素	500～30 000	3～200
核研究机构	稠化的胶状物或者絮凝悬浮液	1.1～1.2	10～20	金属氧化物、氢氧化物、硫酸盐、亚铁氰酸盐	7～9	活化产物、裂变产物、超铀元素	1～4 000	0.1～50

淤泥经常是凝胶状的，不能自由流动，造成输送困难。因此，必须采取措施：使用特殊设计的设备，例如搅拌器、搅动器和气动脉冲系统。

用沥青固化泥浆时，要注意许多事项，如：

一水合泥浆的 pH 应当是中性或者稍微显碱性：pH 值范围应该在 7～9。高碱度促进沥青的氧化，导致硬化和产品排出困难。

一当泥浆既含有硝酸钠又含有未水解的硝酸铁时，后者在泥浆中的含量不应该超过 1%(质量分数)。超出这种限制，沥青固化物的稳定性降低，一旦点燃，能快速地燃完。铁离子对燃烧有催化作用。

一TBP 或者它的分解产物在泥浆中的浓度应当最小，不应该超过 1%(质量分数)。TBP 过量会导致沥青固化体产品闪点降低，与硝酸钠的氧化反应加强。

一采取措施防止强氧化性化合物在废物料中的存在，例如高锰酸钾或者二氧化锰(来源于去污溶液)能引起自发的放热反应；或者用合适的化学试剂和添加物阻止这些反应，例如用草酸破坏氧化剂。另外，对于产品变得坚硬这一点，热量研究和燃烧测试显示存在快速与强烈的放热反应。

一在泥浆合并到沥青前，应该用颗粒状的助滤剂(不含纤维材料，例如纤维絮凝物)对泥浆进行过滤，因为纤维性的材料团簇在一起，从沥青设备里排出变得困难。

一进行适当的混合，防止高密度固体物(硫酸钡)从泥浆中沉淀出来。

7.3.2　离子交换树脂

核工业产生的废离子交换材料主要是球状或者粉状的有机树脂，但是也使用无机材料。离子交换应用于冷却剂的净化、压水堆主回路和二回路循环水的过滤、加压重水堆(PHWR)慢化剂和主冷却剂的过滤以及沸水堆给水和冷却剂的净化。有些树脂在核电站再生使用，但许多核设施的树脂一次性使用，不再生。废树脂的特性如表 7-11 所示。

表 7-11　废离子交换材料的特性

典型特性	有机物		无机物颗粒
	珠状	粉末状	
粒度/mm	0.6～1.8	<0.3	1～3
颗粒密度/(g/cm³)	1.0～1.3	1.1～1.2	1.2～1.4
排水后的含水量(%，质量分数)	40～60	50～80	5～20
离子交换剂的类型	混合的阴离子/阳离子或者混合床	混合的阴离子/阳离子	阳离子
典型的污染物	腐蚀产物、硼酸盐 氯化物、碳酸盐	腐蚀产物、氯化物	碳酸盐、钠离子
放射性	活化产物、裂变产物	活化产物、裂变产物	裂变产物(铯、锶)
比活度/(GBq/m³)	370～37 000	<400	3.7～37 000

无机树脂用于燃料系统和燃料贮存池水的净化系统，例如英国的温茨凯尔通常用硅酸

铝结构,诸如菱沸石或者斜发沸石(CLINOPINOLITE)。

阴离子有机离子交换树脂在沥青固化期间释放胺,影响安全。通过操作程序进行控制可使胺的释放最少。据报道,对沥青固化产品的更重要损害是脱水树脂吸水的结果。研究显示树脂再吸收水和膨胀时沥青固化产品膨胀。测试显示这一问题只在使用完全干燥的树脂,且包容量超过50%时发生。曾有报道,未完全干燥的树脂(残留水≈5%,质量分数)能明显防止膨胀。高包容量沥青固化产品的膨胀值得关注,尽管40%的包容量不会出现对产品有害的影响。另外,可对树脂进行部分破坏,或在与沥青混合前加入多价阳离子(Ba^{2+},Ca^{2+},等等),防止吸水。

离子交换树脂与沥青密度不同,且含水量高,会导致沥青固化时混合困难和起泡沫的问题。若采用挤压工艺情况会好些。

7.3.3 焚烧炉灰

废物在焚烧炉里燃烧获得良好减容效果,惰性氧化物产品含碳量仅占少量质量百分数,放射性浓缩在灰里。处理焚烧灰的困难之一就是金属的存在和金属物大小的多样性。为了防止损伤沥青固化设备,必须对灰烬进行分选预处理。

7.3.4 其他固体材料

这种固体材料是不可燃烧废物,切断或者切碎后装桶,然后灌浇沥青。对这方面的使用,沥青的限制包括:

－总剂量不超过 10^7 Gy。

－使废物间孔隙充分填充熔融沥青。

－保证不发生火花或者当与熔融沥青接触(120～160 ℃)时不会点燃。

7.4 固化工艺

在过去,已经建造和运行了许多工业规模沥青固化厂,固化的放射性废物如表 7-12 所示。采用的沥青固化工艺可以分为间歇式和连续式工艺,如图 7-3 所示。经过处理获得的固体产物适合长期贮存和最终处置。

在沥青固化系统中,关键点是要正确调整废物。在废物添加入沥青前要进行废物的调整。沥青固化具体预处理方法取决于废物的化学成分。

沥青固化工艺的选择,取决于要处理的废物体积、时间限制、废物贮存能力、空间可用性和经济性。

表 7-12 在一些国家使用的沥青固化工艺

国家	废物来源	工艺类型
比利时(莫尔)	混合废物	间歇式
	后处理厂	连续挤压
德国(卡尔斯鲁厄)	混合废物	连续挤压

续表

国家	废物来源	工艺类型
法国(阿格)	后处理厂	连续挤压
(马库尔)	后处理厂	连续挤压
(萨克莱)	混合废物	连续式薄膜蒸发器
日本(东海后处理厂)	后处理厂	连续挤压
(mihama)	核电站	连续式薄膜蒸发器
(敦贺)	核电站	连续式薄膜蒸发器
瑞典(巴塞贝克)	核电站	连续式薄膜蒸发器
(Forsmark-1,-2)	核电站	间歇式
(Forsmark-3)	核电站	间歇式
瑞士(Goesgen)	核电站	连续挤压
前苏联	核电站	连续薄膜蒸发器

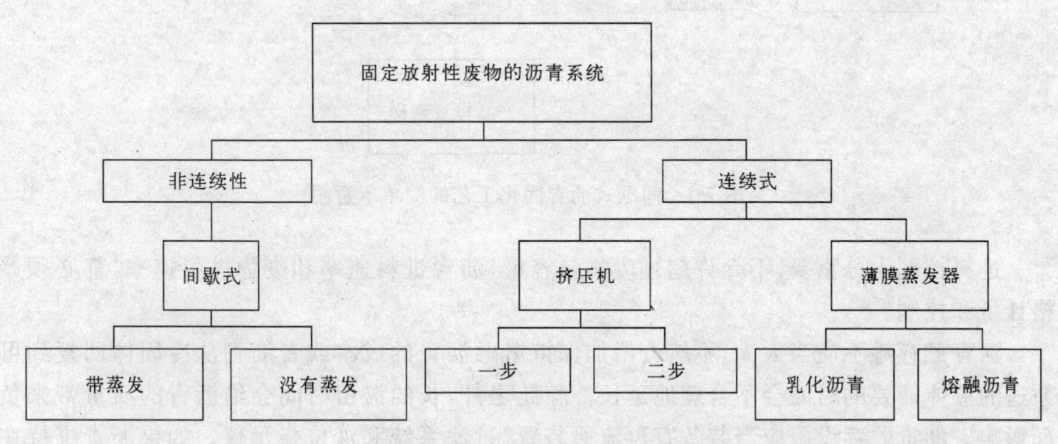

图 7-3　沥青固化系统的分类

7.4.1　湿固体废物的沥青固化

蒸发浓缩物、废离子交换树脂、过滤泥浆、化学沉淀泥浆和膜处理浓缩物在适当的预处理后，与熔融的沥青在较高的温度下进行混合，混合过程蒸发掉水分并给残留的废物包上沥青。冷却和凝固后，成为匀质的产品。

7.4.1.1　非连续性工艺(间歇式工艺)

间歇式工艺适用于不同类型的湿固体废物。在一般条件下，废物被连续地引入已知体积的熔融沥青中，混合温度维持在 180～200 ℃。添加确定的废物量，在达到要求时，停止进料。残余水分被蒸发完后排放到容器里，让其冷却。图 7-4 为该工艺的简单示意图。

沥青固化工艺通常包括以下设备：

—取样系统，保证进料质量在规定的标准内；

一桶内搅拌器，保证匀质的样品能吸取出来，保证完全混合；

一液位和温度测量系统；

一化学添加槽与通风系统和工艺混合器的连接管路；

附加功能：

一使用循环泵加强混合；

一在渗漏的情况下，将液体输送到备用罐；

一对进入工艺混合器的废液预热，减小热量传递，防止工艺混合器里的泥浆或淤泥干燥。

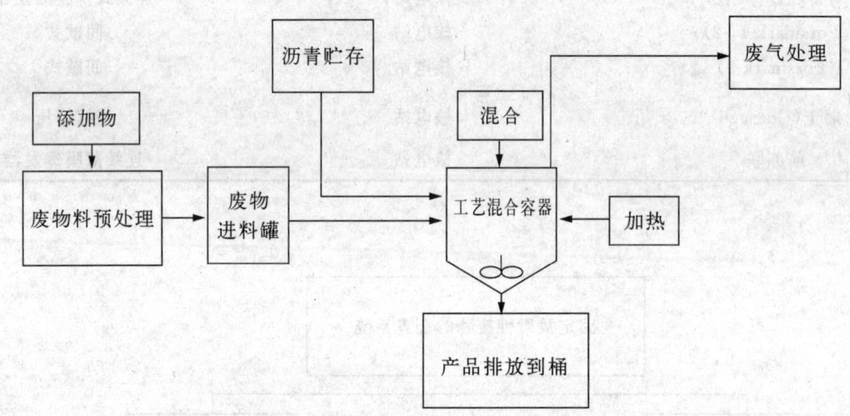

图 7-4 间歇式沥青固化工艺的简单示意图

进料控制十分重要，不允许超过废物包容量，沥青进料速率和废物进料速率，都必须严格计量和控制。

沥青贮存罐不应当太大，不然会增加保持熔融沥青的成本或者沥青从冷固体回复到可泵送的液体需要的时间会不合理地延长。除此之外，长的滞留时间会给沥青的质量带来负面影响。沥青贮存设施应当装备有再流通装置、过滤系统和液位指示仪。如果沥青维持在熔融状态，还应该装有惰性气体覆盖系统，使沥青氧化最小化。

必须限制向工艺混合容器供给热量，防止混合物温度接近沥青的闪点。这可以通过限制加热介质(蒸汽和热油系统)来进行控制，不应采用直接电加热。

废物-沥青的混合至关重要，混合物必须充分搅动，以释放水蒸气。沥青的热传导性低，要保证废物和沥青间有足够的热量传递，必须采取措施有效防止局部冷却和产品特性变差。第二，混合物没有充分的搅动，将不均匀。废物颗粒的沉淀会导致容器内壁产生涂层，进一步减少热传递。沉淀还会增加废物颗粒在沥青里的不均衡分布，废物产品将满足不了预期的质量目标。混合装置或者搅拌器必须能够处理沥青固化废物中固体含量增加时黏性增加的问题。

低密度的废物颗粒也会引起混合不均问题。利用大的剪切力提供的漩涡形式来克服漂浮。另外，通过适当的控制废物进料或者向混合容器提供消泡器来防止可能的起泡问题。

废气系统去除废液蒸出的水和沥青蒸馏释放出的油蒸汽。对于间歇式系统，实际的去污系数取决于蒸发速率，蒸汽出口夹带的放射性核素。如果蒸发速率高，通常是运行温度高和进料速率高的缘故，夹带相当数量的液滴会导致去污系数降低。通过良好的设计，系统的去污系数达到 100 或者更大。

混合容器应该设计成能防止局部过热和冷点（例如，在废气出口点的盐结晶），这种现象是温度波动引起的。产生硬皮可能使蒸发速率降低，使得最终产物中的水含量较高。

间歇式工艺一般建造简单，可操作性令人满意。在蒸发能力为 0.05～0.1 m^3/h 的范围，间歇式系统运行正常。有些间歇式固化工艺设备安装在核电站，因为它们有处理少量不同废物的效率和能力。

7.4.1.2　连续式工艺

所谓连续式工艺是指持续加进流速恒定的废物，与流速恒定的沥青进行混合，最终产物持续排进产品容器里。这种连续工艺主要为螺杆挤压和薄膜蒸发。

(1) 挤压

挤压工艺适合用不同废物，例如蒸发器浓缩物、沉淀的泥浆、粉末树脂或球状树脂以及来自过滤的硅藻土。螺杆挤压工艺的基本流程如图 7-5 所示，主要为：

一废物进料设备，包括预处理装置（使废物部分脱水和除去放射性核素）。

一沥青贮存和进料设备。

一挤压机，将废物和沥青混合，并逐渐地蒸发除水。

一废气净化系统，冷凝水蒸气和分离有机馏分（沥青在挤压机滞留期间，从沥青挥发出来）。

一最终产物装桶站。

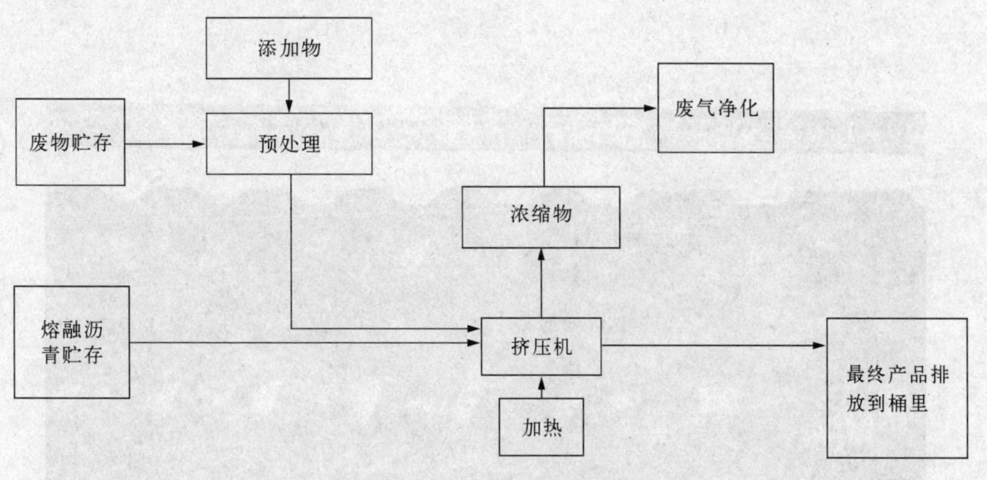

图 7-5　挤压工艺示意图

沥青固化的挤压机是从塑料挤压设备发展来的。1965 年，法国原子能委员会（CEA）在马库尔采用第一个挤压机。此后，众多挤压机已经安装在世界各国的核电站厂、后处理设施和核研究设施。

螺杆挤压机有两个或四个正互相啮合的螺杆，具有搅拌、混合和输送废物功能。图 7-6 显示了典型的挤压机的概貌，图 7-7 显示了挤压机螺杆的局部形状。螺杆安置在合适的圆筒里面，该圆筒构成了挤压机的外罩。

挤压机需要的热量由位于挤压机体上的蒸汽夹套提供。图 7-8 展现了典型的沥青固化流程，显示了挤压机特殊的加热区域。沿挤压机长度提供足够的蒸发能力蒸发出预先确定的水量。在常规运行条件下，固化产品含水量大约是 1%(质量分数)。可接受的含水量最高是 5%(质量分数)。

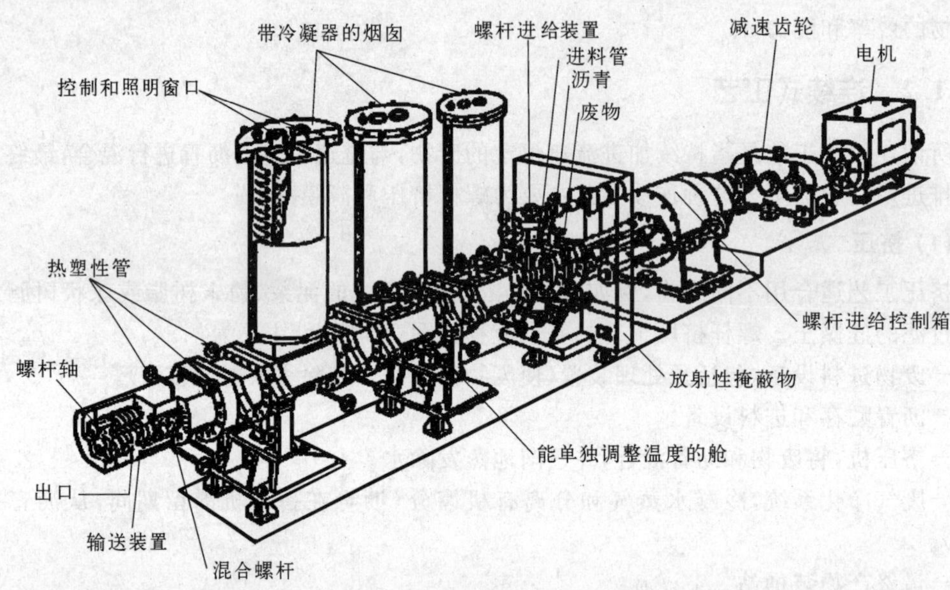

图 7-6 典型挤压机的概貌

图 7-7 挤压机螺杆

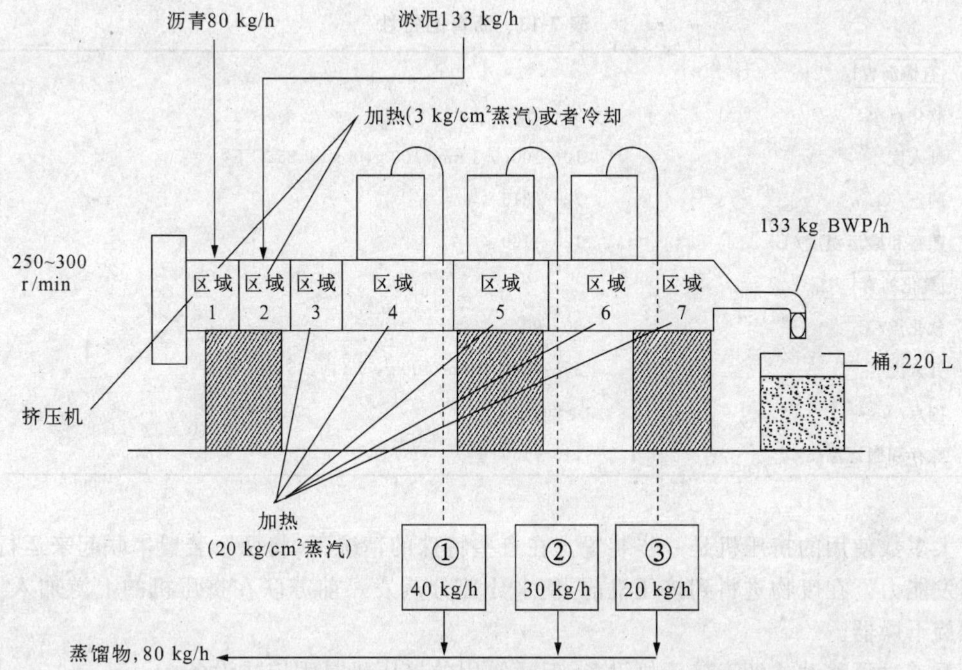

图 7-8　挤压机加热区域的流程示例

沥青-废物产品(BWP)有如下特性：沥青，60%(质量分数)；废物，40%(质量分数)；水，~5%(质量分数)；密度，~1.35 t/m³；放射性，<37 GBq/L；产品体积，~200 L。蒸馏物含有：油，~0.4 g/L；NO_3^-，50 mg/L；固体，20 mg/L。

在蒸发期间，小量的最轻的沥青馏分和水蒸气离开挤压机，在冷凝器里被滤去。当蒸馏物含有微量放射性核素时，它再回到液体废物处理系统，放射性元素的含量取决于废液的放射性和化学成分以及预处理措施。

分离装置通常用来去除从蒸馏物夹带的油。来自蒸馏物接收器的不可冷凝的气体和系统的通风空气用高效微粒气体过滤器(HEAP)进行处理。蒸发器顶的特氟纶层和喷水装置能防止汽包结壳。

因为沥青固化的液体混合物排放是连续的，位于挤压机末端的装桶站必须有一个定位系统，能够完成分次装桶、冷凝和关闭。装满一桶用两个或更多步骤完成，以允许冷却收缩，使包含气泡最少。在运输和贮存前，桶要完全冷却(大约经 24 小时)。由于可能产生辐射分解气体，桶的包装物必须用非气密的。

实际运行经验如下。

挤压机固化放射性废物的运行超过 150 000 h，处理了超过 2 000 m³ 的废物。挤压机特别适合在下列情况下使用：

一废物体积大

一放射性高(超过 10 GBq/m³)

一在浓缩物中，可溶与不可溶盐的含量高

两类沥青经常用于挤压机工艺，这些沥青的主要特性见表 7-13 所示。

表 7-13 沥青的特性

直馏沥青	
软化点/℃	38～72
针入度	10～100(0.1 mm/100 g，5 s内，25 ℃下)
闪点/℃	220～315
贮存和搬运温度/℃	120～160
氧化沥青	
软化点/℃	80～90
针入度	35～45(0.1 mm/100 g，5 s内，25 ℃下)
闪点/℃	＞260
贮存和搬运温度/℃	140～160

大多数使用的挤压机是一步装置。在有些特殊的情况下，将两个装置串联起来运行，增加蒸发能力。在废物进料到挤压机前，使水分部分蒸发。前苏联在挤压机的上游加入了一个螺旋干燥器。

报道过可移动式沥青挤压机设备，但通常用的挤压机是固定式设备。

挤压机的生产能力可通过蒸发能力测定。最终产品的产量取决于泥浆料中干固体含量(见示意图 7-8)。螺杆的旋转速度为 30～300 r/min，运行速度通常在 100～250 r/min。沥青进料和固化沥青排出时温度通常保持在 175 ℃以下。废气中的油含量占进料沥青的 0.05%～0.1%(质量分数)。

固化产品残留水含量通常低于 2%(质量分数)。产品容器为 210 或 220 L 桶。产品桶放在一个转盘上，有 4～9 个桶位置。

后处理厂的浓缩物和泥浆放射性浓度相对较高，挤压机和辅助设备需要适当的屏蔽防护。产品桶外部剂量率可能在 0.05～10 Gy/h。大部分产品灌装采用远距离操作，设备安装在屏蔽室里。

盐和沉淀固体物会引起螺杆元件的磨损。螺杆元件用坏主要归结于磨损，这已经在比利时莫尔后处理厂的 EUROBITUM 设施进行了测量。更换螺杆元件的操作需要与设备接触，挤压机和周围设备必须要进行去污，使受照剂量最小化。有两个方法可利用，一是用溶剂，二是使废物-沥青混合物在挤压机中的滞留量减少为 0.03 m^3。

(2) 薄膜式蒸发器工艺

工艺描述如下。

对于湿固体废物(浓缩物、淤泥、泥浆和废离子交换树脂)的沥青连续固化，薄膜式蒸发器是一种选择，见图 7-9 所示。

沥青固化的薄膜式蒸发器工艺设备如下：

—预处理过的废物贮存与进料设备；

—沥青贮存和进料设备；

—薄膜式蒸发器(废物与沥青混合，同时使水蒸发)；

—废气净化系统；

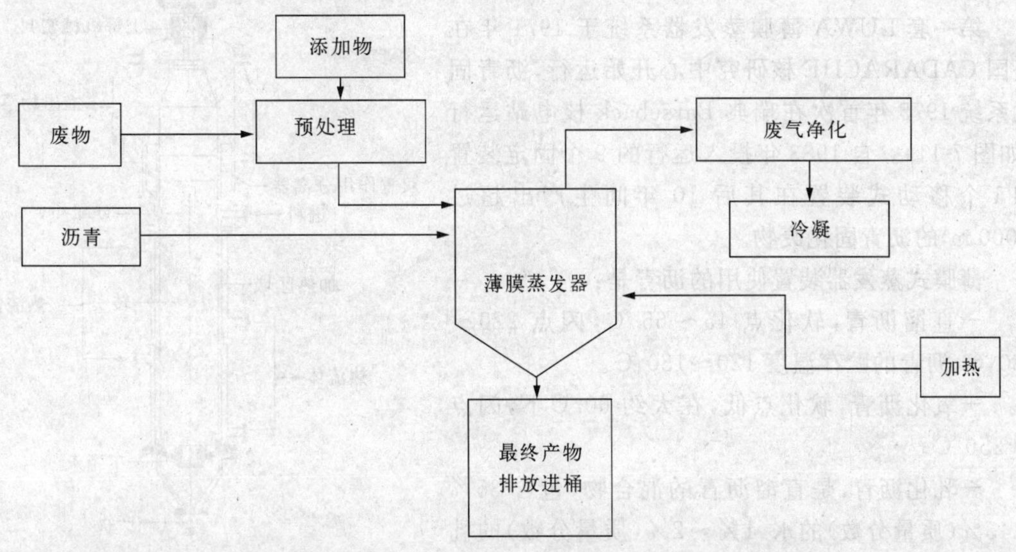

图 7-9 薄膜蒸发工艺示意图

一装桶站，装桶站也可称灌装间，灌装沥青-废物混合物到产品容器里。

除在印度和前苏联的薄膜式蒸发工艺外，所有运用于固化废物的连续薄膜式蒸发都是以 LUWA 薄膜式蒸发器为基础的。这类设备首先在沥青固化工艺上运用是法国 CEA 在 SACLAY 和 CADARACHE 于 20 世纪 70 年代初发展起来的。

薄膜式蒸发器是一种热传递装置，包括：

一垂直的，圆柱的加热表面将湿固体废物料中的水蒸发掉；

一高速旋转的刀片。

刀片与内壁有 0.5～1 cm 的间隙，旋转速度在 10 m/s。根据蒸发器的尺寸，旋转速度在 600 和 1 200 r/min 之间。刀片和加热表面之间的微小间隙使废物和沥青被激烈地搅拌，并提供高的热量传递系数(1 300 W · $℃^{-1}$ · m^{-2})。

湿固体废物在控制的速率下进入垂直蒸发器的顶端区域。通过第二个进料喷嘴，液体沥青经计量连续地进入蒸发器。蒸发器通过外部的夹套进行逆流式加热，通常用的加热介质是蒸汽或者热油。当废物和沥青进入蒸发器，内部转子的刀片将废物流变成薄薄的湍流膜，贴在受热的表面壁上。转子刀片和重力的作用使废物-沥青混合物的流动呈螺旋形。当混合物通过蒸发器向下流动时，水被蒸发，水蒸气逆流向上，通过机械带分离器离开顶端区域。

大多数夹带的液滴从蒸汽流里去除，通过重力返回到蒸发器的热处理区。被净化的水蒸气要经过冷凝器。来自冷凝器的任何未冷凝的气体被排到废气系统，作进一步的处理。蒸馏物要求进一步处理，以去除带到冷凝器的油和通过分离器剩下的放射性，如来自蒸发器的液滴。LUWA 薄膜蒸发器的示意图如图 7-10 所示。

在蒸发器的底部，有排放系统让混合的沥青-废物混合物流进产品容器，产品容器通常为 220 L 的桶。因为该工艺是连续性的，所以必须要对灌装台定位，正确收集沥青固化废物，让产品冷却和硬化，对桶进行非气密性最终包装。

实际运行经验如下。

第一套 LUWA 薄膜蒸发器系统于 1971 年在法国 CADARACHE 核研究中心开始运行，沥青固化系统 1975 年首次在瑞典 Barsebäck 核电站运行(如图 7-11)。自 1983 年投入运行的 9 个固定装置和 1 个移动式装置在其后 10 年间生产出超过 2 000 m^3 的沥青固化废物。

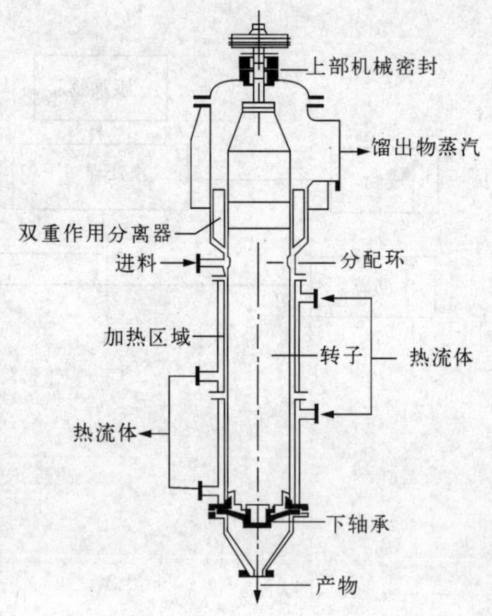

图 7-10　垂直 LUWA 蒸发器

薄膜式蒸发器装置使用的沥青是：

一直馏沥青，软化点 45～65 ℃，闪点 220～280 ℃，沥青的贮存温度 120～130 ℃。

一氧化沥青，软化点低，在大约 60 ℃下，闪点为 250 ℃。

一乳化沥青，是直馏沥青的混合物，包含 35%～45%(质量分数)的水，1%～2%(质量分数)的乳化剂。

只要废物固体含量低于 20%(质量分数)，薄膜蒸发器工艺基本上适用于前面描述的废物。假如

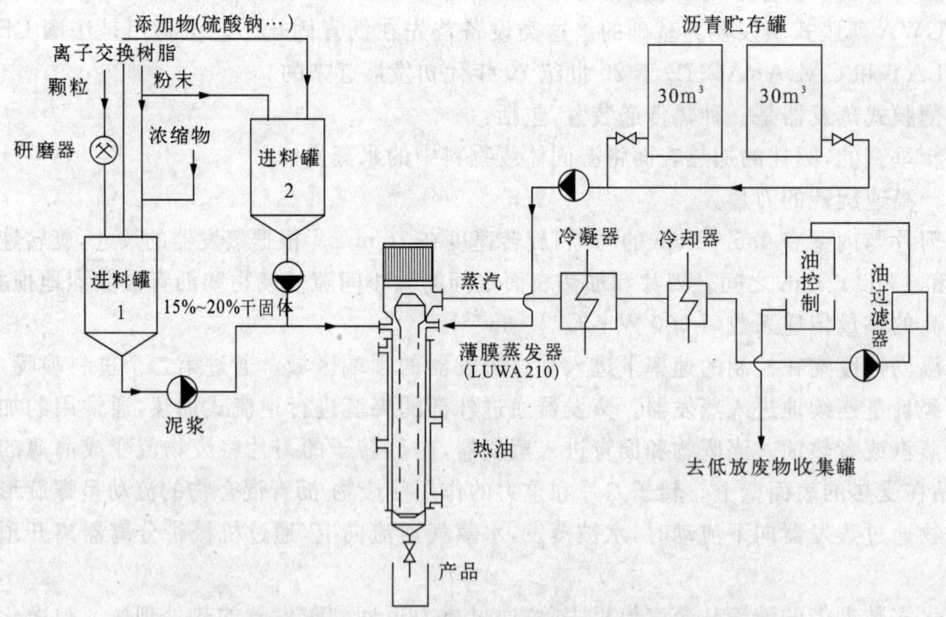

图 7-11　瑞典 Barsebäck 核电站废离子交换树脂的沥青固化系统

是沉淀泥浆，则需要进行悬浮处理，让泥浆能够进入到薄膜蒸发器的顶部，另外，薄膜蒸发器同样能处理挤压机能处理的废物。在薄膜蒸发器里，应当注意进料的匀质性和可能的气泡问题。

薄膜蒸发器装置和运行特性如下。

LUWA 薄膜蒸发器的处理能力取决于它们的热交换面积。目前运行的装置具有的热交换面积为 0.5,1.0 和 2.0 m^2。最大的 LUWA 蒸发器,它的高度大约有 2.5 m,直径为 3.0 m。转子刀片的速率在 8～9 m/s。蒸发器加热用的是循环热油系统,具有 250～300 ℃的可调整入口温度。废物产品的温度在 140～190 ℃之间变化,蒸发能力在 0.05～0.2 m^3/h之间。前苏联运行的薄膜蒸发器尺寸较大,以蒸汽作为加热介质。

低转速的刀片减小装置的效率,要求较大的热量交换表面以完成同样的生产量。沥青固化产品离开蒸发器时的温度决定产物中的含水量。在 125 ℃以上,含水量低于 1%(质量分数),当排出温度为 115 ℃时,含水量达到 10%(质量分数)。

因为废物-沥青混合物通过蒸发器的整个长度是靠重力作用,废物包容量的增加会提高黏度,如果废物包容量超过 50%(质量分数),可能导致排出的困难。通常固化产物的废物包容量在 30%～45%(质量分数)之间,以维持薄膜蒸发器的运行流畅。如果刀片和传热面上积累的物料较多,会限制蒸发器的生产能力。

液体废物蒸发释放的水蒸气夹带有放射性,夹带的放射性核素取决于放射性核素的性质、废物的放射性浓度和进料速率。装置的去污系数通常在几千范围内。

7.4.2 固体或预干燥废物的沥青固化

为数不多的沥青固化工艺不经过蒸发。这种工艺采取小规模的间歇式运行,固体或者预干燥的废物被引入到含有熔融沥青的容器里面,两种组分混合在一起,形成一种匀质的产物,然后再将其排到产品容器里面,冷却。生产能力每天为 2～5 个 210 L 桶。

在澳大利亚和前苏联,这种工艺应用于经干燥的泥浆;在芬兰用于处理离子交换树脂;在加拿大用于处理焚烧炉灰。每种情况使用的设备有些不同,例如挤压机、圆锥混合器或者螺旋叶片式混合器。

处理固体碎片时,把废物装到金属桶里,然后注入熔融的沥青,保证废物完全包容在沥青里。

7.5 沥青固化工艺操作的安全角度

7.5.1 一般安全

7.5.1.1 沥青的贮存

使用沥青作为基材,假如不是乳化沥青,要求对沥青加热,保持其流动性和低黏性,同时温度要保持在闪点以下。

实际上,加热到 120～160 ℃(取决于黏性和闪点)的沥青贮存在通风、完全绝缘的碳钢容器里面(容量范围 5～30 m^3)。因为沥青的热传导性差,要正确的控制温度避免局部过热和形成焦炭。

用具有过滤能力和惰性气体覆盖系统的再循环回路,改善熔融沥青的贮存条件。沥青贮存罐通常与放射性设备分开,有足够的防火能力,例如配备二氧化碳和大量的泡沫灭火剂。

通常不考虑用水来防火。但是,设计可控制的连续水喷射系统提供需要的冷却效果,可避免沥青的起泡和飞溅。

目前使用的贮存温度和控制设备,使沥青贮存风险可以忽略。沥青进料系统的示意图如图 7-12 所示。

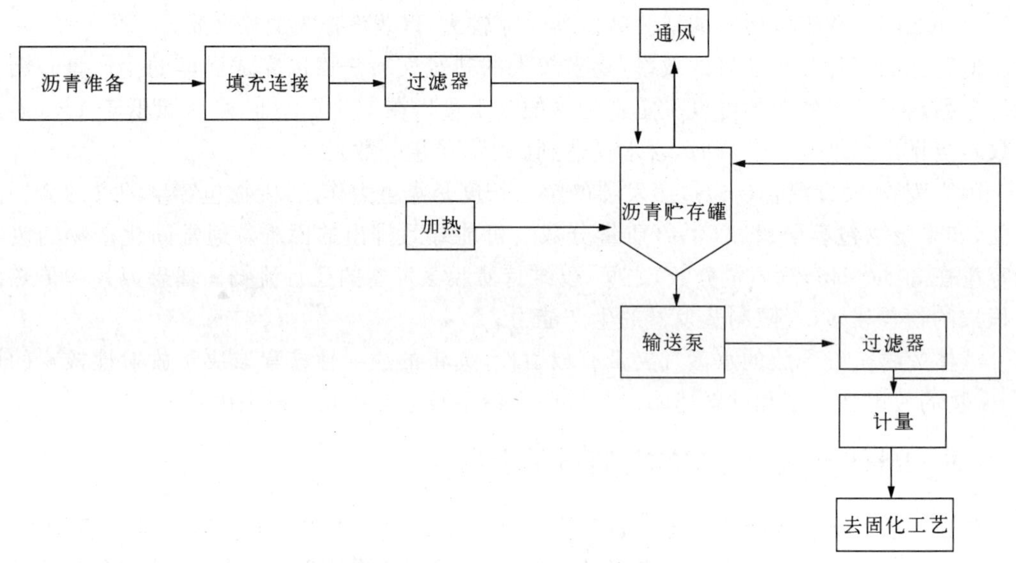

图 7-12 沥青贮存与进料系统的示意图

7.5.1.2 废物处理前的分析程序

废物包容到沥青中不仅仅包含燃烧的危险,还有爆炸性危险。对于沥青固化的安全操作,必须要重视化学试剂的浓度控制和监测。

后处理厂的废液浓缩物,特别是含有硝酸盐和热量不稳定或者挥发性有机化合物,是对沥青固化有危险影响的废物。除了硝酸钠,还有其他能引起氧化还原反应的物质,例如二氧化锰和二硫化钴,它们能增强沥青氧化反应(具有剧烈的放热)。另外,放热反应使温度升高,应当监测易分解的化合物。

例如结合析出气体分析(EGA)的 DTA 和 DSC 等分析方法被认为是可靠的方法,用于探测化合物和/或者相应的不可控放热反应的风险。对要固化的一批废物的干燥样品进行分析,确定出样品的热反应行为。如果分析发现 250 ℃下的任何重要放热异常,则意味着沥青固化该批废物时放热反应可形成危害。由沥青固化产物(用纯硝酸钠和亚硝酸钠与氧化沥青[MEXPHALT R90/40 或者 RB5/40]制得)的大量研究可以得出结论:只要沥青-盐混合物中沥青至少占 40%(质量分数),不同盐分分散均匀,混合物的整个温度保持在280 ℃以下,那么不存在自发放热危险。如果不能保证盐分散均匀,要求沥青在混合中最少要占 50%(质量分数),混合物任何部位的温度不能超过闪点。

也需要对废物-沥青混合物进行类似热量分析,至少废物分析结果显示 250 ℃下存在放热异常时更是如此。分析结果将决定合适的沥青固化条件,例如废物-沥青比率,运行温度或为消除危险产物和保证该批废物安全固化必须进行的预处理的技术要求。

运用与 EGA 结合的 DTA 和/或者 DSC 对决定沥青固化非常规废物的可行性,特别是后处理运行废物，是一种有效的和必要的分析程序。

选择分析程序核实沥青和废物之间的化学兼容性，决定制备样品的闪点和燃点。闪点和燃点降低表明沥青固化运行温度的危险水平。

在启动每一次沥青固化运行前(处理新的或者不明的废物)，有效的分析程序是重要的安全措施，通常还预测沥青固化产品是否合格，因此必须强制执行。

7.5.1.3 温度控制和过程互锁

沥青固化过程火灾和爆炸风险研究表明，如果温度低于闪点，维持合理的废物-沥青比率和不出现不可控制的放热反应(采取适当废物预处理)，沥青固化就能够安全运行。设计、建造和运行沥青固化设施时，沥青固化过程温度控制和过程互锁是必须考虑的重要方面。

通常需要互锁的设备是计量泵(用于废物和沥青)，其他互锁装置包括温度传感器和加热系统，灌装间的装桶和冷却。

7.5.1.4 防火程序

防火程序的主要目标：

一防火灾发生

一早期的和可靠的火灾探测

一有效的消防

一限制火灾延伸

一限制损失

一保持安全功能可用

一没有不可接受的放射性释放或者照射

沥青固化工艺包括以下燃烧物：沥青、沥青固化产物、污染的有机液体。有些情况下，加热介质也会发生燃烧。

沥青固化工艺的最高运行温度必须设定在所用沥青的闪点的 50 ℃以下。这个温度差足够防止大多数能预测的运行条件下的火灾。

通风不仅仅是考虑核安全，而且要保证去除任何的可燃性挥发物(可能从沥青固化产品中释放出来)。在这方面，关键是在沥青固化产品出口和灌装间与冷却站，那里必须要提供大量的流通空气。其他关注位置是废物与沥青进行混合的区域和通风系统(在那里收集挥发物)。

在所有以上的位置，必须安装有效的防火系统(烟、温度和火焰探测器)。通常，灭火采用：

一二氧化碳

一重泡沫

一卤素泡沫

一水喷射

前面已经提到适当限制水流的连续喷射可以避免沥青固化产品产生大量气泡和蔓延。此外，用水喷射桶壁对缓和桶里的沥青固化产品的放热反应是有效的。

7.5.1.5 溶剂清洗注意

假如沥青固化设备要求去污,必须要严格执行程序。首先,输送纯净水和/或者沥青,可达到设备去污的目的。

要除去沥青或者沥青固化产品,需要使用不易燃的有机溶剂。

7.5.1.6 报道的几次事故

一些文献揭示了一些运行事故信息。其中,在德国的卡尔斯鲁厄核研究中心发生了三次事故;比利时莫尔的 EUROBITUM 设施在 1981 年 12 月 15 日发生火灾;英国原子能机构哈威尔的沥青固化厂发生过火灾;还有就是 1997 年 3 月 11 日,日本东海后处理厂的沥青固化示范装置发生失火和爆炸。

在卡尔斯鲁厄核研究中心发生的第一次事故是当蒸汽被点燃时,同时有一个桶正在进行灌装。在废物浓缩物中的有机溶剂引起了火灾。仅仅只有一个桶着火。

在第二次事故中,蒸发器浓缩物的 pH 值为 13.8,在进料罐中的搅拌设施没有运行,让废物中的有机成分(TBP、降解产物、防沫剂)分离。在这次事故里,两个桶着火和冒烟,沥青从桶里冒出来时已经点燃。

在第三次事故中,刚刚灌装的桶立刻送往贮存室,而没有进行冷却。冒出的烟气触发警报。烟气后来确定为束缚在沥青固化物中的 PVC 释放的 HCl。因为用 200 L 加固运输容器在冷却前包装 175 L 沥青固化物桶,固化产品仍保持较高温度, PVC 不断分解,释放出 HCl,但没发生火灾。

7.5.2 辐照安全

7.5.2.1 通常的考虑

沥青固化辐射安全特别关注:

一屏蔽,职业人员受照剂量最小化。

一辐射监测。

一在工艺厂房,防止污染物扩散。

一在事故状况下,采取防护措施,防止不可接受的放射性释放。

个人辐照防护和辐照监测措施与其他核设施采取的措施相当。考虑到沥青固化工艺特殊性,必须重视污染物和不可接受的释放。另外,对 α 辐射体也需要关注和评估。

7.5.2.2 屏蔽

沥青固化产物的自屏蔽效果差。另一方面,废物包容系数相对高,可能导致沥青固化产物辐照水平较高。后处理厂浓缩物和泥浆沥青固化运行经验显示,200 L 废物沥青固化桶接触剂量率范围在 2～10 Gy/h。

核电站废物活性水平要低些,废物沥青固化桶接触剂量率可能达到 0.5 Gy/h。

因此,对于沥青固化设施的设计和建造,提供充分的屏蔽很重要。废物贮存与进料设备、沥青-废物混合装置、桶灌装与冷却站分别安装在单独热室里,设备维护不受邻近辐射源的影响。例如，在比利时莫尔的 EUROBITUM 设施，灌装间和控制室之间的混凝土墙厚度达到 105 cm。对于可移动沥青固化装置，屏蔽设计取决于被处理废物的放射性特性。可移动装置 TVR-Ⅲ装备有屏蔽，设计用来处理 PWR 和 BWR 废物。这种屏蔽包括钢板，它位于废物进料罐、灌装区域和卸载区域的周围。装置移动时，屏蔽被取下。另外，设计了可增加屏蔽的措施应对被处理废物的活度。图 7-13 显示了 TVR-Ⅲ系统典型的屏蔽布局。

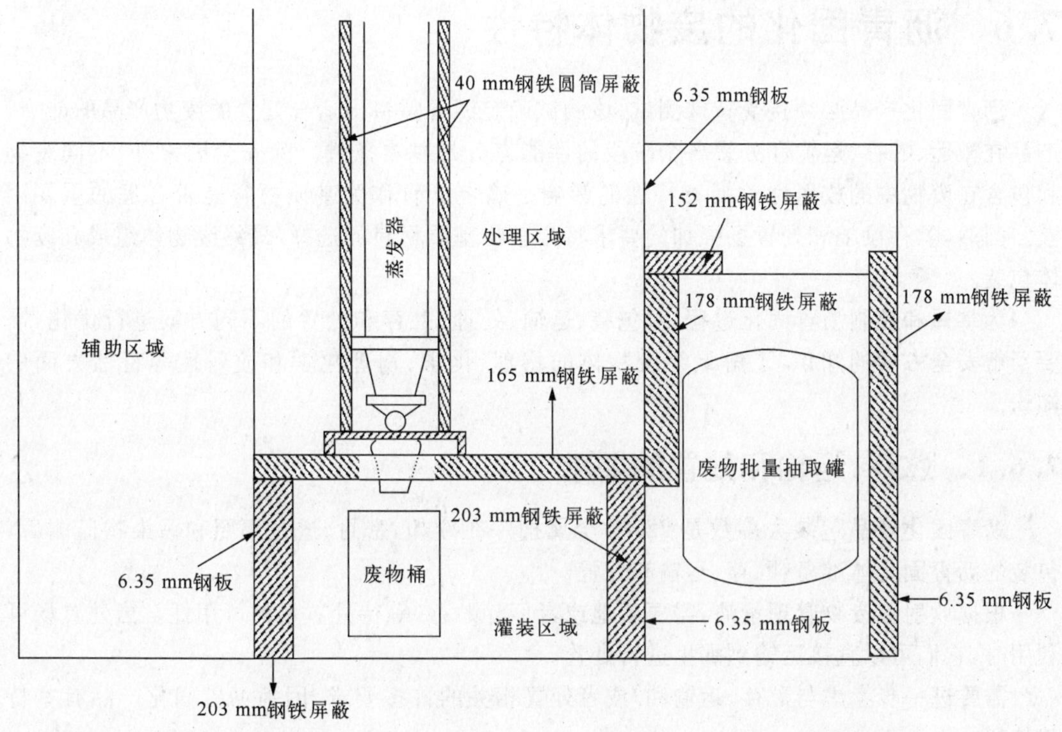

图 7-13　比利时，Mol-Dessel 的屏蔽布局示例(屏蔽物没有显示实际比例)

7.5.2.3　污染防护

增加设备内部的负压水平和通过室内空气流通系统(保证气流从较低污染区到较高污染区)能避免污染物的扩散。

必须对废物贮存容器、废物预处理系统、废物进料罐和沥青固化装置提供通风。在沥青固化产品的出口设置特殊的通风系统，并且灌装桶时也必须提供通风。

在正常运行状况下，安置沥青固化设备的热室和装桶与冷却站中的污染风险可以不予重视，但必须评估火灾后污染风险和必须采取充分的防备：

一有效的防火手段，产生的二次废物尽可能的少。

一设置滴水盘收集溅出的液体和已沥青化的废物。

一使表面材料或者涂层容易去污。

7.5.3　安全问题的结论

从以上的考虑，可以得出以下结论：

—倘若采取上述措施，例如供料分析控制、过程控制和互锁、空气流通以及消防，那么沥青固化发生火灾的可能性是非常低的。

—可在合理花费下在沥青固化设施采取适当的技术措施，使事故的可能影响从一般安全观点和核安全观点看均最小。

—任何沥青固化设施的安全分析必须对本节(7.5)讨论的项目进行评价。

7.6 沥青固化的废物体特性

沥青固化产品必须接受特殊测试，该测试确定沥青整备出适合处置的废物产品的能力。产品在搬运、贮存、运输和处置各个阶段的性能充分是基本条件。除安全因素外，不同废物和包含在废物中的放射性对沥青特性的影响是确定沥青作为基质材料是否合理的重要因素。当然，贮存设施和处置场强加的要求将会影响基质材料的选择，最终废物体组成和废物体包装。

为掌握和控制沥青固化过程，对包装、运输、处理、贮存和处置的不同方案进行优化，需要了解安全方面的知识，了解最终废物体的物理、化学、物理化学和放射性等特性方面的知识。

7.6.1 贮存、运输和处置的要求

沥青固化产品包装大多数是 220 L 金属桶。在冷却、密封、进行辐照和污染物监测后，包装的沥青固化体准备:贮存、运输和处置。

根据放射性废物管理策略，需要就地或者厂外贮存，等待处置场的可用性。当处置场可利用时，它们可以直接运输到那里进行处置。

需要进一步考虑与贮存、运输和/或者处置相关的许多要求，因为沥青固化产品有些特殊特征。

7.6.1.1 沥青固化废物的贮存

废物与沥青的混合增加沥青的软化点，降低针入度和延展性。固化产品的密封容器，在预期的贮存期间要保持完整性和质量。使用壁厚为 1.0 mm 或更厚的金属桶(镀锌的碳钢桶或者不锈钢桶)可满足要求，可远程操作对桶进行堆放。桶贮存期间必须避免沥青固化废物流到桶外边。

在贮存期间，辐射分解气体的形成与积累、缓慢与低速的化学反应和盐吸收水分能导致沥青固化物膨胀。然而大多数情况下，沥青固化物在冷却后的自然收缩为膨胀提供了足够的空间。在特殊情况下，因为废物的特性，出现相当大的膨胀，应当考虑减少填充到桶里的废物量。在沥青固化物的上面倾倒一层薄的纯沥青可作为一种涂层并防止吸收水。

辐解气体的存在需要采取两个特殊措施。首先，为防止压力的形成，桶一定不要密封严；实际上，桶盖是用螺栓连接或者卷盖，机械固定到桶上。第二，氢气的累积要被限制在爆炸限 4%(体积)以下，在高辐射剂量下氢气产生的速率也是很低的，建筑物的自然空气流通能充分疏散这些氢气。安装强制通风可进一步提供安全条件。

沥青固化废物包容的废物(来自反应堆和后处理厂运行)达到 60%(质量分数)，它们在

贮存条件不会爆炸或者引爆，如果没有被加热到 300 ℃以上，没有外部火源是不会燃烧的。这个结论来自在德国、前苏联和美国的研究，沥青固化物不作为主要的火灾危险考虑。在通常的最高放射性水平下，包容的放射性核素的衰变热不能把 200 L 桶内的沥青固化物加热到 300 ℃高温。

7.6.1.2　沥青固化废物的运输

在国际原子能机构标准——《放射性材料的安全运输规章》里给出了可适用于放射性废物运输的基本要求。执行这些规章的规定，需要核成员国发布补充的国家规章制度。

可利用的技术能够充分满足低中放废物的运输要求。这些废物(包括沥青固化废物)的运输已经在世界上实施多年。

与沥青固化物安全运输相关的方面如下：

－提供足够数量的屏蔽，满足运输要求

－表面剂量率和表面污染水平满足要求

－沥青固化的废物产品的包装物的机械稳定性

－发生火灾和/或者爆炸事故时，所整备废物的性质

当沥青固化废物桶的接触剂量率超过规定的辐照水平限制时，可采用外包装。

芬兰将 200 L 桶(含有沥青)从 1.2～20 m 的高度跌落，试验总结出包装进钢桶的反应堆废物具有高的抗冲击能力，桶的使用增加了机械抵抗力。

因为沥青固化物的闪点相对高，在运输事故中，如果外部没火源，它不可能自发的发生火灾。在运输期间，不存在爆炸风险。进行了关于火对 200 L 桶装纯沥青和模拟的沥青固化物的影响试验。当混凝土容器作为屏蔽装置使用时，防外部火源是有效的。对运输期间的火灾的安全评估显示，没有这种屏蔽，污染物的释放会超过容许水平。

瑞典核电站沥青固化废物通过海洋运输的安全评估指出，海洋运输系统要满足非常高的安全标准。

7.6.1.3　处置

沥青固化物的长期行为对处置场安全评估很重要。

因为沥青固化的放射性废物覆盖 α 和 β/γ 辐射体，处置核电站废物的沥青固化体与后处理厂(或来自相似活动的)废物的沥青固化体，需要关注的时间长短差异相当大。

沥青固化物可能需要考虑：

－辐照影响和稳定性

－热量影响和稳定性

－空间与机械稳定性

－化学稳定性

－长期沉淀和均匀性

－与周围处置介质的相互作用

－气体产生和影响

－抗浸出性

－对微生物的稳定性

7.6.2 物理特性

沥青固化物有些重要的物理特性与沥青固化工艺以及对贮存和处置有关。

7.6.2.1 废物-沥青基质比率

需要重视废物-沥青基质的体积比率和废物颗粒的大小分布影响。因为沥青固化是一个放热过程,大多数水分被去除掉,剩下干燥的废物包容在最终产物中,改变了沥青的黏性。当固体颗粒数量增加时,黏性将以指数形式增加。废物包容量太高会有不利的影响。首先,黏性增加可能导致产品排出的困难。第二,也是更关注的,沥青固化物吸水引起的膨胀。

7.6.2.2 匀质性

定性地说,沥青固化物的匀质性指没有孔隙、气泡、裂缝和裸露废物颗粒。定量地说,如果沥青废物产品的废物和放射性均匀分布,以致一个随机样品的化学及放射化学分析结果不会偏离产品规格要求的平均化学成分和参考放射性含量,这样的沥青废物产品是匀质的。

法国近地表处置规范要求偏移参考值不应超过 25%。放射性匀质性可用非破坏性 γ 扫描包装或者破坏性分析样品测定。

匀质性取决于混合的程度和持续时间、废物-沥青比率、废物类型、水蒸发速率、乳化剂的存在、运行规模、沥青固化设备、沥青的类型和工艺温度等许多因素。一般而言,非匀质性是由不同的沉淀速率引起的。混合缓慢、蒸发速率低和盐晶体较大尺寸可能引起沉淀。在废物包容量高或者固化产物里有两种固体相的时候,例如阴离子和阳离子树脂,它们在密度和尺寸上不同,会导致非匀质性。已经证明,使用直馏沥青或与废物混合时间短将会出现非匀质性。

使用软化剂和黏性小的沥青,稠密的或者较大的颗粒在熔融沥青中的向下移动会加速。因为沥青的热传导性差,冷却 1 个 200 L 桶需要 24 小时以上(冷却速率是大约 2 ℃/h)。在这段时间里,如果沥青的黏性低,会出现相分离。这就是处理能力大的沥青固化装置使用转盘装桶的原因之一,转盘装桶限制倾倒进废物桶中的量,待倒进桶中的产品冷却后再加入。

非匀质性可能导致特性的变化,例如增加浸出率和改变废物沥青固化产品的微观结构。

考虑到沥青的塑性,为了贮存和处置安全,对产品中的沉淀现象进行评估,沉淀速率计算可以根据斯托克司公式:

$$W = \frac{(\delta_P - \delta_B) d_K^2 g}{18\eta}$$

式中:

W 是平均沉淀速率(cm/s);

δ_P 是被包容的颗粒密度(g/cm^3);

δ_B 是液体相的密度,例如沥青(g/cm^3);

d_K 是被包容的颗粒的密度(cm);

η 是随温度而变的动态黏度 (P),(g · cm^{-1} · s^{-1});

g 是重力常数,981 cm/s^2。

在表 7-14 中,计算出三种模拟的沥青固化废物(B15 沥青的质量分数占 50%,盐主要是硝酸钠)在温度作用下的平均沉淀速率。在低抗剪应力和温度低于软化点的条件下对这些产品的黏性与温度的关系进行了测试。对一螺杆挤压机中试装置试验活动产生的沥青固化废物,沥青中形成匀质性分散的固体颗粒,平均直径大约在 30 μm。

结果显示沉淀速率相对较低,例如对于实际的贮存温度 40 ℃,$W \leqslant 5\times10^{-3}$ mm/a。这与沉淀速率在 200 年内至多 1 mm 相符。经验显示,计算值与实验结果吻合相当好。

表 7-14 包容在沥青中的盐颗粒的平均沉降速度(计算值)

样品[1]	温度/℃					
	30	40	50	60	70	90
1	4×10^{-4}	5×10^{-3}	3×10^{-2}	1×10^{-1}	6×10^{-1}	7.5
2	2×10^{-4}	3×10^{-3}	1×10^{-2}	5×10^{-2}	2×10^{-1}	4.3
3	3×10^{-4}	3×10^{-3}	2×10^{-2}	9×10^{-2}	3×10^{-1}	6.5

注:1) 沥青/盐质量比,1∶1;软化点范围,98 ℃~100 ℃(环状和球状测试);平均盐颗粒直径,30 μm;盐颗粒密度,2.261 g/cm³;沥青密度,1.045 g/cm³。

7.6.2.3 密度

沥青固化物的密度相对低,对于离子交换树脂为 1.06~1.1 g/cm³,浓缩物和泥浆为 1.2~1.4 g/cm³,焚烧灰为 1.4~1.6 g/cm³。

7.6.2.4 机械特性

相关的机械特性是硬度和黏弹性。它们对处理、运输和贮存沥青固化废物很重要,可缓冲机械冲击,将荷载应力减小到最少。这些机械特性受选择的沥青、废物的类型和废物包容系数影响。已经观测到辐照也能改变沥青的特性,通常辐照使材料变硬和不易变形。

通常,沥青固化废物的针入度降低为纯沥青的针入度的 50%。例如,在法国,浅地层处置要求最高的针入度限值为 6 mm;在美国,对埋藏在浅地层的废物体,废物必须具有415 kPa的最小无侧限抗压强度。在这种抗压强度下,变形不会超过样品高度的 10%。抗压强度变化与氧化沥青废物包容量的关系如表 7-15 所示。

表 7-15 在 10%的变形下,抗压强度与沥青固化废物包容量之间的关系(沥青:先锋 318)

硝酸钠废物包容量/%(质量分数)	抗压强度/kPa
0	1 720
41.6	2 480
50.6	3 520
60.2	4 290

从 1.2~9 m 自由跌落作冲击测试,显示沥青固化物具有抗变形能力;废物包从 9 m 高度跌落下来,稍微有点变形,但是没有发生散裂。此外,70 MPa 的静液压完全施加在沥青固化物上,显示没有损坏。

沥青固化物在贮存或者运输期间能承受的温度范围比较宽。热量循环可能导致固化物性能退化。在增高的温度下,会发生沉淀作用;在低温度下,废物产品会变得脆弱,一旦被冲击就会破碎。用热循环测试验证沥青固化物是否是适合处置的废物体,测试显示在-40~60 ℃间循环,废物体不受影响。

7.6.2.5 其他物理特性

在废物管理方案中也需要考虑其他物理特性，如：

一流动能力

一比热

一气体扩散速率

一热传导性

一软化点

一闪点和燃点

法国阿格沥青固化设施的沥青固化物的特性如表 7-16 所示。

表 7-16 法国阿格沥青固化废物的典型特性

沥青固化物中干物质含量	40%±5%
密度(25 ℃)	1.33～1.45 g/cm^3
针入度(25 ℃)	40～60(没受辐照)
软化点/℃	45～60(没受辐照)
闪点/℃	260～270
燃点/℃	310～320
开始流动	在 40 ℃,1 400 Pa 下(没受辐照)； 50 Pa，在 80 ℃下
流动黏性	2.7×10^6 Pa·s(20 ℃)
0.005 s^{-1}的速度梯度	100 Pa·s(80 ℃,没受辐照)
比热(30 ℃)	1 300～1 400 J/kg
热传导性(30 ℃)	0.21±0.01 W·m^{-1}·℃$^{-1}$

7.6.3 化学和物理化学特性

7.6.3.1 沥青和废物的化学兼容性

因为减容是废物管理关心的主要问题之一，所以要达到最大化废物包容量，而对最终产品特性没有影响。要对产品进行评价，以保证不要超出质量限制，如没有出现不可接受的浸出率、膨胀和产品稳定性降低。

后处理产生的硝酸钠废物，能与沥青混合，形成匀质的产品，但是在升高的温度下，存在硝酸盐氧化有机材料的可能性，包容硝酸钠限制在 40%(质量分数)以下。

除硝酸钠之外，还有其他的化学物质在一定条件甚至是在低浓度下能增强沥青的氧化，或者能影响沥青特性，例如必须要了解和控制二氧化锰的存在。在沥青固化废物前，必须要实施合适的分析化学程序，确定包容限值，确定预处理技术要求和沥青固化条件等。

7.6.3.2　可燃性

沥青固化物是一种可燃材料，导致沥青固化物起火或者维持自持燃烧的外部能量是安全评估处理、运输、贮存和处置的关键问题。

有些沥青固化物可以在 300 ℃以下被点燃。如果火灾持续，在废物容器中的大部分放射性能释放出来。不过，一旦沥青固化物已经被包装和冷却下来，它是不可能自燃的。在环境温度下，沥青固化物可以搬动、运输和贮存，除非存在点火源。沥青热导性差，外部的火源会导致部分过热，然后废物被点燃，在消防装置的设计中，要考虑这种可能性。

一般情况下，运输沥青固化物不会发生火灾风险，但和装有汽油或柴油、丙烷的车辆相撞时，就存在火灾和放射性释放的风险。如果沥青固化物外部有混凝土外包装就可提供防火保护。

7.6.3.3　放射性核素通过浸出的释放

对沥青固化废物进行了浸出测试，评估放射性核素是如何在基质中被保持好的有关原理和给废物处置系统的安全评估提供源项信息。国际上一直在努力制订标准化浸出测试方法。美国材料试验中心和美国核学会已经提出了浸出测试方法。

关于研究浸出和释放需要注意：

—扩散、溶解或者侵蚀能同时发生。随着时间的过去，在不同的温度下，它们都会对释放作用发生影响。

—浸出测试没有体现处置场实际的环境情况(例如，关于温度和水化学)，也没考虑其他屏障肯定会影响包装里放射性核素的释放速率。

沥青固化物的浸出率如下所示，不同核素的浸出率差几个数量级。

—锕系元素和稀土元素，浸出率为 $10^{-8}\sim10^{-5}$ g・cm^{-2}・d^{-1}。

—后处理废物放射性核素，浸出率为 $10^{-6}\sim10^{-5}$ g・cm^{-2}・d^{-1}。

—碱和碱土金属，浸出率为 $5\times10^{-6}\sim5\times10^{-3}$ g・cm^{-2}・d^{-1}。

许多研究显示，盐的释放取决于废物包容量和废物的性质。如图 7-14 所示，盐浸出速率随废物包容量而增长。虽然盐的释放也许相当大，但是放射性的释放仍保持在低水平，特别是对于那些已经被转化成不可溶解的放射性核素，如在图 7-14 中证明了 ^{137}Cs 的情况。

可溶的盐或者离子交换树脂在沥青固化物包容中超过 50%(质量分数)，就会出现高释放，释放的机理不是扩散，而与溶解有关。

实际样品的浸出表明，小样品的浸出测试使不同沥青固化物的对比容易。但是，在多数情况下，测定结果是保守的。使用这些结果去评估实际沥青固化物，需要确定处置场最有可能发生的情景，提供对释放更接近的处置条件。

支持发展数学模型，数学模型能给出沥青固化物中放射性核素的长期释放行为。

7.6.4　吸水引起的膨胀

在浸出测试期间已经观察到了沥青固化物尺寸膨胀或者扩大，对其造成损坏。这种现象会对包装的完整性造成损害，应该采取合适的措施防止或者限制这种损害，并解决它引起的后果。有些废物膨胀快速，有的在超过 6 个月后才观测到废物在尺寸上有可测量的变化(见表 7-17)。

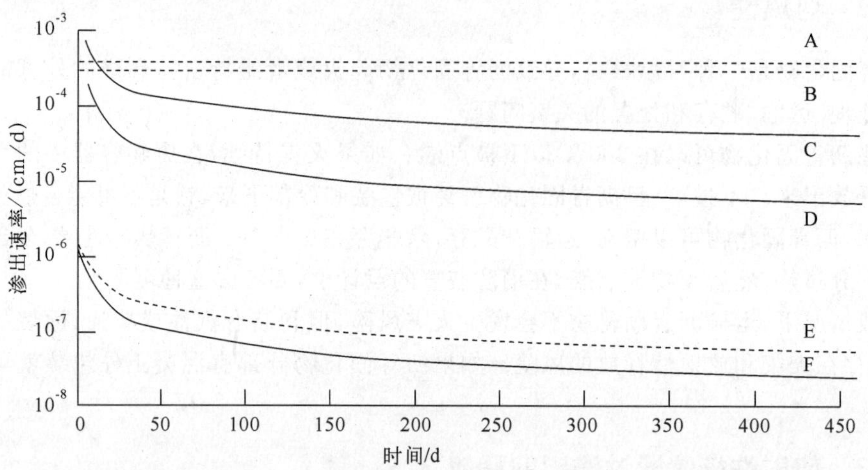

图 7-14 用不同硝酸钠含量的 BWP STE3 样品(来自阿格)进行的浸出测试结果

高硝酸钠含量,2 mol/dm³;正常硝酸钠含量,0.5 mol/dm³;A,D,Na^+;B,C,NO_3^-;E,F,铯。

表 7-17 浸没在水中后,沥青固化物的膨胀

沥青固化废物	水的类型	时间/天	膨胀/%(体积分数)
样品外形:φ80 mm;高 80 mm			
Ambolite 离子交换树脂,沥青 R90/40:60%(质量分数)	去除矿物质的水	365	12.6
化学淤泥,STE3/MA[1],沥青 80/100:60%(质量分数)	自来水	730	0~2
Microionex 粉末树脂,沥青 R90/40:60%(质量分数)	去除矿物质的水	365	23
工业规模样品:200 L 桶			
化学淤泥,STE3/MA,沥青 80/100:60%(质量分数)	自来水	365	0.5
化学淤泥,STE3/MA,带 TBP(可溶性限制),沥青 80/100:60%(质量分数)	自来水	365	1~1.5

注:1) STE3,阿格的一处设施;MA,中等活性废物。

对废物包容量严重过量的沥青固化物,如盐或树脂包容量达 50%~60%(质量分数)的固化体,已经测出选择的小样品浸泡后的体积值增加 200%~400%。

7.6.4.1 离子交换树脂

对脱水离子交换树脂沥青固化的膨胀已经进行了大量的研究。树脂颗粒的吸水造成尺寸上的变化,使沥青膜变薄。沥青固化物中树脂越多,废物尺寸变化越大。沥青固化物中残留水的存在减小最大膨胀程度。在较低的废物包容量下,沥青-树脂废物吸水量减少得相当多,厚沥青膜显示膨胀减少。另一方面,含有饱和多价阳离子的离子交换剂的沥青固化物膨胀趋势减小。

7.6.4.2 膨胀压力

报道的压力测量结果十分低,只有大气压力的十分之几,与估计的好几百大气压力相差很悬殊。

试验把一个正磷酸盐(60%,质量分数)沥青固化物放在一狭窄空间里。数天后,观测到因吸水引起的膨胀压力仅为 21～28 kPa。对于一个未限制空间的样品,这样的包容量通常在 24 小时内会使废物的体积增大一倍。

用沥青固化的离子交换树脂进行长期的试验,观测结果显示膨胀引起的压力形成有相当大的延迟。

因为在沥青膜和基质里面有稀释剂、裂缝或者气孔,如果废物包容量过度,膨胀速率显然会加快,经过长时间会形成高压,这一点仍需要考虑。

对于离子交换树脂和盐类,已经制定了减小或消除膨胀的方法。沥青包容树脂的量少一些,废物产品沥青膜的厚度增加,膨胀速率和程度均减小。沥青固化没有全部烘干的树脂,因为树脂颗粒没有完全收缩,可减小树脂再湿润造成尺寸变化的可能性。可以采取部分氧化树脂颗粒防止树脂水合作用,或者用多价金属离子使阳离子树脂饱和。对于盐类,转化成不可溶解的沉淀物或者水合水较少的形态,也能降低膨胀程度。

7.6.5 放射性特性

关于辐射对膨胀、辐解气体释放、浸出率和/或者其他特性变化影响的认识已有了实质性进展。

7.6.5.1 放射性

必须掌握在废物和最终固化产品中的放射性核素和活度,目的是为了:

—确定产品包装、贮存和处置的路线。

—评估放射性核素和它们的放射性活度对最终产品特性(如膨胀、辐解气体产生和浸出)的影响。

通常,要求沥青固化厂的操作员了解每个废物货包中的放射性含量和重要放射性核素。这种信息可以通过对进料流(通常存储在足够大的缓冲罐里)的样品进行放射性分析,或者通过对固化产品分析来获得。

可以使用以下测量技术:

—破坏性分析(DA):沥青固化样品矿化处理,萃取出盐类和放射性核素(以进行分析)。

—非破坏性分析(NDA):使用扫描设备,测出实际废物包的放射性。可进行 γ 射线扫描,核实放射性在废物内分布是否均匀。

对于 α 辐射体需要特殊的测量技术,以获得要求的灵敏度。

测定放射性以了解:

—最终产品实际剂量率

—废物包的表面剂量率

—对处理、运输和贮存所要求的生物防护

另外，需要正确计算放射性含量和在贮存与处置条件模型中使用的参数，例如：

—剂量率和时间的关系

—总剂量与时间的关系

—α，β和γ辐解气产生

数学模型旨在更好了解和预测膨胀、物理化学特性（硬度、针入度）变化和气体释放等对最终产品的影响。

7.6.5.2 辐解气体产生和释放

使用外γ源照射沥青-废物产品，产生的主要气体是氢气和份额较小（占氢气析出量的5%）的一氧化碳、二氧化碳和低分子量碳氢化合物。辐解氢气产量与沥青固化物中沥青含量有关系，G 值通常是0.2～0.4，不依赖剂量。但是，如果剂量为 3.1×10^{6} Gy，在氧气条件下，二氧化碳的释放可与氢气的释放相比较（见表7-18）。对纯沥青，二氧化碳的产量不依赖剂量率，并低于氢气的产量。足够迹象表明，对于相当量的总剂量，α辐射能使辐解气体产生速率增加1～9倍。但是，沥青固化物里面不太可能含有超过0.2 TBq/m^3 的α辐射体。

当评估沥青固化物的辐解气体产量时，其他有机化合物和残留水的含量也要考虑。

7.6.5.3 辐射对浸出性的影响

许多研究已经检验了辐照对沥青固化物样品的浸出性影响，观察到与未受辐照的样品相比，仅有微小变化。有些膨胀表现出 ^{137}Cs 释放降低（图7-15）。这可能归结于吸附作用，吸附趋向随辐照剂量的增加而增加。

通常，释放受扩散机制支配，因此α和β/γ辐照之间没有什么差别。辐解气体造成的膨胀对放射性从辐照的样品里面释放没有太大影响，如图7-16示意模型所示。

7.6.6 生物降解

因为许多微生物将碳氢化合物当作它们的营养源，所以微生物会降解沥青。降解取决于微生物群体的类型和能力、环境因数（有利于微生物的生长）和沥青固化物中碳氢化合物的化学性质。沥青固化物在处置库处置，特别是在近地表处置设施，要求考虑微生物对沥青的侵蚀和降解影响物理化学特性的可能结果以及防止放射性从废物体的释放。

为了确定生物降解的速率，必须要检测环境因素如温度、pH、滋养物是否存在以及氧气、水的盐度、碳氢化合物的状态和辐照。找出沥青固化物生物侵蚀的最适宜条件和放射性核素浸出速率。释放速率是变化的，不同于那些没有被微生物污染的样品。测试表明，微生物对辐照很敏感，在500 Gy的剂量后，只有少数残存的微生物；超过750 Gy后，几乎没有微生物群能生长。处置库的环境不会有益于微生物的生长。因为，温度低、盐度高、碱度高、辐照和氧气不足，所有这些都限制厌氧和好氧微生物的生长。

法国Cadarache关于微生物对处置系统（包含沥青固化废物）安全影响作了长期研究。测量了纯沥青、沥青与硝酸钠产物的微生物降解速率。在最适宜微生物生长的条件下，大约

表 7-18　沥青固化物 γ 辐照气体成分和产生速率（$ml \cdot g^{-1} \cdot kGy^{-1}$）

受照时的环境气体 剂量/Gy	O_2 6.2×10^5	O_2 3.1×10^6	Ar 5×10^5	Ar 2.6×10^6	O_2 2×10^6	O_2 2×10^7	空气 10^6	Ar 10^6	空气 10^6	Ar 10^6	空气 10^6
H_2	3.9×10^{-4}	3.9×10^{-4}	1.5×10^{-4}	2.2×10^{-4}	9×10^{-5}	9×10^{-5}	1×10^{-3}	1.1×10^{-3}	5×10^{-4}	5×10^{-4}	3.3×10^{-4}
CO	1.3×10^{-5}	3.5×10^{-5}	2.1×10^{-5}	1.8×10^{-5}	6.5×10^{-6}	1.5×10^{-5}	—	—	—	—	—
CO_2	2.6×10^{-5}	3.0×10^{-4}	1.1×10^{-5}	6.7×10^{-6}	5×10^{-5}	8×10^{-5}	—	—	—	—	—
CH_4	$<10^{-6}$	10^{-6}	5.2×10^{-6}	7.5×10^{-6}	2.5×10^{-6}	2.5×10^{-6}	1.4×10^{-5}	4.9×10^{-5}	1×10^{-5}	4×10^{-5}	4×10^{-5}
C_2-C_5碳氢化合物	$<10^{-6}$	5×10^{-6}	1×10^{-6}	2.2×10^{-6}	10^{-6}		1.4×10^{-5}	4.9×10^{-5}	1×10^{-5}	4×10−5	4×10^{-5}
消耗的 O_2	4.4×10^{-3}	4.4×10^{-3}	1×10^{-6}	1×10^{-6}			—	—	—	—	—

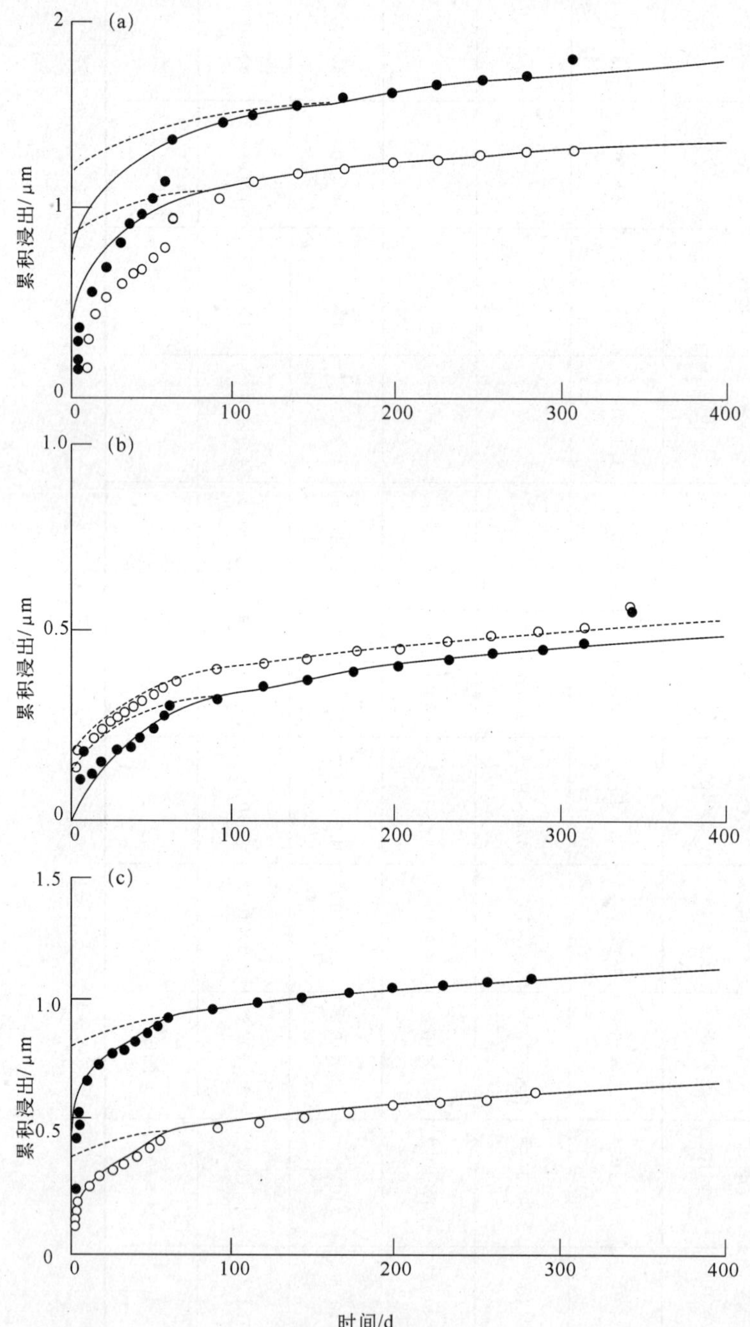

图 7-15 ¹³⁷Cs 从 RWF7 中累积浸出

(a) 未辐照；(b) 1 MGy 辐照；(c) 10 MGy 辐照(RWF7：后处理废物浓缩物包容在氧化沥青 R85/40 中)

曲线是：扩散-吸附模式；扩散模式。数据(●，○)是双重模式

1 年以后，仅去除 3 μm 厚的沥青层，远低于曾经报道过的纯沥青三年的微生物降解超过 25 mm的值。

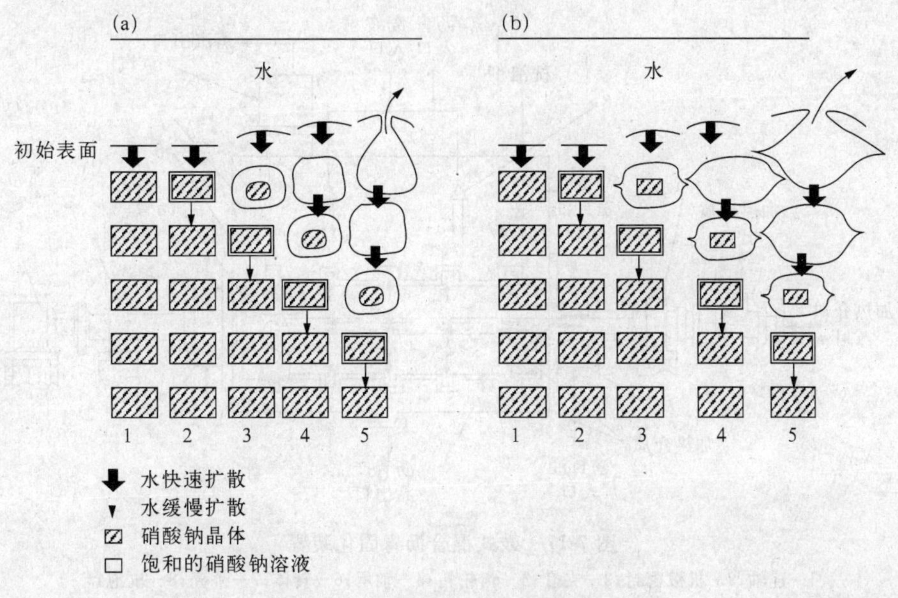

图 7-16　浸出区域发展的示意模型

(a) 未受辐照的 RWF7；(b) α 辐照的 RWF7

在瑞士进行的研究发现，长期沥青降解速率基本上不依赖微生物，该研究用多种微生物在厌氧和好氧条件下进行。在好氧条件下，微生物于标准温度和压力下侵蚀沥青造成的损失结果为 20～50 g·m^{-2}·a^{-1}，产生二氧化碳 15～40 L·m^{-2}·a^{-1}。在厌氧条件下，降解速率仅为好氧条件下的 1%。按废物处置库条件推算，沥青基质（200 L 桶）损失 0.3%～0.8%需要 1 000 年。

但是，好氧微生物活动仅发生在处置库有适当空气流通提供氧气的时候。

美国布鲁克海文国家实验室对浅地层埋藏的沥青固化物（使用的是氧化沥青，先锋221）进行了生物降解研究。基于好氧微生物活动引起的二氧化碳产生速率，估计 200 L 沥青固化废物桶降解达到 1%要在 300 年以后，并且整个时期都要处于理想的好氧条件下。

关于天然沥青和天然沥青类比物长期稳定性的研究表明，沥青的稳定性将超过 10^4～10^7年。沥青固化物的生物降解发生速率相当低，不会影响处置安全性。

7.7　小结

沥青固化放射性废物在核工业已经有很多年，经过不断的改进和发展成为了一门成熟的放射性废物处理技术。最近日本发明了一种鼓式混合沥青固化装置，如图 7-17 所示。与常用的薄膜蒸发器、螺杆挤压机沥青固化装置相比，鼓式沥青固化设备简单，造价低，容易操作，适应性强，可以固化 BWR、PWR 废物以及废离子交换树脂、过滤泥浆等。日本已经有十个核电站采用这种装置。操作温度 150～180 ℃，蒸发能力 140 kg/h，5 h 产生 200 L 固化产品，废物包容量为 40%～50%（质量分数），含水量<1%，以油作为加热介质。

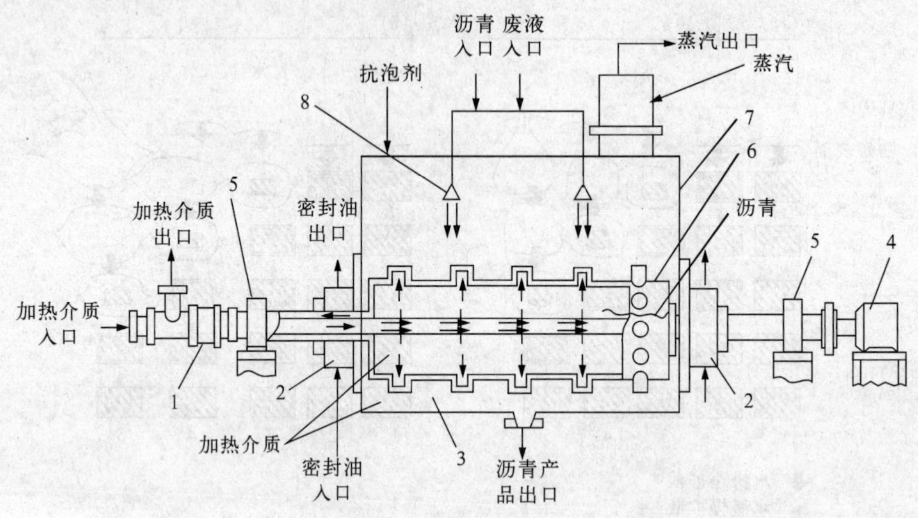

图 7-17 鼓式混合沥青固化装置

1—连轴;2—机械密封;3—夹套;4—齿轮箱;5—轴承;6—转体;7—外壳;8—抗泡器

该固化工艺主要的优点是工艺简单,固化体浸出率较低,成本低廉,废物包容量大。其主要缺点是热传导性、辐照稳定性和热稳定性差,不耐高温,能与硝酸盐发生反应,易燃/易爆。

另外还应当注意,由于沥青熔化温度低和发生事故性火灾的可能性,在一些国家已经限制使用沥青作为固化放射性废物的基质。在不同国家发生过几次火灾,这些火灾大多发生在从灌装沥青到贮存桶期间(温度大约 120 ℃)。

参考文献

1 Bituminization Processes to Condition Radioactive Wastes[R]. TECHNICAL REPORTS SERIES NO. 352. INTERNATIONAL ATOMIC ENERGY AGENCY, VIENNA, 1993

2 罗上庚. 放射性废物概论[M]. 北京:原子能出版社,2003

第8章 聚合物固化

8.1 概述

核燃料循环过程、核电厂运行、同位素生产和核研究中心产生了大量的低中放废物，为实现安全处置，需要进一步处理，如通过固化将湿固体废物转变成稳定的固体形态，减小放射性核素释放到环境中的可能性。已经对废物的固化工艺进行了广泛研究开发。选择合适的固化系统，安全是首要要求。但还需要考虑到其他方面的问题，如：

—减容效果

—工艺操作和维护的简单性

—质量控制要求

—处理经济性

—废物固化体性质

本节主要介绍聚合物固化动力堆废物的工艺，但是这种工艺也适用于其他核设施产生的放射性废物，例如乏燃料后处理厂、核研究机构等等。聚合物固化的湿固体废物有泥浆、废离子交换树脂、蒸发浓缩物、过滤介质等，干固体废物有过滤器芯、焚烧炉灰以及燃料元件碎片等等。

8.2 低中放固体废物的特性和来源

8.2.1 湿固体废物特性

废离子交换树脂在核电站湿固体废物中占有相当比例。

8.2.1.1 颗粒树脂

颗粒树脂在核电站使用很普遍。树脂粒径通常在0.3～1.2 mm。内部吸收的水大约占树脂质量的50%。

树脂实际密度范围在1～1.25 g/cm^3，堆积密度为0.6～1 g/cm^3。这意味着树脂颗粒的空隙体积大约是40%。

当树脂颗粒干燥的时候，收缩约40%。另外，当离子交换树脂装载时，会压缩5%～15%。在离子交换工艺中，相对轻的离子会被相对重的离子(例如H^+被Na^+，OH^-被Cl^-)所交换，因此使得废树脂的实际密度稍微高于新树脂。

8.2.1.2 粉末树脂

粉末树脂很少在压水堆使用，但是在沸水堆用于预涂层过滤器/净水装置，使用很普遍。在许多沸水堆，粉末树脂大量用在浓缩物净化装置。

粉末树脂的化学性质类似于颗粒树脂，它们物理上的不同是粒度，粉末树脂通常只有颗粒树脂大小的十分之一。粉末树脂的基本尺寸是 0.04 mm。实际密度范围在 1.05～1.25 g/cm^3，与颗粒树脂差不多。与颗粒树脂相比，粉末树脂的表面/体积比率很大，所以它保留水分的能力较好。新的粉末树脂含有 50%～60%(质量分数)的水分。粉末树脂和纤维助滤剂混合体的水分含量达 70%(质量分数)。

废粉末树脂比颗粒树脂含有更多小微粒的污染物，粉末树脂泥浆可能含有 5%(质量分数)(或更多)的杂质。

8.2.1.3 过滤介质

预涂层可逆流过滤器用来处理液体废物。普遍使用的助滤剂是硅藻土和纤维素纤维。助滤剂和杂质形成过滤器淤泥。干燥的硅藻土助滤剂的堆积密度是 0.16 g/cm^3，实际密度是 2.3 g/cm^3，微粒通常小于 50 μm。

纤维素纤维由植物材料制成，表观湿密度范围在 0.13～0.34 g/cm^3，实际密度大约为 1.6 g/cm^3，但纤维素自身有气泡。纤维素纤维助滤剂的筛号有多种可选。

在离心分离后，这些助滤剂能包含约 50%(质量分数)的水。过滤器淤泥中的杂质含量占 5%～10%(质量分数)。

在许多核电站，硅藻土和纤维素过滤介质被粉末树脂或者粉末树脂与纤维素混合物所代替，因为粉末树脂的离子交换能力强。

8.2.1.4 淤泥

有些可逆流过滤系统，比如刻槽盘式过滤器和沙层压力过滤器，不需要助滤剂材料，因此这类装置产生的淤泥不包含其他物质。燃料冷却池净化系统运行和化学去污产生的淤泥，除含有裂片放射性核素外还有燃料元件包壳腐蚀产物。这些淤泥的固体含量相对低(10%～20%，质量分数)，在固化前要求脱水。

8.2.2 固体废物特性

干固体废物包括空气过滤器滤芯、干燥器处理过的废物或者焚烧炉灰和元件碎片。

在核电站使用的过滤器滤芯通常由打褶的纸或者缠绕纤维制成。它们可以单个或者成组使用，取决于过滤系统的设计。不同的系统，过滤元件的尺寸也不同。

干燥器处理过的废物呈粒状或者粉末状。在干燥过程中，它们能与固化剂一起混合。

污染的干废物(DAW)经常由碎屑、纸张、塑料、橡胶和类似材料组成。这类废物通常不固化处理，如果需要，可以用聚合物或者其他黏结剂对其进行固化。

焚烧炉灰(即燃烧 DAW 或废树脂的残留物)呈粉末态，可能含有不可燃物的碎片。有些焚烧炉设计成将焚烧灰与水进行混合，这样方便运输和取样，可使气溶胶释放最小化。

表 8-1 列举反应堆运行产生的固体废物类型。

表 8-1 动力堆运行产生的低中放固体废物类型

废物类型	废物描述
沉淀和淤泥	过滤器/净水装置淤泥，包括粉末离子交换树脂、纤维素助滤剂、硅藻土(主要使用在沸水堆)
湿颗粒	离子交换(阴离子和阳离子)树脂
干燥颗粒物	废气处理吸附剂、活性炭
可燃烧固体	HEPA 过滤器、压实的废物
不可燃烧的固体	失效的设备、废物中不可燃烧的部分
过滤筒	水处理过滤器、纤维素和塑料介质(主要使用在压水堆)
燃料元件的部件	在装运或者后处理前，从燃料元件卸下的小部件

8.2.3 废物源

8.2.3.1 压水堆(PWR)

PWR 的湿废物主要是蒸发器的蒸残液，含有一回路冷却剂系统使用的硼酸/硼酸盐。PWR 核电厂广泛应用一次性芯过滤器。虽然废过滤器芯的量少，但它们包含了大部分从工艺废水滤出的放射性核素。一些 PWR 使用树脂床净化二次回路水作再循环使用。图 8-1 显示了一般 PWR 产生的废物类型和数量。表 8-2 列出了放射性元素在 PWR 各类废物中的份额。

表 8-2 放射性元素在压水堆各类废物中的份额

元素	废物(低放废物)					
	废树脂	过滤泥浆	过滤器芯	蒸发浓缩物	可压缩废物	不可压缩废物
锰	6.25×10^{-1}	1.30×10^{-2}	3.39×10^{-1}	2.03×10^{-2}	2.03×10^{-3}	2.02×10^{-3}
钴	4.89×10^{-1}	1.83×10^{-2}	4.76×10^{-1}	7.15×10^{-3}	6.34×10^{-3}	3.25×10^{-3}
铯	9.03×10^{-1}	3.19×10^{-1}	8.30×10^{-2}	4.88×10^{-3}	4.12×10^{-3}	2.12×10^{-3}
其他	4.53×10^{-1}	1.34×10^{-3}	3.47×10^{-2}	4.85×10^{-1}	1.69×10^{-2}	8.68×10^{-3}

8.2.3.2 沸水堆(BWR)

BWR 产生特殊的湿废物。BWR 使用再生离子交换树脂对冷却剂进行净化，导致产生了大量的硫酸钠蒸发器浓缩物。

BWR 使用粉末离子交换树脂过滤和除盐，有时候与含硅藻土或者其他助滤剂一起使用。因为粉末树脂是不能再生的，这些电站几乎没有蒸发器，粉末树脂的过滤器泥浆是主要的湿固体废物。BWR 废物源项如图 8-2 所示。

BWR 核电站废物中放射性元素的份额如表 8-3 所示。

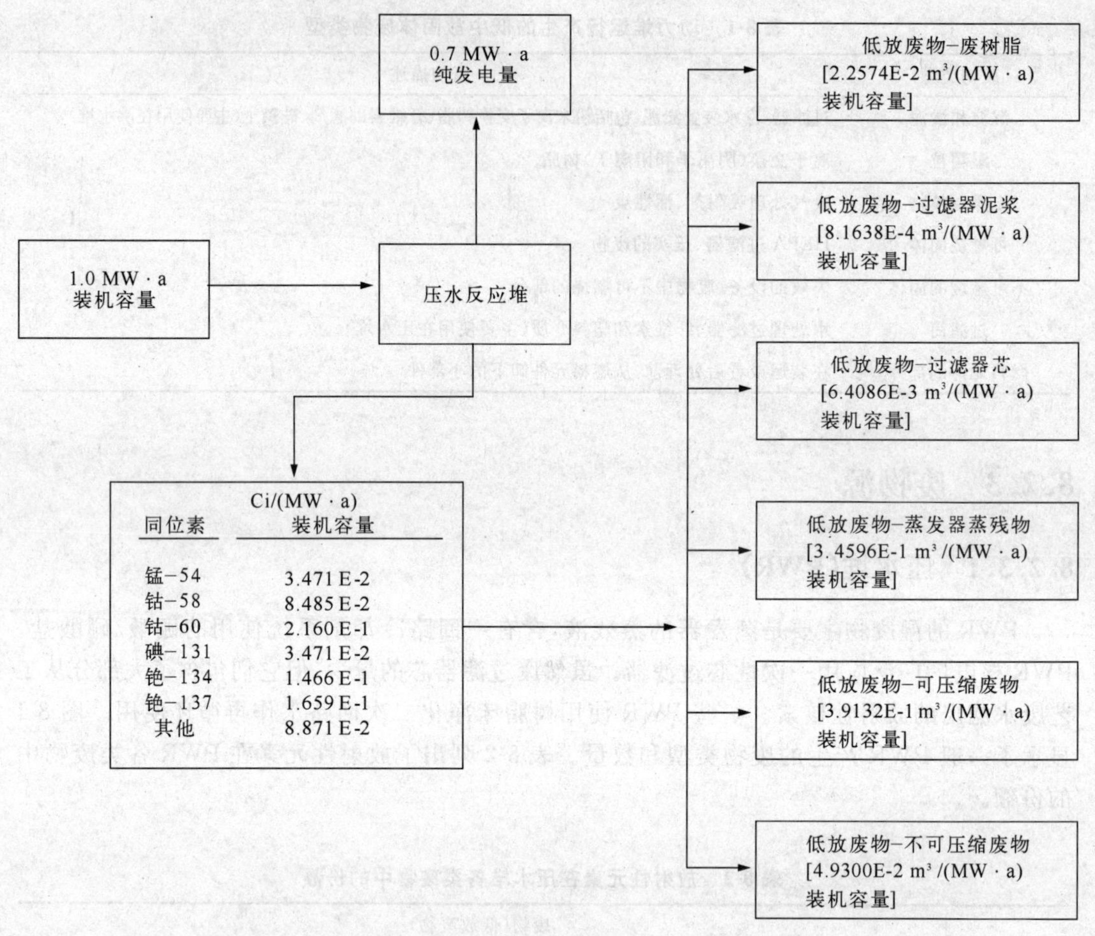

图 8-1 PWR 核电站常规运行废物产生图

表 8-3 放射性元素在沸水堆各类废物中的份额

元素	废物(低放废物)				
	废树脂	过滤泥浆	蒸发浓缩物	可压缩废物	不可压缩废物
锰	2.63×10^{-2}	9.39×10^{-2}	3.12×10^{-3}	2.23×10^{-3}	1.06×10^{-3}
钴	7.03×10^{-2}	8.71×10^{-1}	5.61×10^{-2}	1.85×10^{-3}	8.79×10^{-4}
铯	7.50×10^{-4}	1.60×10^{-1}	8.88×10^{-2}	3.50×10^{-4}	1.66×10^{-4}
其他	4.17×10^{-1}	1.38×10^{-3}	8.12×10^{-1}	5.40×10^{-3}	2.56×10^{-3}

8.2.3.3 气冷反应堆(GCR)

GCR 运行产生的废物包括过滤器泥浆、废离子交换树脂、干燥剂和燃料元件碎片。泥浆是从液体废物流和燃料元件冷却池水通过沙层压力过滤器或者涂层过滤器处理得到的。废离子交换树脂是处理液体废物和燃料池水产生的。镁诺克斯反应堆的燃料元件碎片包括少量镁诺克斯合金元件的部件,这些部件是乏燃料从核电站运走前卸下的。[先进气冷堆运

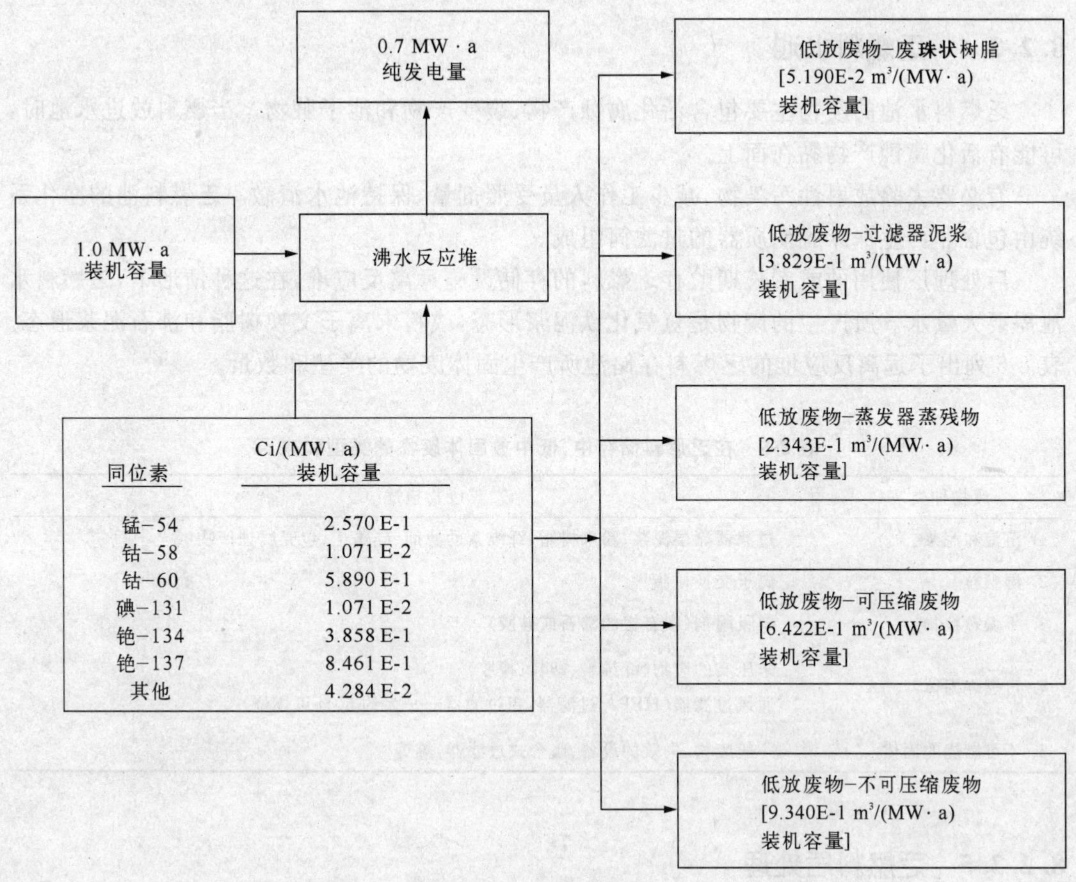

图 8-2　BWR 核电站常规运行废物产生图

行产生的串式燃料碎片(包括不锈钢和石墨)作为退役废物处理没有包括在下表中。]在反应堆气体冷却剂中,需要用干燥剂控制湿气。另外,气体净化操作还产生活性炭滤材。表 8-4 列出了在英国具有代表性的气冷反应堆产生的典型固体废物。

表 8-4　气冷反应堆产生的典型废物

	废物类型	每座电站一年通常产生的数量	比活度[1]	主要放射性元素
镁诺克斯反应堆	泥浆	2 m^3	100 Ci/m^3	^{137}Cs, ^{90}Sr, ^{103}Ru, ^{241}Pu, ^{144}Ce
	离子交换树脂	3 m^3	300 Ci/m^3	^{134}Cs, ^{137}Cs, ^{90}Sr
	燃料元件碎片	5 t	400 $\mu Ci/g$	^{65}Zn, ^{60}Co, ^{55}Fe
	一般废物	200 m^3	0.1 Ci/m^3	^{55}Fe, ^{60}Co, ^{90}Sr, ^{137}Cs
先进气冷反应堆	泥浆	4 m^3	700 Ci/m^3	^{55}Fe, ^{60}Co, ^{63}Ni, ^{54}Mn
	离子交换树脂	3 m^3	50 Ci/m^3	^{55}Fe, ^{60}Co, ^{54}Mn
	一般废物	100 m^3	0.005 Ci/m^3	^{35}S, ^{60}Co

注:1) 1 Ci=3.7×10^{10} Bq 或者 37 GBq。

8.2.3.4 乏燃料水池

乏燃料水池的废物主要包含活化腐蚀产物、裂变产物和池子脏物。当燃料放进水池时，可能有活化腐蚀产物黏在面上。

有必要去除放射性污染物，减少工作人员受照剂量，保持池水清澈。乏燃料池的净化系统由包含非再生深床脱矿质器的过滤筒组成。

后处理厂使用的或者长期贮存乏燃料的存储设施远离反应堆，在这种情形下，乏燃料水池需要大量水。所产生的废物是氢氧化铁泥浆形态，或粉末离子交换树脂和沸石泥浆形态。表 8-5 列出了远离反应堆的乏燃料存储池所产生固体废物的类型和数量。

表 8-5 在乏燃料储存中，低中放固体废物的类型和来源

废物种类	废物描述
1. 沉淀和泥浆	过滤器涂层泥浆；粉末树脂、纤维素助滤剂、硅藻土、包壳腐蚀产物
2. 湿颗粒	离子交换树脂
3. 干燥颗粒物	碘吸附剂（载有银的沸石或硅胶）
4. 可燃烧固体	未压实的废物（纤维素、塑料、橡胶） 通风过滤器（HEPA 过滤器，粗过滤器——大约 60％可燃烧）
5. 不可燃烧的固体	一般废物、失效的设备、组合式过滤器，等等

8.2.3.5 乏燃料后处理

乏燃料后处理产生的中放固体废物（ILW）中，湿固体废物包括过滤器、离子交换树脂、硅胶和过滤器饼。干固体废物包括失效的工艺设备、不可燃废物、通风过滤器（如 HEPA 过滤器）和焚烧炉灰等。其他的固体废物还有用来吸收碘的沸石和焚烧可燃烧废物产生的灰。这些废物的源和相关数量如表 8-6 所示。

表 8-6 乏燃料后处理厂低中放固体废物和类型

废物类型	废物描述
沉淀/泥浆	水处理泥浆（氢氧化铁、黏土、混合沉淀物）
湿颗粒	球状离子交换树脂
干燥颗粒物	除碘吸附剂，沸石，钌吸附剂（三氧化二铁、二氧化硅），氟化铀吸附剂（三氧化二铝、氟化钠、二氟化钙、二氟化镁）、氟化铀氟化器床和颗粒
可燃固体	混合可燃废物（不可压缩的）、通风过滤器（60％可燃烧）
不可燃固体	一般废物、失效的设备、深填充床过滤器

8.2.3.6 其他废物源

同位素制备以及同位素在工业、农业和医疗上的使用，核研究设施实验室的运行产生的废物在有些情况下,也有用聚合物处理的。

8.3 聚合物的描述

8.3.1 聚合物类型和一般要求

已经测试和评估过40种适合作不同废物的黏结剂的基本聚合物。聚合物包容废物有它特殊的特性、处理要求和经济因素,它很适合处理其他方法不适合处理的废物。

选择聚合物应考虑:

一可用性和成本

一与废物的兼容性

一对废物流变化的耐受性

一保存期限

一安全,处理工艺简单

(1) 热塑性塑料

聚合物的性质依赖于聚合链之间的相互作用。聚乙烯,聚苯乙烯和聚甲基丙烯酸甲酯由紧密的聚合链组成。在高温下,这些硬聚合物开始变得有弹性或者形成可流动的液体。发生转变的温度称为玻璃化转变温度(T_g),标志着聚合物在物理和机械特性上发生了快速的变化。一旦冷凝,聚合物回复到它原来状态。当一种合适的溶剂添加到这些聚合物时,添加的溶剂渗透过聚合链之间的表面,使范德瓦尔引力减小,聚合物变成溶液。这样的聚合物叫做热塑性塑料。热塑性塑料聚合物包含不交联的线性分子,在有些情况下,这些线性分子可以被交联。

(2) 热固性塑料

热固性塑料加热改变外形后,冷却后不能回复到原状。一些典型的热固树脂是酚醛塑料、尿素塑料和三聚氰胺。当被加热时,热固性树脂线性链之间形成永久交联,形成非常刚硬的不能熔化的三维链结构。随后的加热和压力导致链破坏,引起聚合体一系列的降解特性。

少数热固性树脂不要求加热,仅仅需要一点或者不需要压力就能达到永久形变。聚酯、环氧树脂、硅树脂和聚亚安酯通常在室温下,由某些化学品发生反应铸成。

8.3.2 聚合物的性质

实际上,废物或者其他材料包容到塑料基质中,聚合物的特性会受到影响。这些变化的程度取决于包容的废物的类型和数量、废物成分和单体或聚合物之间的化学相互作用,以及产生废物固化体的工艺参数。

8.3.2.1 物理和机械特性

一些聚合物固化体的物理和机械特性如表8-7所示。

聚合物的机械特性,例如抗压强度和拉伸强度好,使得废物包容量比水泥和沥青高,而不会危及废物固化体的完整性。

表 8-7 聚合物固化体相关的一些物理和机械特性

聚合物	特性	ASTM测试方法	环氧树脂	聚酯苯乙烯	乙烯基酯苯乙烯	聚苯乙烯	低密度聚苯乙烯
机械的	抗张强度	D638	4 000~13 000	4 500~20 000	10 500	5 000~12 000	600~2 300
	延伸率/%	D638	3.0~6.0	-	3.5~5.5	1.0~2.5	90~800
	压缩强度/(lb/in^2)	D695	15 000~25 000	15 000~30 000	-	11 500~16 000	没被破坏
	冲击强度	D265A	0.2~2.0	2.5~15.0	-	0.25~0.40	0.20~0.36
	洛氏硬度	D785	M80~110	40~70	-	M65~80	124~128
热的	线性热膨胀系数/[(10^{-5}in/(in·℃)]	D696	4.5~6.5	0.6~3.0	-	6.0~8.0	2.5~6.0
	热传导性/[(10^{-4}cal/(s·cm·℃)]	C117	4.0~5.0	-	-	2.4~3.3	3.0~6.0
物理的	比重	D792	1.11~1.40	1.5	-	1.04~1.05	0.917~0.932
	水吸附,24 h	D572	0.08~0.015	0.01~0.25	0.2	0.03~0.01	<0.01

在正常的温度条件下，大多数聚合物保持它们的物理和机械特性。但是，在温度超过它们的玻璃化转变温度(T_g)时，热塑性树料丧失了机械特性。由于交联的或者热固性树脂聚合物没有玻璃化转变温度，温度高达 175 ℃仍能维持机械性能，直到达到其分解温度。一般而言，大多数乙烯基型聚合物开始热分解大约在 200 ℃。分解温度还可能取决于分子结构和黏结。

因为聚合物的密度高于它的单体，收缩通常发生在聚合作用上。压力将对聚合物机械特性产生有害的影响，并且引起聚合物和废物之间的黏结比较差。通常通过使用添加物和控制聚合反应将这种影响减到最小。

8.3.2.2　抗化学作用性能

聚合物固化体抗化学作用力的特性如表 8-8 所示。

表 8-8　聚合物抗化学作用力特性

特性	ASTM 测试方法	环氧树脂	不饱和的聚酯苯乙烯	乙烯基酯苯乙烯	聚苯乙烯	低密度聚苯乙烯
燃烧速率	D635	缓慢	缓慢到自熄	好	缓慢	非常缓慢
弱酸影响	D543	不	不	好	不	有抵抗
强酸影响	D543	被浸蚀	被浸蚀	好	被氧化性酸浸蚀	被氧化性酸浸蚀
弱碱影响	D543	不	轻微	好	不	有抵抗能力
强碱影响	D543	轻微	被浸蚀	好	不	有抵抗能力
有机溶剂影响	D543	有抵抗能力	轻微到值得考虑	相当好	在芳香物族化合物中可溶	在 60 ℃下能忍受

聚合物大多数被强酸浸蚀，但是弱酸和碱的影响很小。大多数热固性树脂和高交联的聚合物抗有机溶剂作用很好，但是热塑性塑料溶于某些溶剂。

所有的有机材料(包括聚合物)与火源和空气接触时，都能燃烧、热解或者烧焦。但是，包含某些元素例如氯、溴、磷、锑、硼和氮的化合物将阻碍或者抑制燃烧。除非需要时，一般不希望将它们用作耐火材料，因为它们引起的问题比解决的问题更多。

8.4　废物固化前的预处理

根据基质材料的化学特性，废物固化前可能需要预处理，以提高产品的质量。在固化工艺中，对于有些聚合物，废物的预处理是一个必要的步骤。通常用化学预处理和/或者废物脱水来改善可处理性、增加包容系数和提高产品特性。

8.4.1 化学预处理

8.4.1.1 pH 控制

液体废物的 pH 值在蒸发器里浓缩前要进行调整，以避免腐蚀、起泡过多和结垢问题。浓缩后的蒸发器泥浆可以直接用适当的聚合物来固化。进行干燥预处理可降低废物的体积，这样可提高废物包容量和提高产品特性。

工艺操作应当小心控制 pH 值，考虑结构材料和干燥器的运行条件。为了获得(处理容易的)粉末物，pH 值控制和使用其他添加剂是重要的，特别是对含有硼酸盐的液体废物。

需要加入引发剂和促进剂的聚合物系统通常有 pH 范围限制。一般情况下，酸性废物具有阻碍或抑制聚合的作用；碱性废物对废物固化体特性有一些有害的影响。

8.4.1.2 降低盐废物溶解性

对盐废物进行化学处理(如硼酸和硫酸钠)，降低它们的溶解性能帮助克服 pH 值影响固化过程和废物固化体特性。以钡和镁的化合物将硼酸废物转化成不溶解的硼酸盐。硫酸钠废物有时候用氢氧化钙处理形成硫酸钙，硫酸钙有较低的溶解性。盐废物转化成不易溶解的化合物，可提高废物包容量和提高废物固化体的性能。

8.4.1.3 饱和废树脂

有些聚合物对废离子交换树脂的酸性很敏感。法国环氧树脂固化、聚酯固化要求 pH 值为 13，用氢氧化钠和氢氧化钙碱溶液进行离子交换树脂的预处理。

8.4.2 脱水

8.4.2.1 机械式脱水

废物的机械式脱水能除去过多的水，因此增加了聚合物废物固化体的包容量。脱水处理特别适用于含有大量自由水的颗粒树脂、粉末树脂、浮浊污物和其他类型的废物。颗粒树脂机械脱水在固化装置的废物计量站或在产品桶里进行。对于在桶内脱水，真空过滤是最普通的技术。DOW(美国道尔化学公司)固化工艺和法国 Nymphea 工艺中，颗粒树脂在过滤器滤芯里通过干燥空气过滤系统机械地脱去水。如果固体颗粒太细或者不适合过滤，液体和固体的分离还可以用离心作用来完成。

8.4.2.2 蒸发

通过蒸发减小废物的体积是核电站常用的技术。体积减小取决于溶解在废液中的固体数量及其特性。虽然蒸发工艺相对简单，但它还是有些限制。在沸腾的液体中，有不溶解颗粒会引起夹带，因此在蒸发处理前，有必要通过过滤或其他技术在进料时除掉悬浮物。另外，还必须了解废物中的成分，避免在高温时发生激烈或爆炸性反应。

8.4.2.3 蒸发/结晶

蒸发/结晶系统用来将不同的液体废物浓缩成泥浆(含质量分数 50%的固体)，核电站的一些系统的浓缩能力更强。

有种蒸发器使用一种半连续真空冷却结晶工艺浓缩某些液体废物。废物加入系统，进行循环流通，使装置形成真空，流体中以受控方式出现沉淀和晶体生长。当系统形成足够的废物晶体[体积分数为25%]时，将晶体状泥浆泵入固化系统。

8.4.3 干燥

用某些聚合物固化废物，例如聚乙烯和普通的聚酯-苯乙烯，要求对湿固体废物进行干燥。干燥的废物掺合到聚合物基质中，达到高的废物包容量。存在适合废物在掺合到聚合物前进行干燥的一些工艺。

8.4.3.1 挤压机/蒸发器系统

挤压机/蒸发器系统从废物里去除水并使干燥的废物与基材结合。蒸发的水被浓缩在挤压机/蒸发器的蒸汽包里，回到车间再进行处理或者进一步使用。聚合物基质/废物混合物被挤压进容器里，在那里冷却、凝固。这种系统相似于在美国WASTECHEM公司使用的沥青固化系统，它适合于使用聚乙烯和其他的热塑性塑料固化废物。

8.4.3.2 流化床干燥器

将需要干燥的湿固体废物喷射进流化床上，水被蒸发，废物化合物以固体颗粒沉淀在床上，干燥的固体不时地被移出。对水蒸气进行浓缩和处理。废气通常在处理后经过床再循环。

8.4.3.3 薄膜和刮膜蒸发器/干燥系统

薄膜和刮膜蒸发器/干燥器系统，可以是垂直或者卧式的，由一加热的圆筒壳体组成(含有一个旋转刀片的元件)。根据设计，刀片与筒壁接触或者在刀片和筒壁之间有小的间隙。图8-3显示了LUWA的一种垂直薄膜蒸发器的简化图，该型式的旋转刀片与筒壁是接触的。在日本类似于这种类型的薄膜蒸发器，使用的刀片不与筒壁接触。在格勒诺布尔，垂直型干燥器在减压下使用。

通常用薄膜和刮膜蒸发器/干燥器系统处理的废物有硫酸盐、硼酸盐、过滤器淤泥、颗粒离子交换树脂、粉末离子交换树脂和灰尘泥浆。

自从1979年，在Ardennes Franco-Belgium核电站(SENA)就用这种方法处理含有来自PWR废物的硼酸盐。日本东京电力有限公司的福岛2#厂址对BWR硫酸盐和离子交换树脂(颗粒和粉末)进行干燥处理。

8.4.3.4 喷射干燥器

喷射干燥器可用作减容系统，单独或者与聚合物固化系统联合使用。喷射干燥器将要被干燥的废物喷射到有加热的空气流的塔里。这种系统的优点是在低温下使水蒸发，防止放射性核素的挥发，使氨水、胺和来自离子交换树脂分解的硫氧化物产物挥发减小到最少。图8-4为喷射干燥器的简单示意图。

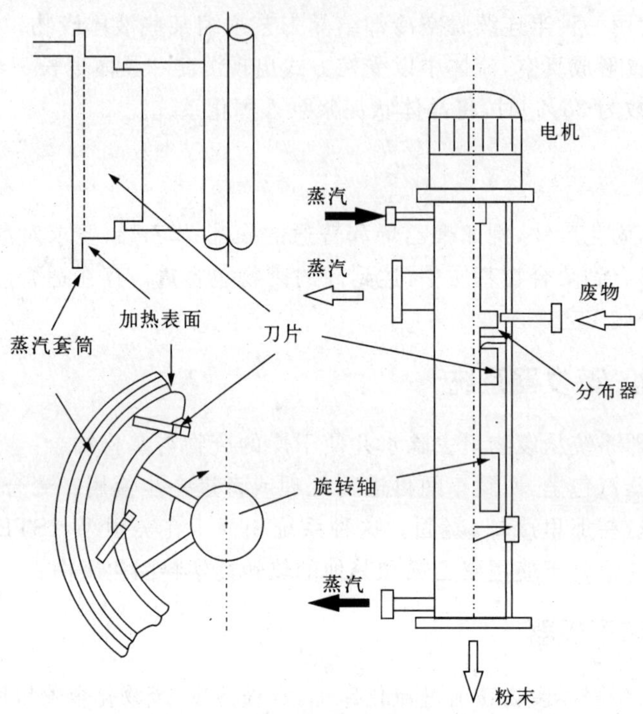

图 8-3 LUWA 垂直薄膜蒸发器的简单示意图

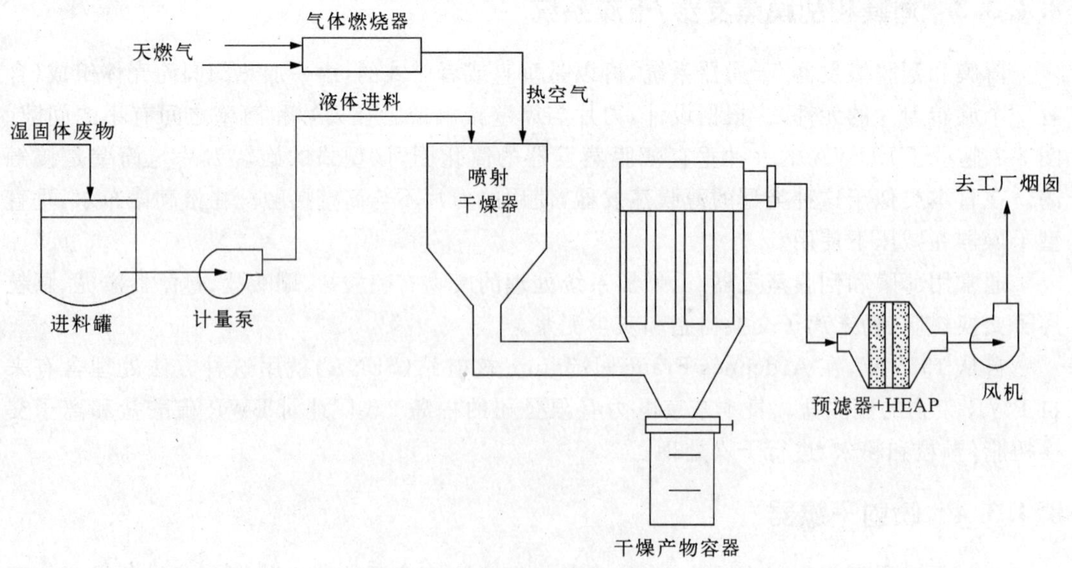

图 8-4 喷射干燥器系统的流程图

8.5 固化工艺

聚合物固化湿固体废物和干燥固体废物有不同的工艺。大量使用的聚合物有苯乙烯，乙烯酯-苯乙烯。体积减小处理通常在固化前进行，目的是减少水的数量或者提高废物-黏合剂兼容性。

8.5.1 环氧树脂

环氧树脂主要分成两类：一类来自表氯醇（化学式为 C_2H_5ClO），另外一类产生于环烃环氧化作用。后者普遍地称为环酯族环氧化树脂。

使用得最早和最广泛的环氧树脂通过表氯醇与多羟（基）化合物（如，苯酚 A）反应而制成，氢氧化钠作为反应催化剂。

这些环氧树脂有不同的形态，从低的黏性液体到高熔融的固体，不同形态的环氧树脂通过改变表氯醇：苯酚 A 的比率获得。在反应中，表氯醇过量导致生成较低相对分子质量的液体树脂，这种树脂可用于固化废物。

其他生成的环氧树脂是被环氧化作用的酚醛清漆、对氨基苯酚环氧树脂和缩水甘油基酯。

环氧树脂可以通过不同的交联剂硬化，如硬化剂凝固或者通过催化剂促进环氧树脂的自我聚合。当树脂中几乎所有的反应活性部位已经起化学作用时，系统变得坚固，不溶化的材料被固化。选择合适的固化剂取决于混合物的黏性要求、质量和温度。

众多的尿素和酐硬化剂可用作双酚 A 基树脂的硬化剂。简单地说，当需要室温凝固和要求最终产品温度不超过 100 ℃时，可以使用脂族胺，如包括二亚乙基三胺和三亚乙基四胺的一次聚胺和二次聚胺。

酐硬化的双酚 A 系统具有有效时间长、放热低和黏合性好等性质。六氢邻苯二甲酸酐的扰曲温度为 125～145 ℃。均苯四酸酐或者氯桥酸酐的扰曲温度为 170 ℃以上。少量的叔胺，例如苄基二甲胺，经常用于加速固化反应。酯环族环氧化物仅对酸硬化剂起反应，例如多羟基酸或酸酐。因为这些树脂的致密组织，用六氢邻苯二甲酸酐固化的系统的扰曲温度在 190 ℃以上。

环氧树脂几乎不单独使用，通常需要几种添加剂。用硬化剂从环氧树脂半成品形成热固性树脂，要仔细选择硬化剂，因为它们对处理和固化速率及产品特性影响很大。

8.5.1.1 法国 CEA 的固化工艺

在最初的 CEA 工艺里，苯酚 A/二缩水甘油醚与二氨基联苯酚甲烷作为硬化剂使用。这是为聚合物 A 设计的。聚合物 A 主要用于包容废离子交换树脂和蒸发器浓缩物；它还应用于固化过滤器和拆下来的反应堆部件。在卡达拉希（Cadarache）核研究中心开发的聚合物 B 进行了中试。聚合物 B 是由环氧树脂（苯酚 A 类型）与改进的硬化剂缓慢聚合形成的。聚合物 B 与聚合物 A 相比有以下优点：

一对离子交换树脂的酸度不敏感

一增加了对水分的容许量

—满足放热行为(200 L废物包)

—提高了包容能力

聚合物B在化学计量比(硬化剂/树脂=0.6)下达到最佳聚合作用,与离子交换树脂的H^+/OH^-无关。另外,最终产物的质量对硬化剂过量的敏感程度不如对硬化剂不足的敏感程度。

由于容许水的存在,聚合物B的应用可避免昂贵的脱水预处理步骤。对于聚合物A和B,废物的最高水含量与相对的包容率如图8-5所示。

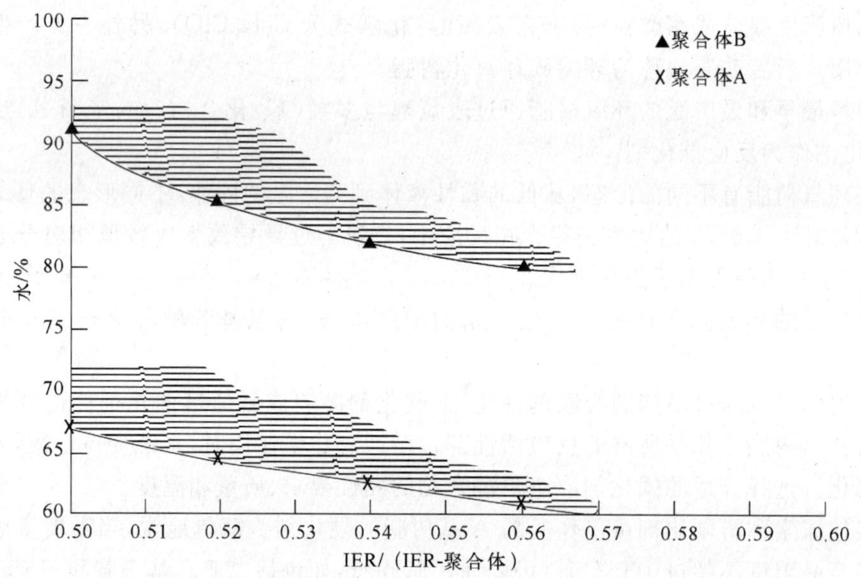

图8-5 对于聚合物A和聚合物B,废物中最高水含量与相对的包容量

除了能够固化含水量高的废物外,聚合物B有可能包容大量的废物[高达50%~56%(质量分数)]。图8-6显示了200 L桶(含有用聚合物B固化的废物)中心的温度变化。可以看出在14小时内,中心线温度从环境温度(18 ℃)上升到最高温度(74 ℃)。因此,放热温度充分避免了桶中心的温度超过水的沸点。

法国CEA间歇式工艺流程如图8-7所示。用液压将废离子交换树脂输送到计量罐中,随后放进已经预先测量的树脂到固化桶。在混合装置末端放置一张滤网,监测水量。在固化前,过多水被传送到废离子交换树脂存储罐里或者液体废物处理站。环氧树脂和硬化剂然后从各自的计量罐输送到桶中,在桶里用水混合。接着进行搅拌混合,废物产品桶传送到临时贮存库,在那里进行聚合作用。等聚合作用完毕后,对桶进行密封。

包容废离子交换树脂的连续(在线)工艺流程如图8-8所示。混和前,树脂用离心机脱水。固化基材与树脂用螺旋混合器混合,不使用桶内混合桨装置(如图8-7所示)。法国原子技术公司建造了用于包容废树脂的一种可移动装置,该装置如图8-9所示。

8.5.1.2 英国中央电力局的聚合物固化工艺

英国中央电力局用的树脂固化系统增加了固化体密度,降低了聚合作用放热温度。瑞

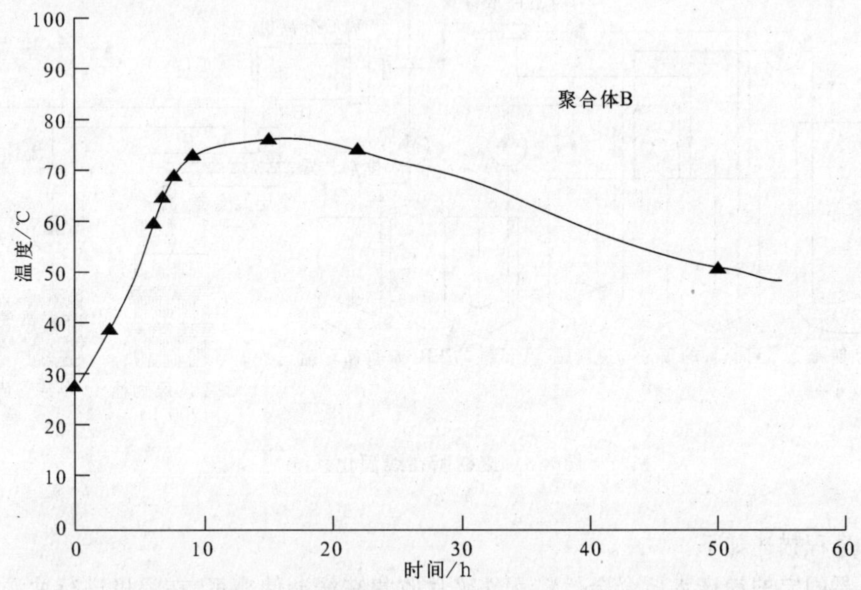

图 8-6　在 200 L 桶(含有用聚合体 B 固化的废物)内部的温度变化

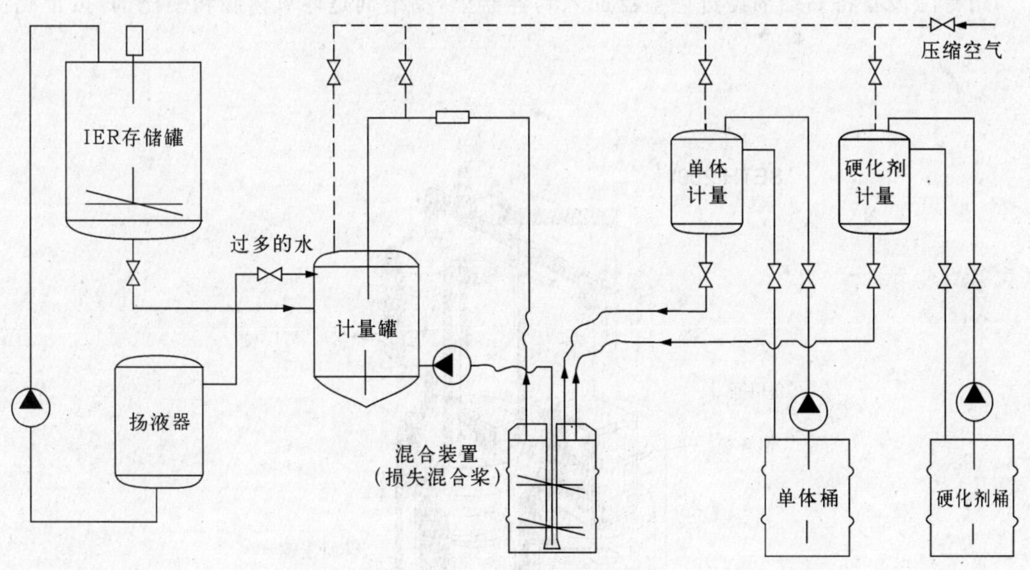

图 8-7　法国 CEA 废树脂间歇式固化系统

士 Ciba Geigy 公司提供的原料称为聚合物 C。

聚合物 C 有利于包容镁诺克斯合金元件碎片，因为它有以下特性：

一对于外部水的高度不渗透性

一易燃性低，自燃点高于镁诺克斯合金的自燃点

一最高固化温度低于 95 ℃(防止内部水汽压力影响废物体的完整性)

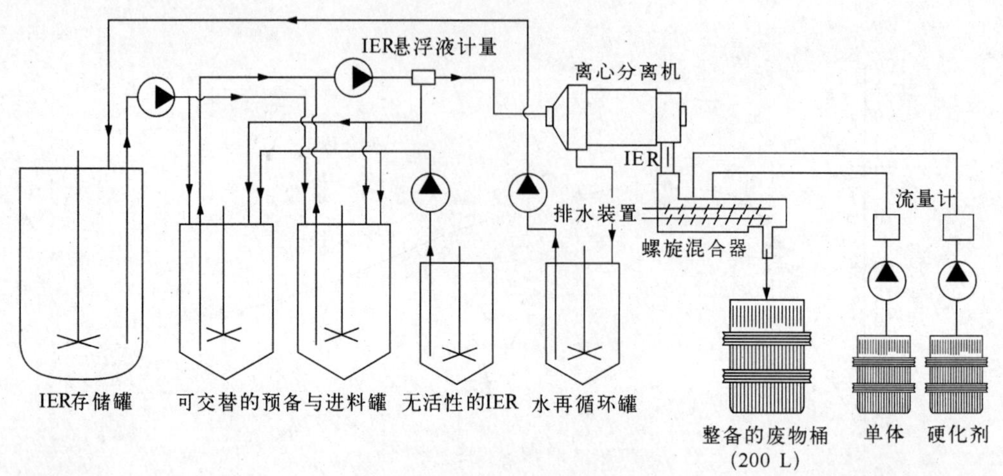

图 8-8　废树脂在线固化系统

工艺过程描述如下。

将需要固定的镁诺克斯合金燃料元件碎片收集在缓冲储槽里，在那里进行冲洗，排出水后用通风进行干燥(如图 8-10 所示)。然后对高放射性部件进行监测。碎片直接进入到处置容器，用液力压头压实。连续进料和压实，直到容器装满，接下来把容器运输到密封区。

用专门设备将黏结剂经过计量器加入到容器里，黏结剂是环氧树脂和硬化剂，按正确比

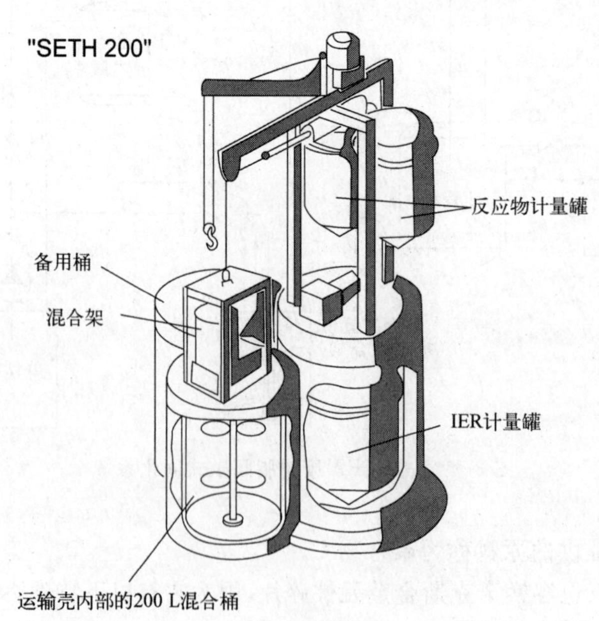

图 8-9　法国原子技术公司废树脂固化可移动装置

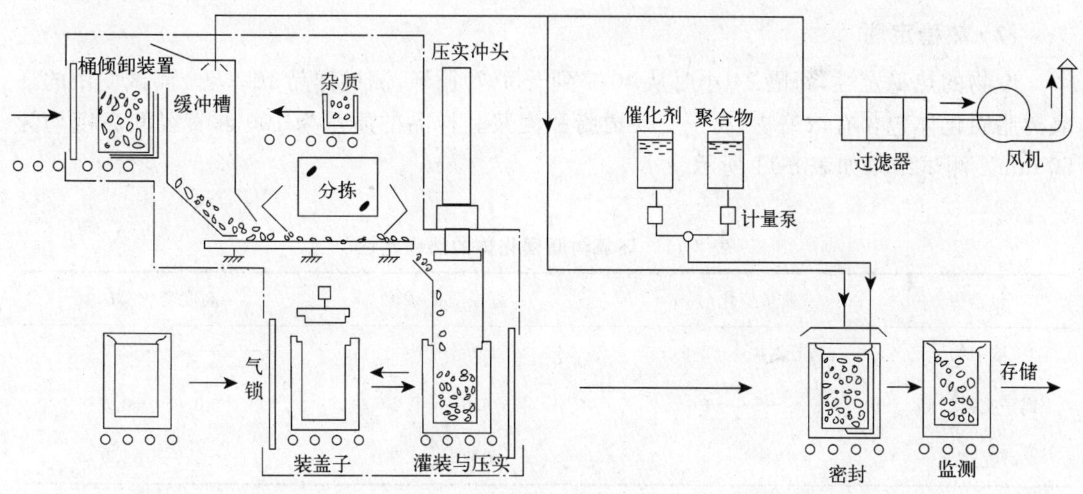

图 8-10 镁诺克斯合金废物压实与固化工艺流程

率混合而成。黏结剂加到容器里直到全部凝固，然后检查货包质量。

8.5.1.3 固化体特性

200 L 固化体-环氧树脂成分如表 8-9 所示。

由模拟的非放废液（含有 200 g/L 硼砂，3 g/L 清洁剂和 10 g/L 的防沫剂溶液）制得干燥粉末。离子交换树脂为阴离子和阳离子（比率为 1∶2）树脂的混合物，用非放射性材料模拟镁诺克斯合金碎片。

(1) 机械和物理特性

对于表 8-9 的固化体，进行了比重和抗压强度测定，结果如表 8-10 所示。根据 ASTM D635-68，聚合物 C 具有自熄性，在 144 s 内火焰传播距离为 40 mm。

表 8-9 环氧树脂废物固化体

废物	废物/kg	硬化剂/kg	环氧树脂/kg
硼砂粉末	100	80	150
离子交换树脂(阴离子∶阳离子＝1∶2)	37	30	90
镁诺克斯合金碎片	63	50	60

表 8-10 环氧树脂废物固化体的一些特性

废物	比重	抗压强度/MPa
硼砂粉末	1.58	113
离子交换树脂(阴离子∶阳离子＝1∶2)	0.99	49
镁诺克斯合金碎片	1.39	19

(2) 热稳定性

废物的热稳定性,每隔 24 小时从 40 ℃到 −30 ℃循环,测试样品 100 天。测试使用的环氧树脂固化体包含有浓缩物、离子交换树脂和泥浆。样品的质量为 100 g,直径和高度均为 50 mm。测试结果如表 8-11 所示。

表 8-11 环氧树脂固化体的热稳定性

包容物	质量变化/%	直径变化/%	高度变化/%
浓缩物	+1.4～−2.5	+0.5～+4	+0.1～+2.7
离子交换树脂	−5～+6	−0.6～−0.1	−0.6～+0.5
泥浆	−6～0	−0.3～−0.2	−2.9～+1.9

(3) 浸出行为

国际原子能机构测定^{54}Mn,^{60}Co和^{137}Cs从 212 L 和 0.1 L 环氧树脂废物固化体的浸出率。这些废物固化体都含有干燥的硼砂粉末和湿离子交换树脂。90 天浸出率结果如表 8-12所示。

表 8-12 环氧树脂固化体的浸出率

放射性核素	样品大小/L	浸出率/(cm/d)	
		粉末	IER
^{54}Mn	212	5.75×10^{-6}	2.02×10^{-5}
	0.1	1.55×10^{-5}	7.35×10^{-5}
^{60}Co	212	4.61×10^{-4}	8.85×10^{-5}
	0.1	1.55×10^{-4}	5.31×10^{-5}
^{137}Cs	212	1.14×10^{-6}	4.58×10^{-4}
	0.1	1.55×10^{-5}	2.97×10^{-4}

(4) 可燃性

在高于 800 ℃下,用工业规模生产的废物固化体进行了 40 分钟可燃性测试,证实了环氧树脂废物固化体有自熄特性,观察到废物固化体有轻微的损伤。

(5) 辐照稳定性

法国格勒诺布尔核研究中心允许的吸收剂量为 5×10^{7} Gy,这大约相当于在 200 L 废物固化体中包容 8 000 Ci 的^{60}Co或者 4 000 Ci 的^{137}Cs。

在 4×10^{6} Gy 下,能观测到湿离子交换树脂受辐照的影响。在$(2\sim8)\times10^{4}$ Gy·h^{-1}剂量率下对 100 g 样品进行辐照,累积剂量为 5×10^{7} Gy 时测得的辐解产物量如表 8-13 所示。

表 8-13 环氧树脂废物固化体的辐解作用

废物固化体(100g)	辐解产物/mmol				
	CO_2	H_2	CH_4	其他有机物 C_2，C_3，C_4	总气体
纯的环氧树脂	1.3～11	47～168	0.4～2.4	—	43～185
包容浓缩物	0.5～11	−37～75	0～1.5	0.3	50～100
包容离子交换树脂	14～40	74～103	2～5	0.5～1.6	100～160
包容泥浆	4～22	46～120	3～4	1.7～3	58～110

8.5.2 聚酯树脂

商业不饱和聚酯的基本成分是一种线性聚酯树脂、一种交联单体和抑制剂，抑制剂在运输和存储期间使用以阻止交联。

线性聚酯树脂通常是一种不饱和二盐基酸与一种二醇的浓缩产物。通常使用一种饱和二盐基酸来修正生成树脂的不饱和度。不饱和的中间物通常是顺丁烯二酸和延胡索酸；饱和酸是邻苯二甲酸酐、异酞酸和脂肪酸；二醇是丙二醇、乙烯基乙二醇、二乙二醇和一缩丙(二)醇。在不饱和的聚酯里面，邻苯二甲酸酐和乙烯基乙二醇之间要进行反应。

通常的交联单体是苯乙烯、乙烯基甲苯、甲基丙烯酸甲酯、α-甲基苯乙烯和己二烯酞酸酯。传统的抑制剂是对苯二酚、醌和 t-丁基苯磷二酚。

单体通过自由基作用聚合成不熔性材料。自由基通常来源于过氧化物引发剂，又被称为催化剂。自由基通过压模作用下引发剂的热分解或者环境温度中的化学分解形成。室温下向聚酯加入金属皂和/或者叔胺，起到助催化剂的作用，还使用过氧化甲乙酮与钴辛酸盐以及苯(甲)酰与二乙基苯胺。

可向基础树脂添加固体石蜡，减小对暴露于空气的表面的固(塑)化抑制。异丙基苯氢过氧化物，t-丁基苯磷二酚和苯(甲)酰过氧化物是一些在温度升高情况下使用的引发剂。

聚酯物有较宽的物理特性，它可以是脆性的、坚韧的和有弹力的，或者是软与柔性的。在室温下，黏性有可能从 50 cP/s 变化到超过 25 000 cP/s。

通过选择适当的成分，能够获得较好的特性。用以下的一种或者更多的化学制品能获得防火性能：氯桥酸酐，四氯苯二甲酸酐，加氢的苯酚 A 和三甲基色氨酸戊二醇。通过使用新戊(烷)基和甲基丙烯酸盐[酯]能增强抗风蚀能力。另外，添加适当的热塑性塑料，可减小或者消除在固化期间的收缩，将聚酯固化的缺点最小化。t-丁基苯乙烯也可以用于此目的。

8.5.2.1 CEA/TA/JGC 工艺

对干燥或者脱水的放射性废物固化在不饱和聚酯里的工艺，法国格勒诺布尔核研究中心和原子技术公司做了开发研究。日本 JGC 改进了法国的技术，在 1984 年为日本东京电力有限公司建造了一座固化工厂，在福岛的 2＃厂址固化沸水堆废物，包括浓缩的废物(主要是硫酸钠)和废离子交换树脂(颗粒状和粉末状)。

日本东芝公司与其他几个日本公司独立地开发了一种类似的工艺。这种工艺使用在东京电力公司的柏崎厂址。该系统适用于干燥废物和粉末废物(硫酸钠、硼砂、颗粒和粉末树脂、过滤器泥浆)以及脱水废物(颗粒和粉末树脂、过滤器泥浆)。

在这种工艺里普遍使用的是基于乙烯乙二醇基或者丙二醇、邻苯二甲酸酐和顺丁烯二酐的不饱和聚酯。可在市场上买到溶解在苯乙烯中的这类材料,交联剂优先使用苯乙烯,苯乙烯的抗辐照性很强。催化剂和促进剂(加速剂)使聚合作用在环境温度下完成。

(1) 工艺描述

聚酯系统固化干燥或者脱水废物的流程图如图 8-11 所示。

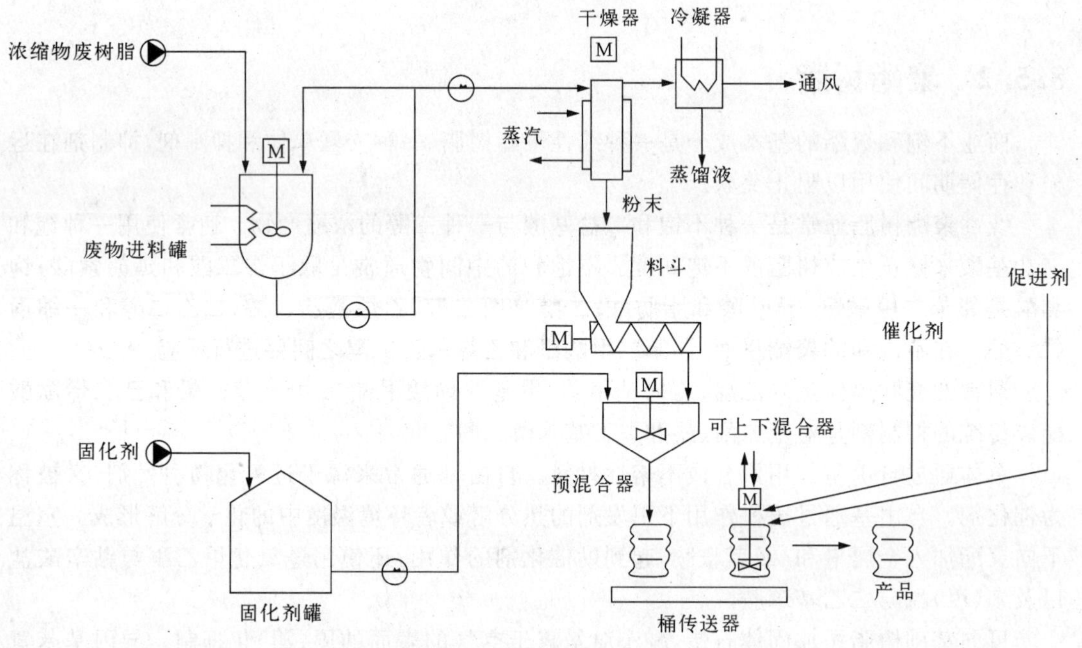

图 8-11　CEA/JGC 聚酯固化系统

来自废物进料罐的放射性废物(蒸发器浓缩物、废离子交换树脂)连续地被输送到垂直或水平的薄膜蒸发器干燥装置(除水)。为了满足凝固要求,聚酯固化剂加入一预混合器,由漏斗加入特定量粉末到预混合器。混合后,将搅拌均匀的废物和固化剂排到桶里,将催化剂和促进剂添加到桶里,再用特定混合器进行混合搅拌。完全混合后,撤离混合器,将桶输送到临时存储区,在那里进行凝固。这种固化工艺已经在 CEA 和 JGC 应用。东芝公司不使用桶内混合器,而把催化剂和促进剂加入到预混合器。为了防止聚合作用过早,预混合器加冷却套。

通过干燥从废物中除水,可获得较高的减容比。聚酯固化蒸发器浓缩物(例如,硫酸钠),减容系数能达到 6。固化干燥的离子交换树脂,减容系数能达到 4。

(2)废物固化体特性

JGC 对模拟的硫酸钠、颗粒和粉末树脂废物的聚酯固化体进行了研究。这些废物用商业上可买到的聚酯(溶解在苯乙烯)固化。在固化前,用薄膜蒸发器进行干燥。为了在环境温度下凝固,催化剂-促进剂使用过氧化苯甲酰和二甲基苯胺。固化工艺与 CEA 使用的基本一样。

a. 机械和物理特性

JGC使用的废物/固化剂比率以及固化后的抗压强度结果如表8-14所示。CEA固化干燥的压水堆蒸发器浓缩物(硼酸盐),抗压强度大约80 MPa;对于脱水的颗粒离子交换树脂,抗压强度为20 MPa。对于颗粒离子交换树脂,因为含水量高,CEA得到的固化体的抗压强度较低。尽管粉末离子交换树脂含水量稍高,东芝公司得到的结果基本上与JGC在同样的范围(63～68 MPa)。

表8-14 一些聚酯固化体的特性

干燥的废物	废物/固化剂比率	比重	抗压强度/MPa
硫酸钠	60/40	1.75	>60
珠状离子交换树脂	50/50	1.23	>80
粉末离子交换树脂	50/50	1.23	>80

b. 浸出行为

JGC对聚酯废物固化体(包容干硫酸钠和颗粒离子交换树脂废物)在水中进行了100天的浸出测试,测定结果如表8-15所示。为了评估^{60}Co和^{137}Cs的浸出性,模拟的硫酸钠废物在干燥前用亚铁氰化镍盐溶液进行预处理,结果如图8-12所示。

表8-15 聚酯废物固化体的浸出率

干废物	废物/固化剂比率	浸出率[g/(cm^2·d)]		
		^{60}Co 1)	^{137}Cs 1)	Na 2)
硫酸钠	60/40	6.6×10^{-4}	8.5×10^{-4}	3.6×10^{-4}
颗粒离子交换树脂	50/50	1.7×10^{-7}	1.0×10^{-5}	—

注:1) 测试IAEA样品,结果按表面积换算为50 L样品;

2) 50 L样品测试。

c. 可燃性

在800 ℃下对50 L的废物固化体进行了30 min燃烧测试,观察到了自熄趋势,废物外部仅有一点轻微的损伤。对于硼酸盐和离子交换树脂的聚酯固化体,CEA有了类似的报道。图8-13显示了燃烧测试期间在50 L样品表面和中心获得的温度曲线。

d. 热稳定性

对聚酯固化体进行热循环影响研究,为期80 d,温度在－20～50 ℃的范围。一次循环花24 h,并且每一样品在低温和高温下保持10小时。样品的质量、尺寸、结构或者抗压强度方面都没有观测到太显著的变化。

e. 辐照稳定性

^{60}Co源辐照聚酯样品(累计剂量为10^9 rad),结果显示样品的尺寸没有变化,但抗压强度增加。聚酯-硫酸钠废物固化体受辐照作用抗压强度增加。主要辐解产物是二氧化碳(大

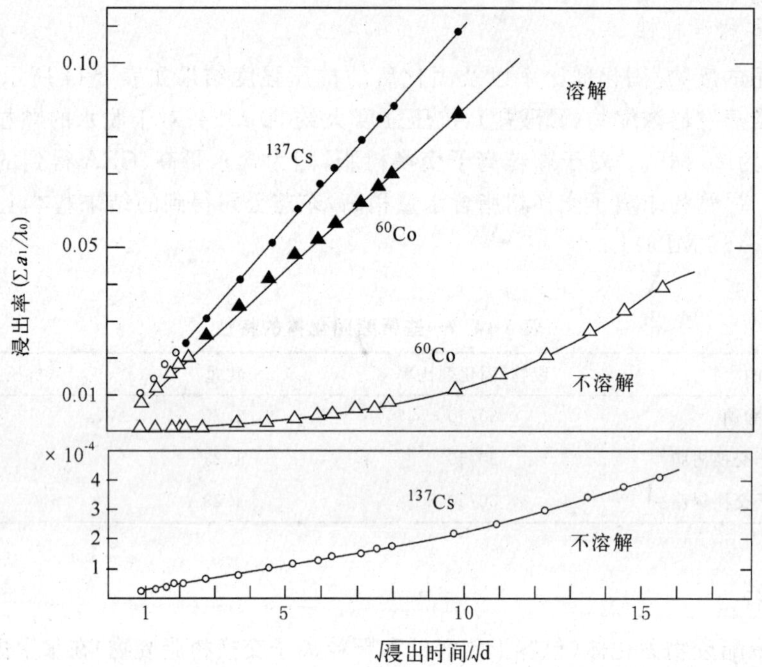

图 8-12 ^{60}Co 和 ^{137}Cs 在溶解和不溶解下的浸出率

BWR 模拟废物：废物/固化剂比例＝60/40，样品尺寸：45 mm×33 mm，测试温度：25 ℃

约 50%），产生的氢气量十分少（$2.2\times10^{-10}\ cm^3\cdot g^{-1}\cdot rad^{-1}$）。

f. 生物降解

对聚酯固化体抗微生物作用试验如下：

—嗜氧性微生物降解测试(28 天)

—用五种霉菌进行抗真菌测试

—抗细菌测试 21 天

—用改进的 ASTM G21 方法测试 250 天

—厌氧性泥浆法测试 250 天

—滴流过滤器法测试 250 天

没有观测到废物固化体的外表、质量、尺寸、抗压强度或者表面硬度的变化。

8.5.2.2 IREP 工艺

欧洲核能机构（ENEA）开发了一种将水合固体废物固化到未饱和聚酯的工艺，称为 IREP（Immobilizzazione in REsine Poliesteri）。虽然系统使用的是未饱和聚酯，但是未饱和聚酯可以改进，形成一种废物-聚酯的乳状液。IREP 已经成功地运用于下列废物的固化：

—后处理厂中放废物

—PWR 蒸发器浓缩物

—化学淤泥

—离子交换树脂

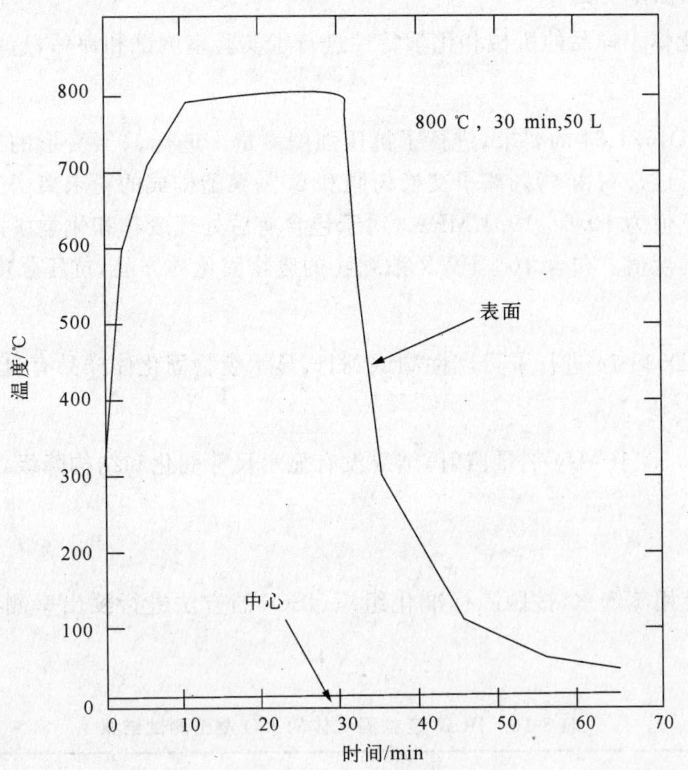

图 8-13　可燃性测试

ENEA 和 SNIA-Techint 共同设计了 IREP 工厂。

(1) 工艺描述

IREP 工艺流程简图如图 8-14 所示。系统主要包括三个步骤：预处理、乳化作用和聚合作用。

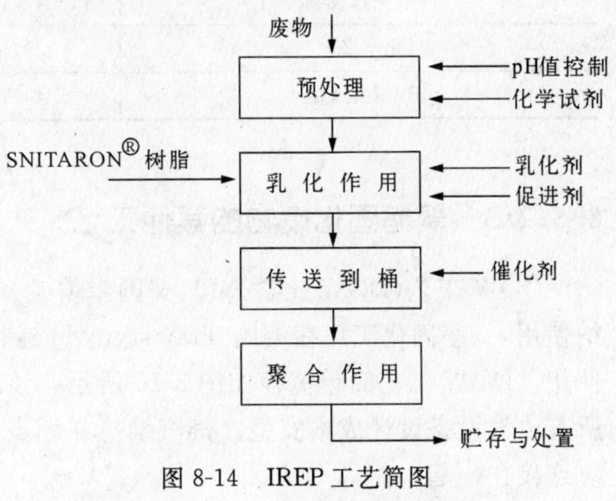

图 8-14　IREP 工艺简图

a. 废物预处理

湿固体废物的 pH 值经过调整，还可用亚铁氰化镍和硫酸钡分别减小铯和锶的溶解性。该阶段可以采取其他需要的预处理步骤，使废物与基质材料兼容。

b. 树脂制备

在和水成废物混合前，SNIATRON 树脂与促进剂和乳化剂进行混合。废物均匀扩散在部分先聚合的树脂里，形成一种稳定的乳化剂。废物-黏结剂乳化液被传送到桶里，然后在桶里添加合适的催化剂引起聚合作用。在几个小时之内就可以完全固化，准备好的废物桶可贮存或处置。

(2) 废物固化体特性

对废物固化体小样品的机械和化学特性进行了实验室测试和评估，这些测试结果如下。

a. 机械特性

按 ASTM D1621-64 的要求，进行了抗压强度测量。进行 10%变形的抗压测试期间，没有观测到液相形成。对由 40%离子交换树脂和 60%聚酯构成的粉末离子交换树脂(含水量 70%)，抗压强度值为 10.6～19.1 MPa。对于包含有后处理废物和化学淤泥的其他样品，获得相似的抗压强度值。包含 10%PWR 浓缩物的废物固化体样品，抗压强度为 8.8 MPa。

b. 可燃性

按 ASTM D635-74 进行了可燃性测试，测试显示废物固化体样品有自熄特性。

c. 辐照稳定性

样品接受 4.5×10^{6} Gy 剂量照射，结果没有显示尺寸变化和结构降级，仅观测到轻微质量变化。

d. 浸出性

在室温下使用蒸馏水，按国际标准化组织(ISO)的方法进行浸出率测试。浸出率如表 8-16 所示。

表 8-16 IREP 废物固化体的 ISO 浸出测试结果

固化的废物类型	浸出率/(cm/d)		
	^{58}Co	^{137}Cs	^{85}Sr
后处理废物	4×10^{-5}	6×10^{-5}	5.5×10^{-5}
化学淤泥	2×10^{-6}	1.7×10^{-6}	8.5×10^{-7}
PWR 浓缩物	4×10^{-5}	1.4×10^{-5}	2.5×10^{-4}

8.5.2.3 聚酯固化废物的其他工艺

DOW 工艺(DOW 化学公司，美国米德兰)已经在美国广泛地使用。该工艺也被欧洲采纳使用，一座固化工厂在英国 Trawsfynydd 运行；可移动式装置在法国、联邦德国和意大利使用。DOW 工艺简单流程如图 8-15 所示。该装置用耐火墙进行封隔，这主要是考虑安全。所有电气设备设计成本安型。蒸汽维持在燃点以下，安装热和烟尘探测器并与扑灭火灾系统连接在一起。

DOW 化学公司还开发了一种现场固化离子交换树脂的工艺。在这种工艺里，乙烯基酯苯乙烯树脂在脱矿质器柱或者其他容器中通过离子交换颗粒。固化剂穿过离子交换颗粒去除过量的水，然后固化剂固化，形成稳定的固化产品。这种工艺的优点在于它不需要将树脂制成泥浆状和输送到其他容器进行固化。工艺的简单流程如图 8-16 所示。

在英国，Trawsfynydd 核电站建造了一座工厂处理来自两镁诺克斯反应堆的废离子交换树脂，该设计的流程见图 8-17 所示。离子交换树脂从存储的地方输送到计量料斗里，在那里被浓缩。乙烯酯灌装到桶中，然后被输送到混合台，在那里加废物，并搅动混合物。加

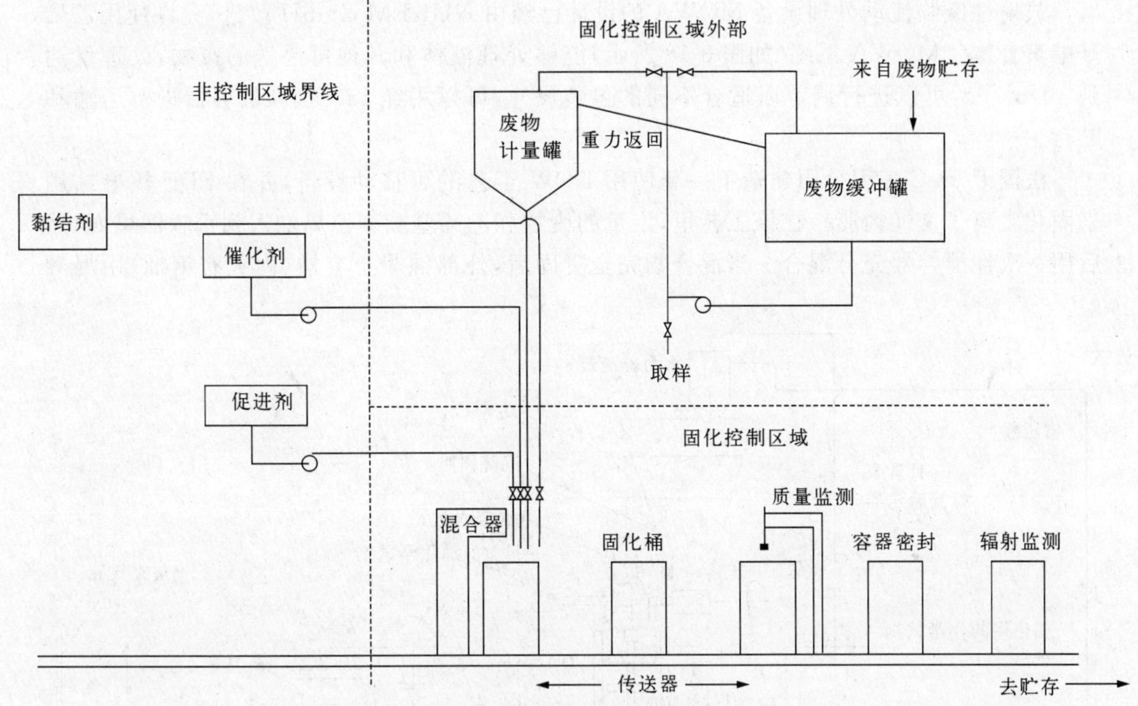

图 8-15 DOW 固化工艺的简化流程图

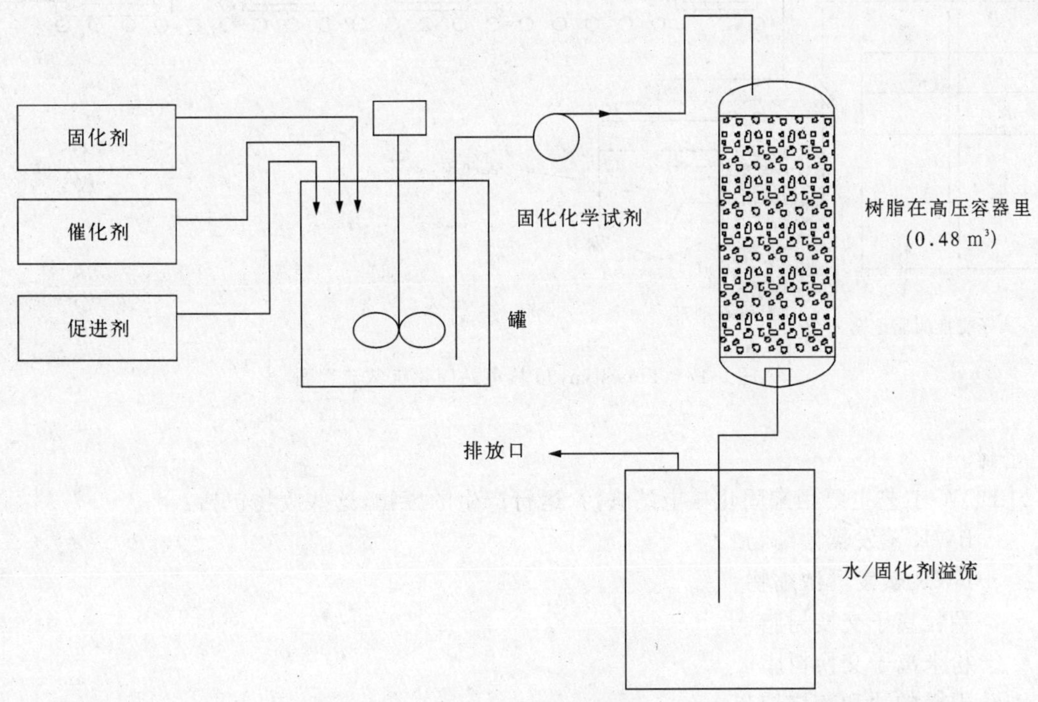

图 8-16 DOW 现场固化离子交换树脂的工艺

促进剂使废物固化。工厂设有适当脱水和泥浆传送设备。

放射性废物流动处理设备 MOWA 的设计已经由 NUKEM GmbH 改进，允许使用乙烯基酯聚合体。MOWA 系统（如图 8-18 所示）能够处理液体和其他可泵送的废物，处理量达到 10 m^3/d。可以进行调节以适合不同的包装尺寸，可以用经 ISO 批准的容器进行运输和贮存。

法国 P. E. C 工程公司建造了一套使用 DOW 工艺的可移动设备，并在 EDF 核电站用来固化废离子交换树脂。在该工艺里，定量的废物和乙烯基酯苯乙烯加入到钢容器里面，然后用一次性搅拌器充分混合。当混合物完全凝固后，外部混凝土容器（内置有钢桶）用混凝

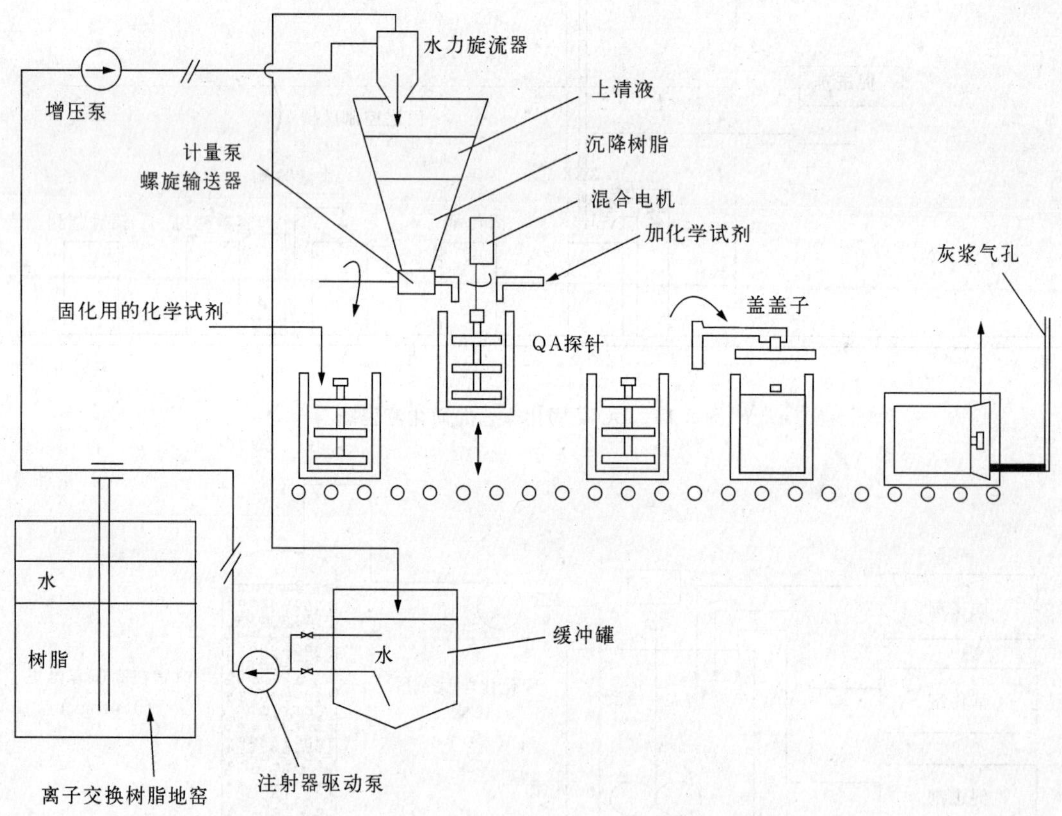

图 8-17 Trawsfynydd 核电站固化工艺流程图

土密封。

DOW 工艺主要用来固化核电站去污、运行产生的废物，这些废物包括：

—BWR 蒸发器浓缩物

—PWR 蒸发器浓缩物

—颗粒离子交换树脂

—粉末离子交换树脂

—干燥的盐和焚烧炉灰

在布鲁克海文国家试验室和其他机构对 DOW 工艺产生的废物固化体的特性进行了大量的评估测试，这些数据如表 8-17 所示。使用 DOW 工艺的情况如表 8-18 所示。

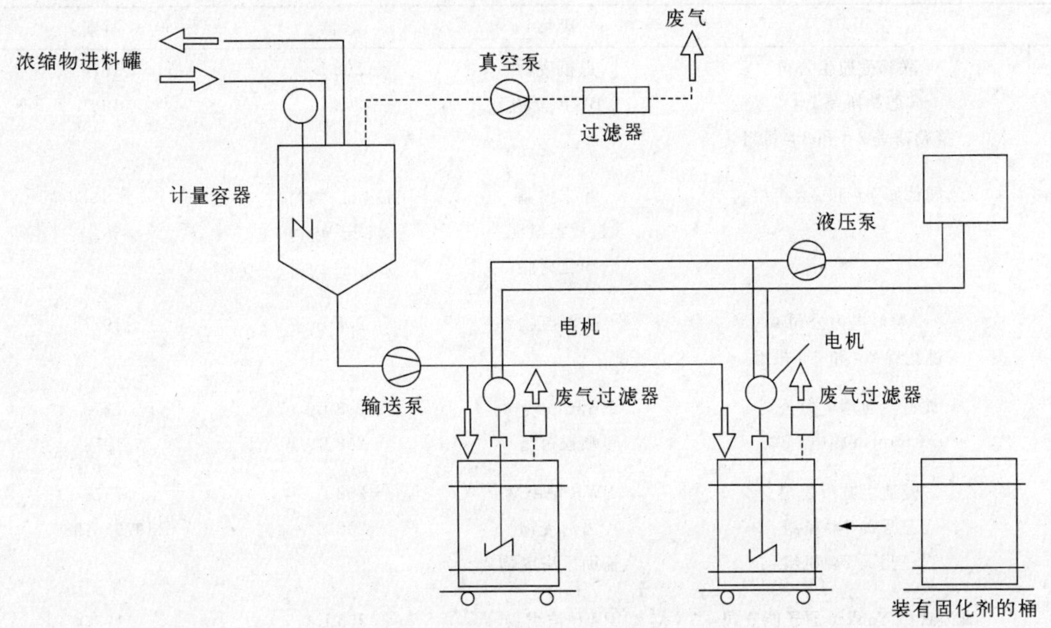

图 8-18 MOWA 工艺的简化流程图

表 8-17 DOW 废物固化体的抗压强度

废物类型	废物：固化剂比率（按体积）	抗压强度/MPa					
		控制样品	热循环后（−40～+60 ℃）	辐照后（10^8 rad）	水中浸泡 90 天后	生物降解测试后	
						细菌	真菌类
BWR 浓缩物	1.5	12	26	16	19	13	12
PWR 浓缩物	1.5	23	15	15	24	>25	22
离子交换树脂（珠状）	2.0	13	17	14	14	18	14
离子交换树脂（粉末）	1.5	22	23	22	22	22	21
助滤剂淤泥	1.5	>52	14	23	>52	>52	>52
去污废物（NS-1）	1.5	27	28	26	26	26	26
干盐和焚烧炉灰	2.0	>52	>52	>52	40	51	48

表 8-18 使用 DOW 工艺的固化经验

公司/工厂	废物	容器	日期
联邦爱迪生公司	退役废物	208 L	1976
德勒斯登 1#	BWR 废物	208 L	1981
德勒斯登 2#和 3#机组			
阔德城 1#和 2#机组	粉末树脂	1.4 m^3 内衬	到 1988
	过滤器淤泥	4.8 m^3 内衬	
	净化树脂	2.4 m^3 内衬	
费城电力公司	去污废物	208 L	1977
桃花谷 2#和 3#机组			
波特兰通用电力公司	PWR 浓缩物	208 L	1978
Trojan 核电厂	颗粒树脂	208 L	1978
爱迪生城市公司	PWR 浓缩物	208 L	1978
三里岛 1#机组	去污废物	208 L	1979—1980
三里岛 2#机组	辅助厂房废物		
康涅狄格 Yankee 原子能公司	PWR 浓缩物	208 L	1978
康涅狄格 Yankee			
基沃尼威斯康星州公共服务公司	颗粒树脂	208 L	1979
南加州爱迪生电力公司	磁体矿淤泥	内衬 2.3 m^3	1981
SAN Onofre 核电厂			
DUKE 电力公司	模拟的 PWR 浓缩物	内衬 5.5 m^3	1980—1988
Mcguire 1#机组	模拟的颗粒树脂	内衬 2.3 m^3	
东北公用公司	BWR 浓缩物	内衬 5.5 m^3 可移动式脱矿质器	1982—1988
Millstone 1#机组	颗粒树脂	(DOW 现场处理工艺)	1983
Millstone 2#机组			
尼亚加拉莫霍克能源公司	BWR 浓缩物	208 L	1983—1988
	粉末树脂,过滤器淤泥	208 L	

8.5.3 聚乙烯物

聚乙烯是一种有机聚合材料,晶体/无定型结构,通过乙烯气体的聚合作用形成。聚乙烯处理是基于可用的聚乙烯非常多,从蜡状物到非常坚硬的塑料。通过控制和设计分子结构,许多聚乙烯适合特殊的应用。

晶体决定密度,影响材料特性。聚乙烯通常分为低密度和高密度。美国测试和材料协会(ASTM)将聚乙烯分成三类:低、中、高,密度范围分别为 0.910～0.925,0.926～0.940,0.941～0.967。聚乙烯的一些特性如表 8-19 所示。

表 8-19 聚乙烯的特性

特性	低密度	中密度	高密度
压塑温度	135～177 ℃	150～345 ℃	150～230 ℃
密度	0.910～0.925 g/cm³	0.926～0.940 g/cm³	0.941～0.967 g/cm³
拉伸强度	4.14～15.86 MPa	8.27～24.13 MPa	21.37～37.9 2MPa
压缩强度	—	—	18.61～24.82 MPa
吸水(24 小时)	<0.01%	<0.01%	<0.01%
可燃性(燃烧速率)	25.4 mm/min	25.4～26.4 mm/min	25.4～264 mm/min
平均燃烧程度	20.3 mm	15.2 mm	—
平均燃烧时间	<5～25 s	<10～60 s	—
弱酸的影响	能抵抗	非常有抵抗力	非常有抵抗力
强酸的影响	被氧化性酸侵蚀	侵蚀缓慢	侵蚀缓慢
弱碱的影响	能抵抗	非常有抵抗力	非常有抵抗力
强碱的影响	能抵抗	非常有抵抗力	非常有抵抗力
有机溶剂的影响	除氯化的溶剂，在 60 ℃下能抵抗	除氯化的溶剂，在 60 ℃下能抵抗	在 80 ℃下能抵抗

虽然聚乙烯被分类为热塑性塑料，但是它可通过辐照或其他化学方法变成热固性树脂。

由于聚乙烯容易处理，常选择低密度聚乙烯(LDPE)固化低放废物。固化放射性废物首选低熔融温度，以防止放射性核素或者其他成分挥发和分解。聚乙烯的化学结构，非常耐化学侵蚀，并不受大多数酸、碱和水成溶液的影响。

在荷兰 BORSSELE 核电站(1983 年终止使用聚乙烯)和阿根廷 ATUCHA，用聚乙烯作为放射性废物的固化剂。在这种固化工艺中，粒化的聚乙烯和液体浓缩物连续地进料到蒸汽加热的挤压机，在那里聚乙烯被熔化，并蒸发浓缩物的水分。水蒸气经过抽气去除并冷凝。熔化的、无水聚乙烯和废物混合物被输送到贮桶中，在那里进行冷却和凝固。

日本原子力研究所(JAERI)和新潟工程公司一起开发了一种聚乙烯装置，固化干废物。布鲁克海文国家实验室(BNL)开发了一种类似的工艺。

8.5.3.1 日本 JAERI 聚乙烯固化

JAERI 使用的聚乙烯是一种低密度聚乙烯(0.917 g/cm³)，190 ℃时熔融指数为 50 g/10 min。在相对低的熔融温度下，这种材料展示了良好的流动性，成功地固化模拟的沸水堆浓缩物、废离子交换树脂和过滤泥浆。

早期的工作是用间歇式熔炉进行的，后来使用一种挤压机。

(1) 工艺描述

JAERI 固化工艺如图 8-19 所示。工艺基本步骤如下：

一通过干燥作用从废物中去除水

一搅拌和熔化预干燥的废物与聚乙烯树脂

一通过挤出作用形成固化的整体块或粒状废物固化体

干燥除水减小废物体积并防止熔化的聚乙烯在混合期间起泡沫。该工艺用聚乙烯树脂形成整体固化块,用氯化聚乙烯产生粒状废物产品。为了形成整体的固化块,在 160 ℃熔化树脂;为了形成粒状产物,在大约 90 ℃熔化树脂。

JAERI 工艺流程示意如图 8-20 所示。在该系统里,废物从干燥器流到捏合机,在那里与聚乙烯以预先确定的比率进行混合;随后它被熔化并从挤压机通过。从挤压机出来的混合物直接注入 200 L 容器中,在容器里混合物冷却并硬化成一种整体式块状。丸状产物是

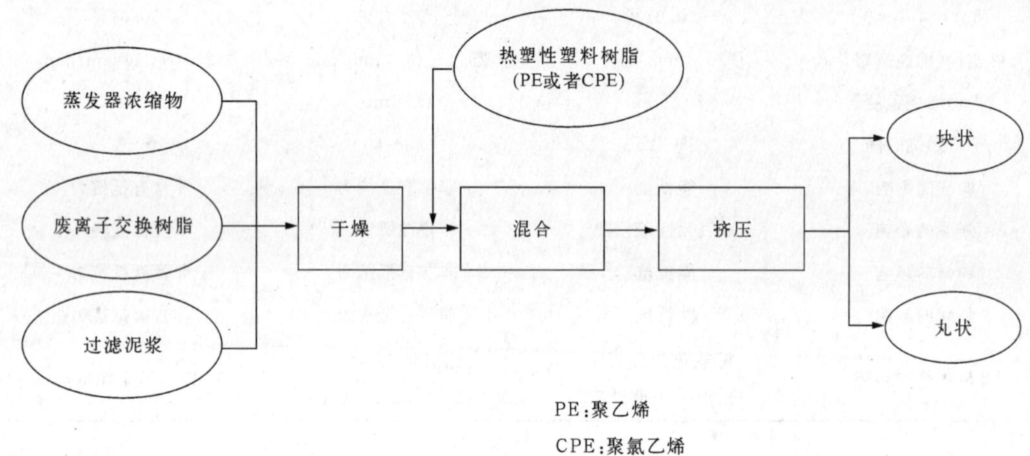

图 8-19 JAERI 固化工艺框图

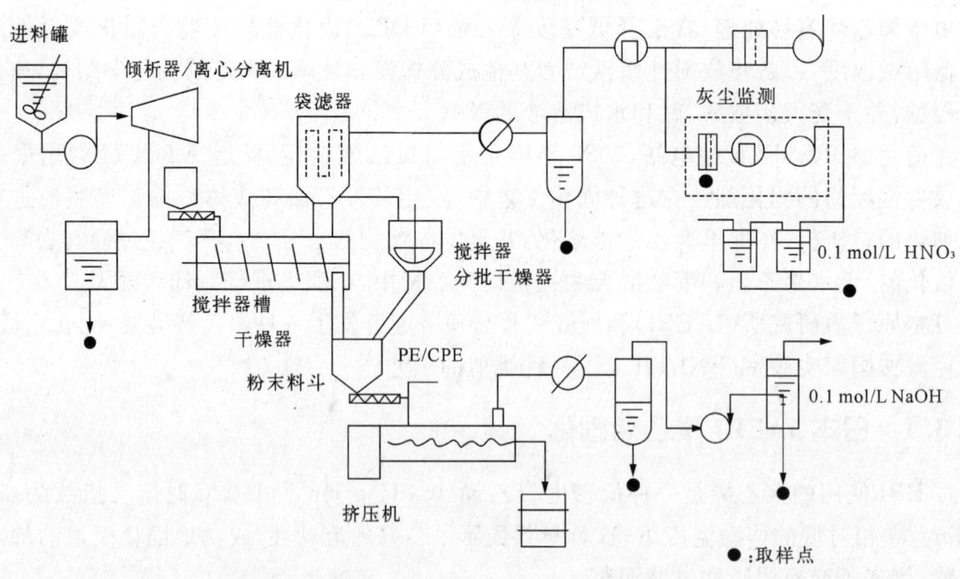

图 8-20 JAERI 固化工艺流程图

经挤出的混合物通过造粒机形成的。

(2) 废物固化体特性

a. 机械特性

聚乙烯废物固化体(含干燥的硫酸钠废物和废离子交换树脂)的抗压强度与冲击强度在

室温下,按 ASTM D-695 和 ASTM D-256 进行测量。获得的结果如表 8-20 所示。

表 8-20 聚乙烯废物固化体的机械特性

废物含量/%(质量分数)	抗压强度/MPa	冲击强度/(kg/cm^2)
硫酸钠		
40	32.1	4.4
50	20.9	2.9
60	16.3	2.3
70	13.4	1.9
离子交换树脂		
40	23.2	2.7
50	22.6	2.1
60	22.7	2.1

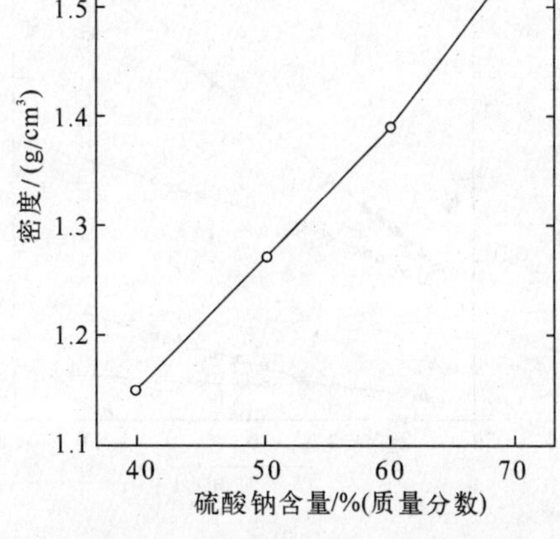

图 8-21 废物固化体密度与相对的硫酸钠含量

图 8-21 显示了产物密度与废物含量之间的关系。

b. 浸出行为

硫酸钠浓度(40%~70%,质量分数)对浸出性的影响如图 8-22 所示。聚乙烯废物固化体[包含有 50%(质量分数)的粉末离子交换树脂(阴离子:阳离子=1:2)]的浸出率如图 8-23 所示。在 200 天内浸出的^{60}Co 累计为 3.1×10^{-4}。浸出试验是在 25 ℃下,去离子水中进行的。

c. 辐照稳定性

由聚乙烯和颗粒离子交换树脂(50%,质量分数)组成的废物固化体,在 10^9 rad 的总剂量下辐照。图 8-24 显示了辐射剂量对抗压强度和弹性模量的影响。

聚乙烯/离子交换树脂分解产生的气体中,氢气占总气体体积 82%~95%之间。氢气产生量为$(3.6\pm0.7)\times10^{-5}\ cm^3\cdot g^{-1}\cdot rad^{-1}$;其他气体产物是$(5.7\pm1.7)\times10^{-6}\ cm^3\cdot g^{-1}\cdot rad^{-1}$。表 8-21 给出了废物固化体的成分和特性。

表 8-21 聚乙烯废物固化体的成分和特性

废物	成分/%(质量分数)			密度/(g/cm^3)	抗压强度/MPa	浸出率(100 天后)			
						去离子水		合成海水	
	PE	Wa	EC			^{60}Co	^{137}Cs	^{60}Co	^{137}Cs
蒸发器浓缩物	49	51	—	1.4	22	7.7×10^{-3}	3.1×10^{-3}	5.6×10^{-3}	1.0×10^{-3}
粒状树脂	45	20	35	1.2	23	1.0×10^{-3}	2.8×10^{-2}	5.3×10^{-2}	6.2×10^{-2}
粉末树脂	48	18	34	1.2	31	4.0×10^{-3}	2.6×10^{-2}	2.8×10^{-2}	3.5×10^{-2}
纤维素材料	48	18	34	1.2	24	6.3×10^{-2}	2.9×10^{-2}	6.3×10^{-2}	3.8×10^{-2}
含硅藻土壤	54	46	—	1.3	33	8.0×10^{-4}	7.0×10^{-4}	2.1×10^{-3}	1.9×10^{-1}

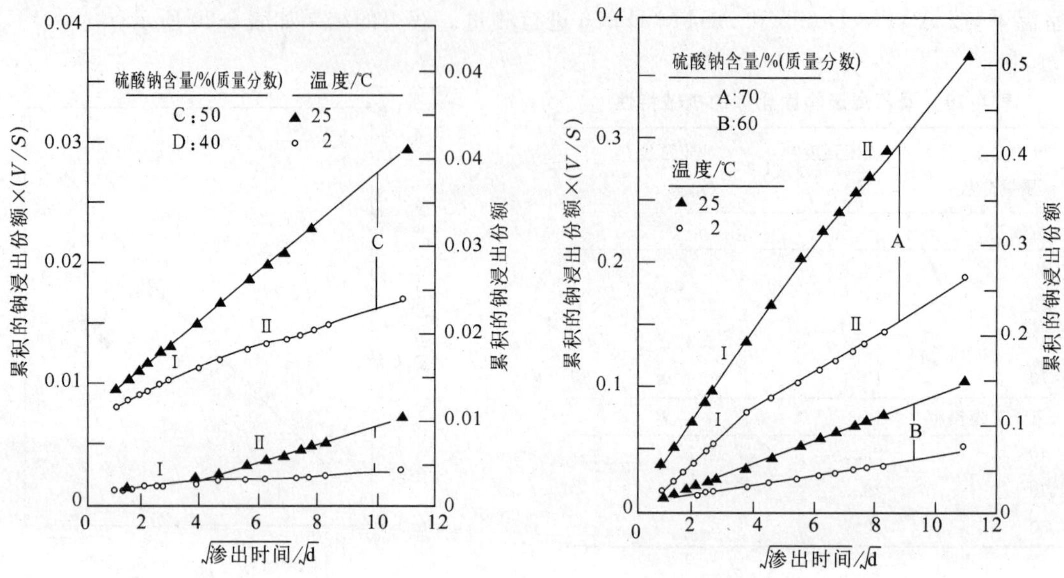

图 8-22 钠从产物(包含 40%～70%的硫酸钠废物)中浸出的累计份额

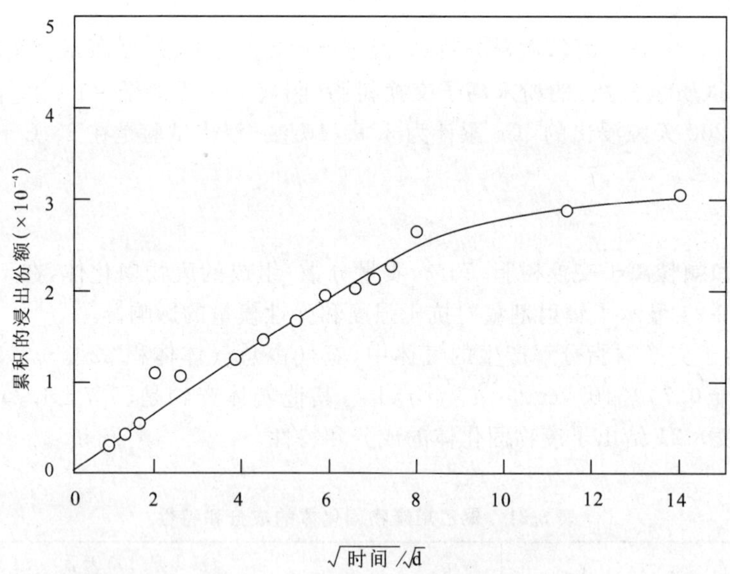

图 8-23 ^{60}Co 从聚乙烯废物固化体[包含 50%(质量分数)的粉末离子交换树脂]中的浸出

8.5.3.2 布鲁克海文挤压机工艺

美国布鲁克海文国家实验室开发了一种用聚乙烯固化多种类型废物的工艺。通常，对于挤压机工艺，首选使用低密度聚乙烯，因为低密度聚乙烯可以提高材料流动，具有较低的工艺温度可增强废物固化体的均质性。

美国布鲁克海文国家实验室以前开发过一种双重加热的混合容器工艺，混合容器由一

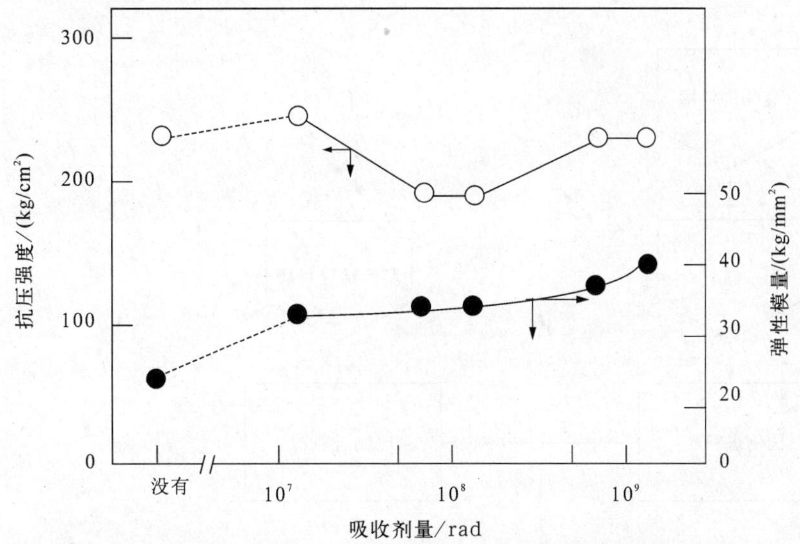

图 8-24 聚乙烯和颗粒离子交换树脂形成的废物固化体的辐照影响

系列外部电加热器加热，加热器由数字式时间比例温度控制器控制。聚乙烯/废物混合物的搅拌由叶轮和特氟纶凸轮的联合搅拌作用完成。后来放弃这种工艺而采取挤压机工艺，因为挤压机工艺有更好的处理性，可提高包装效率和废物固化体匀质性。

(1) 工艺描述

BNL 挤压机工艺的示意图如图 8-25 所示。挤压机包含四个基本部分：进料斗、螺旋挤压机、加热圆筒、输出口。

聚乙烯挤压工艺固化废物，包括加热、混合和挤出。

一聚乙烯固化剂和干废物一起存储在一个料斗里或者单独存储在料斗里，输送到挤压机进料口。废物-固化剂比率在此步骤确定。

一混合物通过螺旋旋转在加热圆筒传送。圆筒的初始部分维持在聚乙烯熔点温度以下逐渐地预热材料，并确保混合物畅通传送。

一当废物-固化剂混合物向前移动，超出预热区域后，在压力下被碾成浆状。在螺旋旋转的作用下，被很好混合以至获得均匀混合物。

一通过桶加热器和摩擦热的联合作用，传递热量以熔化混合物。摩擦热量输入难于控制，必须通过调整电阻联合加热器进行补偿。有时候，需要通过内部的风机移出过多的热量。

一熔化的热塑性塑料-废物混合物通过一个冲模挤压到容器里，在那里进行冷却和凝固。

(2) 废物固化体特性

a. 沸水堆蒸发浓缩物的固化

三种类型聚乙烯固化硫酸钠废物的最大废物包容量如表 8-22 所示。高达 70%（质量分数）的干盐被固化在两聚乙烯里，这种聚乙烯是海湾石油化学公司的产品，称为海湾 1410 和 1409（熔融指数 35 g/10 min 和 55 g/10 min），相应的废物/固化剂比率为 2.33。

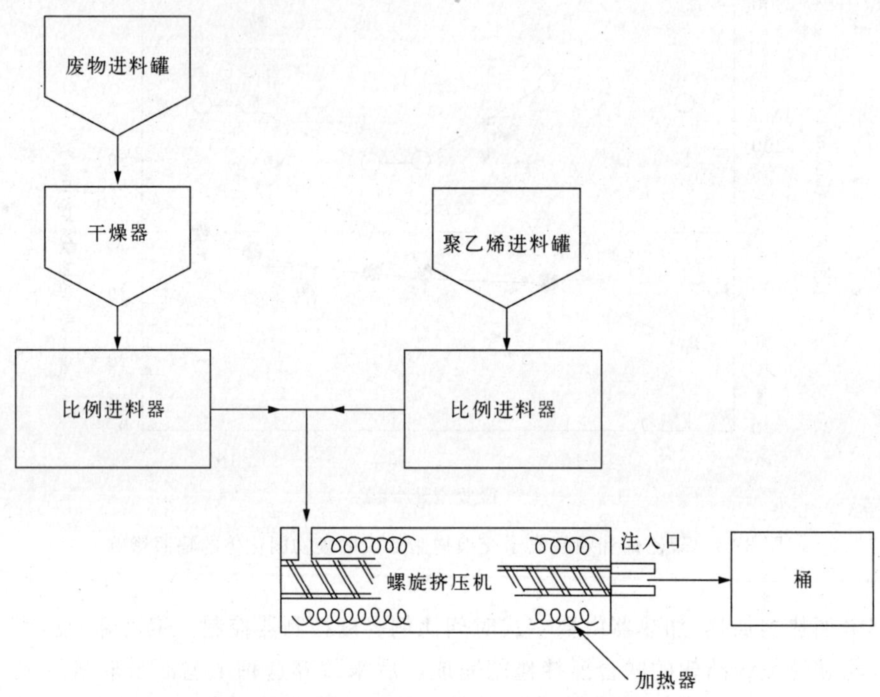

图 8-25 BNL 聚乙烯挤压工艺的简单流程图

表 8-22 硫酸钠废物包容量

LDPE 类型	熔融指数 /(g/10 min)	在 LDPE 中的最高包容量 /%(质量分数)	废物/固化剂比率	工艺温度/℃
海湾 1117-B	2.0	60	1.50	195
海湾 1410	35.0	70	2.33	146
海湾 1409	55.0	70	2.33	110

b. 压水堆蒸发浓缩物的固化

硼酸在三种类型聚乙烯里的最高包容量如表 8-23 所示。使用海湾 1409 聚乙烯能达到(熔融指数为 55 g/10 min)50%(质量分数)的硼酸废物包容量,相应的废物/固化剂比率为 1.0。

表 8-23 硼酸废物包容量

LDPE 类型	熔融指数 /(g/10 min)	在 LDPE 中的最高 包容量/%(质量分数)	废物/固化剂比率	工艺温度/℃
海湾 1117-B	2.0	30	0.43	149
海湾 1410	35	40	0.67	110
海湾 1409	55	50	1.0	110

c. 焚烧炉灰固化

聚乙烯固化焚烧炉灰，聚乙烯用海湾石油化学公司的制品（1117-B 和 1409）和 Eeastman 化学公司的（C-17）制品。海湾 1409 和 Eeastman C-17 中包容的焚烧灰最高均为 40%（质量分数），如表 8-24 所示。

表 8-24 焚烧炉灰包容量

LDPE 类型	熔融指数/(g/10 min)	在 LDPE 中的最高包容量/%（质量分数）	废物/固化剂比率	工艺温度/℃
海湾 1117-B	2.0	25	0.33	216
Eeastman C-117	20	40	0.67	129
海湾 1409	55	40	0.67	163

d. 离子交换树脂固化

离子交换树脂用海湾 1117-B，1410 和 1409 聚乙烯固化。这些固化剂的最高废物包容量分别为 50%（质量分数），60%（质量分数）和 65%（质量分数），如表 8-25 所示。

表 8-25 离子交换树脂废物包容量

LDPE 类型	熔融指数/(g/10 min)	在 LDPE 中的最高包容量/%（质量分数）	废物/固化剂比率	工艺温度/℃
海湾 1117-B	2.0	50	1.0	149
海湾 1410	35.0	60	1.50	124
海湾 1409	55.0	65	1.86	124

e. 浸出行为

按 ANS 16.1 进行浸出测试，核素在去离子水中的浸出结果如表 8-26 所示。

表 8-26 聚乙烯废物固化体放射性核素平均的浸出指数[1)]

废物类型	废物包容量/%（质量分数）	平均的浸出性指数(^{60}Co)	平均的浸出性指数(^{85}Sr)	平均的浸出性指数(^{137}Cs)
硫酸钠	10	11.5	13.9	14.7
	30	11.1	11.1	11.4
	50	10.1	10.2	9.9
焚烧炉灰	25	13.9	15.5	12.5
	35	12.7	14.9	11.3
离子交换树脂	10	13.6	16.2	18.2
	20	14.3	14.7	18.9
	30	14.6	16.1	19.5

注：1) 按 ANS 16.1 浸出测试方法计算。

8.5.4 苯乙烯-二乙烯基苯系统

苯乙烯是一种芳香族，易起反应的单体，与苯具有相似的特性。由自由基作用形成的大多数聚苯乙烯无确定形态。通过添加少量的联乙烯化合物（例如二乙烯基苯），控制分支或交联，就能形成共聚物。交联有效地使聚苯乙烯的扰曲温度上升，增加弹性模量，提高抗溶剂能力。

添加约 0.1％的聚苯乙烯可形成不溶解的非热塑性塑料聚合体，但是在溶剂里急剧膨胀。如果使用约 5％～10％的聚苯乙烯，所形成产物通常是硬的易碎的交联材料，在所有溶剂里面不溶解，甚至在高温下也不熔化。

在德国，已经开发了一种可移动装置（FAMA），它用苯乙烯-聚苯乙烯混合物来固化废树脂。这种装置已经应用来为德国、芬兰（BORSSELE）、瑞典（BEZNAU）和法国（EDF）的核电厂处理颗粒树脂。在法国电力公司，基于 FAMA 的 COMETE 1＃装置正在运行，改进的 COMETE 2＃装置正在开发之中。

中国原子能科学研究院已经开发过一种苯乙烯-二乙烯基苯固化系统，用来处理树脂。

聚合作用工艺使用 98％（质量分数）的苯乙烯和 2％（质量分数）的二乙烯苯混合物作为固化剂，异丁腈作为催化剂。加入适量的乳化剂，改善湿树脂和固化剂之间的结合。聚合工艺放热作用可使温度达到 65 ℃左右，可通过催化剂的加入量进行控制。凝固需要 2～8 天，完全硬化要在 6～12 天后。

8.5.4.1 工艺描述

图 8-26 为法国 COMETE 1 移动固化系统装置的示意图。这种装置在 1983 年就投放使用，已经应用在 5 座核电站。

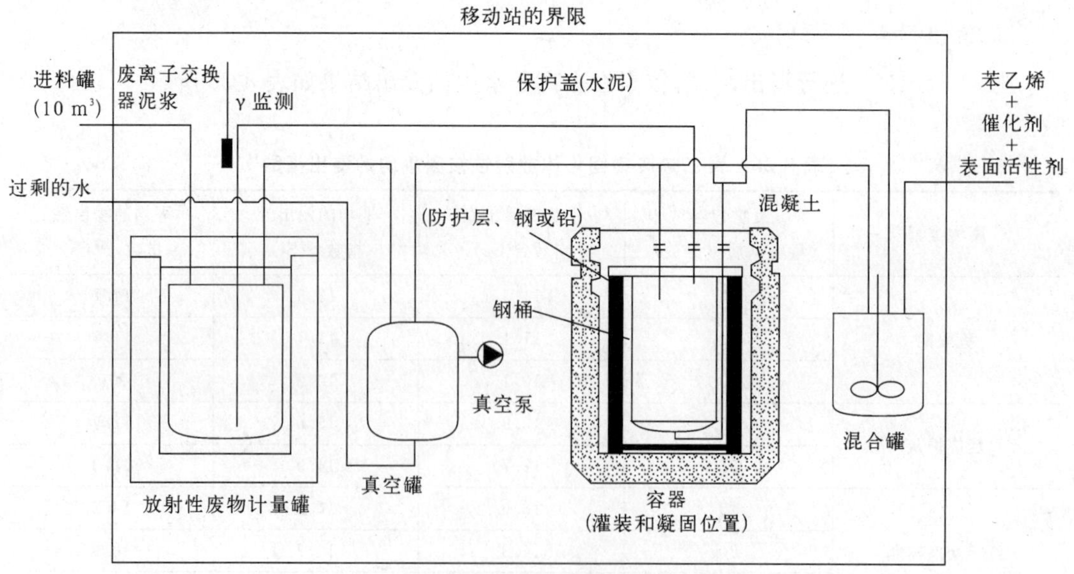

图 8-26 COMETE 1 移动固化系统

废树脂泥浆被输送到放射性废物计量罐里，树脂经计量进入到固化容器。容器有增强混凝土防护层，在防护层里面安置有一个 110 L 钢桶并连接有管道。在废树脂排水后，准备好的聚合物泵入桶里。凝固和硬化 48 小时，待聚合作用完成后，顶上用水泥盖住。

8.5.4.2 废物固化体特性

德国的模拟样品由下列基质和离子交换树脂制成(按质量分数计)。

基质

苯乙烯	大约 95％
二乙烯基苯(60％)	1.4％
催化剂	1.4％
乳化剂	2.4％

离子交换树脂

水分	50％
阴离子/阳离子比率	1∶1

对 Na^+，H^+，OH^- 和 Cl^- 类型的阳阴离子交换树脂样品进行了特性研究。结果显示：样品在 120～140 ℃之间变得有弹性；在 230 ℃以上开始软化。

把样品在水中浸泡 6～20 周后，^{134}Cs 和 ^{60}Co 的浸出率在(2～3)×10^{-5} g・cm^2/d。测定的是基于含硅藻土(50％体积)和废离子交换树脂(20％阴离子，20％阳离子)的实际废物。

另外还进行 10^8 rad 的总剂量辐照试验。主要的辐解产物(气体)如表 8-27 所示。

表 8-27 苯乙烯-二乙烯基苯废物固化体的辐解作用

气体辐解产物	氩氛下，体积分数(％)的变化[1]	氩氛下，体积分数(％)的变化[2]
氢气	70～72	57.1～59.1
甲烷	5.1～6.4	4.4～5.8
C_2-碳氢化合物	0.8～1.1	0.6～0.8
一氧化碳	22.1～22.4	35.4～37.0

注：1) 产生速率：1.4～1.5 cm^3/g 样品；
2) 产生速率：1.8～1.9 cm^3/g 样品。

8.5.5 其他聚合物系统

除了上述的聚合物系统外，还开发过其他一些系统。例如德国 WAK 后处理厂使用的聚氯乙烯系统，该系统从 1971 年运行到 1980 年。在 1980 年的时候，被新研发的处理方法所代替。用来固化湿固体废物的还有聚甲基丙烯酸甲酯、苯酚甲醛、聚亚安酯等。

8.6 小结

聚合物基质用来固化核电站、后处理厂和其他来源的低中放废物。聚合物固化工艺广泛地应用在美国、日本和欧洲。

聚合物基质的物理和化学特性使得它们与很多类型放射性废物兼容。聚合物的废物包容量高，浸出率低，贮存或处置条件下化学稳定性好。有些类型的废物可能要求化学预处理来保证在废物和聚合物基质间的兼容性。有的要求脱水或者干燥处理用来改善效率。

欧洲、日本和美国使用的聚酯、环氧树脂和苯乙烯固化放射性废物，在大多数情况下，固化产品的化学和物理特性满足要求。

参考文献

1 Immobilization of Low and Intermediate Level Radioactive Wastes with Polymers[R]. TECHNICAL REPORTS SERIES NO. 289. INTERNATIONAL ATOMIC ENERGY AGENCY, VIENNA, 1988

第9章　水力压裂处置中放泥浆

水力压裂工艺是美国橡树岭国家实验室(ORNL)开发的用于处置中放废液(所含长寿命核素的浓度低)的工艺,该工艺把核素固结在地下水位置以下的稳定地质构造里对废物进行处置。中国自上世纪 80 年代以来一直在发展水力压裂技术。本章首先简要介绍美国用水力压裂处置中放废液的情况,接着描述水力压裂工艺,接下来叙述水力压裂用于中放泥浆处置的情况,最后简单介绍水力压裂在我国的发展情况。

9.1　美国用水力压裂处置废液的情况

从 1959 年到 1960 年,在 ORNL 的两个不同地方,用水力压裂做了 3 次不带废物的注射试验,注入科纳索加页岩层,灰浆用放射性同位素^{137}Cs 作了标记。第一次注射是在较浅的深度,即地表面下 88m。注射后,在注射井附近钻了 22 个岩芯孔,岩芯资料表明,形成的凝固浆片几乎与层面平行。第二次和第三次试验是在一个新井进行的。该井是在第一口注射井东面 1 830 m 钻出的,这两次注射也采用类似的灰浆,在深度分别为 285 m 和 212 m 的位置进行。注射后,在第二次试验的场地附近钻了 24 个岩芯孔。岩芯资料再一次证实浆片与层面平行,成为整个页岩的一个部分。浆片局限在最大半径为 100 m 的范围内,观察到的浆片厚度为 3～12 mm。第三口井位于第二个试验场的西面 800 m,在科纳索加页岩内钻到 329 m 深,下的套管直径为 14 cm。1964—1965 年做了 7 次 ORNL 产生的放射性废液的试验注射,注射是在较浅的深度,从 288 m 到 265 m 逐步进行的。1966—1979 年,该水力压裂设施(称为老水力压裂设施)从 265m 到 245m 进行了常规的废物处置。岩芯钻孔和建造在注射井附近的观察井内所进行的 γ 射线测井也说明浆片与层面平行。该设施于 1980 年退出运行,包括 7 次试验注射在内,共进行了 25 次废液灰浆注射,另外还进行过 1 次水注射。该井共注射过 11 000 m^3 灰浆,大约含 ORNL 放射性废液 7 000 m^3,这些废液所含放射性核素大约为 640 000 Ci。

ORNL 的试验工作表明,用水力压裂将中放废液处置在层状页岩内是可行的。然而水力压裂用于油井的大部分经验表明:水力压裂产生的裂缝通常是垂直的。因为这方面的经验,地球科学家通过美国国家科学院劝告美国原子能委员会(美国能源部的前身)不要把 ORNL 场区获得的结果推广到别的地方。鉴于这种意见,美国原子能委员会资助了一个经纽约州批准的由 ORNL 和美国地质调查所联合进行的试验,该计划在纽约州 Cattararaugus 县的西谷附近的纽约西部核燃料服务中心进行,进一步试验水力压裂法在页岩中处置放射性废液的基本原理。这项计划的目的是:(1)验证在别的地方采用水力压裂法在近似水平的层状页岩产生层面裂缝的可行性;(2)为估计和监测水力压裂产生的裂缝的走向研究出一种经济而实用的方法;(3)研究场地评价程序。

1969 年到 1971 年，在西谷进行了 6 次水力压裂注射，除最后一次是注灰浆外，其余均为注水，大多数注射以放射性示踪元素作了标记。注射深度在 152—442 m 范围内。试验结果得出的结论如下：(1)在近似水平层状页岩内，垂直于层面的抗张强度远低于平行于层面方向的抗张强度，水力压裂能在较浅深度(不到 1 000 m)产生层面裂缝；(2)注入的灰浆在垂直方向上能保留在短距离内；(3)如果岩层原有的接缝和陡角裂缝与压裂产生的裂缝相交，注射压力会使其扩展。但是垂直裂缝到达薄弱层面时，扩展就停止；(4)压裂形成的裂缝的走向可通过记录注射时的注射压力和在注射后测量注射水流的压力降和地面上升进行间接监测。如果灰浆含有释放 γ 射线的放射性核素，也可通过观测井中的 γ 射线测井进行直接监测，观测井建在灰浆可能到达的区域内。

ORNL 老水力压裂处置设施(OHF)是为试验注射设计的。1966 年对该试验设施做了改进，使之进行放射性浓度小于 530 μCi/mL 的放射性废液的常规处置。若不做大规模的设备改造，试验场既不能用于处置放射性泥浆(这种泥浆在 ORNL 已累积有 1 500 m^3)，也不能处置放射性浓度高于 530 μCi/mL 的废液。1973 年 ORNL 计划建造第二处水力压裂设施(称为新水力压裂设施，NHF)，该设施要有能力处置放射性泥浆和浓度高达 6×10^3 Ci/mL 的废液的能力，计划中的厂址选在老厂址南面 245 m 处。1974 年 ORNL 和美国地质调查所联合做了一次场地可行性研究，该研究采用 ORNL 和西谷试验时研发出来的一些方法。ORNL 于 1979 年开始建造新水力压裂设施，于 1981 年 10 月完成。1982 年早期开展运行培训和试运行，于同年 6 月开始第一次注射。NHF 共完成了 13 次废物注射，其中 3 次为中放废液注射，10 次是淤泥注射，共注射灰浆 10 875.9 m^3，废物体积为 8 476.5 m^3。

9.2 水力压裂工艺

9.2.1 水力压裂设施和工艺概述

水力压裂工艺将中放废液(放射性浓度小于 6×10^3 μCi/mL，主要含半衰期小于 50 年的放射性核素，如锶和铯。)和水泥及添加剂混合，通过深井注入由水压力在几乎不渗透(渗透率<10^{-6} D)的岩层中产生的裂缝。注入的浆料在压力下凝固成浆片，浆片成为整个页岩层的一个部分，使废物固定在低渗透性页岩介质中。水力压裂的工艺流程如图 9-1 所示。

注射使用的主要设备是废液泵、喷射混合器，缓冲罐和注射泵。注射泵的注射能力：40 MPa压力下流量为 3 m^3/s，7 MPa 压力下流量为 20 m^3/s。配备一台具有相似注射能力的备用注射泵，以便在注射泵发生意外故障时用水冲洗注射井以清除水泥浆。处置场建有 5 个总容量 340 m^3 的地下废液贮存罐，在注射前用来接收从场区的贮存罐输送过来的废液。

套管切割和设备清洗需要大量水，这些水被污染，须与废液一起注入地层。为了获得最大的处置效率，污染水须再次使用。为此目的建有一个带混凝土内衬的废液池暂时贮存污染水。

还要挖掘一个紧急废物坑，作为可能发生井口破裂的预防措施。在这样的事故中，受压灰浆从注射井流回后排入废物坑，然后用回填土覆盖。

混合器、缓冲罐、注射泵、废液泵和注射井的井口全部封闭在建造的混凝土室内，混凝土室的壁厚 30cm，屋面覆盖金属板，以免操作人员受到辐射，同时在管道或设备破裂或泄漏的

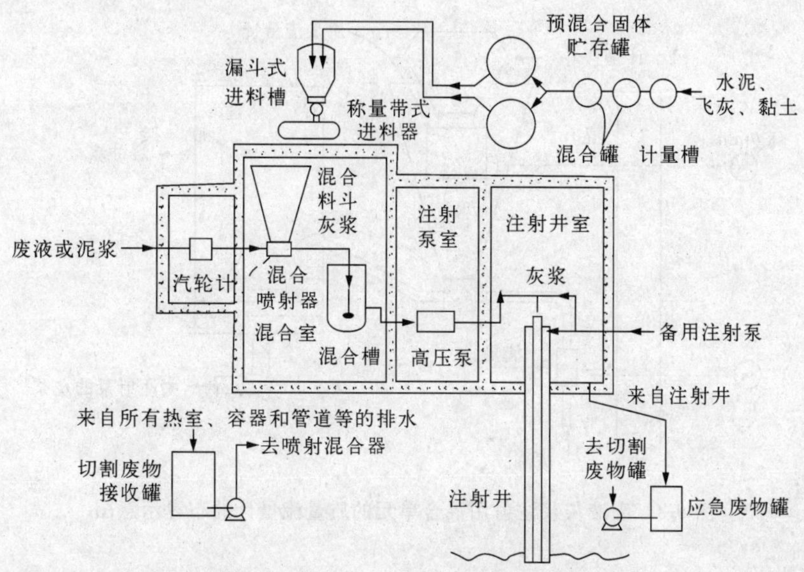

图 9-1　美国 ORNL 水力压裂设施流程图

情况下限制污染面积。每个混凝土室的墙壁上都装有一个安全玻璃窗，注射时可对混凝土室进行观察。

注射井在地表上的套管长 46 m、直径 25 cm。地表上的套管全长经水泥压力加固。在地表上的套管内放入直径 14 cm、长 320 m 的小套管，此套管也是全长经水泥压力加固(见图 9-2)。

注射前，按实验室试验设计确定的混合比例预先混合好固体料。固体料包括水泥、飞灰、硅镁土、伊利石或其等效物，以及缓凝剂，如 δ-葡萄糖酸内酯。固体料在两个压力罐之间通过来回吹送进行混合，然后贮存在四个散装贮仓供注射使用。

每次注射时，预先混合的固体料充气后，通过称量料斗流进混合器，料斗下面设有质量流量计，以连续称量固体料。浓缩废液在压力(0.7 MPa)下通过泵压入混合器。预先混合好的固体料经过一个斜槽借助重力作用落入混合器，靠喷射流与废液彻底混合(图 9-3)。形成的水泥浆连续排入缓冲罐，接着由注射泵注入页岩层(图 9-3)。废液与混合固体料的比例控制是关键，变动应在设计比例的 5%范围内，不超过 10%。混合比根据质量流量计和废液流量计的读数进行人工控制。

注射期间，采用两种不同的井口装置，其中一种用于切割操作，另一种用于注射。切割时，在 14 cm 的管头上用螺栓连接一个封堵法兰，把带旋转接头的直径 64 mm 的管串放到预定注射深度，管串用吊车固定。含沙和水的泥浆在压力下被泵压入管串，由喷射孔排出。管串通过一个液压旋转接头缓慢转动，高压力下的研磨力可以

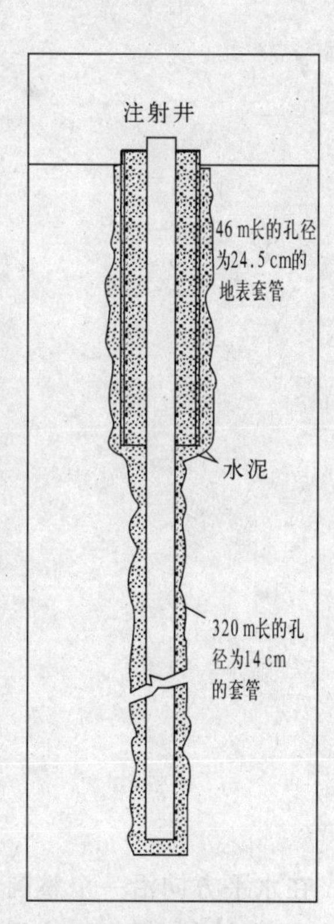

图 9-2　废物注射井结构原理图

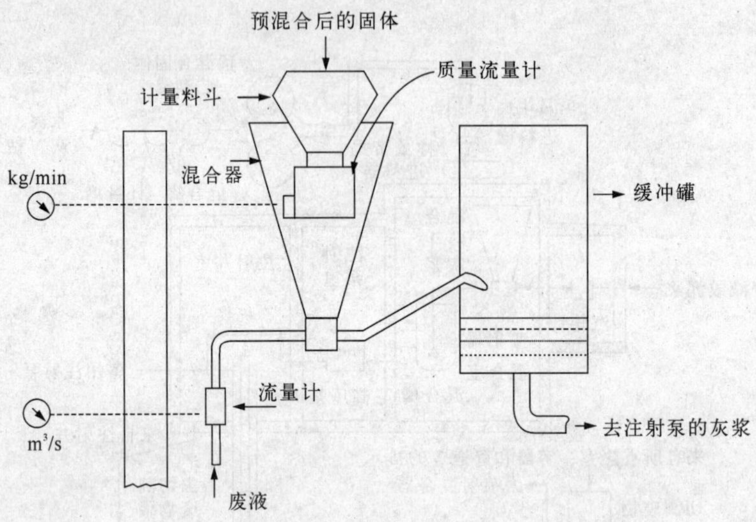

图 9-3　废液灰浆注射用混合单元的质量流量计的布置示意图

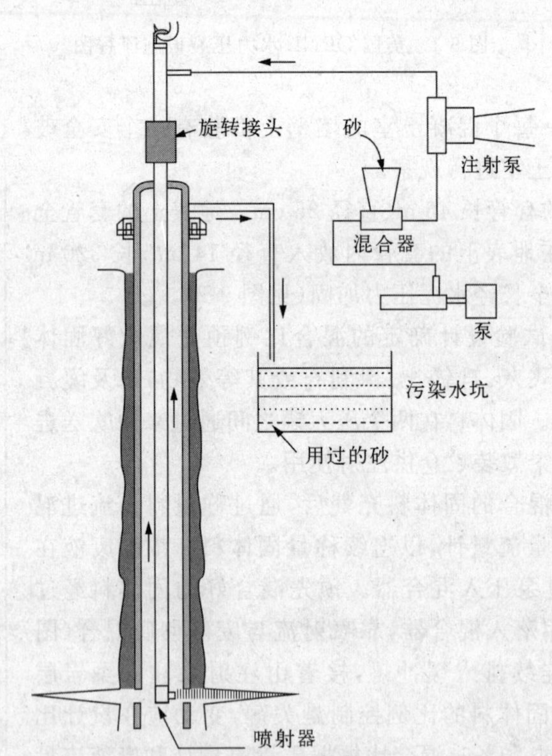

图 9-4　ORNL 水力压裂灰浆注射切口操作原理图

在水平方向沿一个整圆切割套管、水泥壁和页岩。泥浆能量大部分消耗后,沿环形空间返回地面。切割操作的流程原理如图 9-4 所示。切割用的废水贮存在废水池,可在压裂起始时使用,或与废液一起注射。

废液注射时,由连接法兰和封井阀代替封堵法兰。连接法兰支承直径为 64 mm 的管串。此管串放在预定注射深度上方若干米处。管串与套管之间的环形空间充满水。由于管串在井底附近与环形空间是相通的，若不考虑管内摩擦损失，则环形空间的压力与注射压力相等。用水进行初步压裂之后，接着进行水泥浆注射。废液注射结束时，用泵把少量淡水压入注射井对井中的灰浆进行充分清洗，清洗收回的废液用于下次注射。然后注射井在压力下封闭，直至灰浆凝固。经同一切口可进行若干次注射，其后旧的切口用水泥堵塞，在旧切口上方几米处再开新切口。

9.2.2　废液成分及掺合浆的配方

每次注射前，从蒸发浓缩贮罐取废液样品，进行化学分析和核素分析。也用这些液体样品事先在实验室研究掺合浆的配方。这样，散装固体料就能够按照一定的干固体料比例混合而且水泥浆的性能也可测定。1966 年 6 月和 1967 年 4 月进行了第 1 次和第 2 次中放废液水力压裂注射，即 ILW-1 和 ILW-2。ILW-1 和 ILW-2 注射的废液的化学成分及核素示于表 9-1 和表 9-2。

表 9-1　注射 ILW-1 处置废液的化学成分及核素含量

	ILW-1A	ILW-1B
化学浓度(mol/L)		
NaOH	0.05	0.02
$NaNO_3$	0.75	0.51
$(NH_4)_2SO_4$	0.15	0.09
$Al_2(SO_4)_3$	0.04	0.04
NaCl	0.05	0.04
Na_2CO_3	0.04	0.01
核素含量(Ci)		
^{90}Sr	41	38
^{137}Cs	11 500	760
^{106}Ru	1	8
^{60}Co	16	3
^{144}Ce	20	13

表 9-2　注射 ILW-2 处置废液的化学成分及核素含量

	ILW-2A	ILW-2B
化学浓度(mol/L)		
NaOH	0.06	未测
$NaNO_3$	1.00	未测
$(NH_4)_2SO_4$	未测	未测
$Al_2(SO_4)_3$	未测	未测
NaCl	未测	未测
Na_2CO_3	未测	未测
核素含量(Ci)		
^{90}Sr	564	474
^{137}Cs	31 329	26 350
^{106}Ru	99	83
^{60}Co	236	199
^{144}Ce	未测	未测

注射 ILW-1 的水泥浆具有如下的成分和性能：

成分：蒸发浓缩废液

400×10^{-6}磷酸三丁酯(TBP)

每立方米废液 0.27 t 波特兰水泥(Ⅱ型)

每立方米废液 0.27 t 金斯顿飞灰

每立方米废液 0.12 t 活性白土

每立方米废液 0.07 t 伊利石黏土

每立方米废液 0.36 kgδ-葡萄糖酸内酯

废液密度：1.38 t/m³

废液-水泥浆体积比，1∶1.35

黏度：8 P

水分离：未测定

流体损失：30 min225 mL[0.7 MPa 试验]

泵送时间：在 32 ℃下为 7 小时

抗压强度：未测定

现场废液密度：在 23 ℃下 1.074 6 g/cm³

实验室废液密度：在 25 ℃下 1.078 7 g/cm³

注射 ILW-2 所用掺和浆独特的地方在于第一次省掉了缓凝剂(δ-葡萄糖酸内酯)，作为当时正在研究的缓凝剂对相分离问题的影响的一次试验。这种水泥浆具有如下的成分和性能：

成分：蒸发浓缩废液

400×10^{-6}磷酸三丁酯(TBP)

每立方米废液 0.28 t 波特兰水泥(Ⅱ型)

每立方米废液 0.28 t 金斯顿飞灰

每立方米废液 0.13 t 活性白土-150

每立方米废液 0.07 t 伊利石黏土

没有 δ-葡萄糖酸内酯

废液-水泥浆体积比：1∶1.34

废液密度：1.40 t/m³

黏度：10.0 P

水分离：凝固前 3%；凝固后 1.5%

流体损失：未测定

泵送时间：在 18 ℃下>7.5 h

压力：未测定

1972 年 9 月至 12 月在 254 m 深度进行了编号 ILW－8 至 ILW－11 的注射，注射了 4 个罐的废液。废液的化学成分列于表 9-3 。所注射废液的核素浓度如表 9-4 所示。ILW－8 注射的是 1# 罐的废液和 2# 罐的部分废液。ILW－9 只注射了 2# 罐的废液。ILW－10 注射的是 2# 罐剩下的 38 m³废液以及 3# 和 4# 罐的废液。ILW－11 注射的是 3# 和 4# 罐余下的废液。4 次注射所用的固体料成分大致如下：

材料	%(质量分数)
波特兰水泥	38.45
飞灰	38.45
硅镁土 150	15.38
伊利石	7.69
缓凝剂	0.03

表 9-3　ORNL 1972 年 9 月～12 月所注射处置的废液的化学成分

组分	组成/(mol/L)			
	罐号			
	1	2	3	4
Na^+	1.66	1.24	0.57	0.59
Al^{3+}	0.007	0.037	0.002	0.001 1
NH_4^+	0.003	0.03	0.044	0.05
OH^-	0.18	0.28	0.15	0.16
ON_3^-	0.84	1.03	0.30	0.30
Cl^-	0.093	0.217	0.049	0.044
SO_4^{2-}	0.094	0.183	0.111	0.125
CO_3^{2-}	0.193	0.288	0.093	0.10

表 9-4　ORNL 1972 年 9 月～12 月所注射处置的废液中的主要放射性核素

放射性核素	浓度/(Ci/L)			
	注射编号			
	ILW—8	ILW—9	ILW—10	ILW—11
^{90}Sr	1.65×10^{-4}	8.93×10^{-4}	4.15×10^{-3}	3.83×10^{-3}
^{137}Cs	1.01×10^{-1}	9.04×10^{-2}	5.87×10^{-2}	8.19×10^{-2}
^{106}Ru	9.17×10^{-3}	1.45×10^{-3}	1.85×10^{-3}	1.32×10^{-3}
^{244}Cm	6.74×10^{-7}	2.18×10^{-5}	8.98×10^{-5}	5.20×10^{-4}
Pu	4.76×10^{-7}	无	无	

9.2.3　水力压裂灰浆注射的监测

灰浆片的延伸范围和标高可在灰浆凝固后通过钻岩芯井测定，但这种办法既费钱又耗时间。如果建一系列观测井，并且注射废液含 γ 射线放射性核素，那么一种代替办法就是注射之前和之后在观测井获取 γ 射线测井记录。页岩 γ 放射性本底上增高的 γ 射线峰值，表示形成的裂缝在所示深度上与该井相交。在注射 2～3 次后才进行测井，就难以将出现的 γ 射线峰值与相应的注射联系起来。图 9-5 表明进行 γ 射线测井的观测井位置。

除进行 γ 射线测井的观测井外，ORNL 还建造了一系列覆盖岩石监测井，井的位置如图 9-5 所示。监测井安装导管并在 152 m 深通过水泥压力加固，安装导管和水泥加固的部分深达 152 m，导管和水泥加固部分以下是长为 30 m 的裸井。这种覆盖岩石井的用途是监测废物处置区上方页岩层的完整性，以确保不会因为注射而形成垂直裂缝，确保地表水不会因垂直裂缝流动到废物处置区。岩石完整性试验方法是在一个 0.5 MPa 的标准井口压力下通过泵往岩石覆盖井注水，观测注射之前和之后吸水速率的变化。这种试验大约每 4 次注射后重复进行一次。

9.3　NHF 的淤泥处置

ORNL 的经验显示可用水力压裂技术处置其他形式(中放废液这种形式之外)的废物。制约因素是：1)水泥浆里的颗粒物尺寸要小于 1 mm；2)pH 应当是中性或碱性；3)应当考虑(废物)与固体混合物胶结材料和处置岩层的化学相容性；4)废物比活度应当足够低，可在地面设施内对废物进行操作，废物在地下产生的热散逸将温度升高，不致引起岩层破坏。水力压裂处置中放泥浆与处置中放废液原理一样，只是要增加泥浆提取与输送系统，根据泥浆的特点研制水泥浆配方。泥浆能用泵输送，需要将泥浆稀释成适当的浓度，部分稀释剂可使用中放废液，这样，中放泥浆也可和中放废液一起注射。本节叙述 NHF 的注射情况，NHF 主要进行的是中放泥浆的注射。

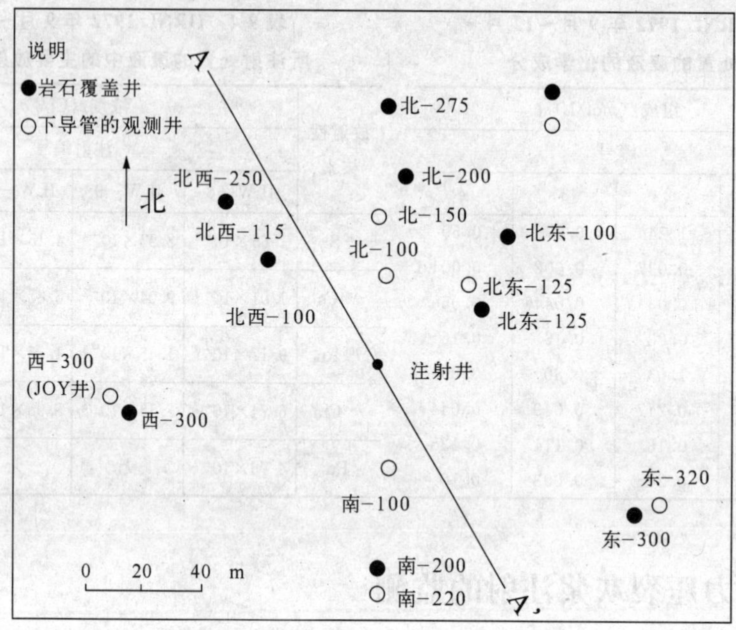

图 9-5 OHF 观测井的位置图

9.3.1 设施描述

NHF 各组成部分位于一厂房内，厂房包括注射井热室、混合热室、泵热室和其他相关区域。位于注射井上的位置较高的舱形区域提供对井进行维护的封闭区域。由 0.8 m 厚的钢筋混凝土热室墙提供生物屏蔽。井(热)室包括井头、循环支管和高压管道。由固体料斗喷射混合器装置和泥浆槽构成的泥浆设备封闭在混合室内。一台 HT-400 高压三缸泵位于泵热室内。2 个排风系统使热室维持负压。一个排风系统维持空气从注射井热室和泵热室的流动，第二个系统维持空气从混合热室和泥浆槽的流动。每股空气流经粗过滤器和高效微粒空气过滤器(HEPA)过滤后经 5 m 烟囱排入大气。显示仪表和电气控制装置位于控制室，控制室与热室相邻。注射泵热室、混合热室和注射井热室设有观察窗对热室内的运行进行观察。空气压缩机和干燥器安装在压缩机房。

除向处置区域提供导管的注射井外，NHF 使用观测井和岩石覆盖井来监测灰浆片(γ测井)和岩石密封的完整性。这些设施是在 OHF 场区开发并得到验证的。

废物进料(液体或淤泥)贮存在场区的 LLW(低放废液)贮存罐设施。这是一套由 8 个罐构成的系统，封闭在屏蔽的地下室内，位于处置设施的西面。废物传输泵安装在贮存罐旁的坑里，废物通过双层封闭的连接管道传输。

9.3.2 注射情况

NHF 建成后，用大约 3 个月时间进行压力试验、校准和新系统的负荷试验。接着开展培训，培训的内容涉及系统试运行的各个方面。对培训中出现的问题进行了处理，一些系统进行过修改：

1. HT-400 泵重新装了一种新型的密封垫，密封垫设计上工作 50 h 不用维护。

2. HT-400 柴油机上安装一个气动节流阀。

3. 高压分离系统(HT-400)进行了升级。

4. 混合槽观察窗加装冲洗系统。

5. 检修(散固体料)旋转进料阀。

1982 年 6 月进入运行,第一次注射处置了 605.6 m^3 LLW。注射从满足处置目标来说是成功的。不过,运行异常显示出设计问题,明显的问题如下:

1. 由于空气夹带,HT-400 经常发生气蚀——这不仅扰动工艺流体,形成的撞击(水锤)也明显使循环管道和井口震动。

2. HT-400 的吸口管易于堵塞,导致热室内维修工作过多和工艺中断。

3. 固体颗粒输送系统,特别是混合料斗常常堵塞。

4. 对泥浆槽和混合料斗的观察不令人满意。

5. 由于排风系统运行效率差,混合热室有大量灰尘。

6. 泥浆槽搅拌器尺寸小。

7. 涡轮驱动流量表砂粒堵塞。激活另一套使用电磁测量元件的冗余系统,系统性能令人满意。

第一次注射后,计划在 NHF 对再悬浮放射性淤泥制成的膨润土泥浆进行处置,这些淤泥是 LLW 运行 30 年时期内累积在 6 个刚性铸铁罐里(每个罐的容量为 568 m^3)的。按刚性铸铁罐淤泥清除(GTSR)工程设计,泥浆产生率每月大约为 600 m^3,以此速率对泥浆进行水力压裂注射。

GTSR 系列的第一次注射在 1982 年 8 月完成。泵的平均注射速率低。这是由固体输送系统的不一致导致的,这种不一致是固体料斗在混合喷射器处的间歇堵塞引起的。烦人的事情是燃料输送系统不能工作,HT-400 柴油机燃料用完了。然而,890 m^3 污染废物压入了处置岩层。

在第二次淤泥注射前,完成了一个有 44 项的检查清单(最显著的是混合系统的变更——固体料斗和泥浆槽)的工作。结果,注射 2 和注射 3 有序进行,达到设计流量(0.8 m^3/min)。当时完全忽视的重要一点是引发淤泥注射 2 的破裂压力为 55 MPa——管道在注射 1 期间可能裂口且井在清理操作期间没有彻底冲洗。这 2 次注射都有小固体块产生,小固体颗粒块在注射泵蓄积,产生气蚀。

1982 年 12 月 6 日,向井底压入水泥塞,堵塞 325 m 深处的切口(通过该切口已注射四次)。这是标准的操作惯例,符合每个切口 4 次注射的操作限度。第二天,准备喷砂切口操作时发现井已被水泥堵上。管道不能从井孔拔出以便与滑动接头相连。接下来进行了 3 个月的注射井修复工作。注射井修复期间对使用性不好的设备(即 HT-400 传动系统、切口循环泵和 6 800 kg 起重机)进行过更换。安装电磁流量仪代替维护量大的涡轮仪表。在混合槽安装大一些的变速搅拌器。

注射井修复后于 1983 年 4 月 8 日—10 日进行第 4 次淤泥注射(SI-4)。因为固体和泥浆已经贮存了 3 个多月,对注射 SI-4 有些担心,但这次注射实际是一次普通的注射,流速相当低,固体输送系统不时不能工作,引起一些耽搁。

决定每月进行注射。注射工作有序进行,具有可重复性,结果也是可预测的。操作故障达到最小限度——局限在固体输送系统和流体黏度。这一年晚些时候 HT-400 泵传动发生问题,安装了一套经改造的备用装置。到这年末,注射工作没有发生意外事件。

系列注射的最后一次在 1984 年 1 月 27 日完成。表 9-5 是 NHF 完成的处置工作的一览表。

表 9-5 NHF 完成的注射一览表

注射	日期	废物量/m^3	灰浆量/m^3	注射的活度/Ci				
				TRU	^{244}Cm	^{90}Sr	^{137}Cs	其他 β/γ 发射体
ILW-19	6/16-17/82	605.6	863.0	2	5	156	17 330	347
SI-1	8/10-15/82	726.7	1 192.0	72	710	28 500	5 500	2 000
SI-2	9/23-24/82	439.1	582.9	73		57 200	48 000	1 400
SI-3	10/26-29/82	938.7	1 169.0	290	510	61 000	4 100	*
SI-4	4/8-10/83	734.3	923.5	130	96	11 000	450	230
SI-5	5/17-18/83	598.0	620.7	65	76	7 200	410	160
ILW-20	6/14-15/83	420.1	586.7	14	53	3 266	7 140	627
SI-6	7/12-14/83	772.1	947.8	240	1 060	67 553	2 750	930
SI-7	8/9-10/83	616.6	718.4	84	220	21 630	2 585	160
SI-8	10/25-26/83	741.9	916.0	357	2 980	217 400	14 800	3 400
SI-9	12/1-2/83	721.4	903.1	404	920	125 000	16 200	990
SI-10	1/25-27/84	700.2	946.3	375	763	41 100	5 600	760
ILW-21	1/27-28/84	461.8	605.6	19	71	3 500	2 100	*
总计		8 476.5	10 875.9	2 125	7 454	544 505	83 765	*

注:表中 * 表示 所引用资料上的数据难以辨认。

9.4 中国的水力压裂开展情况

9.4.1 注射情况概述

中国自上世纪 80 年代以来一直在进行水力压裂技术的开发,20 世纪 90 年代初已进行过选址、实验室研究和验证试验。需要处置的中放废液的特性如下:

性质: 碱性,主要成分:$NaAlO_2$

U 62 mg/L

Pu 26 MBq/L

盐 183 g/L

泥浆 ≈3%

为调查候选厂址,中国西南某地钻了 12 个井。后处理产生的中放废液和中放泥浆需要处置。经过广泛的地质调查后,发现该地区有渗透率极低、黏土含量高,含水量低的可用于处置的页岩层,页岩性质如下:

密度 2.8 t/m^3

有效孔隙率 0.6～0.9%

渗透率 0.01～0.76 mD

黏土矿物 70～95%（主要是伊利石）

离子交换能力 8～20 mg 相当/100 g

为了满足注射要求，提出混合后的灰浆要具有表 9-6 所列特征。

表 9-6 混合后的灰浆要具有的特征

黏度	＜4×10^{-2} Pa·s，能够用泵输送
固化后，游离水	＜5%（质量分数）
始凝时间	24～48 h，相对泵送时间
终凝时间	7 天
对核素固定作用好，Sr 和 Cs 浸出率（在第 102 天）	10^{-5} g/(cm^2·d)
固化产物压缩强度	700 kPa

为验证这种处置方法的可行性和安全性，1985 年在 450 m 深向页岩层注射了 300 m^3 水。水注射后又注射了 291 m^3 模拟中放废液灰浆。水注射用^{198}Au 做了标记（$T_{1/2}$ = 2.696 d，0.78 TBq），灰浆注射用^{134}Cs 做了标记（$T_{1/2}$ = 2.062 d，0.36 TBq）。

获得了下列结果：

破裂压力 26 MPa，对应注射率：0.13 m^3/min

延伸压力 20 MPa，对应注射率：1～1.13 m^3/min

灰浆片最大角度 大约 25°

灰浆片最大距离 距注射井 116 m

发现灰浆实际上水平扩展了 116 m，所占面积为 14 000 m^3。灰浆片厚度为 2.3 cm，而测得的地面上升仅为 1～2 mm。对水泥、飞灰、活性黏土和伊利石等基质成分称重后输送到高位置的混合料罐。废物与缓凝剂用泵输入混合器底部。基质成分与废液混合形成灰浆，经注射泵加压后压入注射井。放射性灰浆达到页岩层，在压力作用下固化。注射在 25～30 MPa 的泵压下进行，注射率为 1 m^3/min。

用 360°旋转切割刀经喷砂对岩层进行切口。切口操作的规格如下：

旋转速度 1～3 r/min

喷砂的尺寸 40～60 目

砂的比例 10%～13%

砂的数量 2.3～2.5 t

喷砂时间 30～40 min

建造一个 200 m^3 的应急接收池以防止来自注射事故的灰浆返回地表面。在注射井周围建有监测井和观测井用于监测废物浆片的走向和分布，检查地表面的上升。

截止 2004 年底，该水力压裂工程已经进行了 11 次热试车，共处置中放废液 3 136 m^3。

9.4.2 用水力压裂处置中放泥浆的技术研究

随着水力压裂设施的运行，后处理生产时积累的中放废液逐年减少，而槽底部的泥浆则仍滞留在原贮槽中,这给今后泥浆的处理加大了难度。如果中放泥浆和上清液一起采用水力压裂的方法进行处置是一个安全、经济和有效的技术思路,中放泥浆的提取与输送技术的研究是一个亟待开展的课题。只有解决了泥浆提取与输送技术,才能为下一步泥浆的处理处置提供条件。采用水力冲击悬浮技术作为泥浆提取与输送技术,目前已进行过模拟试验和热试验。

泥浆悬浮与提取热试验的目的是:1)验证泥浆悬浮提取方案的工艺流程和设备是否能正常运行;2)验证在真实中放贮槽中采用上述工艺设备对于沉淀泥浆的搅拌悬浮效果;3)验证在真实中放贮槽中对于沉淀泥浆的提取效果。下面介绍热试验的工艺流程。

热试验装置主要包括混合悬浮泵、旋转喷嘴装置、供料潜污泵、工作间、设备台架、泥浆提取潜污泵、过滤器、风机、旋流分离器、扩容器、取样及分析测试装置等。工艺系统由泥浆冲击悬浮系统、泥浆提取富集及取样系统、排风净化系统和清洗系统组成。

(1) 泥浆冲击悬浮系统

为了使中放废液贮槽中的沉积泥浆悬浮,在贮槽上放入一台潜污泵,潜污泵出口连有金属软管。废液由潜污泵吸出后进入混合悬浮泵入口,经混合悬浮泵加压后进入带有旋转装置的垂直管道中,然后从安装在垂直管道末端的双向喷嘴高速射出。喷嘴随着垂直管道的转动而不断改变冲击方向,从喷嘴射出的高压流体不断冲击槽底的沉积泥浆层,迫使槽底的泥浆逐渐松动。经过一定时间的冲击搅拌,槽底的沉积泥浆被悬浮起来,形成均质中放泥浆悬浮液。在泵的出口管线上设有回流管线,以调节喷嘴的流量和控制泵的出口压力。

(2) 泥浆提取富集及取样系统

该系统设有小流量潜污泵、水力旋流器、扩容器、取样箱及相应的管路、阀门。

在中放废液贮槽打开直径 700 mm 的室外人孔,放入小流量潜污泵。潜污泵出口连有软管,可将泥浆废液送出贮槽。待泥浆被悬浮起来后,启动泥浆提取潜污泵,泥浆悬浮液进入取样系统。在泥浆进入旋流器之前取样,旋流器的入口管上设有含泥浆废液的取样管线,取样在取样箱内进行。取样时先打开扩容器前后的阀门使液体流通,然后将其关闭,打开进气阀及取样阀取出泥浆样品,然后送至实验室分析泥浆特性。

利用水力旋流器富集泥浆,泥浆废液沿切线方向进入水力旋流器,在离心力作用下,泥浆沉降在水力旋流器下部,然后回流到贮槽中,而相对较清的泥浆废液则从水力旋流器顶部流出返回到贮槽中。在旋流器的泥浆排出管道上设有取样管线,可对泥浆进行取样,取样也在取样箱内进行。

扩容器的出口和水力旋流器下部出口及顶部溢流口的管线自室外人孔回流至中放废液贮槽。取样箱的积液也回流至中放废液贮槽。

(3) 排风净化系统

在适当位置新建排风系统,安装排风机和 2 级高效过滤器,热试验的中放废液贮槽的排气管从贮槽 Φ550 mm 室内人孔引出,经中放废液贮槽厂房原操作廊内引至排风机,新设置的排气管路用廊架架空引到在适当位置设置的排气烟囱。

运行时需关闭贮槽的呼排阀门,启动风机,抽取贮槽上部空间的空气(空气从新开的试验孔补入贮槽),气流经两级排气过滤器净化后通过新设置的烟囱排放。利用贮槽备用仪表孔安装一套 U 型管压差计监测槽内负压,2 级高效微粒空气过滤器安装 U 型管压差计,通过风管上的阀门进行调节，热试验贮槽的呼排构成一个单独系统。

在排气管路的最低段设置积液回流管线，开启阀门积液进入中放废液贮槽。

(4) 清洗系统

中放泥浆提取与输送热试验现场安装生产上水管线，根据清洗对象分别设置清洗甩头，清洗去污时使用软管连接，去污清洗液直接进入中放废液贮槽。

泥浆冲击悬浮系统配有清洗管线甩头，利用生产上水可对混合悬浮泵、旋转喷嘴装置及管线系统进行清洗。

泥浆提取富集及取样系统设有清洗管线甩头，利用生产上水可对水力旋流器、扩容器、取样箱及相应的管路、阀门进行清洗去污。

现场热试验于2005年6月完成，试验达到了预期设计要求。水力冲击悬浮法可以使中放废液贮槽中的沉积泥浆悬浮。增加冲击搅拌时间、降低喷嘴转速、加大喷嘴水力冲击流量、降低喷嘴高度均有助于提高沉积泥浆悬浮效果。通过泵能够将悬浮泥浆输送到热试的取样系统，也可以为混合悬浮泵供料，说明使用现有的泵可以将泥浆提取至中放废液贮槽外，中放悬浮泥浆进行短距离输送在现场已经实现。

同时，进行了用于中放泥浆注射的水泥浆配方的研制工作。

9.5 小结

水力压裂处置中放废液是美国ORNL开发的一种处置方法。ORNL对此方法进行环境影响分析得出的结论是：正常运行对安全的影响极小；事故情况不大可能发生；可能的事故情景引起的放射性核素最终释放很小或不会引起放射性核素最终释放。对注射的放射性核素的衰变引起的热效应进行计算，预计50年后注射区中心的最大温度为58 ℃。对页岩层的矿物学分析显示100 ℃左右的温度是可以容忍的，不会损坏页岩。自1966年以来，在OHF进行了18次运行注射。尽管操作运行遇到些问题，但大都是小问题，不曾出现严重问题。与中放废液（和废泥浆）固化和贮存的其他可选方法相比，水力压裂法将废液（和废泥浆）固化和永久处置在地质隔绝区域内，投资和运行费用少。美国在1984年终止了用水力压裂法处置中放废液。前苏联20世纪90年代曾在季米特洛夫格勒、托木斯克-7和克拉斯洛亚尔斯克-26等地采用“深井注射”技术向地层注入放射性废液，注射深度在200～1 400 m，“深井注射”与水力压裂较为相似，但有明显区别，前苏联进行的放射性废液“深井注射”没有在废液中添加水泥等固着材料。目前世界上运用水力压裂法处置放射性废物的国家只有中国。

参考文献

1 Technologies for in situ immobilization and isolation of radioactive wastes at disposal and contaminated sites [M]. TECDOC-972, International Atomic Energy Agency, Vienna, 1997

2 Selection and Investigation of Sites for the Disposal of Radioactive Wastes in Hydraulically Induced Subsurface Fracture[R]. U. S. Goverment Printing Office, Washington, D. C., 1982

3 Lasher L C. Hydrofracture Operations at Oak Ridge National Laboratory [M]. ORNL

4 Selection and Investigation of Sites for the Disposal of Radioactive Wastes in Hydraulically Induced Subsurface Fracture: Appendices[R]. U. S. Goverment Printing Office, Washington, D. C. , 1982

5 Delaguna W, et al. Engineering Development of Hydraulic Fracturing as a Mrthod of Permanent Disposal of Radioactive Wastes[R]. ORNL-4259. 1968

6 Weeren H O. An Evaluation of Waste Disposal by Shale Fracturing [R]. ORNL, 1972

7 Whiteside R& Pawlowiez R, et al. Improved Well Plugging Equipment and Waste Management Techniques Exceed Alarm Goals at the Oak Ridge National Laboratory [A]. WM'02 Conference, February 24-28, 2002, Tucson, AZ

8 Agency for Toxic Substances and Disease Registry. Public Health Assessment White Oak Creek Radionuclide Release Oak Ridge Reservation [EB/OL]

第 10 章　其他放射性固体废物处理方法

10.1　熔融盐氧化法

10.1.1　技术概述

熔融盐氧化(MSO)已经作为固体有机废物焚烧的一种方案进行了开发。熔融盐氧化是一种热处理方法,目的是破坏有机废物(见图 10-1)。它通过以下措施完成废物的处理:(1)在因科镍耳 600 容器中,于 900～950 ℃的温度下,注入以有机物为基础的废物到熔融碳酸盐床中;(2)有机成分通过接触氧化成无机产物(水、二氧化碳等等);(3)在床内中和酸性气体,例如氯化氢;(4)定期地排出盐,对其进行处置或者处理和再循环。熔融盐通常是碳酸钠,它有几方面的作用:①对正在被处理的废物和工艺气体起分散介质的作用;②催化、促进氧化反应;③提供反应物和稳定的热传递介质(抗热流)间的密切接触,增强化学反应;④帮助煤烟与木炭残留在熔融物之中,使反应更加完全;⑤保留大多数灰、放射性核素和其他不燃物材料(在盐床里与废物结合在一起)。

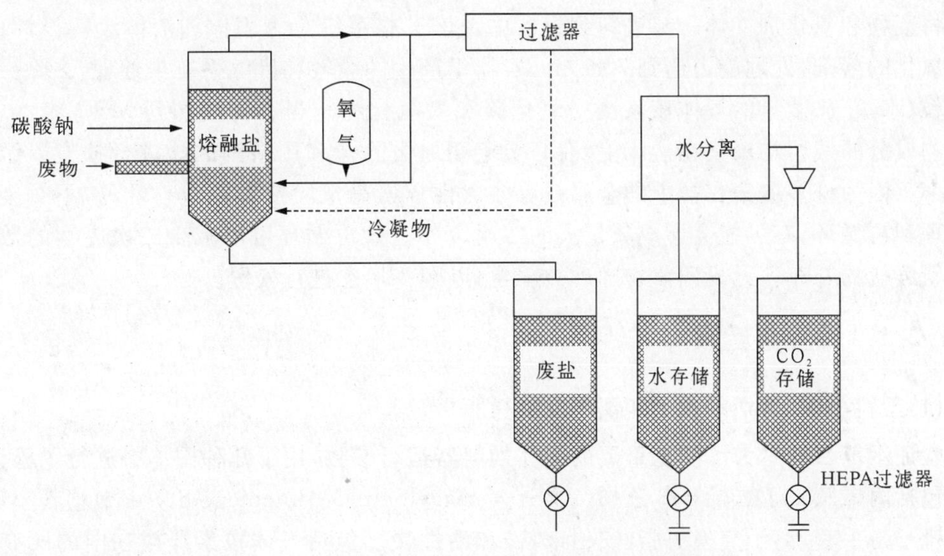

图 10-1　熔融盐工艺流程简图

在熔融盐氧化方法中，无焰氧化发生在盐池里，将废物的有机成分转化成二氧化碳、氮气和水。处理器中的废气要处理，以去除任何夹带的盐微粒，基本上所有的水蒸气在排放前，要去设备的废气处理系统。卤素和杂质原子(例如硫)被转化成酸性气体，然后被“洗涤”和捕集在盐中，转变成氯化钠和硫酸钠形态。在处理容器中使用碳酸钠，这种方法的原理是反应方程式(1)，(2)，(3)和(4)，其中X代表普通的卤素。

$$2C_aH_b + (2a + b/2)O_2 \rightarrow 2aCO_2 + bH_2O \tag{1}$$

对含氮有机废物：

$$C_aH_bN_c + O_2 \rightarrow CO_2 + H_2O + N_2 + NO_x \tag{2}$$

对被卤化的有机废物：

$$C_aH_bX_c + c/2Na_2CO_3 + (b-c)/4)O_2 \rightarrow (a + c/2)CO_2 + b/2H_2O + cNaX \tag{3}$$

对含磷有机废物：

$$C_aH_bS_c + cNa_2CO_3 + (a + b/4 + 3c/2)O_2 \rightarrow (a+c)CO_2 + b/2H_2O + cNa_2SO_4 \tag{4}$$

其他不可氧化的无机成分、重金属和放射性核素俘入盐中，作为金属或氧化物，容易分离、处置。

在美国劳伦斯利弗莫尔国家实验室建立了一座一体化的中试规模MSO示范工厂。这座工厂从1997年10月开始运行，建立的目的为了验证商业规模处理有机物(5～7 kg/h)的能力。

10.1.2 美国劳伦斯利弗莫尔MSO中试厂

10.1.2.1 熔融盐氧化系统描述

如图10-2所示，一体化的MSO系统由几个子系统组成。它包括反应容器、废气处理系统、盐再循环系统、进料准备装置、最终陶瓷废物形态固定系统。进料准备区包括废物接受桶、一台固液离心分离机、一台用于减小固体废物(例如手套、靴子)的剪切机。用顶部进料系统将废物和氧化剂气体一起进料到容器中。该进料系统是为固体和液体废物设计的，对于被氯化的溶剂，处理能力达到7 kg/h。容器里产生的废气在废气系统被处理，去除夹带的盐微粒、水蒸气、微量的气体核素与一氧化碳和氮氧化物。当废物被加到MSO容器中后，无机物成分的残留物聚集在盐床上，有必要定期地去除盐和用新鲜的盐进行补充以维持系统效率。因为许多捕集在盐中的金属或者放射性核素是危险或者是放射性的，不对废盐进行处理和再循环，有可能会形成数量大的二次废物。盐再循环可以减少二次废物的数量和减少新鲜盐的补充。无机残留物随后被固化，以陶瓷形态进行处置。

10.1.2.2 试验与结果

(1)塑料小球、剪切的靴子和离子交换树脂

验证示范目的是为了测定重要的固体加料器运行参数，用了几种固体料进行了验证，固体料包括丙烯腈－丁二烯－苯乙烯(ABS——Acrylonitrile Butadiene Styrene)塑料小球、剪切的靴子与手套、离子交换树脂(安伯来特)和活性炭。包括气体核素释放在内的所有的工艺数据都进行了记录。另外还收集了在废气取样系统过滤器出口的一些气体样品，送到实验室进行分析。排出的含灰的盐，送到盐再循环系统。表10-1显示了ABS小球、剪切的靴

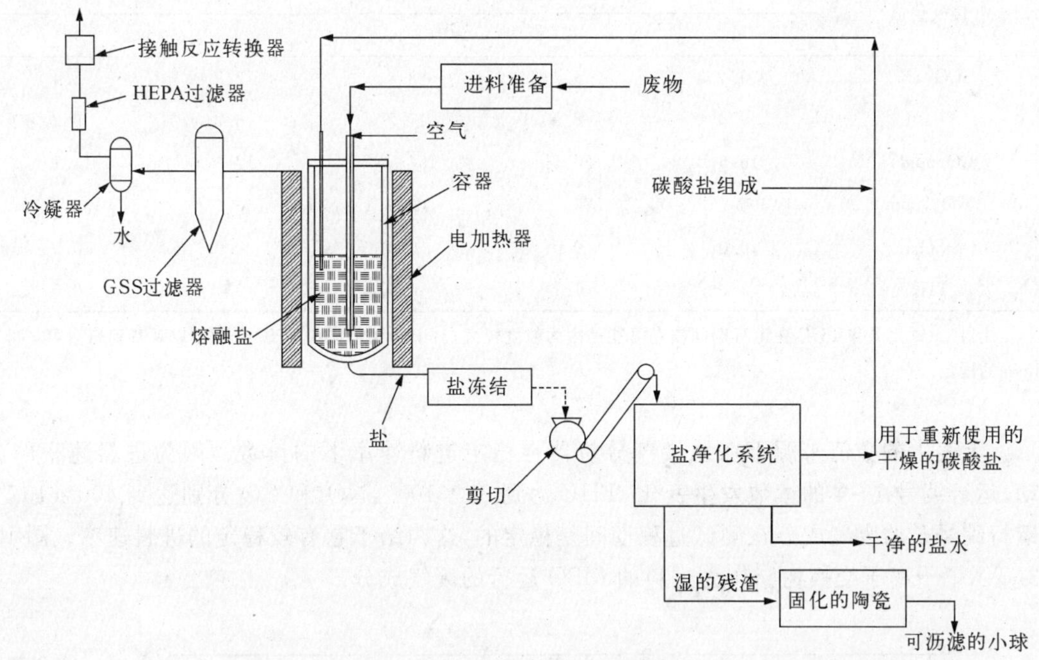

图 10-2　一体化的 MSO 系统

子和离子交换树脂进行验证的情况。

表 10-1　运行状况

编号	进料	运行状况
1	ABS 小球(2.5 mm)	950 ℃,1.45 kg/h,58%过量空气[1)]
2	ABS 小球(3.0～5.5 mm)	950 ℃,1.0 kg/h,50%过量空气
3	剪切的靴子	950 ℃,1.88 kg/h,65%过量空气
4	离子交换树脂(安伯来特)(0.2～1.0 mm)	950 ℃,3.0 kg/h,40%过量空气
5	在矿物油中的离子交换树脂泥浆	950 ℃,1.71 kg/h,47%过量空气

注:1)过量气体(氧气)的百分比=(供应给 MSO 工艺的氧气数量/反应需要的理论氧气数量)×100%。

用震动进料器和喷射器将固体料送进容器,并用压缩空气将其送到熔融盐床上。提供过量较大的工艺气体以克服因为震动进料器引起的进料速率波动。对较大尺寸的 ABS 小球(3.0～5.5 mm)也进行了测试,但是废气的质量不好,这可能是因为完成氧化过程需要的 ABS 小球在盐床上的滞留时间增加了。如果提供充足的过量气体以及固体微粒在盐中的滞留时间超过 3 s,直径小于 3.0 mm 的固体微粒能有效地被处理。另外,离子交换树脂作为泥浆与矿物油一起加入,是为了保证稳定的进料速率。在这些固体料验证运行期间测出的废气成分如表 10-2 所示。

表 10-2 几种固体料的废气成分

废气组成	运行编号				
	1	2	3	4	5
CO_2,%	9.4	9.4	8.4	12.9	8.4
O_2,%	9.3	8.9	11.2	6.2	9.2
CO,ppm①	18.6	20.5[1)]	154	17	14.1
NO_x,ppm	306	270	6.9	150	130
SO_x	0.0	0.0	0.0	0.0	0.0
THC	2.0	1.1[a)]	1.0	0.4	0.0

注:1)一氧化碳和 THC 在运行期间波动可能是因为粒度较大;对于一氧化碳和 THC 分别可以观察到高达 700 和 70 ppm 的读数。

上表中的数值来源于在线废气分析器在稳定进料速率下的读数。因为进料速率的波动,运行编号 1～4 的读数发生变化,THC 达到 80×10^{-6},NO_x 和 CO 分别达到 400×10^{-6}。运行编号 5 的废气成分在测试过程期间是稳定的,这归结于它有较稳定的进料速率。图 10-3 显示了干离子交换树脂作为进料的 MSO 运行的废气成分。

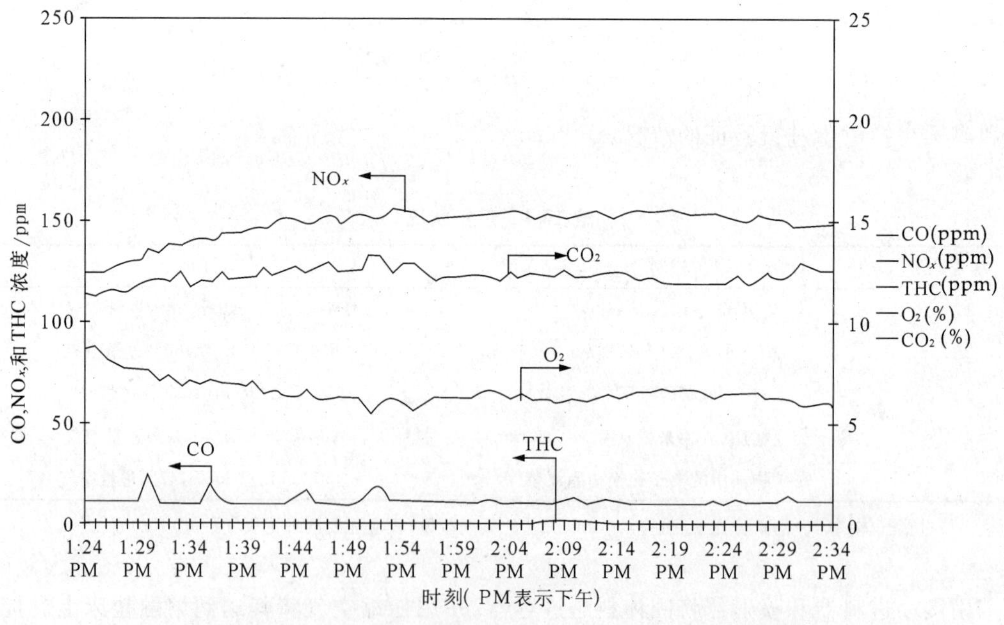

图 10-3 离子交换树脂(安伯来特)(盐在 950 ℃)进料的废气成分

图 10-3 中的峰值都是进料速率波动的结果。对于 MSO 容器,虽然它需要有一固体进料器提供更加稳定的进料速率,但是进料速率的波动可以用过量较大的工艺气体来克服。在排放到工厂烟囱前,废气系统中高水平的 NO_x,CO 和 THC 在接触转换器中进一步减小。

① 1 ppm$=1\times10^{-6}$。

(2)活性炭

粒状 8～14 个筛目的活性炭用作给料，进料 4 小时，每小时 1.5 kg，接着进行 9 小时空气净化。废气分析器密切监测废气的组分，在验证过程中，取熔融盐样品送去进行炭分析。发现炭转化成二氧化碳的效率增加缓慢，在 4 小时后达到 80%左右。炭转化成二氧化碳总的转化效率在这个时候相当低，这可能归结于炭颗粒的大小。但发现有一个方式能增加转化效率，那就是停止炭的进料，反应器继续净化空气。对净化空气 2 h 和 9 h 后的取样分析表明，总的炭转化效率分别提高到 94%和(甚至是)100%。

用较细活性炭(12～40 筛目)作为进料的进一步验证示范在 1999 年 3 月完成，通过实验确定是否可以避免空气净化，进而能否增加处理量。在示范中使用了四种不同大小的活性炭，它们的粒度、水分含量、炭含量以及灰含量如表 10-3 所示。

表 10-3　用于 MSO 验证示范的活性炭的组分

大小/筛目	湿气/ %(质量分数)	灰/ %(质量分数)	炭/ %(质量分数)	注释
8～14	14	2.8	83.2	1998 年 7 月完成
12～40	1.9	12.8[1)]	85.3	1999 年 3 月完成
20～40(氟有 TNT)	4.6	13.1[1)]	82.3	—
小于 100 筛目	8.1	1.8	90.1	—

注：1)12～40 和 20～40 筛目大小的炭由褐煤制成，通常灰的含量较高。

用同样的震动固体进料器，对 12～40 筛目的活性炭分别以 24.0 g/min 和 35 g/min 的平均速率进料，总计为 310 L/min 的氧化剂气体加入容器中。进料前、进料期间、进料末尾以及在净化空气期间都进行取样。此外，对来自废气成分的盐，也进行了收集。这些盐样品送去进行了分析，在验证示范过程期间对废气进行连续监测。表 10-4 和表 10-5 显示出了 MSO 容器和废气成分的盐的分析结果。

表 10-4 显示，所有搜集到的灰含量低于 0.5 %(质量分数)的盐样品，通常是在本底灰的水平。结果表明，所有细的炭被定量破坏，达到接近 100%的效率。另外还表明，可以避免大量的空气净化工作。

表 10-5 显示，转移到废气成分例如盐捕集和 GSS 过滤器的炭量非常小，总计低于 1.0 g。表 10-6 显示进料和空气净化时的废气成分。活性炭进料到 MSO 容器用了 6.5 h，接着空气净化 5.6 h。

表 10-6 显示，二氧化碳浓度在第一小时期间快速地增长，在 3 h 后水平回落，达到稳定的状态是在炭进料后 3～4 h。另外还显示，空气净化 1 h，废气中的二氧化碳下降到 0.2%，对于在 950 ℃的盐来说这是本底水平。这种现象是被预计到的，因为几乎所有的进入 MSO 容器的炭在空气净化开始前已经被定量地氧化。这表明对于细的活性炭，没有必要进行大量的空气净化工作。

表 10-4 对取自 MSO 容器残留盐的分析

盐样品	熔融物中灰的含量[1]		来自炭的灰[2]	熔融物中的炭[1]	炭的转化率%[3]
	%(质量分数)	G	G	G	
在进料开始前	0.01	16	0	～0	—
1.5 小时	0.14	224	276	～0	～100
2.5 小时	0.25	400	460	～0	～100
3.5 小时	0.08	128	645	～0	～100
4.5 小时	0.13	208	829	～0	～100
5.5 小时	0.21	336	1 014	～0	～100
6.5 小时	0.05	80	1 200	～0	～100
空气净化 0.5 小时	0.21	336	1 200		
空气净化 1.5 小时	0.05	80	1 200		
空气净化 2.5 小时	0.51	816	1 200		
空气净化 3.5 小时	0.11	176	1200		
空气净化 4.8 小时	0.14	224	1 200		
空气净化 5.6 小时	0.28	448	1 200		

注：1)在验证示范过程期间对熔融盐(熔融物)取样，进行灰和炭分析；

2)进料炭中的灰含量是 12.8 %(质量分数)。灰由氧化铝、硅土、铁氧化物、镁氧化物、钙氧化物和其他金属氧化物组成；

3)炭转化定义为:氧化转化成二氧化碳的炭与进料炭的百分比。

表 10-5 废气残留盐的分析

盐样品描述	盐的数量/g	灰的含量[1]	炭含量	
			%(质量分数)	质量/g
来自盐捕集	99.2	0	0.24	0.24
来自 GSS 过滤器	130.1	0	0.47	0.61

注：1)在废气成分中，收集到的熔融盐灰含量可忽略。

表 10-6 用活性炭进行试验的废气分析器读数

时间/h	废气成分(10^{-6}或者%)				
	THC/10^{-6}	$NO_x/10^{-6}$	CO/10^{-6}	CO_2/%	O_2/%
炭进料时间					
0	0.0	11.5	3.17	0.27	20.78
0.5	0.0	6.39	37.48	5.50	15.56
1.0	0.0	8.06	63.50	7.20	13.83
1.5	0.0	9.47	97.56	8.25	12.82
2.0	0.0	11.18	96.46	8.36	12.51
3.0	0.0	13.77	101.32	8.62	12.40

续表

时间/h	废气成分				
	THC/10^{-6}	$NO_x/10^{-6}$	CO/10^{-6}	CO_2/%	O_2/%
炭进料时间					
3.6	0.0	20.65	111.82	9.78	11.44
4.3	0.0	15.87	99.49	9.60	11.23
5.0	0.0	8.97	85.69	9.14	11.73
6.5	0.0	6.10	74.46	9.13	11.88
空气净化1)					
0	0.0	21.2	3.86	0.36	20.75
0.75	0.0	40.4	3.71	0.24	20.62
1.75	0.0	81.84	3.10	0.21	20.83
3.75	0.0	113.80	1.66	0.13	21.06
5.6	0.0	123.4	2.0	0.11	21.10

注：1)在炭进料的末尾和空气净化开始之间有一个时间间隔(>10 分钟)。通常，废气中二氧化碳浓度在进料停止后下降。在空气净化作用下二氧化碳水平下降得很快。

对 12～40 筛目炭在较高进料速率(35 g/min)的处理也进行了示范验证。表 10-7 给出了测试的废气成分。

表 10-7　12～40 筛目炭在 35 g/min 进料率下进行试验的废气分析器读数

时间 /h	炭进料 /(g/min)	废气成分				
		THC/10^{-6}	$NO_x/10^{-6}$	CO/10^{-6}	CO_2/%	O_2/%
0	0	0.12	55.5	1.32	0.16	20.99
0.17	34.0	0.0	4.20	61.2	2.76	16.17
0.34	36.2	0.0	2.0	78.9	11.38	10.08
0.67	35.3	0.0	9.28	109.1	12.39	9.04
1.11)	27.3	0.5	0.0	72.88	9.56	11.32

注：1)因为在进料料斗里的活性炭数量不足以保证稳定的进料速率，进料速率下降。

表 10-7 显示可以达到较高的炭进料速率，如 35 g/min。在废气中检测到的二氧化碳浓度高达 12.4%。

10.1.2.3　结论

MSO 中试厂用许多的固体进料进行了示范验证，包括模拟废物和实际废物。对于塑料小球、剪切的靴子和离子交换树脂，在试验期间偶尔会观察到废气中较高水平的氮氧化物和一氧化碳以及 THC。这些氮氧化物、一氧化碳和 THC 浓度在接触转化器里可以减小。对于 12～40 筛目大小的活性炭，有可能不需要大量的空气净化工作，这将使 MSO 工厂有效地运行，炭进料速率可达到 2 kg/h。

除了美国劳伦斯利弗莫尔国家实验室建立的台架规模熔融盐氧化法中试厂之外，熔融盐氧化法在韩国和美国建造的处理放射性废物的熔融盐氧化工厂中也得到了长足的应用，美国主要是为了处理军用核废物。

10.1.3 熔融盐氧化法的优缺点

熔融盐氧化法的优点是它引起有机材料的完全破坏(甚至是其他方法难于破坏的络合多原子化合物)；与玻璃固化、等离子或传统的焚烧系统相比，它的运行温度低；它引起的二噁英和呋喃产物可以忽略；放射性核素捕集在盐池中，盐池还洗涤来自废气系统的酸性气体。

熔融盐氧化法仍然处于发展阶段，资金花费高并且还需要特殊的技术整备盐产物。

10.2 微波处理

有机放射性固体废物的微波处理是利用微波能量加热废物将废物的有机成分破坏。用微波能量处理废物可以是间歇式(在容器里面)，或者是连续式传送系统(例如传送带)。对偶极性分子，微波能量引起分子振动，微波加热废物破坏有机体的化学键。可以给干燥的废物添加蒸汽和湿气以增加微波加热的效率。首先要剪切体积大的废物，目的是为了提供更加均匀的能量分布。微波加热可以达到非常高的温度，得到熔凝固体产品。

微波给物料提供均衡的热量，没有高的热传导性损失。热量可以直接传递给那些废物料，不加热整个反应容器，仍能够维持化学反应。利用微波能量可以建造处理能力数 kg/h～数百 kg/h 的处理系统。高能量的微波系统也能用来熔化无机残留物(例如浓缩盐或泥浆)，或者可以作为玻璃固化系统的加热源。

在日本，微波熔化炉已经用于处理含钚的焚烧炉灰。熔化炉设备包括灰进料系统、微波发生器、金属波导设备(传递热量到熔化炉，控制熔化和自动清洁设备的控制器)(图 10-4)。该熔化炉是自动化操作。坩埚用不锈钢或者低碳钢制成。微波熔化炉的主要规格如表 10-8 所示。

表 10-8 微波熔化炉的规格

规格		
发生器	频率	2 450 MHz
	输出	最高 10 kW
波导管	尺寸	54.6 mm×109.2 mm×14 000 mm
	材料	铝
熔化器	照射模式	横电模
	熔化方法	罐内熔化
	废物进料	连续进料

续表

	规格	
螺纹罐	尺寸(直径×高度)	130 mm×770 mm
	材料	SUS304
	体积	10 L
	冷却	0.5 $m^3 N_2/L$
生产量	残留物	3～4 kg/h
		30 kg/罐

灰以 2～4 kg/ h 的速度连续进料，于 1 200～1 400 ℃下在罐内被熔化，转化成类似陶瓷的块状物，质量达 30 kg。这种技术没有任何添加物，焚烧炉灰被整备成稳定的废物，密度为 2～3 g/cm^3，获得的陶瓷块状物的浸出率大约为 10^{-5} $g/cm^2 \cdot d$。

微波处理是一种相对简单的技术，可以安装成可移动装置，生产效率高。然而，处理期间产生的废气在排放前要求进一步处理。

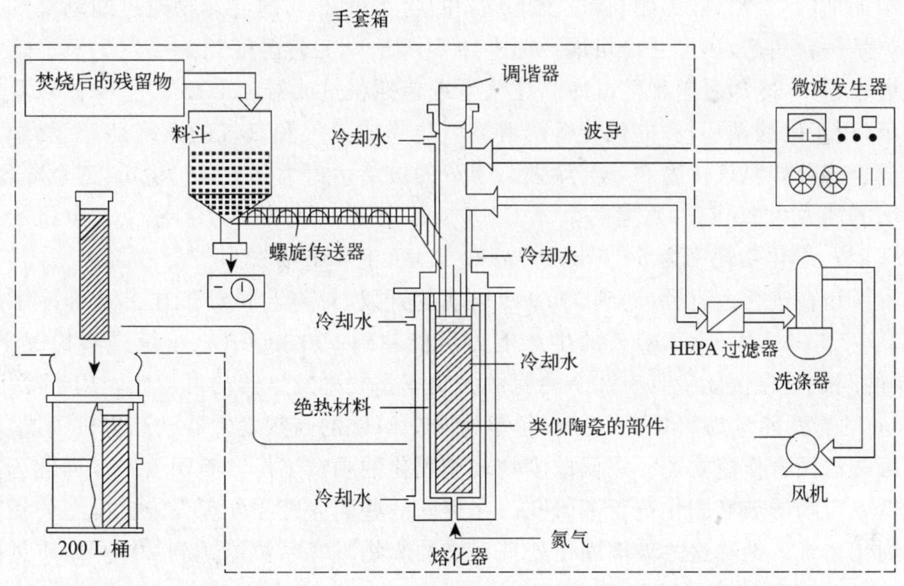

图 10-4　微波熔化工艺

10.3　热化学处理工艺

这种处理工艺利用粉末的金属性“燃料”，例如铝或者镁，与废物中的水发生反应，使其与废物发生物理和化学作用，形成热量和氢气，通过燃烧破坏有机材料，产生固体熔渣或者灰。氢气燃烧是因为有足够的氧气存在，随着氢气的燃烧反应，废物被燃烧，形成一种类似炉渣的固态物。过量金属粉末的存在抑制了腐蚀性气体的产生。

这种工艺在俄罗斯得到了开发，用来处理各种有机放射性固体废物。它已经被用来焚烧废离子交换树脂和塑料等。

热化学处理是一种相对简单的工艺，它可以应用于混合的固体废物。但是，废物产品给处置整备提出了挑战。另外，氢气的产生和燃烧需要格外小心。

10.4 玻璃固化

玻璃固化是废物进料与玻璃基料在高温下一起熔融，澄清后倒进容器里面，冷却形成一种整体块状物。玻璃固化的高温可以破坏在废物中的任何有机物，也引起挥发物和气载核素的排出。因此，废气在排放前要进行净化处理。

国际上已经对玻璃固化进行了大量研究，高放废物的玻璃固化已经应用在法国、俄罗斯、英国、美国和印度。除了高放废物外，人们相当关心其他废物的玻璃固化。俄罗斯利用焦耳熔炼工艺，建造了一座处理能力为 500 L/h 的工厂。

俄罗斯设计建造了一座玻璃固化工厂(如图 10-5 所示)，该厂从 1999 年开始运行。液体废物在蒸发器中被浓缩，盐含量达到 1 000 g/L。在一个间歇式混合器中，盐浓缩物与玻璃形成添加剂(石英沙、硅钙硼石、斑脱土)混和，含水量 25%的混合物通过蠕动泵加入熔炉中。熔炉是一台高产、小尺寸冷坩埚(如图 10-6 所示)，工艺温度约为 1 200 ℃。熔化的玻璃倾倒进容器中，冷却后送到贮藏库。尾气系统包括粗过滤器和 HEPA 过滤器以及氮氧化物吸附塔(用于硝酸循环)和催化分解残留氮氧化物成氮气和氧气的系统，将废气中放射性核素和危险成分如氮氧化物和 SO_x 除去。熔炉的玻璃生产力达到 75 kg/h(三个冷坩埚，每个冷坩埚的能力为 25 kg/h)，电功率为 1 000 kW，频率为 1.76 MHz，单个发电机的振荡能量为 160 kW，熔化功耗率为 5～6 kW・h/kg 玻璃，铯-137 损失为 3%～5%。

俄罗斯正在进行大直径(达到 1 m)冷坩埚的开发、计算与设计工作。这种冷坩埚在低熔化功耗率(2～3 kW・h/kg)下的生产能力可能达到 500 kg/h(在干燥进料情况下)。现在，主要的问题是振荡能量具有几个兆瓦的大功率高频率发生器的可用性。用于冷坩埚(直径 0.5 m)的振荡能量为 250 kW，工作频率为 440 kHz 的高频发生器已经进行了成功测试。

韩国和法国合作建立了一座低放废物玻璃固化的中试工厂。美国太平洋西北国家实验室也对低放废物的玻璃固化进行了研究。在美国一些商业废物处理设施也准备使用低放废物玻璃固化系统。据称这些玻璃固化处理系统的废物减容系数能达到 200：1，质量减小系数达到 10：1，处理速率可达到 70 kg/h。

玻璃固化技术综合优点是产生的废物体稳定，适合长期贮存或者处置，有机材料整个被破坏，适合处理大范围的液体和固体废物。但是，玻璃固化技术是一项复杂和昂贵的技术，通常仅应用于高放废物和用其他技术难以处理的特殊废物。

10.5 催化湿法氧化

催化湿法氧化是通过添加化学氧化剂例如硝酸或过氧化氢和起催化剂作用的铜或铁离子来分解废物的有机成分。用这种工艺分解废物是在 35%(质量分数)过氧化氢的水成溶

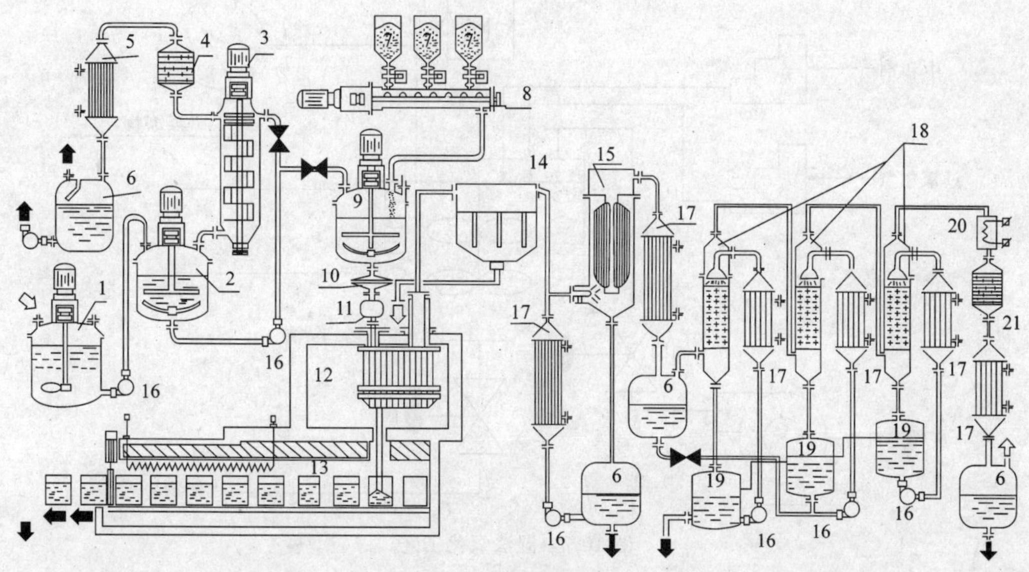

图 10-5　玻璃固化流程

1—废物存储罐；2—蒸发收集器；3—旋转蒸发器；4—过滤器；5—热交换器；6—冷凝物收集器；7—玻璃形成剂漏斗；8—螺旋进料器；9—间歇式混合器；10—感应混合器(可拆卸的)；11—蠕动泵；12—熔炉；13—退火炉；14—预过滤器；15—HEPA 过滤器；16—泵；17—热交换器；18—氮氧化物吸附塔；19—硝酸收集器；20—加热器；21—催化反应器

图 10-6　冷坩埚(左边是概貌图，右边是安装在一个处理箱中的情况)

液中(加了铁催化剂)进行的，温度和压力通常在 100 ℃和 100～200 kPa。典型的间歇式处理系统如图 10-7 所示。

废物被分解成二氧化碳、水和其他氧化物。主要的副产物保留在水溶液里，这些溶液可以被中和并使用标准蒸发/结晶技术进行浓缩。对于离子交换树脂和泥浆的分解系数可以达到 95%～98%。

催化湿化氧化在低温、低压、水溶液条件下进行，工艺相对简单。但废气和浓缩物还是

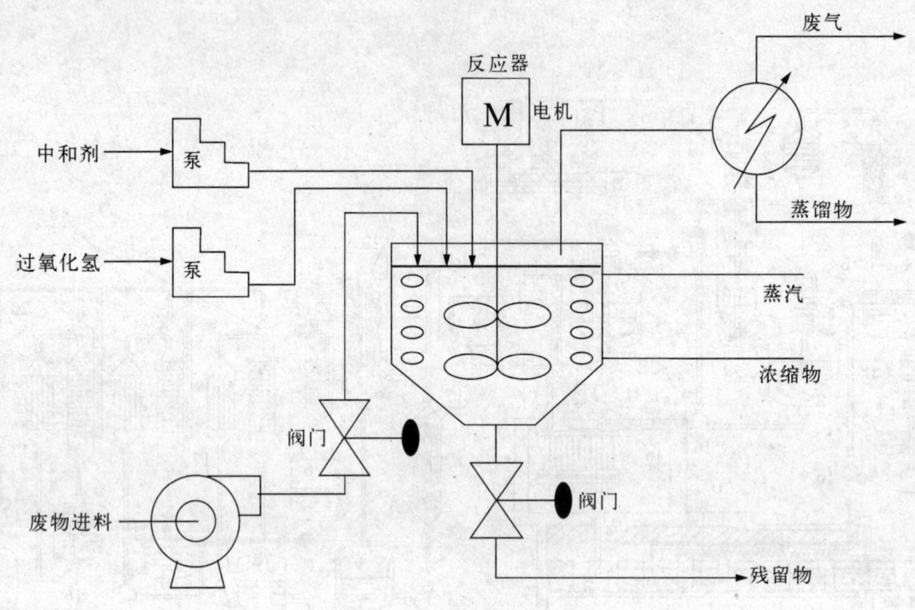

图 10-7 湿法氧化工艺

要求进行处理，特别是废物中包含挥发性核素时尤其如此。湿法氧化可以在任何规模下进行运用，适用于几乎所有的有机废物。由于是在水溶液中进行处理，离子交换树脂和泥浆在处理开始前不需要脱水。已经报道过粉末树脂和颗粒树脂的减容系数可达到 10～15。在有些情况下，湿法氧化处理后的残留物在固化前要求进行蒸发浓缩，目的是能达到最佳的减容。

利用氧气和铜催化剂，每批加入 30 L 废物料，在温度为 230 ℃和压强为 4.1 MPa 的条件下，验证催化湿法氧化工艺处理剪切的低放废物。发现这种工艺的减容系数约为 8。低放废物中不同材料的平均分解系数如表 10-9 所示。

表 10-9 湿法氧化分解系数

材料	分解百分数/%
聚氯乙烯(PVC)	83.7
氯丁(二烯)橡胶	86.2
活性炭	89.8
橡胶手套	90.4
棉制手套	91.7
胶带	91.9
高浓度聚乙烯	95.1
衣服	97.5
木头	97.7
纸张	99.8

高温(320 ℃)高压(20 MPa)蒸汽和氧气组合可用于放射性废物和危险化学废物的处理。和其他湿法氧化工艺一样，这种技术在稀水溶液中能处理稀释有机物，这种稀释有机物(例如乳状液中的油)因为热值低而不适合焚烧。

德国卡尔斯鲁厄核研究中心在 20 世纪 70 年代到 80 年代开发了催化湿法氧化技术，并应用于比利时欧化公司的废树脂处理。日本 JGC 公司于 1980 年开始研发用过氧化氢湿法氧化处理废离子交换树脂(处理流程见图 10-8)，1987 年进行验证试验，1994 年建成工业规模工厂，处理核电厂废树脂和其他有机废物。

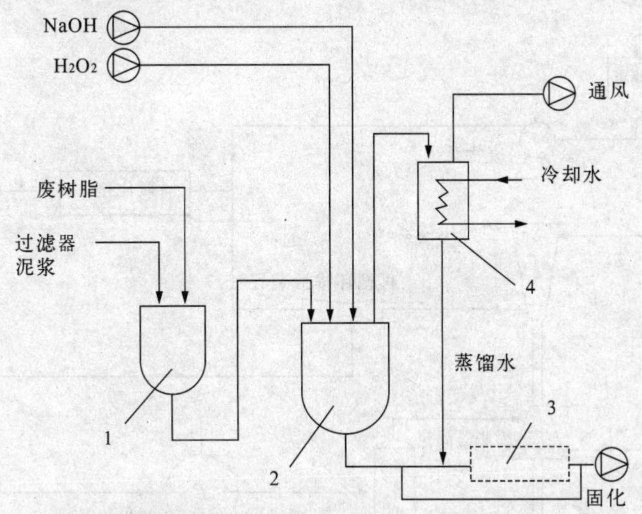

图 10-8　日本湿法氧化工艺流程图

1—泥浆罐；2—反应器；3—蒸发器；4—冷凝器

10.6　超临界水氧化

超临界水氧化技术利用水超过其临界温度与压力后的特性，结合空气氧化有机材料，产生二氧化碳和带无机盐成分的水，形成不可溶解的沉淀。超临界水氧化要求在高温和高压下进行（如图 10-9 所示）。

超临界水氧化是一种先进的湿法氧化。在温度和压力超过水的临界点（374 ℃和 22 MPa）后，有机材料变得可溶解。超临界水可以与氧气以任何的比率进行混合。温度和压力增加到 400 ℃和 25 MPa 时，有机物质变得不稳定，金属被转化成它们的氧化物并从超临界液体中沉淀出来。

超临界水氧化已经运用于工业废物处理，并已取得一些成功。在日本进行了处理低放和混合废物的研究。一套用于处理 α 污染废物，包括溶剂、碎布、过滤器和 IX 树脂的系统在美国洛斯阿拉莫斯国家实验室运行。法国、英国、瑞典与瑞士、德国、西班牙等国家也在对超临界水氧化法进行研究。

超临界氧化技术能使水溶液介质中的有机物快速而有效地氧化，不产生 NO_x 和 SO_x，可从稀释的水溶液中分离溶解的重金属和裂变产物。超临界氧化技术是一种有效的手段，并且能安装在移动处理装置上。但是，高温高压要求会限制设备尺寸，此法被限于处理溶液和泥浆（含有 2%～25%的有机物，颗粒直径不超过 100 μm）。反应室的化学反应是非常复杂的，比如无机酸形成（例如来自氯、氟），可能需要在进料材料中添加强碱金属控制腐蚀。因为氧化反应是放热的，必须进行适当控制，以保证不会出现过高的温度。无机产物形成一种浓缩的泥浆，需要有效地进行固化。

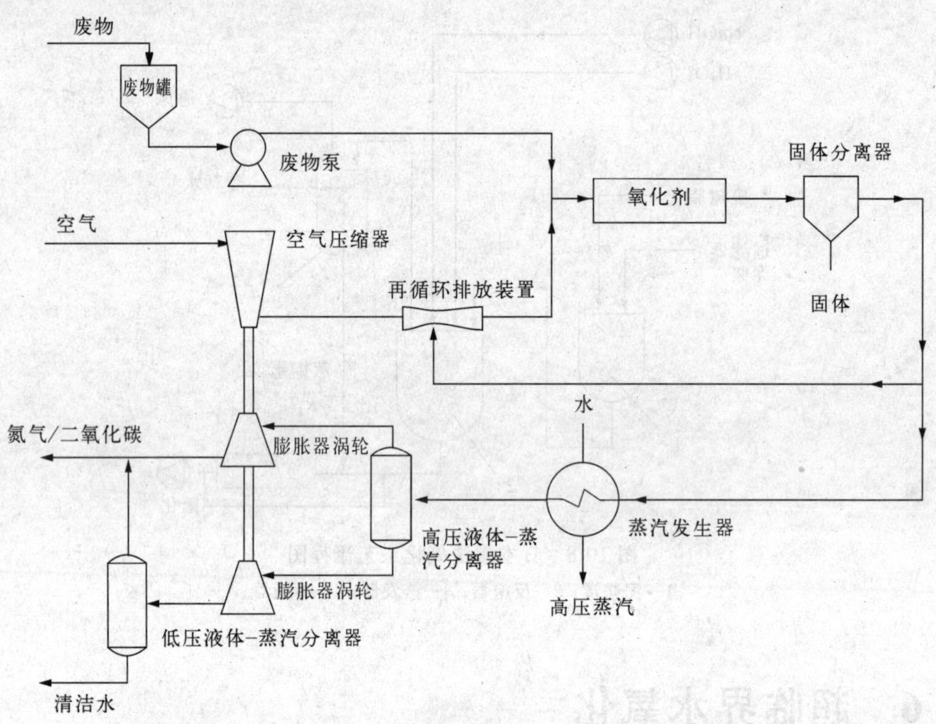

图 10-9 超临界液体氧化工艺

10.7 生物处理

生物处理包括利用细菌和真菌,或者其他的微生物破坏低放废物中的有机化合物。生物处理有许多的机理,比如说生物降解、生物凝聚、生物促使沉淀、生物过滤和生物膜作用。就地生物处理和在生物容器里处理的技术正在开发中。

就地生物处理包括地下水和土壤调整。特殊应用包括有机物的生物脱硝、生物固定、生物活化和生物降解。

生物反应器维持着处理有机物、无机物和放射性核素的最佳环境。生物反应器有能力破坏大多数有机污染物,将硝酸转化成氮气,与金属和放射性核素相互作用,通过生物化学手段例如氧化/还原,改变它们的迁移速率。生物处理是一项新兴的技术,正在进行可行性研究和验证。

在芬兰的 Loviisa,建造了微生物分解工艺中试厂处理来自核电站的有机固体废物,比如废树脂。该工艺在 38 m^3的生物反应器里使用了厌氧细菌进行 7～10 天的间歇式分解处理,将废物转化成二氧化碳和轻烃气体(甲烷),甲烷然后进行燃烧,产生水和二氧化碳。剪切的废物[含有大约 64%(质量分数)的纸张、7%(质量分数)纸板、7%(质量分数)塑料、4%(质量分数)木质和 18%(质量分数)衣服]经微生物处理后,体积减小系数和质量减小系数分别达到 10 和 10～20。俄罗斯使用真菌类发酵纤维素进行了台架规模的研究。

生物法仅适用于量小、浓度低的废物处理。生物处理不适合处理混合废物,随后还需要对大体积的二次废物进行处理和整备。如果废物含有碳-14 和氚，气体产物会有活性，将需要增加额外的处理工作。

10.8　放射性淤泥处理

俄罗斯开发了一种方法处理被放射性核素污染的淤泥。淤泥送到电熔炉的输送器中，在 500～700 ℃下，有机成分被燃烧掉，水被蒸发。废气和气溶胶送到废气处理系统，这样处理后的放射性淤泥排进 200 L 桶中，随后注入水泥浆，固定后处置。在 SIA Radon 运行着生产能力为 20 kg/h 的台架装置。工艺流程如图 10-10 所示。

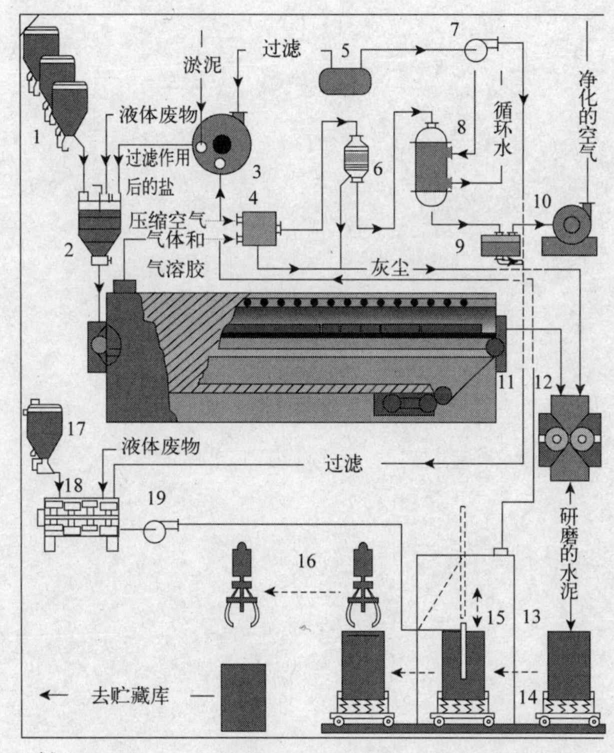

图 10-10　放射性淤泥热量处置过程流程图

1—漏斗；2—混合器；3—分离器；4—过滤器；5—收集器；6—HEPA 过滤器；7—泵；8—热交换器；9—过滤器；10—通风设备；11—电熔炉；12－破碎机；13—容器；14－拖车；15—灌注水泥浆；16—钳子；17—漏斗；18—混合器

参 考 文 献

1　Treatment of solid wastes with molten salt oxidation[C]. Waste Management 20(2000)

2　Status of Technology for Volume Reduction and Treatment of Low and Intermediate Level Solid Radioactive Waste[R]. TECHNICAL REPORTS SERIES NO. 360. International Atomic Energy Agency,

VIENNA，1994

3 Predisposal Management of Organic Radioactive Waste[R]. TECHNICAL REPORTS SERIES NO. 427. International Atomic Energy Agency，VIENNA，2001

4 HIGH TEMPERATURE TREATMENT OF INTERMEDIATE－LEVEL RADIOACTIVE WASTES －SIA RADON EXPERIENCE [OC]. WM'03 Conference，February 23－24，2003，Tucson，AZ

5 罗上庚，放射性废物概论[M].北京：原子能出版社，2003

第 11 章　α 废物的处理与整备

11.1　概述

放射性固体废物中半衰期大于 30 a 的 α 发射体核素的放射性比活度在单个包装中大于 4×10^{6} Bq/kg(对近地表处置设施,多个包装的平均 α 比活度大于 4×10^{5} Bq/kg)的为 α 放射性废物(以下简称为 α 废物)。按德国核燃料循环估算,每处理 1 t 乏燃料产生大约 2.1 m^3 α 废物,其中含钚量 0.1,5,120 g/m^3 的 α 废物各为 0.7 m^3。这类废物主要是纤维素(纸、布)、塑料、橡胶之类物品,体积很大,被半衰期长、生物毒性大的 α 辐射体沾污,因此给处理、运输、贮存和处置都带来了很多的麻烦和困难。

对于可燃性固体废物,现在通用的处理方法是焚烧和压缩。α 废物焚烧炉比一般焚烧炉要求高得多,要求有足够的内照射防护,优良的密封性,高效的尾气净化系统,控制可靠,操作、维修简便,部件耐用,很少更换和维修等等。因此,焚烧炉的建造和运行都是很费钱的。尤其是用来焚烧含钚量高的废物,如聚氯乙烯、氯丁橡胶等含氯多的废物,对于钚的回收、临界安全、设备腐蚀、尾气净化等方面,现有的焚烧装置都还存在很多问题。压缩法固然经济简便,但是它能获得的减容比比较小,只有 2~10,且几乎不减少质量,不能消除着火危险性,并且有些物质(塑料、橡胶等)不容易被压缩,因此使用受限制。

至今,多数国家将 α 废物临时贮存在废物库中,由于 α 废物积量日益增多,贮存办法已不适应要求,从安全角度考虑也要求人们去处理这些 α 废物。因此,许多核工业国家都在研究发展 α 废物处理方法,诸如湿燃烧法、控制空气焚烧法、流化床焚烧法、热解法、熔融盐焚烧法、高温熔渣法等等。少数已进入工程应用阶段,而大部分还在研究发展或试验阶段。其中湿燃烧法被普遍认为是一种处理 α 废物的优良方法。

11.2　处理可燃性固体 α 废物的湿燃烧法

11.2.1　湿燃烧法的技术原理

湿燃烧法处理可燃性 α 固体废物是利用热浓硫酸和硝酸(250 ℃)浸煮可燃性固体物质,把大部分有机物变为气体产物,把大部分无机物转变为硫酸盐和氧化物。有机物的化学分解包括有机物碳化和碳化物进一步氧化两个步骤。其化学反应是很复杂的,主要反应方程式为:

$$C_mH_n+\frac{n}{2}H_2SO_4\rightarrow nH_2O+\frac{n}{2}SO_2+mC \tag{1}$$

$$C + 2H_2SO_4 \rightarrow 2H_2O + 2SO_2 + CO_2 \qquad (2)$$

$$3C + 4HNO_3 \rightarrow 4NO + 2H_2O + 3CO_2 \qquad (3)$$

$$2C + 2HNO_3 \rightarrow N_2O + H_2O + 2CO_2 \qquad (4)$$

$$5C + 4HNO_3 \rightarrow 2N_2 + 2H_2O + 5CO_2 \qquad (5)$$

$$3SO_2 + 2H_2O + 2HNO_3 \rightarrow 3H_2SO_4 + 2NO \qquad (6)$$

$$5SO_2 + 4H_2O + 2HNO_3 \rightarrow 5H_2SO_4 + N_2 \qquad (7)$$

硫酸的主要作用有两个：一是把有机物碳化[反应式(1)]；二是为硝酸的氧化提供高温介质。硫酸虽然也能把碳氧化[反应式(2)]，但反应速度较慢，因此需要加入硝酸。碳化物的氧化主要是靠硝酸来完成的[反应式(3)～(5)]。硝酸还把硫酸分解有机物后形成的 SO_2 氧化成 SO_3[反应式(6)，(7)]。破坏分解聚氯乙烯、聚乙烯、有机玻璃、橡胶等物质，需要较高的温度，但温度超过 270 ℃，会产生大量的 SO_2 气溶胶，使尾气处理变得困难并使聚四氟乙烯密封垫圈发生软化，导致漏气，因此反应温度控制在 250 ℃最合适。

11.2.2 湿燃烧法工艺流程

湿燃烧法处理 α 废物流程由五个部分组成：(1)预处理(包括监测、分类和切割)，(2)湿燃烧，(3)尾气处理，(4)酸分馏(H_2SO_4，HNO_3 分离和浓缩，返回使用)，(5)残渣处理(包括钚回收、固化处理)。其流程见图 11-1 所示。

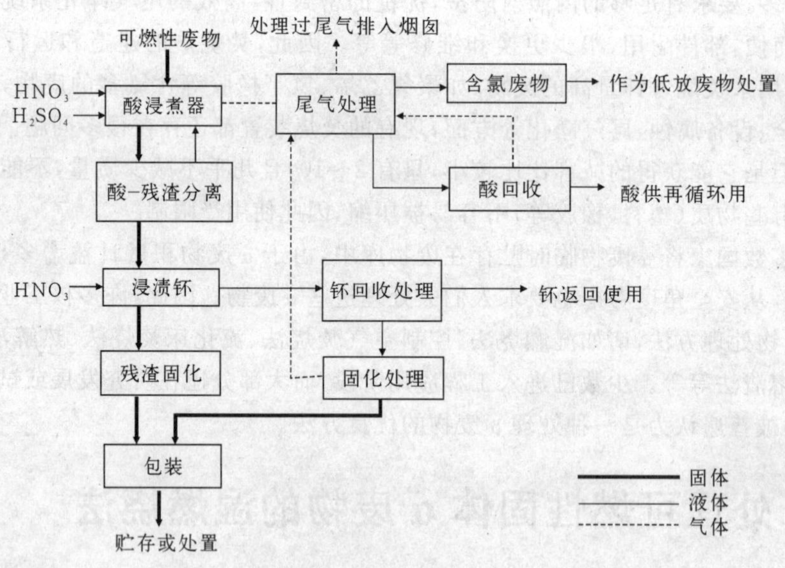

图 11-1 湿燃法处理 α 废物流程示意图

11.2.3 应用的工艺流程和设备

11.2.3.1 美国

美国汉福特工程开发实验室(Hanford Engineering Development Laboratory－HEDL)首先进行了湿燃烧法研究，将可燃的废物转化成一种惰性的、不可燃烧的残渣。在 1977 年建造了一套名为 RADTU(Radioactive Acid Digestion Test Unit)装置,该装置的处理量为 100 kg/d。先用模拟废物进行了非放射性试验。该系统处理了 2 100 kg 来自钚工厂的低水平超铀废物,这些废物原为 140 桶(210 L/桶),处理后得到残渣 0.4 m^3。然后该装置被关闭,建立了一个新的高速浸煮器容器。RADTU 装置和工艺流程如图 11-2 和 11-3 所示。

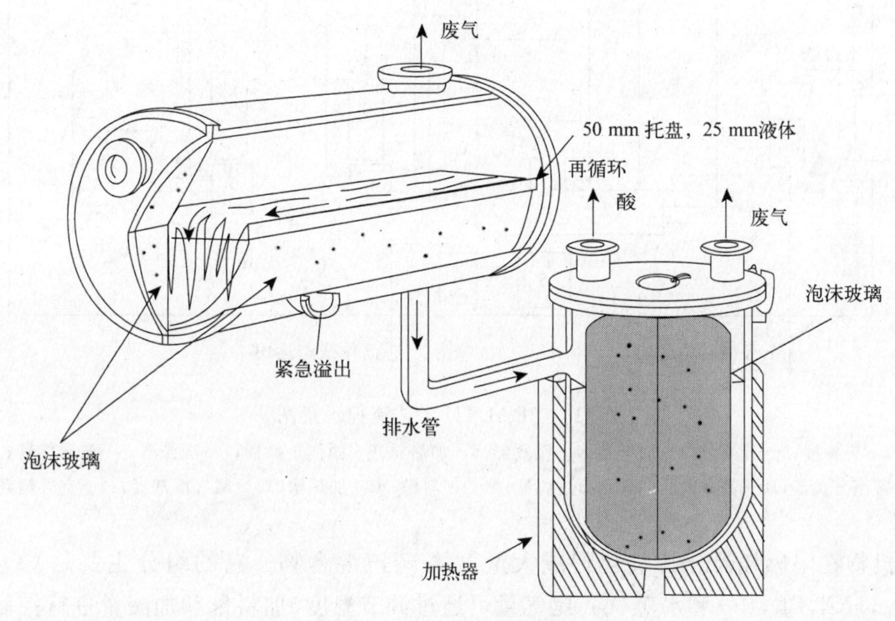

图 11-2 RADTU 浸煮器

α 废物包装在 15 cm×15 cm×79 cm 纸盒中,外面封以塑料膜,然后装在 210 L 体积的桶中。处理前首先要测定桶中钚含量。然后打开桶盖,取出废物包,通过空气闸门进入手套箱中,在分类台上进行分类。可燃性废物送到切割机进行切割。不可燃废物装在另一罐中,输送出去另外作处理。为了减少进入湿燃烧器的不可燃的小颗粒物质(如玻璃、金属),可进行过筛或用空气分离器处理。切碎的物质通过加料罐在 10 MPa 的压力下压缩成密度为 0.55～1.0 g/m^3的物质,然后加进浸煮器中,一次加料 100～280 g。

浸煮器的作用类似于焚烧炉的燃烧室,设计要求保证燃料(α 废物)同氧化剂(硫酸＋硝酸)安全混合,完全氧化并能排出所产生的尾气和方便地除去残渣。HEDL 最初使用的是 200 L 球形玻璃浸煮器。后改用平放在一个卧置的直径为 450 mm,长为 1 570 mm 圆筒中的托盘浸煮器,其深度为 50 mm,但一端的边高只有 25 mm,以保证托盘中酸量维持 25 mm 深度,托盘浸煮器保证了临界安全,但处理能力受限制。因此,现在改用快速循环的环形浸煮器,它和酸加热器的底部、顶部互相连接沟通。当衡撞式加料器把切碎了的废物压进浸煮器时,鼓送进来的氮气将废物碎片在浸煮器中吹散开来,空气提升器把加热了的酸由酸加热器泵入,喷洒在下落的废物碎片上。酸同废物密切接触,加大了传热面积,反应速度加快,处理量提高。

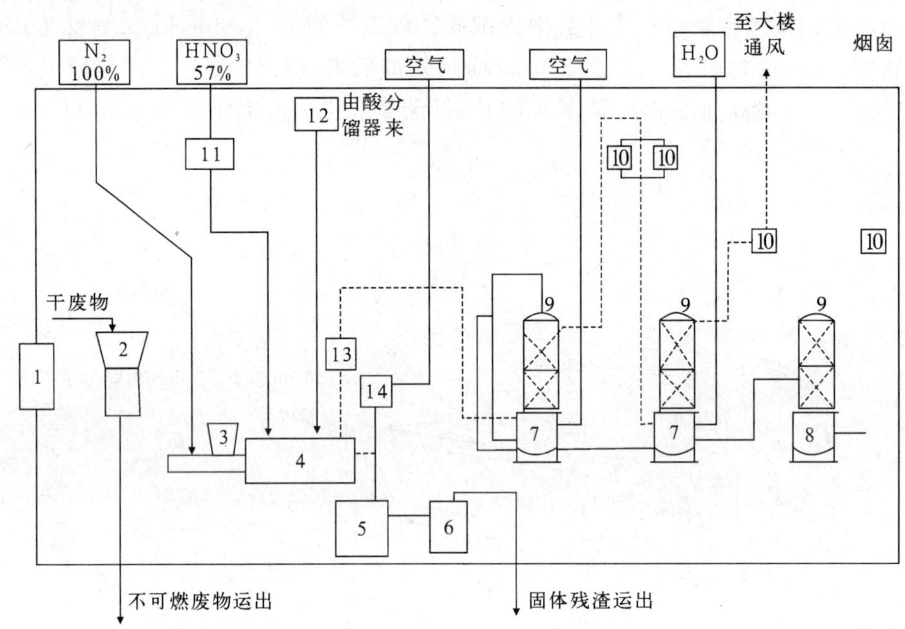

图 11-3 RADTU 工艺流程示意图

1—废物桶；2—分类台；3—加料器；4—浸煮器；5—加热器；6—固体干燥器；7—洗涤器；8—酸分馏器；9—雾滴分离器；10—高效微粒(HEPA)过滤器；11—加料槽；12—加热槽；13—尾气冷却器；14—空气提升器

有机物在湿燃烧器分解氧化形成大量气体-蒸汽混合物。它的组分主要是 CO_2，SO_3，NO_x，N_2，HCl，Cl_2，CO 和水蒸气。尾气量可通过调节温度、加料量和加酸量进行控制。

从浸煮器产生的尾气首先进入雾沫分离器，在那里大部分硫酸得到回收。然后进入第一洗涤塔，其中由 6.5 mol/L 的硝酸溶液循环流动，并通进空气，氧化和吸收 SO_2 和 NO_x，因此，绝大部分硫酸和 NO_x 及 HCl 在这里得到回收。尾气中只有极微量可裂变物质，所以氧化吸收塔未作临界考虑，只是通过控制酸度保证不积聚可裂变物质。含氯废物在氧化分解过程形成相当量的亚硝酰氯(NOCl)。当洗涤液酸度<8 mol/L 时，亚硝酰氯水解被洗涤液所吸收。但是洗涤液酸度>8 mol/L 时，它不被酸所吸收，与 CO_2，CO 一起进入通风系统中，所以洗涤液酸度控制在<8 mol/L。浸煮器产生的尾气量约为 13 m^3/kg，离开第一洗涤塔时尾气量降低到 2.6 m^3/kg 废物。

从第一塔出来的尾气经过填充玻璃纤维的 HEPA 过滤器进入第二洗涤塔。为了防止酸气冷凝在过滤介质中，所以要进行加热。在第二洗涤塔通进更多量空气，循环洗涤液是 11%的稀硝酸。在第二洗涤塔去除大部分 NO_x。加热后再通过 HEPA 过滤器，最后排入通风系统中。

为了再利用吸收洗涤液中的硝酸和硫酸，利用分馏装置进行分离和浓缩。

在通常压力下，硫酸浓度>74%(质量分数)，温度>110 ℃，会发生爆炸。在较高压力下，质量分数为 40%的 H_2O_2 也会发生爆炸。湿燃烧法使用质量分数为 30%的 H_2O_2，温度和压力都较低，不致形成过氧化物，因此不会发生爆炸。为了确保安全，RADTU 采用了以下措施：(1)加料量规定一个极限值；(2)如果温度和压力超出正常操作水平，即停止加料，同时停止加硝酸；(3)浸煮器设有紧急降压措施；(4)尾气处理系统设计流量有较大保险系数；(5)分类时应注意避免活性物质(如 $KMnO_4$ 等)进入浸煮器；(6)拆包、分类、切割等操作均在氩气环境下进行。

11.2.3.2 德国

德国卡尔斯鲁厄核研究中心核废物工艺研究所(INE/KFK)于1975年开始研究湿燃烧法。1979年5月建成非放射性试验工厂 ALONA，设计能力为10 kg/d，用于处理800 kg(含有7 kg钚)易燃废物。所处理的α废物按其组分聚氯乙烯、聚乙烯、氯丁橡胶和纤维素的质量分数之比为两类：第一类为25∶20∶40∶15；第二类为20∶20∶20∶40。他们与比利时莫尔欧化公司合作，在莫尔建造了一套热处理装置，在1982年开始处理1 t含有10.5 kg钚的α废物。这套装置安装在7个手套箱中。第一室设置6个手套箱，第二室设置1个手套箱(尾气碱洗涤器)。ALONA 与 RADTU 相比，最大不同的地方就是 ALONA 采用框形快速浸煮器。该浸煮器的优点：1. 避免钚氧化物或残渣沉积；2. 有机物同酸很好混合，反应速度提高，并使氧化钚很快转化为硫酸钚；3. 其体积为同样处理量的托盘浸煮器的1/4，容易装入手套箱；4. 反应用酸比托盘浸煮器减少4倍；5. 容易安全排空，因此核安全程度提高；6. 维修操作提高。ALONA 工厂处理工艺简图如图11-4所示。含钚废物的处理在1985年全部完成，全部钚回收效率达到了93.5%。

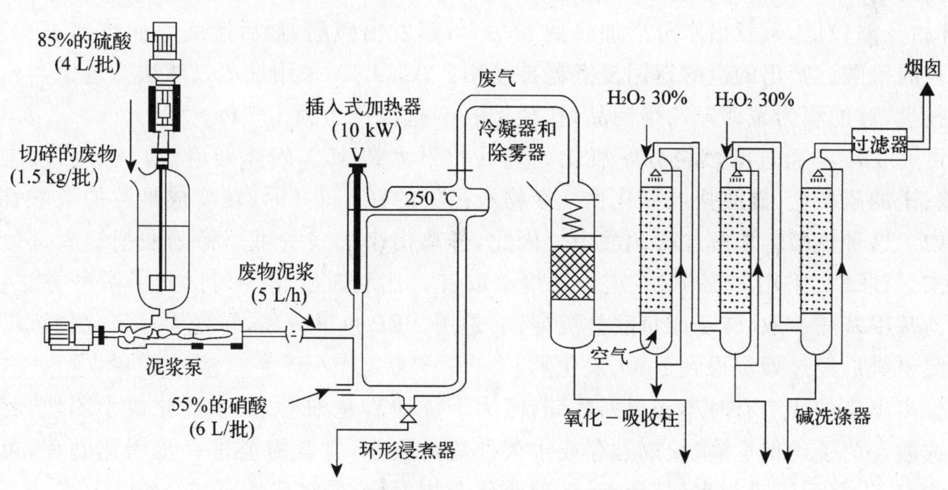

图11-4 卡尔斯鲁厄 ALONA 工厂流程示意图

11.2.3.3 瑞士

瑞士联邦反应堆研究所，设计了一个湿燃烧处理车间，1981年开始建造。1982年底进行了放射性运行。处理能力为1 kg/h，其工艺流程和设备与西德 ALONA 相类似。

11.2.3.4 日本

日本动力堆和核燃料发展公司(PNC)从1976年开始研究湿燃烧法,酸浸煮设施包括一个进料器、浸煮器、煅烧炉和废气处理装置。2003年在一个中间规模2.22 kg/h)的装置中进行非放验证。用它来处理含钚的聚氯乙烯和氯丁橡胶废物,采用硫酸分解和硝酸氧化两步进行。先将切割好的废物在5 h内以4 kg的速度加入含有80 L硫酸的浸煮器中。硫酸温度为230 ℃,然后在4h内向浸煮器中加入1 000 mol硝酸。浸煮器中温度保持在250 ℃。废物被硫酸和硝酸氧化。

产生的水蒸气和气体(SO_x和NO_x)用除雾器、吸附剂和洗涤器进行处理。蒸馏被吸附的硫酸和硝酸以便在浸煮工艺中又重新使用。浸煮器底部排出的浸煮残留物在大约500 ℃进行煅烧。残留物煅烧期间产生的硫酸通过冷凝器后,又在工艺中重新使用。

整个分解氧化过程硫酸体积总是保持在80 L左右。他们认为两步法的优点是:①减少HNO_3的损失,能很好地回收HNO_3和HCl;②避免形成硝基化合物和NOCl,可减少对材料的腐蚀。

11.2.4 残渣的处理

残渣为灰白色的粉末或团块,其密度同硫酸相近,因此悬浮在硫酸中,不易沉积下来。用普通过滤方法进行分离是困难的,用水稀释硫酸,可以使残渣分离,但这样会增大钚的溶解度,影响钚的回收。

美国HEDL采用蒸馏法除去硫酸,蒸发器是碳钢罐,放进一个蚌壳状炉子(3 kW)中加热,开始升温较低,蒸发出水分后加热到350 ℃,蒸发出硫酸,最后罐底部加热到400 ℃,除去残存的硫酸。蒸出的硫酸返回浸煮器再使用。ALONA采用加压过滤法。过滤器内有一过滤托盘,过滤膜为聚四氟乙烯制品,孔径10μm,过滤压力为10^6 Pa。

可燃α废物经过湿燃烧分解氧化处理后留下大约15%固体残渣(质量分数),主要是钙、铁、镁的硫酸盐、硅酸盐或氧化物。废物所污染的钚几乎99%转变成难溶的硫酸钚进入残渣中。这种硫酸钚溶解在稀硝酸中。因此,分离出来的残渣可用稀硝酸把绝大部分钚浸渍出来。HEDL采用30%TBP/正十二烷萃取钚。比利时欧化公司试验了两种方法:一是用三乙基甲基胺萃取,转变成草酸盐沉淀;二是用TBP色谱分离,转变为过氧化物沉淀。这些沉淀干燥后经过煅烧得到PuO_2氧化物。

分离出来的残渣有时不必要回收钚,因为干燥残渣是细粉末、小颗粒或小团块,容易飞扬或逸散。为了确保运输、长期贮存或永久处置的安全,常常需要进一步固化处理,可采用的办法有:①将残渣进行水泥、沥青、玻璃或聚合物固化;②将残渣直接烧结。

美国HEDL已经验证了把干燥残渣变成硼硅酸玻璃的工艺过程。用15 cm直径的容器,加入石墨,把硫酸盐在900 ℃转变成挥发性的SO_2除去,得到的不含硫酸盐的残渣和玻璃形成剂一起在1 100 ℃熔融,得到2 600 kg/m^3,含有33%残渣氧化物的最终玻璃产品。

日本PNC采用微波技术固化残渣,不需添加固化剂,制成适于贮存或处置的玻璃或陶瓷体。残渣先在电炉上(800 ℃)加热15 min,除去硫酸根。样品连续加入金属坩埚中,为了使其能均匀接受微波能量,坩埚直接作为处理容器并以2～5 rpm速度旋转。经微波固化处理,残渣体积可减少到原来的1/8。

11.2.5　湿燃烧法处理 α 废物的优点和缺点

湿燃烧法的优点：

(1) 减容比大。据估算，一个每天生产 100 kg 混合氧化物燃料的工厂，一年产生约 1 200桶(210 L/桶)固体可燃性 α 废物，用本法处理后只有 24 桶。

(2) 能处理聚氯乙烯、聚乙烯、橡胶、纤维、树脂、木材等多种废物。尤其可用于处理含氯多的废物。

(3) >95%的钚能回收，适于处理含钚量高的废物。

(4) >95%的 H_2SO_4，70%～80%的 HNO_3 能回收利用，二次废液少。

(5) 操作温度和压力低，容易控制和调节，并易启动和停车。可以设计成可移动式装置。不产生焦油、烟垢和尘埃。

(6)工艺简单，可以直接按比例扩大。

其缺点是：

(1)处理量比较小；

(2)腐蚀性大，设备材料要求高；

(3)浸煮器中存在减速中子的液体，影响临界安全；

(4)氧化反应会产生 NO_x。这些气体不能排放到环境中去，需要处理大量的废气。残留废物在用水泥固化以前，要求中和。

对比其优缺点，湿燃烧法是处理固体可燃性 α 废物的优良方法。因此，许多有 α 废物的国家开发利用此方法。

11.3　α 焚烧灰的整备

乏燃料后处理厂焚烧 α 废物产生的灰烬，其比活度较高。焚烧灰整备工艺的开发研究受到重视。

11.3.1　α 焚烧灰室温固化处理法

法国 CADARACHE 核研究中心开发了焚烧灰室温处理方法。

室温固化处理基本流程是先称出一定量的废物灰和固化基料(包括水泥、水、环氧树脂或水泥树脂混合物)，然后用搅拌机进行搅拌，通过重力作用进入料斗内。最后注入 200 L 的废物桶内并使其凝固变硬。用一种溶剂冲洗搅拌机，此溶剂过滤后可循环利用。

CLC45 水泥要求混合的水含量为 60%，灰烬包容量可达 20%。Ciba－geigy 生产的环氧树脂有两种，一是 XF-431 型环氧树脂，另一种是较硬的 XF-348 型树脂。这两种树脂都能够包容 40%的灰烬。水泥-树脂基体是一种含有 CDF 型 Chimie(MN-201)环氧树脂和 D-2000 树脂的混合物，这种复合料也能够固化 40%的灰烬。

为了限制废物桶内的温度，在维护期间温度低于 100 ℃，对这些混合物进行了筛选并经过优化处理。首先对粉末状原料脱气，然后在低压下进行混合，获得最好质量的最终产品。复合处理装置每天生产 2～4 桶废物。对于树脂或者水泥-树脂复合基体，每天处理灰烬的能力为 140～280 kg(每个桶是 70 kg)。

11.3.2 α焚烧灰熔融处理法

德国NUKEM和法国马库尔共同开发了焚烧灰熔融处理法。NUKEM对添加多种添加剂的由多种成分组成的模拟废物灰烬进行了熔融试验。

一种"罐内熔融"处理法把模拟废物灰和溶剂混合物加入到金属坩埚中,金属坩埚也就是废物贮存容器。熔融试验表明,$Na_4B_4O_7$和B_2O_3对降低熔点具有显著效果。加入50%的$Na_4B_4O_7$,可在1 000 ℃的时候就熔融,并且其减容系数为2.9,最终产品的比重为2~2.5 g/cm^3;如果仅加入30%的$Na_4B_4O_7$,会在1 300 ℃的时候熔融,此时的减容系数为3.6,最终产品的比重在2~2.9 g/cm^3。

在Naber电炉中实施了工业规模试验,用30 L的不锈钢或石墨陶瓷坩埚作容器。试验目标要使废物处理能力达到50 kg/d。以12 kW的功率运行10个小时,然后再冷却24小时,在1 000 ℃的时候加入50%的$Na_4B_4O_7$溶剂(或者在1 300 ℃的时候加入30%的$Na_4B_4O_7$溶剂)进行熔融试验。用1 000 Pa(10 mbar)吸气压力吸取废气(5 m^3/h),废气经过一个特别设计的过滤器,该过滤器能承受废气中存在的SO_2冷凝液(pH=2.5)。分两步向金属坩埚装料。

马库尔用冷坩埚感应加热,也对废物灰烬进行熔融试验。这一方法的核心部件是熔融坩埚,通过感应电流的焦耳效应直接进行加热。试验表明,不添加任何溶剂情况下,废物灰烬能够在1 300 ℃或1 400 ℃的温度开始熔化。尽管如此,还是倾向添加包含网状构成物(SiO_2)和助熔剂(Na,K,B)的玻璃粒料,形成适宜的玻璃网状结构,尽可能熔化和包容所有废物灰烬成分。

11.3.3 α焚烧灰烬的衡压整备法

法国马库尔对装满废物灰烬的真空密罐进行多向的均压试验,研究高温均压法处理的压实效果。通过一系列圆柱形不锈钢罐试验,用36 mm直径罐来确定压实参数,144 mm直径罐用来评估压实废灰的物理化学特性;300 mm直径罐用来证实规模化生产的可行性,证实了压实处理的可行性。

为使废灰比重达到1.6~1.8 g/cm^3,重复对每一个圆柱罐进行单向压缩。在150 MPa压强,800 ℃温度下衡压2小时(直径为300 mm的贮罐要压4个小时)处理之前要进行包封处理,处理后的比重为2.4 g/cm^3。

试验发现,添加剂对增强产品密度非常有效,但却使废物处理变得复杂化,贮罐有较大变形。故该处理方法并不令人满意。

11.3.4 焚烧灰的减容系数和包装质量

上述焚烧灰处理法的减容系数:

1.室温固化(水泥-树脂):1.8

2.熔融处理:5.1

3.均衡压实废灰:2.0

这些数字表明,废灰熔融处理法是有效的减容方法。通过比较,这三种材料的物理化学特性如表11-1所示:

表 11-1　材料的物理化学特性表

	水泥-树脂	熔融处理	均衡压实废灰
压实强度/MPa	65	100～1 000	100～200
浸出率			
100 ℃,14 天后的质量损失/[g/(cm² · d)]	13×10^{-4}	$(2\sim5)\times10^{-4}$	$(8\sim10)\times10^{-4}$

注:熔融废物材料具有最佳的抗浸出性,也显示出满意的机械强度。

11.4　废包壳的处理与整备

核电站乏燃料后处理产生许多金属性固体废物。这些废物由锆合金包壳和其他金属部件组成,例如在燃料组件上使用的定位格架与端件,它们是被活化产物以及锕系元素和裂变产物所污染的废物。废包壳是很多长约 3 cm 的管状废金属料,目前大都临时贮存在水封地窖中,不同类型反应堆的废包壳活度和质量不一样,如表 11-2。

表 11-2　不同反应堆乏燃料后处理产生的废包壳量和主要参数

<table>
<tr><td colspan="3">轻水堆(900 MW(压水堆))</td></tr>
<tr><td rowspan="5">废包壳</td><td>质量</td><td>260 kg Zr(30 mm,内径 9 mm,外径 10.5 mm)
10 kg Inconel 合金
14 kg 不锈钢</td></tr>
<tr><td>α 活度</td><td>0.8 Ci (Pu);0.185 Ci(Am、Cm)</td></tr>
<tr><td>β 活度</td><td>7 300 Ci</td></tr>
<tr><td>γ 活度</td><td>280 Ci (氚),24.5 Ci(多种核素)</td></tr>
<tr><td>热能</td><td>43 W</td></tr>
<tr><td>端头</td><td>质量</td><td>3 kg Inconel 合金;28 kg 不锈钢</td></tr>
<tr><td colspan="3">凤凰快中子增殖堆</td></tr>
<tr><td>废包壳</td><td>质量</td><td>385 kg 不锈钢(长 30 mm,内径 5.55 mm,外径 6.55 mm)</td></tr>
<tr><td>隔离垫圈</td><td>质量</td><td>65 kg 不锈钢</td></tr>
<tr><td>端头</td><td>质量</td><td>250 kg 不锈钢</td></tr>
</table>

包壳有高放射性,而且体积和表面积大,这些特性对处置有不利影响。因此,期望开发一种合适的处理方法改进这些性质。

日本对热衡压法(HIP)进行了研究,认为 HIP 是一种有希望的包壳废物整体固化(gross-solidification)处理方法。另外,法国对水泥基体包容法与熔融法,德国和比利时对压实处理法进行了研究。

11.4.1　热衡压法(HIP)

热衡压法就是在高压气体和高温的相互作用下处理工件。工件密度增高并发生化学反应，例如烧结扩散结合(sintering diffusion bonding)。开发 HIP 起初是为了核燃料的扩散结合，但是不久就广泛地应用于烧结金属粉末和陶瓷。HIP 应用可以大致分成：(1)压力烧结粉末；(2)烧结产物密度增高；(3)消除铸造缺陷；(4)扩散结合；(5)高压浸渍和高压碳化。

11.4.1.1　HIP 设备的部件

已经生产几种类型的 HIP 设备，主要规格如下：

—处理室的直径：50～1 500 mm

—处理室的高度：50～3 500 mm

—最高温度：2 200 ℃

—最大压力：正常压力 200 MPa(特殊情况达 1 000 MPa)

—作为压力介质使用的气体：一般为氩气和氮气(特殊情况用氩气＋氧气，等等)

HIP 设备通常由图 11-5 所示的不同部件组成。

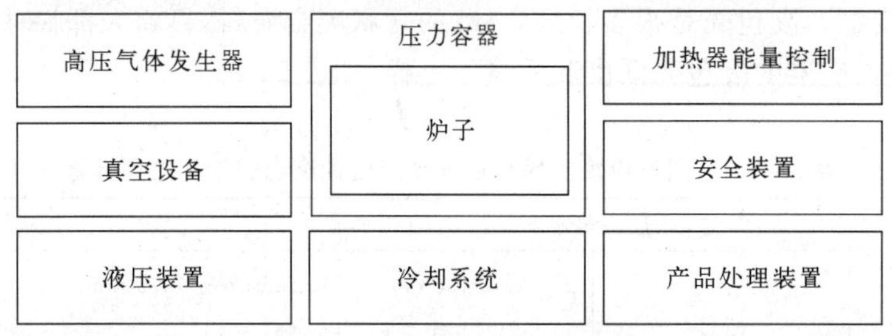

图 11-5　HIP 设备的不同部件

(1)压力容器

压力容器是最重要部件。它通常由一个垂直的、高压圆筒构成，圆筒的顶部和底部采用密封结构，圆筒设有压力框架，支撑施加于容器顶部密封件和底部密封件的轴向力。另外，压力容器还配备有水冷套以防止因内置炉子放热导致温度过高。压力容器的结构如图 11-6 所示。HIP 装置简图如图 11-7 所示。

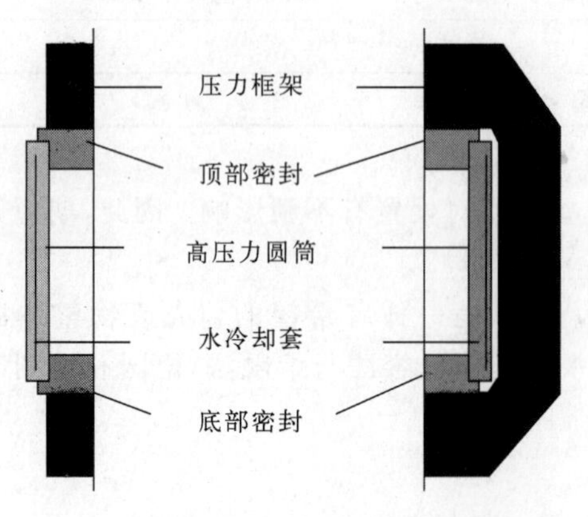

图 11-6　压力容器结构示意图

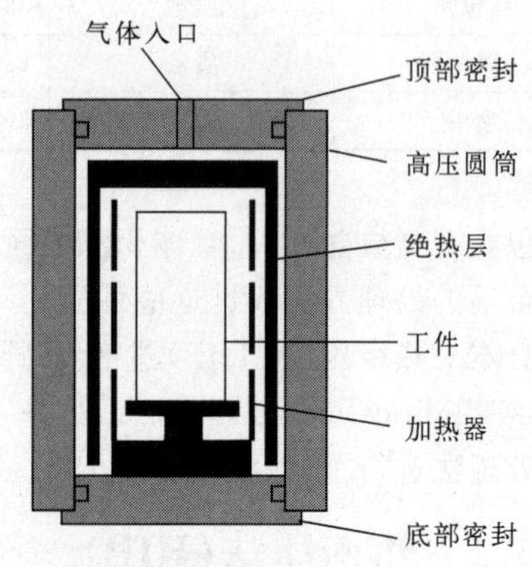

图 11-7　HIP 装置简图

(2)炉子内的结构

炉子位于压力容器的内部，它是 HIP 装置的中心。炉子依次由加热器(产生高温)、绝缘层(既维持处理室的高温，又保护压力容器)和温度测量设备组成。在通常情况下，使用电阻加热器；根据工作的最高温度和工作状况，材质可选择石墨、钼或其他材料。在此结构中使用一种特殊的绝缘材料，消除对流。通常用热电偶来测量温度。对于 HIP 设备，典型的加热器如表 11-3 所示。

表 11-3　HIP 设备典型的加热器元件

类型	组分	最高温度/℃	运行的大气环境		
			氩气	氮气	氩气＋氧气
铁-铬-铝	铁-铬-铝 剩余物-23-5.7	1 350 (1 150)	是	需要在大气下定期地烘干	是
钼	钼 100	1 655～2 200 (1 500)	是	在不高于 800 ℃下操作	否
石墨	炭 100	3 000 (2 600)	是	是	否
白金	铂-铑 90～60-10～40	1 600	是	氧化陶瓷炉子材料被消耗	是

(3)其他设备

向压力容器供给高压气体并从压力容器回收气体的设备称作高压气体生成设备。这种设备包括气体压缩机、高压阀、线过滤器、压力表、气体存储器、高压管道和高压接头。在这些部件当中，气体压缩机是最重要的。根据工作状况，有几种类型压缩机可以使用，但主要是不使用油(不需要加油润滑)的类型。

在 HIP 处理之前，真空排气设备常用来抽取残留在压力容器内的气体。通常使用油密封的旋转泵。

热量和能量控制设备用来控制对加热器电能的供给，并控制高压阀、气体压缩机和其他设备。SCR 通常用来控制加热器功率。有许多不同的控制设备，趋势是使用微处理器和微机。与过去相比，操作的可靠性和简单化明显提高。

至于安全设备，除了安全阀、安全膜和电子设备(用压力计的信号来防止压力容器超压)之外，有与温度相关的安全设备。这些设备防止处理室和处理容器出现温度过高的现象。尽管如此，还应适当提供其他设备，例如发生电力故障情况下，水的紧急供应、紧急发电。由于使用惰性气体，还需测量空气中的氧气浓度，防止氧气不足。

冷却水设备向压力容器供应冷却水。同样，气体压缩机向压力容器提供压缩气体，由热交换器、泵和罐等组成。为了防止冷却水引起压力容器和其他设备腐蚀，第二系统循环冷却水含有铁锈抑制剂。该循环水用普通水在主系统的热交换器中进行冷却，以作工业使用。

11.4.1.2 HIP处理的过程

作为HIP处理的一种方法，真空膜盒法使用的历史较长。真空膜盒法常用来完成粉末材料的高密度烧结。粉末或者粉末铸成的实体，被封装在气压介质难于渗透的材料制作成的容器(真空膜盒)中。容器被抽空并密封，在高温下用高压气体压缩真空膜盒和粉末，获得高密度烧结的实体。真空膜盒法应用的范围相当广泛，它包括用其他方法难于烧结的粉末烧结、合成物的加工制作，注入多孔渗水材料与熔融物质消除铸造缺陷和消除烧结材料残留的气孔。真空膜盒法原理如图11-8所示。

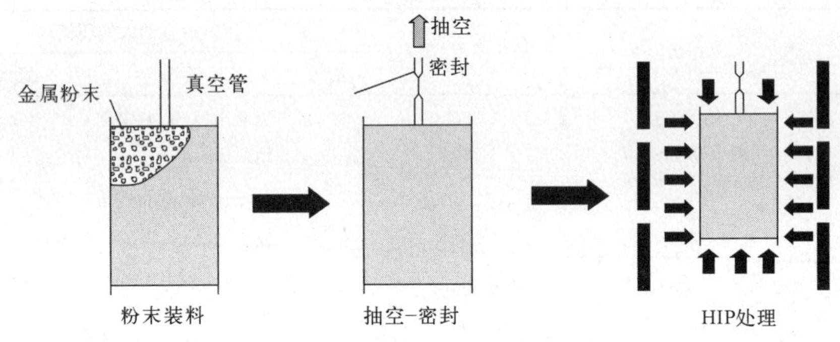

图11-8 真空膜盒法示意图

在使用真空膜盒法的HIP处理中，温度上升经常在压力上升之前。这是因为温度增加到需要值后，实际压力增加依靠气压完成。如果在低温下增加气压，膜盒的塑性低，膜盒很有可能被损坏。通常在大气压力下使用一种低碳钢膜盒，温度上升到800 ℃或者更高。当然，最终的温度和压力，以及在温度和压力下控制粉末的时间，取决于被处理的材料。通常，在不同的条件下试验，选择能达到最佳性能的条件。

11.4.1.3 热衡压法的研究

(1)HIP处理包壳废物的工艺

首先，用轴向机械压力将锆合金包壳和硬件进行预压实处理。压实处理的金属封装在气压介质难于渗透的材料制成的容器中，容器被抽空并进行密封。然后用高气体压力在高温下对容器进行压缩。处理工艺如图11-9所示。

(2)预压实

预压实是有必要的，目的是为了合理处理，防止容器在HIP处理时破损。必须解决压缩冲模内表面损坏和包壳细粒或包壳剥落氧化层散开问题，预压实采用的技术是罐内压实技术或真空膜盒压实技术。

罐内压实技术，首先将不锈钢(SUS304)真空膜盒插入压缩冲模，然后将包壳和硬件压缩在膜盒内。通过这种预压缩操作后，包壳的容积密度大约达到锆合金金属理论密度的70%。装有包壳和硬件的膜盒从压缩冲模中退出，然后装进不锈钢HIP容器。如图11-10所示。

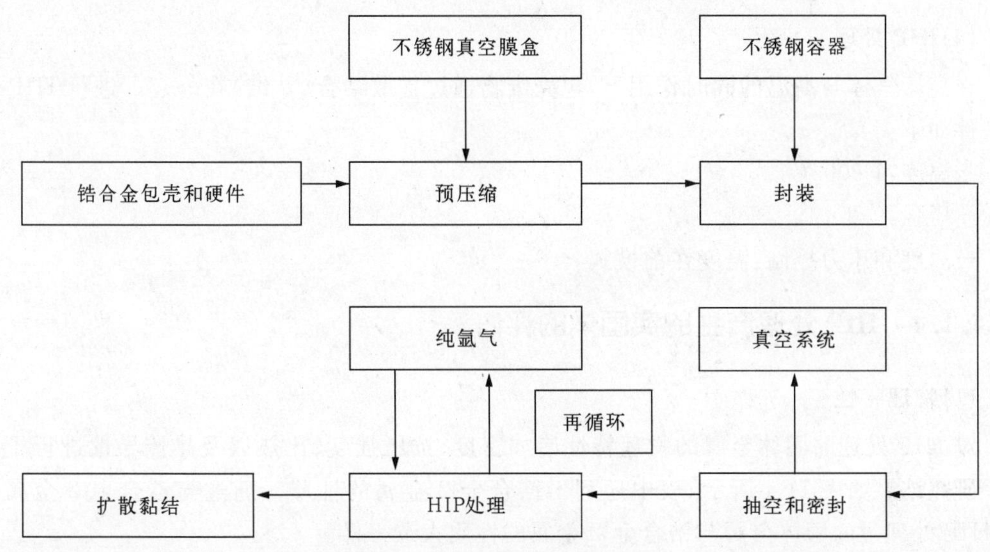

图 11-9 包壳废物 HIP 处理工艺

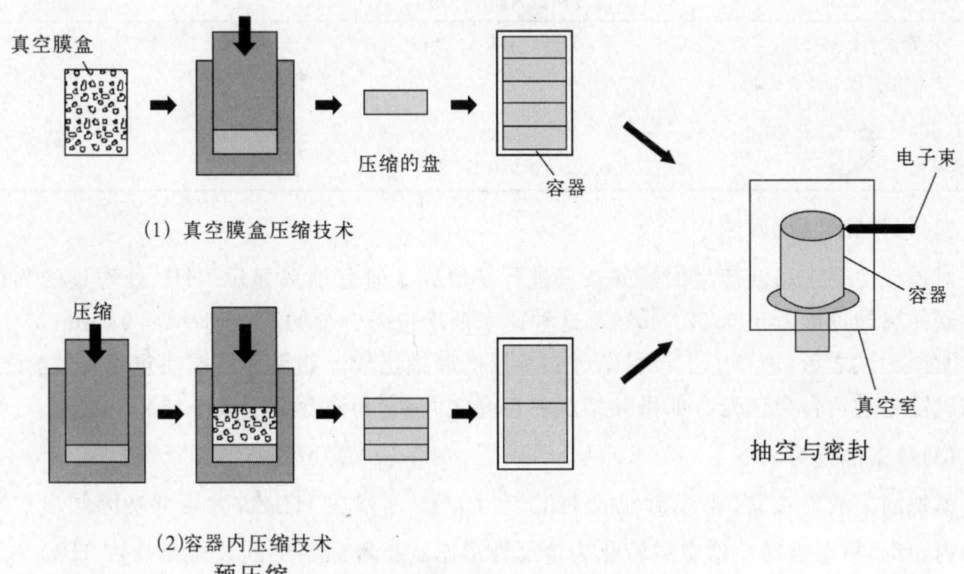

图 11-10 预压缩、抽空和密封

(3)抽空与密封

包壳废物包装进容器后，抽空容器并进行密封（不漏气）。从某种意义说抽空是为了除去空气、被吸收的水和气体，这样能得到纯的烧结体，在某种程度上能防止在 HIP 处理期间容器膨胀，因为在 HIP 设备内部出现高温时，水和气体的汽化作用会产生内压。

密封操作通常是用压力焊接或者锤合焊接抽空管来完成。现在开发了一种新的系统，它完全不需要气体分离管,容器被抽空成真空室采用电子束焊接。如图 11-10 所示。

(4)HIP 处理

在高压气体与高温的同时作用下,包壳废物通过扩散结合(黏结)在一起。进行 HIP 处理条件如下:

—温度:1 200 ℃

—压强:9.8×10^7 Pa

—温度和压力控制:温度在前模式

11.4.1.4 HIP 处理产生的实固体的评估

(1)物理特性

对 HIP 处理的固体金属的物理特性诸如密度、抗压强度、比热以及热传导性进行了研究。研究结果如表 11-4 所示,表中还列出锆合金-2 金属的性质。通过与锆合金-2 金属相比,HIP 处理过的固体金属与锆合金-2 金属的性质大致一样。

表 11-4 扩散黏结固体金属的物理特性

物理性质	HIP 处理过的金属固体废物	锆合金-2 金属	注释
密度/(g/cm^3)	6.554～6.734	6.55	
抗压强度/MPa	8.1～10.8	10	
比热/(cal/g·℃)	0.070	0.006	锆
传导性/(cal/cm·s·℃)	0.032 6～0.038 1	0.033	

(2)化学特性(抗腐蚀)

对模拟地下水腐蚀产生的氢气数量进行了研究。研究结果显示,HIP 处理过的固体金属和硬件腐蚀速率低于 0.02 μm/a。这种速率低于包壳合金的腐蚀速率(0.03 μm/a)。

腐蚀测试之后,进行了扩散黏结(结合)层的腐蚀比较。如果黏结层在包壳和硬物之间,它的腐蚀超过锆合金包壳。如果黏结层在包壳之间,它和锆合金金属一样。

(3)核素的行为

模拟的 α 放射核素(非放射性的 HfO_2 和 CeO_2)保留在 HIP 容器中并被限制在扩散黏结层内,有些核素被活性锆金属转化为金属性形态。扩散黏结层的显微结构和 HfO_2,CeO_2 的电子探针显微分析仪分析,如图 11-11 所示。

11.4.1.5 固体金属(经 HIP 处理过)的处置考虑

(1)核素保留能力

活性产物例如 ^{14}C 不是均一地分布在锆合金金属里面。锕系元素和裂变产物保留在 HIP 容器里面并被限制在黏结层内。

在处置时,金属废物保留核素的能力取决于它们的抗腐蚀能力。HIP 处理的金属固体废物的抗腐蚀能力是好的,这是由于它的腐蚀速率低于锆合金金属的腐蚀速率。

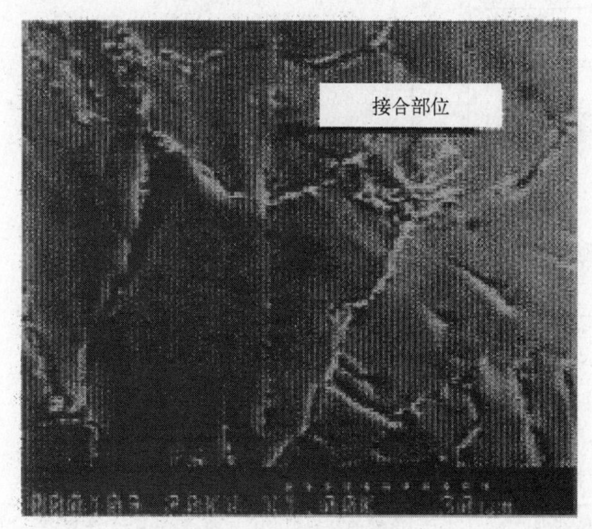

(1)扩散黏结层的显微结构

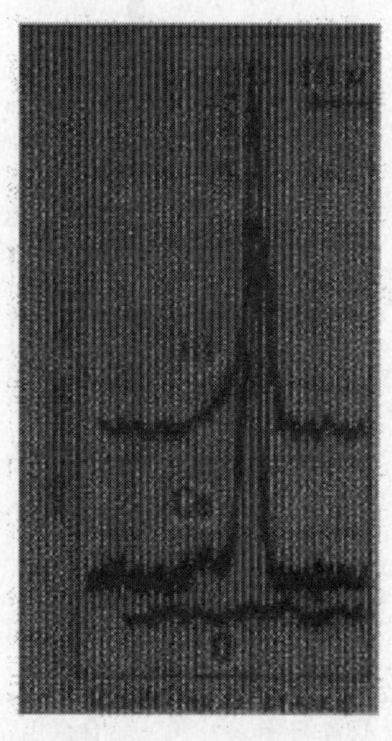

(2)HfO_2和CeO_2探针显微分析

图 11-11　扩散黏结层的显微结构和 HfO_2 和 CeO_2 的探针显微分析

(2)化学稳定性

HIP 处理的固体金属化学稳定性好，因为包壳原先是由抗腐蚀材料组成的，例如锆合金和不锈钢。HIP 处理不使用添加物，没有负面影响。

(3)物理稳定性

HIP 处理的固体金属必须有足够的抗压强度，在处置条件下能抵抗岩石压力。HIP 处理的固体金属是满意的，其抗压强度与锆合金的抗压强度相同。

(4)热化学稳定性

包壳是由锆合金和不锈钢等组成。经 HIP 处理后，在工艺温度(低于锆合金和其他金属的低共熔温度——928 ℃)下不会融化。另外，由于被包装进了钢容器，它不被氧化。

(5)匀质性

通过显微镜观察，HIP 处理过的固体金属不是匀质的，能清楚地看见包壳之间的黏结层。用肉眼判断，它似乎是匀质的，包壳和硬件全部混合在一起。硬件仅占质量的 8%，因此包壳和硬件之间的黏结层是不连续和稀少的。

11.4.1.6　工业规模 HIP 法固体金属试验生产

模拟的包壳废物(非放射性)用 HIP 以工业规模进行处理，如图 11-12 所示。包壳废物的组分如表 11-5 所示。

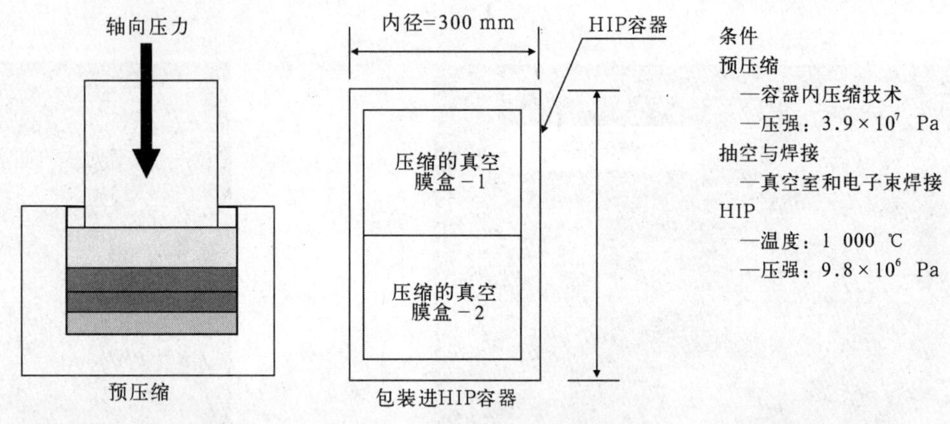

图 11-12 HIP 工业规模处理包壳

表 11-5 模拟的包壳废物组分

膜盒编号	锆合金包壳	尾端件	压缩的真空膜盒总质量	注释
1	锆合金-2,57.5 kg	SUS304(重水堆型)	75.07 kg	约 200 kg 铀
2	锆合金-4,61.1 kg	SUS304(沸水堆型)	74.48 kg	约 200 kg 铀

结果如下：

—包壳是扩散黏结；

—体积减小系数大约为 6；

—表面减小系数大约为 150。

经 HIP 处理的预压实实体和经 HIP 处理的固体金属实体的横截面如图 11-13 所示。

11.4.2 水泥基体固定法

法国 COGEMA 在阿格后处理厂运用的废包壳处理方法是水泥基体固定法。在对废包壳及其封头进行清洗及漂洗之后，放置在体积为 1 400 L 的贮存筒中，该桶的直径为 1 056 mm，高为 1 690 mm。然后把 LPR55R 水泥砂浆(其组成包括优质砂粒和水)注入筒内。

每个贮存筒可装纳 2 t 燃料的包壳及其封头，总质量大约是 4 t。一个处理量 800 t 的后处理厂，每年要生产出 400 个废物筒。

11.4.3 压实处理法

德国卡尔斯鲁厄研究中心(KFK)和比利时莫尔国家核能研究中心(SCK)开发了压实处理法。

11.4.3.1 卡尔斯鲁厄的研究工作

德国 KFK 在此领域工作的目的是限制^{85}Kr 的释放，以便符合处置要求。选择机械压缩法，将压缩片放置在稍加改造的 R7 废物贮罐中。

压实测试的主要结果：200 MPa 的压强之下，材料达到理论密度的 65%，相应的减容系

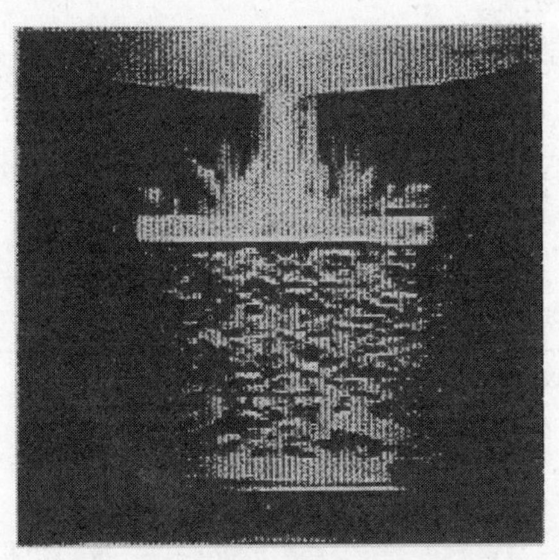
(1) 预压实实体

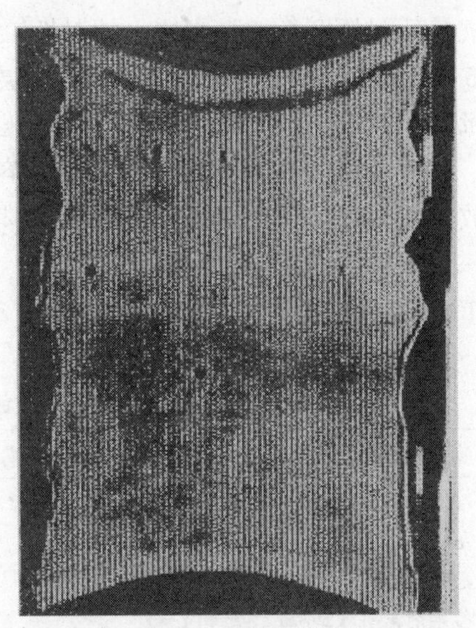
(2) 经HIP处理的固体实体

图 11-13 预压实实体和经 HIP 处理的固体实体的横截面

数为 5.3。

200 MPa 的操作压力需要一个 25 MN 的压力以获得适合 R7 废物贮存容器(I. D. 42 cm)的直径为 40 cm 的压缩片,因此相应地设计了一种 4 活塞液压传动装置。这种模块化设计的主要优点是容易进行维护。

压缩片的生产分 3 个步骤:①先把这种废包壳放在锡罐内;②然后对它们进行一起挤压;③再把这种初步压缩物放在经稍微修改的 R7 平底废物贮罐内——以便可以堆码压缩的废包壳或废包壳+端头。一座生成能力为 800 t/a 后处理厂的废物产品和数量如表 11-6 所示。

压缩的结果引起了相当大的减容,而生成能力为 800 t/a 的后处理厂每年产生大约 600 个裂变产物玻璃固化产物罐。

表 11-6 800 t/a 后处理厂每年产生的废物产品及其数量

产 品	仅包壳	包壳+端头
每年压缩片的数量	7 200	7 000
R7 贮存容器的数量	480	1 000

11.4.3.2 比利时莫尔的研究工作

SCK 为了达到锆锡合金理论密度的 80%,也研究了室温状态下的压缩处理。最终废物形态为包容在抗腐蚀贮存容器中的压缩废包壳。选择铅作为包容基体,因为铅为处置提供了合适的抗腐蚀性屏蔽。

研究计划打算通过整备处理 KFK 提供的大约 100 kg 放射性 PWR 废包壳，来验证中试规模处理的可行性。为这一放射性工程专门建造了一个命名为“C1”的单元，其实测尺寸为 5 m×2.3 m×3.55 m，混凝土屏蔽层厚达 1 m。设计目的是为了对废包壳进行压实，压缩批量为 600 g(750 cm^3/次)的规模，压强为 350 MPa。

28 个压缩片先放进第一层不锈钢容器压实；后放进抗腐蚀的铅容器，并将其压实；最后才放进加大机械强度的第三层容器，将其压实。对这三层容器全部实施密焊接，特别是还对每一批废包壳容器进行 γ 射线扫描，对 γ 射线进行监控。废包壳最终外包装的主要规格如表 11-7 所示。

表 11-7 废包壳最终外包装的主要规格

规格参数	R7 贮存容器：仅含废包壳	R7 贮存容器：废包壳＋焊盖
净重/kg	630	370
毛重/kg	830	520
总功率/W	65	40
接触剂量率/(Sv/h)	200	95
α 活度/Bq	1.9×10^{11}	1×10^{11}
^{3}H 活度/Bq	1.5×10^{13}	7.6×10^{12}
^{85}Kr 活度/Bq	6.5×10^{11}	3.4×10^{11}

在 350 MPa 的压强下对废锆包壳(长 50 mm，内径 9 mm，外径 10.5 mm)实施了测试，比重为 0.81 g/cm^3。最终压片的比重为 4.31 g/cm^3——即锆锡合金密度的 80%。

为了焊接套在一起的这 3 层容器，专门开发了一种叫做 TIG 的焊接机。用焊接参数检测法对里面第一层的容器进行了氦气气密测试之后，又对外面两层容器实施了整体的固定处理。

压缩处理法的技术可行性，已经证实存在下述三个优点：

1. 压缩处理后的最终体积是水泥包容法的 5/26；

2. 用 R7 贮存容器包装废物的质量为 920 kg，而用水泥包容法对废包壳实施包装处理，质量则达 4 t 多；

3. 由于压缩处理后没有水进入的可能性，因此阻止了辐解气体的生成。

11.4.4 熔融处理法

此技术是由法国 CEA 在马库尔研发出来的，即在圆筒状金属熔炉中进行感应熔炼处理，此金属熔炉是由彼此绝缘的水冷铜质扇片组成坩埚，感应线圈产生的电磁场穿过坩埚对里面的废包壳进行加热，直到熔融。

助熔剂是由熔融氟化盐(CaF_2，MgF_2，BaF_2)组成，其作用是形成熔渣，除掉废包壳中的氧化物。因此这种熔渣有助于废包壳去污，生产去污的熔锭。

CEA 研发项目将实际的废包壳制成熔锭。

在氩气环境下，凤凰快堆燃料的不锈钢外壳中加入了质量占 3%～6% 的助熔剂(由 75% 的 CaF_2 和 25% 的 MgF_2 组成)，生产出 8 块熔锭，每块熔锭重 3 kg，其直径为 57 mm，高 180 mm。如表 11-8 和表 11-9 所示。

表 11-8　废金属熔化前后的质量

熔锭	1	2	3	4	5	6	7	8
金属质量（废包壳＋金属杆）	3 665	3 654	3 660	3 615	3 163	3 135	3 292	3 254
最终熔锭质量	3 575	3 628	3 614	3 558	3 089	3 304	3 246	3 228
首批熔剂质量	92.1	97.4	161	140.4	153.2	154.4	136.7	159.1
回收炉渣质量	120.2	130.0	190.9	169.3	176.2	175.0	155.5	172.7

表 11-9　熔锭、熔渣以及工艺废气中的浓度分布

核素	浓度/%			熔锭去污系数
	熔锭中	炉渣中	废气中	
^{137}Cs	10.4	32.6	57.0	9.6
^{10}Ru	99.6	0.3	＜0.07	1
^{60}Co	99.98	0.02		1
β 总量	89.9	6.3	3.8	1.1
Pu	2.9	96.1	1.0	34.5
α 总量	4.6	94.5	0.9	21.7

值得注意的是，与其他元素相比较，铯的挥发作用高。最后一列的去污系数是废包壳总活度与最终熔锭活度的比值，从这些数字可以清楚地看出，熔渣对 α 放射性去污有重要作用。

11.5　整备后的废物形态

压缩废包壳本身并不能改变废物外包装的放射性特性，仅 R7 贮存容器充当了包封屏蔽作用。

SCK 建议采用的铅基体额外地提供了两重包封屏蔽作用（即铅皮外包装和外层金属贮存容器），但是废包壳货包依旧是 α 放射性废物。

熔融处理法在原理上有别于压缩处理法。在熔融期间，气态的 ^{3}H 和 ^{85}Kr 很容易扩散出来，熔锭极大地去除了铯和 α 放射体。对熔融法产生的二次废物也必须适当处理，包含有许多 α 放射体的助熔剂可以与裂变产物溶液一起被玻璃固化。

熔锭样品的检测表明，其组成、密度以及微结构都是均匀的，它们的结构主要（＞95%）是奥氏体相的树枝状结晶，大部分核素都包容在熔渣里面。

11.6 结语

从各种废包壳和焊盖材料进行处理与整备后的体积比较可以看出，熔融法产生出最少量的待处置废物，最终产物有最高的包封质量。压缩法和熔融法经证实都具有可行性，并且它们的处理工艺已经得到了进一步优化。HIP 法处理得到的烧结产物，体积和表面都得到了充分的减小，HIP 法是一种有希望的包壳废物整体固化处理方法。

参考文献

1 罗上庚. 放射性废物概论[M]. 北京：原子能出版社，2003

2 Treatment of Low-and Intermediate-Level Solid Radioactive Wastes[R]. TECHNICAL REPORTS SERIES NO. 223 International Atomic Energy Agency, VIENNA, 1983

3 Treatment of Alpha Bearing Wastes[R]. TECHNICAL REPORTS SERIES NO. 287 International Atomic Energy Agency, VIENNA, 1988

4 NEW VOLUME REDUCTION CONDITIONING OPTIONS FOR SOLID ALPHA-BEARING WASTE [A]. EC Conference on Radioactive Waste Management and Disposal, Luxembourg, 17-21 Sep 1990

5 TREATMENT OF ZIRCALOY CLADDING HULLS BY HIP[A]. 7th International Conference on Nuclear Engineering Tokyo, Japan, April 19-23, 1999

第 12 章　极低放固体废物的处理

在核燃料生产和后处理过程中，以及核燃料循环各环节的研究开发活动中会产生大量的放射性废物。其中，相当部分的废物为放射性活度极低、对人类危害很小的放射性废物。这部分废物的放射性比活度和放射性总量很小，但它数量较大，分布也广。因此，它的妥善处理引起了世界的关注。

如果将这类废物采用低、中放废物的处置方法，需要大量的处置费用。若不处置，这部分废物对人类健康和环境又存在潜在危害，无法满足公众对环境日益增高的要求。一些发达国家提出了"极低放废物"(Vu)的概念。他们建议将这部分放射性极低的废物，从放射性废物中分离出来单独进行管理与处置。在处置上，有别于处置低中放废物多重屏障与纵深防御的处置方式，采用就地填埋处置方式，这在安全上是可以接受的，在经济上是低廉的，同时，又能满足公众对环境的要求。

12.1　极低放固体废物的概念

极低放废物是国际上近年来新分出的一种放射性废物，目前尚未形成公认的定义和处置方式。各国从本国国情出发，采用了不同的对策。

法国将极低放废物定义为放射性比活度不超过 100 Bq/g 的废物，废物存在多种形式(比如：金属碎片、橡胶和各种残骸等)。

英国定义极低放固体废物为总比活度小于 4×10^{6} Bq/m^3(对于^{3}H 和^{14}C 为小于4×10^{7} Bq/m^3)，其中任一放射性核素的比活度不超过 4×10^{5} Bq/m^3(对于^{3}H 和^{14}C 为小于 4×10^{6} Bq/m^3)，不需要特别预防措施的废物。

俄罗斯把放射性比活度在 0.3～100 Bq/g 的废物定义为极低放废物。

斯洛伐克则将极低放废物定义为放射性比活度高于豁免废物，采用埋进填埋场的处置方法，处置时不需要固化，处置后对公众的个人剂量不高于 10 μSv/a，集体剂量不高于 1 人·Sv/a的废物。

目前，我国对极低放废物的研究处于起步阶段，对极低放废物还没有明确定义。借鉴发达国家的经验，依据我国对放射性废物的管理规定(GB 14500-2002)并经过与辐射防护方面专家的讨论，有专家建议将极低放废物定义为：由退役核设施产生的放射性活度小于低放废物的放射性废物。

由于极低放废物大多是固态的。因此，这里我们所讨论的极低放废物，一般指的是极低放固体废物。

12.2 各国极低放固体废物的管理政策

一些国际组织(IAEA,欧盟和 OECD/NEA)正在酝酿制定清洁解控水平和极低放废物标准,使该严格管理的废物进行严格管理,对不需要当作放射性废物对待的废物放松管理(如可用一般焚烧处理和浅土掩埋处置等)或者进行有限制或无限制的再利用/再循环。

目前,IAEA 对极低放废物采取的管理政策见图 12-1。

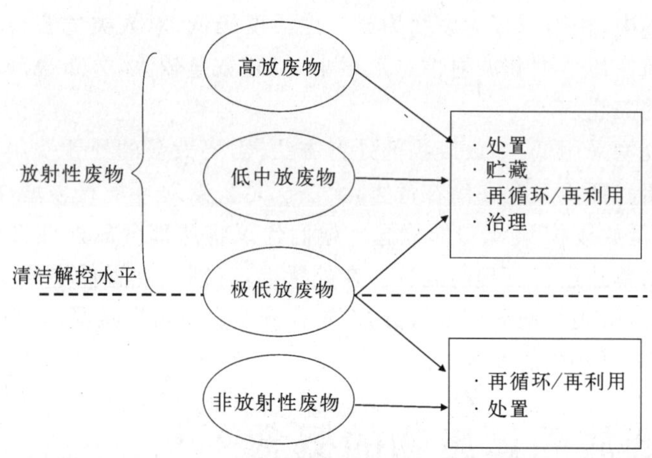

图 12-1 IAEA 的极低放废物管理政策

制订极低放废物的政策涉及环境、安全、社会、政治、技术和资源等诸多因素,各国根据本国国情制订的相关政策有着自身的侧重点。法国和日本等国侧重考虑环境和人体健康安全。德国、俄罗斯和斯洛伐克等国在保证安全的前提下,从节约资源的角度出发,对部分废物采取再循环和再利用政策。美国最初对极低放废物的处置政策,主要考虑环境和人体健康的安全,但近年来,随着处置费用的日益上涨,也重视处置费用问题。总的来说,各国在制定极低放废物的处置政策时,考虑的因素主要有:环境、安全、人体健康和处置费用,并注重辐射防护最优化原则。

12.3 各国极低放固体废物的处理

12.3.1 法国极低放固体废物处理

12.3.1.1 法国极低放固体废物的来源

法国极低放固体废物的来源有:

(1)已退役核设施的拆除(主要源);

(2)从矿物矿石中,处理浓缩天然放射性物质的一些化学和冶金制造业;

(3)旧的被污染场所的清洗和复原。

根据金属类型，极低放废物分成三类：

(1)惰性矿物金属：混凝土，碎石，泥土；

(2)能被看成普通工业废物的放射性废物：废金属和塑料，主要来自拆除工作(建筑钢铁架，空气流通管，管道等等)；

(3)被看成是危险废物的废物，送往最终废物处置设施。

据估计下一个 30 年，将有 25 000 t/a 的极低放废物产生。极低放废物通常含有的放射性在 1～100 Bq/g(有时在小范围内更高一些)。有较低的放射性毒性。平均起始放射性水平为 10 Bq/g，几十年后衰减到几个 Bq/g。经过这一阶段以后，残余的放射性主要是长寿命核素的作用。

12.3.1.2 极低放固体废物处置设施

法国从 2003 年夏季以来，极低放废物处置库已经接收了被称为"极低放废物"的废物。它覆盖的面积有 45 公顷[①]，都在 Morvilliers 管辖之内。Morvilliers 由几个区域组成：废物处置区域，土壤倾倒区域等等。

下一个 30 年，极低放废物处置库打算接收 650 000 m^3 的废物，主要来自法国已退役核设施的拆除。废物货包运到处置场后要进行检查，然后再堆在黏土层挖掘出来的处置单元里，处置单元用隧道形可移动式屋顶保护并安装了监测设备。

这种处置在世界上尚属首次，到目前为止，仅有法国对这种废物建立了这样特殊的管理系统。ANDRA 负责管理极低放处置库。

最早运来的废物是金属桶和大包装的碎石，这些废物是 Saint-Laurent-des-Eaux 和 Brennilis 核设施产生的。

图 12-2 为法国设计的极低放废物处置库剖面图。

12.3.2 俄罗斯极低放固体废物处理

12.3.2.1 俄罗斯极低放固体废物状况

在俄罗斯核工业和动力工程的初始阶段，已经累积了大量的放射性废液和放射性固体废物，并且正在产生大量的放射性废液和放射性固体废物，现在俄罗斯每个核电机组产生的放射性固体废物约为 50～100 m^3/a。

经俄罗斯专家进行的研究证实，核电站或工业机组退役期间产生的略微污染的极低放射性废物数量可能是运行期间的 10 倍左右。

所有阶段积累和产生的放射性废物绝大多数是极低放射性废物，比活度范围在 3.7 kBq/kg～37kBq/kg，甚至更低。大部分放射性固体废物的放射性都低于 3.7 kBq /kg，只有一小部分放射性固体废物的放射性高于 37 MBq/kg。

俄罗斯核电站和核动力运输装置产生的放射性废物中通常的放射性核素如表 12-1 所示(以轻水反应堆产生的放射性核素为最多)。

---

① 1 公顷＝0.01 km^2。

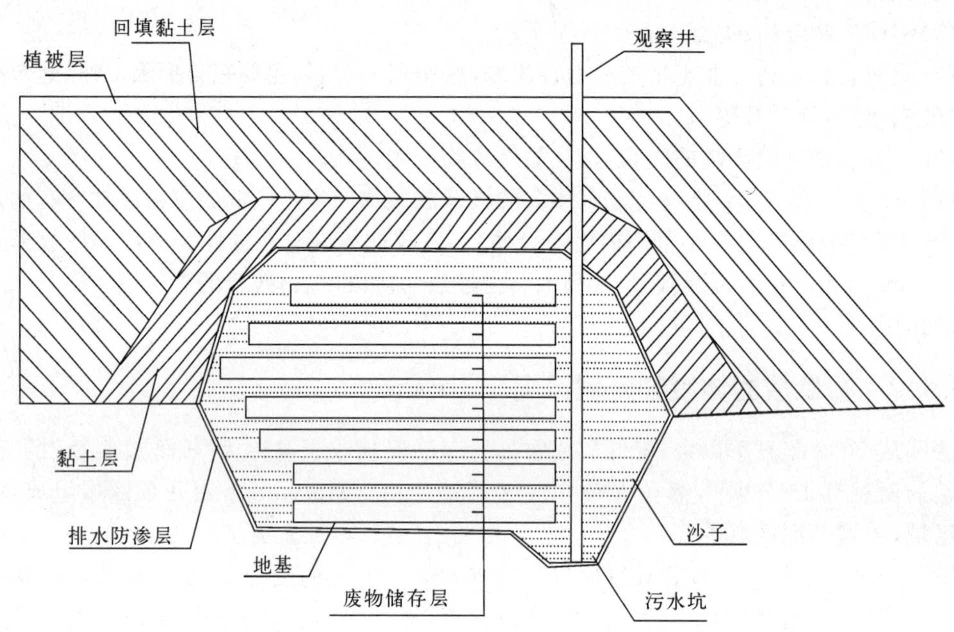

图 12-2 法国极低放废物处置库剖面图

表 12-1 轻水堆主要极低放射性废物核素的一些衰变特性

序号	放射性核素	衰变周期	衰变辐射
1	^{137}Cs	30.0 a	β,γ 辐射
2	^{134}Cs	2.06 a	β,γ 辐射
3	^{60}Co	5.27 a	β,γ 辐射
4	^{54}Mn	312 d	β,γ 辐射
5	^{90}Sr	29.1 a	β 辐射

从表 12-1 可看出，放射性废物中主要的人工放射性核素的衰变周期短。由于衰变，比活度迅速下降。因此，一些含有人工核素的极低放射性废物尤其是处理过的放射性废物可以贮存在内部和周围设有辐射控制区的工业填埋场。

12.3.2.2 俄罗斯极低放固体废物处理技术

俄罗斯与其他核能或核工业发达国家在极低放射性废物目的地的处理方法上存在较大的差异。处理极低放射性废物的核技术、设施和装备已经研究出来或正在创立之中，其基础是以下的废物管理示意图(见图 12-3)：

俄罗斯标准 OSPORB-1999《辐射安全基本卫生规则》规定：不含人工核素的固体和固化废物从放射性废物和极低放射性废物中分离开来，再利用或存放在工业填埋场。

低放废物的放射性降低到极低放射性水平时，可从低放废物贮存库转移到工业填埋场，当低放废物贮存库新增低放废物时更应如此。如果当前贮存库中的低放废物重新分类，一些核电站的低放废物和中放废物的贮存库可使用更长时间，如斯摩棱斯克核电站。

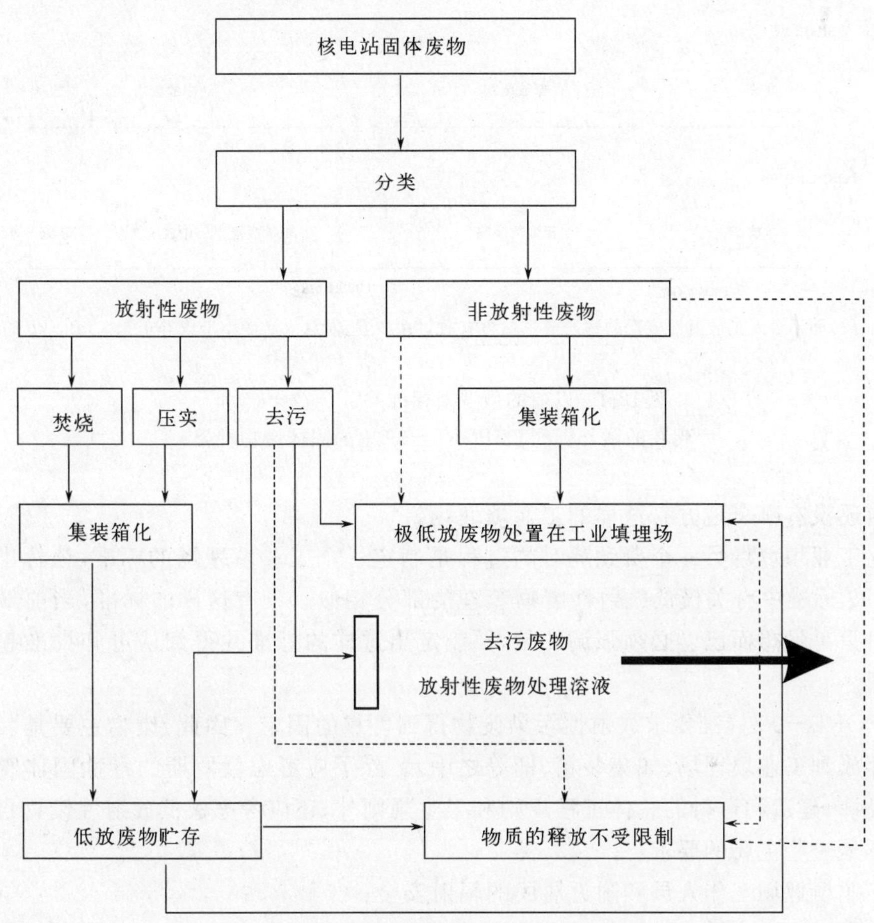

图 12-3　核电站固体废物处理和贮存工艺图

核电站和其他轻水反应堆的极低放射性废物通常含有的放射体主要是 β 和 β/γ 放射体(见表 12-1)，在图 12-4 中，将俄罗斯标准 OSPORB-99《辐射安全基本卫生规则》和以前使用的 OSP－72－87《基本卫生规则》对废物的相关规定进行了比较。

核工厂某些物质不受限制释放或废物从核工厂转移到工业填埋场必须认真进行辐射监测，有时还需要增加生态方面的控制措施。

应对工业填埋场废物对工作人员和附近居民造成的风险进行评价。评价必须从可预见的未来和长远，以及对环境的影响等方面来进行。

12.3.2.3　俄罗斯极低放射性固体废物工业填埋场的辐射安全

确定某些人工放射性核素从核工厂释放的放射性限值有许多尝试，俄罗斯的方法是建立在工程决策基础上的。

许多国家在制定极低放废物填埋场的技术和工程(包括欧盟支持的项目)。然而，如果没有恰当的处理技术(如去污、焚烧、压实等)，极低放废物需要很多大型工业填埋场以及采用防水混凝土建造的费用较高的容器。从辐射生态学和经济方面考虑，这样的项目效率很

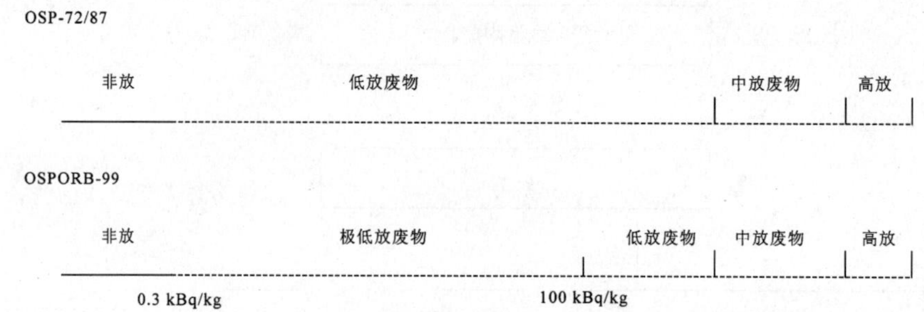

注释：非放，即不含人工放射性核素的物质或虽然含有放射性核素，但总比活度小于或等于 0.3 kBq/kg 的物质。

图 12-4 以前的俄罗斯标准 OSP－72－87 和现在的联邦标准 OSPORB－99 中的固体废物种类

低。目前还没有哪个地方有这样的工业填埋场。

建立工业填埋场另一个费劲耗时的过程是制定一个工业填埋场的标准，该标准与 OSPORB－99 标准中有关极低放射性废物管理的部分相似。没有这样的标准，当前最好的工程和项目只是设想而已。必须强调的是，要制定出这样的标准并得到认可和批准起码要好几年时间。

OSPORB－99 标准要求放射性污染废物得到可靠的固定。因此，废物主要是装在各类容器中存放到工业填埋场(如集装箱、桶等之中)。除了应考虑俄罗斯的毒性固体废物工业填埋场设计、建造和运行的总体工程规则和卫生规则外，还应考虑极低放射性废物自身的特性。以下是一些主要的要求：

①工业填埋场工作人员和附近居民的辐射安全；

②首先通过防止地表水和地下水将核素从固体或固化体中浸出，并通过限制放射性核素随水流的迁移，使环境免受污染；

③避免放射性核素迁移，尤其是防止核素随水流迁移到饮用水源中。

根据俄罗斯现有的标准，极低放废物可以存放在配备有必要的辐射控制设施的工业填埋场。

对这些工业填埋场工作人员的照射剂量、附近居民的辐射安全和区域内的环境保护进行保守的评估，证实这样的工业填埋场用于核电站和其他核设施运行和退役的可行性。

12.3.3 日本极低放固体废物处理

日本原子能委员会和科技厅(STA)根据有组织控制期个人剂量限值 1 mSv/a，50 年有组织控制期结束时辐照剂量为 0.01 mSv/a，导出极低放废物中放射性浓度上限(见表 12-2)。

对于这样的极低放废物不必进行整备，可直接处置在简易的近地表处置设施中。

表 12-2　日本极低放混凝土废物放射性上界浓度

核　素	上界浓度/(Bq/t)
^{3}H	3.0×10^{9}
^{14}C	1.1×10^{8}
^{41}Ca[1)]	1.5×10^{8}
^{60}Co	8.1×10^{9}
^{63}Ni	7.2×10^{9}
^{90}Sr	4.7×10^{6}
^{137}Cs	1.0×10^{8}
^{152}Eu	3.6×10^{8}
α 发射体	1.7×10^{7}

注:1) 仅适用活化的混凝土。

按照这个标准,日本已处置了日本动力示范堆(JPDR,热功率为 90 MW 的沸水堆)退役所产生的 1 700 t 极低放混凝土废物(总放射性 230 MBq)。处置场设在东海村日本原子力研究所内,离海 200 m。处置坑为 45 m(L)×16 m(W)×3.5 m(D),分隔成 6 区,坑底离地下水面约 1 m。废物装在聚乙烯和聚酯容器(三层)[1 m(H)×1 m(Φ),容积 0.8 m^3]中,覆盖层 2.5 m,最后植被,控制期为 30 年。日本极低放废物处置库示意图如图 12-5 所示。

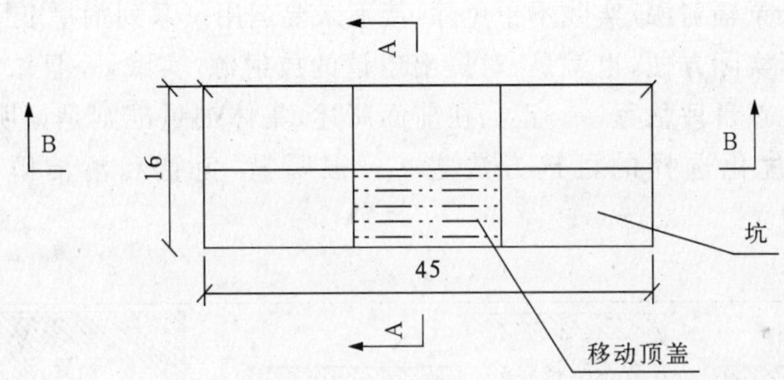

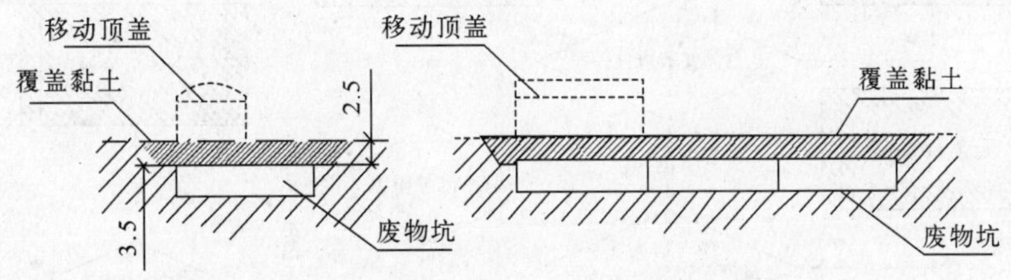

图 12-5　日本极低放废物处置库示意图(单位:m)

(a)处置场平面图;(b)A-A 剖面;(c)B-B 剖面

12.3.4　韩国极低放固体废物处理

12.3.4.1　免除、免管及清洁解控的准则及程序

国际上有针对免管和清洁解控的剂量准则。现阶段,通常的建议是:可以对满足个人剂量准则(小于 10 μSv/a)和集体剂量准则(小于 1 人·Sv/a)的辐射源/实践予以免管或清洁解控。如表 12-3 所示,提出的免管/清洁解控的剂量准则的数值是足够低的,其数值只是 ICRP－60 推荐的一般居民剂量值(也就是 1 mSv/a)的 1/100,自然本底辐照值(也就是 2.5

mSv/a)的 1/250。为了更多的方便，IAEA 已经对数百种特定的核素提出免管的总体浓度准则。它们的数值来源于许多保守假设。

表 12-3 免管和清洁解控准则与的剂量限值的对比

	ICRP60		免管/清洁解控准则	不受限制使用场所的准则	自然本底
	工人	居民			
剂量限值	20 mSv/a	1 mSv/a	10 μSv/a(个人) 1 人·Sv/a(集体)	0.25 mSv/a[1)]	2.5 mSv/a

注:1) 联邦管理规范第 20 部分;20.1402。

图 12-6 显示了对辐射源/实践予以免除、免管和清洁解控的多级管理程序。最主要的一个假定就是提出申请的辐射源/实践的管理选择(免除，免管或者清洁解控)已经由管理当局证明是合理的。如果辐射源/实践不予免除，接下来要运用一系列剂量准则。制定并实施通用浓度准则是为了实际方便，也就是，对提出申请的放射源/实践，一旦浓度满足，可免除一系列耗时的放射性剂量评估程序。正如在前面所述，集体剂量准则是证明对实践予以免管或清洁解控的最优化选择的可选方法之一。很明显，免管和清洁解控的实施是按 ALARA 原则进行的。

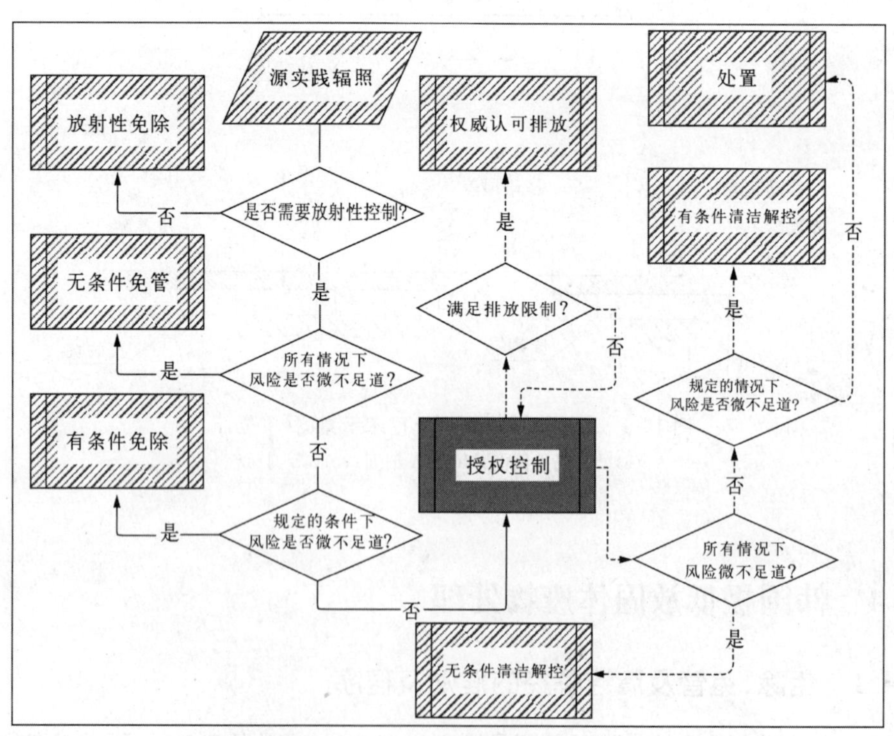

图 12-6 实施免除、免管及清洁解控与授权排放及授权处置的多级管理程序

12.3.4.2 韩国的经验和实践

自 20 世纪 90 年代初以来，免管和清洁解控的基本概念已经部分地引入到韩国核规章中。例如，为任意处理放射性废物确定了个人剂量低于 10 μSv/a 和集体剂量低于 1 人·Sv/a 的限制准则，作为原子能法令的一个条款（在 1997 年）。另外，1994 年，最初在科学与技术部的通告中确定了一系列浓度限值，随后在 1997 年修正。浓度准则的目的是：如果极低放废物满足描述的标准，允许废物生产者或公用设施自行处理（等同于清洁解控）。后来，经逐个评估，一些申请已经得到政府许可。目前确定的一些核素（比如：^{3}H，^{14}C，^{85}Sr，等半衰期低于 100 d 的 β/γ 辐射源）的浓度限制是 100 Bq/g（1994 年），如表 12-4 所示。

表 12-4 韩国清洁解控（自处理）的允许准则和放射性核素浓度

核素	限制浓度
^{3}H，^{14}C，^{18}F，^{24}Na，^{32}P，^{35}S，^{42}K，^{43}K，^{47}Ca，^{47}Ca，^{46}Sc，^{51}Cl，^{59}Fe，^{67}Ga，^{71}Ge，^{75}Se，^{82}Br，^{85}Sr，^{86}Rb，^{99}Mo，$^{99}Tc^{m}$，^{111}In，^{113}Sn，^{123}I，^{125}I，^{131}I，^{144}Pr，^{169}Yb，^{198}Au，^{201}Tl，^{203}Hg 和其他半衰期低于 100 d 的 β－/γ 辐射源	100 Bq/g
$\sum\frac{Y_i}{X_i}<1$（Y_i是核素 i 的放射性浓度，X_i是核素 i 的浓度限值）	

在韩国允许自处理的极低放废物按表 12-5 分类。当前，满足表 12-4 给出的准则的极低放废物，可由废物生产者或其承包商用掩埋、焚烧和再使用/循环方法进行处理。这种情况只需要告知管理部门。另一方面，如果极低放废物含有未在表 12-4 列出的核素，要对废物的放射性影响进行评估，管理当局确认其满足个人和集体剂量准则后才通过“特殊允许”免予管理控制。自 1992 年以来，通过管理当局特殊允许，免予管理控制的极低放废物的总量到 1998 年 10 月上升到约 842.2 吨，即 513 桶（见表 12-6 所示）。在免予管理控制的废物中，放射性核素的浓度远低于探测下限，远低于 IEAE－TECDOC－855 规定的无条件清洁解控水平以下。

表 12-5 韩国极低放废物和它们的自处理方法

废物	主要的处理方法		
	焚烧	垃圾掩埋法	循环/再利用
可燃混杂废物	木材，纸张，聚苯乙烯泡沫塑料，塑胶，乙烯基产物，工具		塑胶
不可燃混杂废物		混凝土，绝缘材料 泥浆石棉，氧化铁	钢材 混凝土
工艺处理废物		废树脂，废活性炭	
其他	废油	土壤	

表 12-6 韩国核电站极低放废物自处理记录

ID	日期 (申请/允许)	废物产 生来源	产生的废物	申请 数量	允许的 数量
1	1995-07-20 (1997-01)	4座NPP	废油	225桶	173桶
2	1996-10-24 (1996-11)	5座NPP	废油	340桶	340桶
3	1996-11-19 (1996-12)	1座NPP	可燃或不可燃混杂废物,废容器,废活性炭,等等	92 t	92 t
4	1996-12-05 (1997-01—02)	1座NPP	可燃混杂废物,废树脂	11.7 t	11.7 t
5	1997-09-04 (1997-09—12)	3座NPP	可燃或不可燃混杂废物,废容器,废活性炭,土壤,废油,等等	166.5 t	166.5 t
6	1998-02-27 (1998-07-29)	7座NPP	可燃或非可燃混杂废物,废容器,废活性炭,土壤,废油,等等	572 t	审核中

近来已开展一系列的研究项目,开发研究用反应堆退役所产生极低放废物的核素含量的评估技术,开发这些废物的采样技术,研究对这些废物的循环利用。

12.3.5 其他各国极低放固体废物处理

英国最初将极低放废物装填入公共处置场。1965年,苏格兰北部的尼斯湖处置场被授权接受极低放废物,但同时也接受工业、商业和生活垃圾。近年来,随着公众对环境要求的增高,政府要求将极低放废物与非放射性废物分开单独处置。

瑞典和芬兰等国也都采取了建立专用的极低放废物处置场的方法。

瑞典的处置场设在Ringhals,Oskarshamn和Forsmark反应堆处,以及Studsvik研究中心。芬兰在OIkiluot核电厂附近建立了极低放废物的近地表处置库。

德国对极低放废物采用深层地质处置。

南非对尾矿坝产生的极低放废物,采用自然堆积而成的坝阻隔进行处理。

西班牙对极低放废油的处置采用焚烧的方式。

美国主要采用近地表处置库来处置极低放废物,也采用公共处置场的处置方法。在选择处置方法时,政府综合考虑安全和费用等因素,然后通过计算来决定处置方案。

我国对极低放废物的处置已经引起国家重视,现对极低放废物的策略选择是:目前只对可能产生大量极低放废物的核设施退役提出要求,允许将极低放废物就地填埋在已退役的场址上。

12.4 极低放固体废物处置简述

总的来说,各国对极低放废物的处置偏重于建立专用的处置场。极低放废物的处置库同样遵循放射性废物处置的多重屏障原则，但有其自身特点，与低中放废物处置的比较见表12-7。极低放废物的处置措施是针对其放射性活度极低的特性制定的，这些措施可极大地降低处置费用。因而，极低放废物的专用处置库可以称为是一种简易的近地表处置库。

表 12-7　极低放废物处置库与低放废物处置库的比较

比较项目	极低放废物处置库	低放废物处置库
处置对象	极低放废物	低放废物
废物包装	常用塑料编织袋装运	固化、固定处理后装金属或混凝土容器
机械屏障	处置库底、壁设隔水膜，顶覆盖隔水黏土层	处置库底、壁用混凝土、加固，上覆盖混凝土顶盖
回填材料	砂，黏土	膨润土等
地质体	稳定黏土层，要求较低	地质稳定，要求较高
监控期	30～50 a	＞300 a

12.5　极低放固体废物管理的发展趋势

放射性废物管理绝不仅仅是技术问题，更多涉及的是公众态度、经济、社会发展等方面的问题，有的国家在放射性废物管理发展方面的阻力主要来自非技术因素。

核设施退役中产生了比核设施运行中多得多的极低放废物，如果送低中放废物处置场处置是非常不经济的。环境影响评价结果表明采用简易填埋法处置极低放废物是可行的，但需要遵守有关的标准和工程规范并经审管机构认可。我国已有这方面的初步经验。应通过选择适宜的填埋地点和根据其环境条件提出极低放废物活度浓度上限控制值的办法来促进此项工作。中国辐射防护研究院初步研究结果建议极低放废物处置应满足以下三个条件的限制：

① 废物就地填埋后对公众成员造成的附加剂量不超过当地土壤天然辐射照射剂量的波动范围；

② 废物中核素的活度浓度最高不超过清洁解控水平的 1～2 个数量级；

③ 就地填埋的闯入剂量不超过 0.25 mSv/a；

④ 就地填埋应符合一定的技术要求，如填埋深度在潜水水位之上，废物需夯实，上部覆盖层厚度不小于 2 m，不得埋入可回收利用的物品和材料等。

目前国际上对极低放废物的管理还没有形成统一的规范和标准，各国在选择废物的管理与处置方法时，主要从本国利益出发。从保护全球环境就是保护人类自己为出发点，各国对废物的管理与处置，不仅应从保护本国环境出发，还应防止对周边国家环境的污染。因此，应尽快建立统一的废物管理政策与处置标准。

国际上虽然对极低放废物的处置较为关注，并已有部分处置方法可供参考，但大多数国家选择将极低放废物处置于公共处置场，只有极少数国家建立了专用处置场，且还没有经过实践的检验，相应的安全评价方法和标准也较少。因此，还需进一步开展对极低放废物处置场选址的研究，以及处置库内部结构的设计和安全评价方法的研究，建立极低放废物处置场的设计规范和评价标准。

参考文献

1 世界各国低中放废物的处理和包装现状[J]. 吴春喜(译). 放射性废物管理及核设施退役,1991(3):1

2 陈 式. 放射性废物安全纵横谈(二)[J]. 辐射防护通讯,2003(6):2

3 罗上庚. 低中放(射性)废物处置的持续改进[J]. 科技导报,1998 (1):6

4 王金生,郭敏丽,田 浩,滕彦国. 极低放废物处置研究进展[J]. 辐射防护,2005(3)

5 罗上庚. 放射性废物概论[M]. 北京:原子能出版社. 2003:32

6 GAVRIL, S. D., L. P. KHAMYANOV & V. N. KOVALENKO. et al. VllW Management: New Standards and New Approach in Russia [A]. 9th. International Conference on Nuclear Engineering, Nice, Acropolis (France) 8-12 Apr 2001

7 Development of Regulatory Framework for Implementing Radiological Exemption /Clearance Based on ALARA Principles and Current Practices in Korea [A]. WM'99 Conference, February 28-March 4, 1999

8 孙庆红. 放射性废物管理的进展、存在问题和管理策略——国际放射性废物技术委员会第三次会议介绍[J]. 辐射防护通讯,2003(6):40

9 陈式. 我国放射性废物的优化和最少化管理未来十年展望[J]. 辐射防护通讯,2002(4):8

10 陈式. 放射性废物管理和核设施退役中几个问题的讨论[J]. 辐射防护通讯,2004(6):344

第13章 放射性固体废物的安全运输

13.1 概述

放射性废物从产生地运到处理或整备场所与运至处置场，在整个放射性废物的管理中是重要的一个步骤。

全世界涉及放射性物质的运输每年达800多万次。放射性废物的运输，从数量上来说，是运输总量的极小一部分，可能远低于1%，如果包括乏燃料运输在内，从放射性活度来说，它却占了放射性运输总量的绝大部分。

放射性废物有气态、液态、固态三种形式。通常运输的是固体放射性废物。最常见的运输方式是陆上运输，即公路运输、铁路运输、也有用海上运输的（如瑞典、我国台湾省的废物运输）。放射性固体废物运输的控制与管理，像运输其他放射性物质一样，必须遵守国家相关法规标准。

本章着重介绍固体放射性废物运输。

13.2 国际原子能机构放射性物质安全运输的相关规则

国际原子能机构于1961年首次出版适用于国家和国际间以一切运输方式运输放射性物质的第6号《安全丛书》。该条例已被几乎所有与运输有关的国际组织所采用，并被原子能机构的许多成员国用于制订本国条例的基础。国际原子能机构2005年版“运输条例”已在运输安全标准委员会2004年3月第九次会议上得到一致同意，在2004年6月安全标准委员会会议上得到许可，并于2004年11月获得原子能机构理事会核准。在实施本条例的各项规定时，原子能机构成员国可颁布国家补充条例。除非仅为满足本国需要之目的，国家条例不应与本条例相抵触。IAEA运输条例结构是：

1. 一般规定分为：① 辐射防护；② 应急响应；③ 质量保证；④ 遵章保证；⑤ 不遵守行为；⑥ 特殊安排；⑦ 培训。

2. 放射性活度限值和物质限制

放射性核素的基本值：

a) A_1和A_2（单位：TBq）；

b) 免管物质的放射性浓度（单位：Bq/g）；

c) 免管托运货物的放射性活度限值（单位：Bq）。

3. 运输要求和管理。

4. 对放射性物质以及对包装物和货包的要求。

5. 试验程序。

6. 审批和管理要求。

13.3 放射性固体废物安全运输的管理

放射性固体废物运输管理的目标是确保废物安全到达目的地。在整个运输过程中要避免废物泄漏、丢失,废物包装损坏,不发生环境受污染等运输事故。运输区域范围包括场内运输和场外运输。两种运输范围对包装、运输路线、运输设施等方面都有严格要求,在此对场外运输做详细介绍。

13.3.1 场内运输管理

场内运输必须采用专用运输车辆,专用运输车辆应有栓固机构,保证废物货包稳固和安全。废物运输前要对废物货包进行全面检查,以保证其运输过程中的完好性,防止放射性物质向环境释放。废物运输车外表面的辐射水平应低于 2 mSv/h,驾驶室内的辐射水平应低于 0.02 mSv/h,运输路线要事先确定,运输时避开人流高峰,车辆要限速行驶。

13.3.2 场外运输管理

13.3.2.1 包装容器标准

包装是放射性物质运输过程中防止放射性物质泄漏的基本屏障,深受各国废物产生单位及环保、安全管理监督部门等各方重视。IAEA 355 号技术报告依据待运核素的有害程度、数量和形态规定了相应的包装要求。

我国国家标准 GB12711-91《低、中水平放射性固体废物包装安全标准》对低、中水平放射性固体废物包装的放射性限值、包装表面污染限值、基本要求、设计制造要求等作了规定。

一、货包和包装的种类、分级和放射性活度限值

(1)为了放射性固体废物的安全运输,我国参照国际原子能机构(IAEA)安全丛书《放射性物质安全运输规程》将需运输的放射性固体废物分为五类:

a. 低比活度放射性物质;

b. 表面污染物体;

c. 易裂变物质;

d. 特殊形式放射性物质;

e. 其他形式放射性物质。

放射性物质运输中,货包分为豁免货包、工业型货包(1,2,3 型货包)、A 型货包和 B 型[分 B(U)和 B(M)型]货包四类。相应的包装分为豁免型包装、工业型包装、A 型包装和 B 型[分 B(U)和 B(M)型]包装。(IAEA"放射性废物安全运输条例"对货包分类中含有 C 型货包,在我国 C 型货包占整体放射性物质运输货包量的极少数,即几万分之一,所以现行的放射性废物安全运输规定没纳入货包分类)。

低比活度放射性物质和表面污染物体，一般用工业型包装。其他放射性物质的包装分为 A 型和 B 型两类。工业型包装允许的放射性活度限值见表 13-1。

表 13-1 工业型货包低比活度物质和表面污染物体的总放射性活度限值

货物性质	除内陆水路外的每一交通工具的放射性活度限值[1]	内陆船舱或货舱中的放射性活度限值[1]
Ⅰ类低比活度物质	不限	不限
Ⅱ类和Ⅲ类低比活度物质的非易燃性固体	不限	$100A_2$
Ⅱ类和Ⅲ类低比活度物质的可燃性、液体和气体	$100A_2$	$10A_2$
表面污染物体	$100A_2$	$10A_2$

注：1)液态氚的浓度限值此处不适用(详见 GB11806-1989《放射性物质安全运输规定》附录 A)。

A 型包装允许装入的物质的活度：特殊形式放射性物质的活度在 A_1 值以下；其他形式放射性物质的活度在 A_2 值以下。B 型包装分为只需以货方主管部门批准的 B(U)型和需运出、运入方等主管部门多方批准的 B(M)型两种。B 型包装可以装入的放射性物质的活度按批准证书所规定的限值加以限制。

(2) 按放射性物质货包和集装箱的表面剂量当量率及运输指数的大小，将放射性物质货包分为表 13-2、表 13-3 所列的三个级别。

表 13-2 货包的分级

运输等级	货包外表面任意一点的最大剂量当量率 H/(mSv/h)	运输指数 TI
Ⅰ级————白色	$H \leqslant 0.005(0.5)$	TI=0
Ⅱ级————黄色	$0.005(0.5) < H \leqslant 0.5(50)$	0<TI≤1
Ⅲ级————黄色	$0.5(50) < H \leqslant 2(200)$	1<TI≤10

注：废物包装的表面剂量率限值，国际上普遍规定为：

表面任何一点 <200 mrem/h (2 mSv/h)；

1 m 远单个包装<10 mrem/h (0.1 mSv/h)；

2 m 远货车<10 mrem/h (0.1 mSv/h)。

表 13-3 外包装(包括用作外包装的集装箱)的分级

运输等级	运输指数
Ⅰ级————白色	TI=0
Ⅱ级————黄色	0<TI≤1
Ⅲ级————黄色	1<TI≤10

一切放射性物质的包装必须按照有关规定设计和检验，经辐射防护部门和承运部门审查批准后方能使用。

二、包装的基本要求

(1) 废物包装必须作好防护措施，以保护环境、公众和职业人员；满足运输、贮存和处置要求，便于操作和搬运；废物应实行减容(如进行焚烧、压实等)处理和选用容积利用效率高的容器，以减轻废物贮存、运输和处置的负担；废物应实行分类收集、定型包装，不同类别的废物应选用不同的包装容器。低、中放固体废物包装大部分属于 A 型包装，小部分属于 B

型包装。

(2) 规范放射性废物装入包装容器的操作;除采用特殊设计制造的高整体性容器情况外,对待处置废物进行固化处理;装有产生辐解气体的废物,应留有 10%容积的空间;把握好固化体封盖时间;对废物包装容器内禁止放入的物质,如液体或湿固体,容器中游离液体质量应小于固体废物质量的 1%。

三、包装容器的设计、制造、检验要求

(1) 坚固结实,能承受堆贮重压(至少能承受叠堆五层高度)。运输中发生跌落、碰撞事故时,内装放射性物质的散失而造成的辐射水平增加不超过 20%;密封性好;对常规运输中可能遇到的加速、振动和共振作用,不会破坏包装容器的完好性;封盖操作简便可靠;有良好的抗腐蚀、抗辐照、抗老化、抗生物侵蚀,在设计所规定贮存期限内保证完好可回取;包装容器的材料和结构必须与废物体的理化性质相容;外表光滑、平整,不积水,易去污;废物包装便于用吊车或叉车搬运,提吊部件按预定方式使用时不会损坏;选材合理,结构简单,制造方便。

(2) 按规定,A 型包装需做试验是:喷水试验、自由下落试验、堆码试验和贯穿试验。

B 型包装除做以上四项试验外,还需做:力学试验、热学试验、水浸没试验。

为了方便搬运和堆运操作,包装容器应有统一尺寸。考虑低、中放固体废物种类的多样性,应规定系列标准容器供选用。废物包装容器必须由获得许可证的单位进行设计、生产和销售。

13.3.2.2 包装容器的类型、重要特性

一、包装容器的类型

(1)鉴于低、中放废物分类方法、处置策略、运输、中间贮存年限的不同,各国采用的低、中放废物包装容器形式多样。从材料来分,有碳钢、不锈钢、铸铁、混凝土、纤维加强混凝土、浸渍聚合物、玻璃钢等;从形状来分,有圆柱形桶、方形箱、长方箱等等;制造技术、封盖方式(焊接、卷边)、涂层等也有很大差别,难以也无需完全统一。

① 一般钢桶:多数为碳钢,少数为不锈钢。桶壁厚 0.6~2.0 mm,常用的是 200 L、400 L 标准桶。一般为钢板焊接加工,桶底用焊接或压制。

美国、加拿大也采用碳钢方型钢箱,容器壁厚 3.2~7.9 mm(美国)、9~10 mm(加拿大)焊接加工。

② 铸铁容器:德国制造的球墨铸铁容器,壁厚 160 mm,内衬 30 mm。有三种尺寸,体积 0.05~0.52 m^3;质量 2.9~7.9 t。

③ 混凝土容器:法国运用一般混凝土桶较多,有四类:外径 1.1~1.4 m,外高 1.3 m,壁厚 150~400 mm,质量 1.8~4.5 t。

瑞典核电站用方型混凝土箱作为水泥固化体包装容器,壁厚 10~35 cm(视放射性水平而定),体积为 1.2 m×1.2 m×1.2 m。

④ 高整体性容器:日本秩ケ水泥公司和小尺混凝土工业公司联合开发多层结构高整体性容器,外层是钢,内层是钢筋增强聚合物浸渍混凝土,中层是浸渍聚合物;美国 200 L、400 L 高整体性容器的尺寸见表 13-4。

表 13-4 美国高整体性容器

高整体型容器	容器			盖子		内积/m³	质量/kg
	高/mm	直径/mm	厚度/mm	直径/mm	厚度/mm		
200 L	880	567	27	557	38	0.143	172
400 L	1100	700	27	700	45	0.285	344

二、包装容器的重要特性

(1) 金属包装容器最受重视的特性是抗腐蚀

容器的完整性是阻止放射性物质向外泄漏或者放射性核素向外释放的一个重要因素，金属包装容器损坏的主要机制是腐蚀。按照美国国家腐蚀工程师学会(NACE)的分类，将金属腐蚀分为 8 类。在固体废物处置条件下，所关心的是两类腐蚀，即局部腐蚀和均匀腐蚀。局部腐蚀又可分为点腐蚀和间隙腐蚀两个亚类。点腐蚀是局部腐蚀的一个特殊形式。容器表面条件明显地影响着点蚀腐的发生和发展。点腐蚀很少发生在磨光的表面上。

碳钢是用于低中放固体废物处置包装容器的一种常用材料。碳钢容器主要的损坏机制是点腐蚀。含氯塑料或较高 pH 环境对腐蚀是不利的。水泥固化体有较高的 pH，装在碳钢桶内，固化体和桶壁接触部分对桶的腐蚀作用不显著。但在桶上部的空隙部分存在蒸汽，如果桶内壁的涂层有损坏，则碳钢桶内表面的点腐蚀也是很强的，点腐蚀强者可达 1 mm/a。因此有人建议水泥固化体桶要装满，不留空间。

过去强调容器的外表腐蚀作用，实际上，容器内表面的腐蚀作用也是不可忽视的。内表腐蚀作用取决于废物体的组成、pH 和游离水含氧量等。产生氯和硫的废物的腐蚀作用大，对不锈钢容器产生点腐蚀和应力腐蚀(温度＞60 ℃)。

铸铁容器屏蔽性较好，体积小，成本低，耐蚀较碳钢好，但也最好有涂层。装含水率为 50%(质量分数)的废树脂，铸铁容器内涂层有损伤时，腐蚀速率可达 0.1 mm/a。

(2) 钢制容器防腐涂料主要有：环氧树脂、硅树脂、三聚氰胺树脂、密胺醇酸树脂、铬酸锌、搪瓷等。

凡是需要加涂层的包装容器，其内外表面均要求有涂层，并且应该良好地保护涂层。对于涂层，有的用环氧树脂，如德国涂三层环氧树脂，涂层总厚度 150 μm；有的涂锌，如捷克对 200 L 碳钢桶，涂锌 20 μm，其在干燥环境中腐蚀速率为几 μm/a，在潮湿环境中(相对湿度＞80%)腐蚀速率为几十至几百 μm/a。

我国研制的双组分环氧树脂涂料对钢制容器的抗化学性和抗辐照性较好。

(3) 高整体性容器(High Intergrity Container) 耐久性好、化学和热稳定性高，已开发和应用。高整体性容器可耐久 300 a，可以直接装脱水废树脂和蒸干的含硼废物，不必加固化剂作固化处理，大大减少废物体积。高整体性容器的价格大约是不锈钢容器的 10 倍。

(4) 混凝土容器具有耐腐蚀、屏蔽性好、致密性好，但体积系数低等特性，有些核电站仍在使用。

三、目前国外较先进的运输容器

美国的废物隔离中间工厂(WIPP)目前使用 4 种运输容器：TRUPACT-Ⅱ、用 Half-PACT、CNS10-160 和 BRH-72B。使用最为频繁的运输容器是 TRUPACT-Ⅱ，2003 年

WIPP 完成了 2 种新型运输容器的测试工作，并已向 NRC 提交许可申请：(1) TRUPACT-Ⅲ(主要用于装载需用卡车和火车运输的大尺寸废物)；(2)用高密度聚乙烯制造的 ARROWPACK。

随着废物量增大，容器成本也受到更多重视，采取措施很多，比如：采用较大包装容器，提高容器的有效利用率；用去污合格的废钢铁制造废物包装容器；分类包装，切勿强弱混装；根据辐照剂量，设计合适壁厚；屏蔽容器防止污染，重复使用等。

13.3.2.3 检验分析

包装容器品种繁多。但通用的是两类容器：一是桶装(钢桶或特制塑料桶)，有 50 L，200 L，220 L，400 L 等几种规格。二是大型方箱(用于微弱放射性的不稳定废物)。准确鉴别与测量废物包中的放射性核素和比活度，一是取样分析，二是非破坏性分析(NDA)。由于核废物的特殊性，很难用常规取样方法进行分析。所以，采用非破坏性分析(NDA)是最为行之有效的分析方法。

非破坏性分析常规方法主要有：分段 γ 扫描法(SGS)、无源中子法、有源中子法、有源 γ 射线法。这 4 种分析方法着重于无损测定桶装高放废物和低中放废物中铀、钚的分析方法。

分段 γ 扫描法适用于测量中低密度混合物(如石墨、氟化钙、棉纱、抹布、橡胶)基质中 ^{239}Pu和 ^{235}U 的量，其铀、钚总量可通过同一仪器上 γ 探测器直接测得的同位素丰度求得。该方法可测<200 L 桶装核废物，对于超铀废物(半衰期大于 20 a，浓度大于 1 kBq/g 的发射 α 的超铀放射性核素污染的废物)，可测定 0.2～200 g 的^{239}Pu；对于低水平废物，可检测 7.4×10^6～7.4×10^{10} Bq 的^{239}Pu 和 148～14.8×10^6 Bq 的 U、Pu。测量结果的不确定度可达 5%。SGS 已逐渐成为核材料和核废料非破坏性分析的重要检测工具之一。

大型高分辨分段 γ 扫描装置如图 13-1 所示。仪器装置主要包括透射源屏蔽体(透射源轮)、旋转和提升扫描平台、γ 射线准直和 HPGe 探测器平台三大部分。

无源中子系统主要用于测定小于 200 L 桶装废物中的^{240}Pu，可测量 mg～kg 级范围的^{240}Pu，其钚总量可通过无源中子系统测定的^{240}Pu 结合其他方法获得的 Pu 同位素丰度求得。与 γ 射线法比较，中子更容易穿透高原子序数材料。因而，利用无源中子法分析大量非均匀 Pu 材料是其他方法无法比拟的。1985 年美国 LANL 的 Menlove 在 1979 年设计的高计数率中子符合计数器(HLNCC)的基础上重新设计了 HLNCCⅡ。并用于钚材料或钚废料中钚总量的测定。无源中子系统设备比一般高分辨 γ 射线谱仪简单得多，比有源中子系统更加精确、可靠、容易操作、更加经济。目前 HLNCCⅡ已成为国际原子能机构(IAEA)常规检测仪器之一。

有源中子分析系统种类繁多，就用途而言，大型装置可分析 200 L 废物桶中的可裂变材料含量，小型装置可分析小瓶中固体或液体样品。美国 LANL 研制的 Cf shuffler 仪在非破坏性分析中应用非常广泛，已进入最灵敏的分析仪器之列。可测含铀或钚量从 mg 级到 kg 级的切削料、废物桶内的铀和钚、高浓缩废料和废容器等各种形状的样品。如测量小容器内 1 mg 的^{235}U，分析时间约 30 min。在辐照装置内加 Ni 反射层和聚乙烯减速剂，可调节中子能谱以达到分析热中子或快中子的目的。有源中子法已成为核材料的非破坏性检测最有效的方法之一。在核废物的检测中，可测量 mg 到 kg 级的铀和钚，测量时间一般为 20 min，其精度可达 5% 。

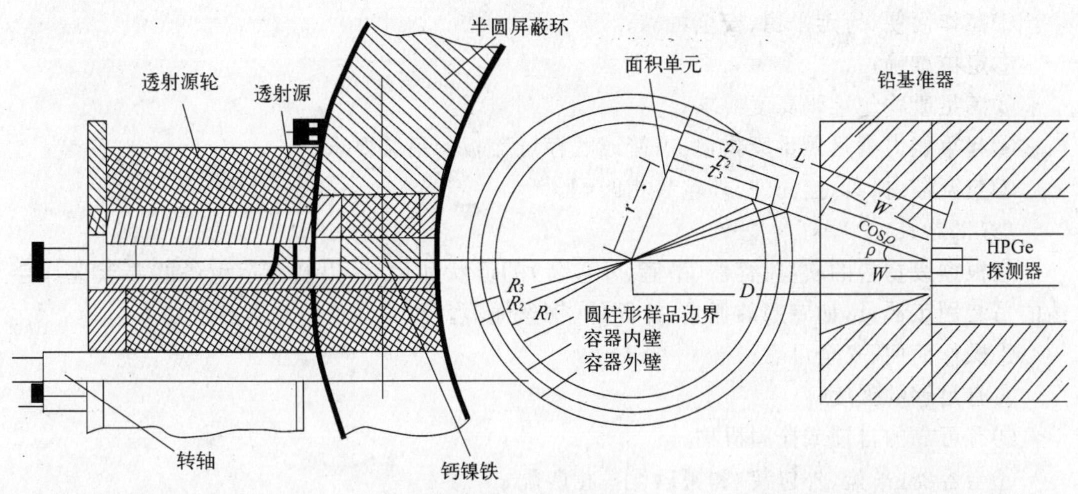

图 13-1　近立体角圆柱形样品几何条件的横截面模型

有源 γ 射线(X 射线)谱仪主要用于测量铀、钚混合溶液中 U、Pu 的浓度,并能准确给出 Pu/U 比。由于该方法利用的是低能 γ 射线(X 射线),以及废物内的大量高原子序数元素的存在,使该方法的应用受到很大的限制。而且包装桶必须是轻材料,不能太厚,只能测量几升以下的废液。对于固体样品,必须考虑试样与标准样品的一致性(形状、厚度、均匀性等)。

在桶装核废物的非破坏分析中,选择哪一种 NDA 技术和分析仪器,必须根据废物特性已知和未知而定。桶装核废物最重要的特性是废物类型、废物的物理参数(尺寸、形状、均匀度、基体及包装材料等)、同位素参数(可裂变同位素比)和要求测量核素的最小可探测限及活度范围。

13.3.2.4　运输路线

运输需要制定运输方案,方案考虑的重点是运输路线的选择。在选择运输路线时要考虑沿途的人口和经济发展情况、军事设施和大型危险品仓库情况;沿途的地形、气候等自然条件;沿途的道路、桥梁、涵洞、隧道的通过能力和现状;交通流量、事故发生率以及运输物质类型、大小、运输距离等因素。

13.3.2.5　运输设备

a. 运输设备具体要求

(1)运输工具:应根据废物包的特性和运输路线的状况选择合适的运输车辆。运输车应有足够的承载能力,应配置拴固用的机具和明显的放射性货运标志。必要时应设置屏蔽防护装置。废物运输车外表面的辐射水平应低于 2 mSv/h,驾驶室内的辐射水平应低于 0.02 mSv/h。

(2)搬运设备:应根据废物包或空容器等物件的质量、尺寸、数量、放射性活度水平、搬运操作条件，选择合适的搬运设备，如吊车(数控或手控)、叉车(电动或手动)、电瓶车、手推小车等。对废物包搬运设备的基本要求如下：

①操作简便、行走平稳、安全可靠；

②定位准确；

③满足废物包堆码高度要求；

④起重能力满足最重废物包、吊篮或贮存坑盖板的吊装要求；

⑤与容器、抓具、拴固件、外包装相匹配。

(3)工器具

应根据废物包的质量、容器(吊篮、外包装)的形状和尺寸，以及搬运设备的要求选择合适的吊装用工器具，如专用的抓具、拴固件、钢丝绳等。对工器具的基本要求如下：

①操作简便、安全可靠；

②有足够的强度；

③有可靠的自锁或拴固机构；

④与容器(吊篮、外包装)和搬运设备相匹配；

⑤无尖锐棱角、毛刺，以免损坏容器和伤害人员。

b. 主要运输工具介绍

放射性物质的运输与其他货物的运输一样也是以传统的交通运输工具和方式进行的。主要的运输工具是：汽车、火车、船舶。

(1)美国 SEG 科学生态集团公司的子公司 HTS 运输服务公司是美国最大的、最安全、最为现代化的核运输公司，该公司拖车有三种：

①专用于低放废物运输的集装箱拖车；

②为较高放射性废物(如废树脂)运输的带有固定式屏蔽容器的运输车，操作方式是将高整体容器放进屏蔽容器运输；

③大板式拖车，将方型钢容器或混凝土容器直接放在上面运输。

运输车辆空载时重 16.8 t，装载后质量约 36 t，根据废物种类不同，实际载荷也会有些变化。

集装箱一般有两种尺寸：2.4 m×2.4 m×6.1 m 和 2.4 m×2.4 m×12.2 m；一般来说，集装箱在尾部有一可全开的门，顶部盖也可以打开，对于小件的废物包采用叉车放入和取出，对于不易操作的大型构件或货包则采用吊车从顶部吊入方式操作。

其运输设备均应符合放射性废物运输条例规定，并获得放射性废物运输的许可证。

(2)瑞典所有的核电厂都位于海边。因此 SKB 可以经海路运输放射性废物，由 SKB 专门建造的 Sigvn 号船舶完成的。

Sigvn 号是 1982 年建造。为了提高适航能力，此船有双重舱底和双重船体，这样能提供非常高的漂浮性。双重船体也能在搁浅或碰撞的事故中保护货物。现代客轮即使在吃水线以下的两个水密舱装满水也能漂浮。Sigvn 号能在四个水密舱装满水的情况下漂浮。货物是利用船尾斜坡依照滚动开关的原理传动到甲板上。货物舱口也可以打开，让货物吊到甲板上。货舱拥有坚固的加固系索装置以使货物安全。根据国际海事组织(IMO)规则，Sigvn 号是 INF 3 级船舶。

货舱四围的壁拥有辐射防护物，在船上装有测量辐射的仪器。测量证明，全体船员在海上没有受到超过天然本底辐射的额外照射，海上天然本底辐射比岸上的低。运行这艘船，SKB 用使用中的 Rederiaktiebolaget Gotland 航线。Sigvn 号通常每年在核电厂和 CLAB/SFR 之间往返 30～40 次，此船也特许在外专门运输其他重型货物。

13.3.2.6　运输通讯

通讯是安全运输的保证。国际上现代化的专业运输公司都运用先进的监控系统对车辆运输过程实现实时动态定位、调度、监控管理。增强突发事件的反应能力，提高车辆运行率和行车安全度。

现代先进的车辆监控系统融合运用了全球卫星定位系统(GPS)、交通地理信息系统(GIS)和无线数字通讯技术(GMS)三项高新技术，系统大致由：车载监控终端、SMS 收发器、通讯服务网关、监控中心实时服务子系统、WebGis 静态信息发布子系统、用户资料和历史信息数据库、地图空间数据、对象数据库等子系统构成。其主要工作原理是由车载监控终端接收来自环绕地球的 24 颗 GPS 卫星中的至少 3 颗所传的数据信息，由此测定汽车当前所处的位置，并且根据终端的 I/O 采集口采集车辆状态数据，然后通过 GPRS/GSM/CDMA 将定位和状态数据发送到通讯服务网关，由通讯服务网关将信息实时地传送到监控中心实时服务子系统和历史信息数据库，监控中心实时服务子系统通过车载监控终端传送的 GPS 卫星信号确定的位置坐标与电子地图匹配，便可确定汽车在电子地图中的准确位置。WebGis 静态信息发布子系统通过提取实时更新的历史信息数据库的位置坐标、状态信息并与电子地图匹配，便可向 Internet/Intranet 发布车辆定位状态信息，SMS 收发器根据接收到的短信请求提取出监控中心实时服务子系统的车辆定位信息，然后将提取的信息返回到请求人手机或小灵通上，从而完成短信查询车辆定位。其原理图见图 13-2。

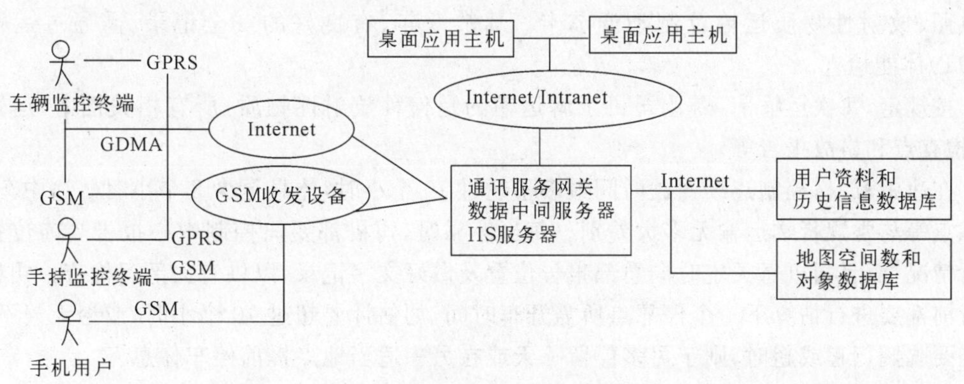

图 13-2　车辆监控系统原理框图

美国 HTS 运输公司总部拥有一个计算机控制中心及先进的软件，每辆运输车上都有一个计算机终端，通过卫星将他们连接起来成为一个大型网络系统。通过两个通讯卫星频道，三个分布于美国东中西的地面卫星信号差转站将司机与中心联接起来，中心通过计算机向司机发出指令后了解司机一切活动及运输车辆当前所在位置和运输的状态信息，并做出相应的报表，供有关人员检查及使用。计算机网络可覆盖美国 90% 的商用核电站，通讯线路 24 h 开通。通过 2 颗覆盖全美的卫星，三个地面站将信息传到美国的任何一点。

美国各州都设有应急中心并拥有经专业训练的专业人员，一旦发生意外，总部将立即通知就近的应急中心，派人前往现场进行人员救治和现场清理，防止造成污染。

13.3.2.7 运输人员培训

根据IAEA放射性物质运输安全规则规定，从事放射性物质运输的人员必须接受与其职责相应的内容方面的培训。培训内容主要有：

(1) 一般认识/熟悉培训：

每个人均必须接受旨在熟悉一般性规定的培训：

这类培训须包括：放射性物质分类说明；张贴标签、标记和告示牌以及包装和隔离的要求；放射性物质运输文件的目的和内容的描述；以及现有应急响应文件的讲解；

(2) 针对具体职能的培训：每个人均必须接受适应其所履行的职能的具体放射性物质运输要求方面的详细培训；

(3) 安全培训：与发生释放情况时照射危险和所履行的职能相适应，每个人均必须接受下述培训：

① 避免事故的方法和程序，如正确使用包装操作设备和装载放射性物质的适当方法；

② 现有应急响应资料和如何利用资料；

③ 各类放射性物质所具有的一般性危险，以及如何避免受到这些危害照射，包括必要时使用个人防护服和设备；

④ 在无意识造成放射性物质释放情况下需要遵循的紧急程序，包括当事人有责任采取的任何应急响应程序和需要遵循的人员防护程序。

执行放射性废物运输人的司机与一般司机不同，应是既了解放射性废物知识又熟悉驾驶的专业运输人员。按美国《有害物质运输条例》规定，SEG司机均持有合格的健康证、驾驶执照、放射性物质运输及制动调节卡。驾龄5年、有良好的安全记录，需通过运输部(DOT)体能检查。

按规定，每次运输前，需让司机了解运输的是何种放射性物质，所有相关档案、运输路线、检查点和事故报告等。

在途中，严格控制连续驾驶时间最多不超过10个小时，休息至少8个小时。途中车速、停靠点等与常规货物运输无多大差别。每当停靠时，司机都要向控制中心报告当前位置和运行情况，而且司机每天定时向总部报告位置及做好文字记录，以供有关部门检查。司机每天行前都要进行估算下一个停靠点所需开车时间，如估计要超过10个小时，或遇天气不好，可能要耽搁行程或超时，则宁可多停留一天或在另一适当地点提前停车休息。

13.3.2.8 事故管理

放射性物质运输技术准备的一个重要基础是对事故的恰当认识。放射性物质运输事故的一个特点是地点的不确定性，一旦发生事故，其社会影响是巨大的。西方国家一直把放射性物质运输安全作为核安全的一个重要领域，受到国际社会的广泛关注。

(1) 运输事故景象分析

放射性物质运输事故的性质、特点、后果取决于很多因素，包括货包的类型、内容物的物理和化学形态、毒性和数量、运输方式和影响货包完好性的事故严重程度，其他因素，如事故地点和当地的气象条件也对事故后果起一定作用。

具有高放射性的废物，一般采用 B 型货包运输。B 型货包有较好的屏蔽，结构坚固，能够经受重大事故的考验，适合地表运输，但不能满足空运方式的要求。放射性物质运输事故可能发生的高风险事故及严重后果基本上只涉及 B 型货包。因此对运输事故景象进行分析，有助于对事故严重程度的分析，从而可以有针对性地提出安全对策，以保证运输的安全。

(2) 事故对货包的影响

美国目前已全面了解高放固体废物运输相关的放射性风险，美国国家科学院(NAS)最新报告中评估了运输期间可能出现的运输风险：正常运输中的风险、运输事故中的风险。由于货包是不能完全阻隔辐射的，所以在正常运输过程中的主要放射性风险是高放固体废物从货包中释放出来的低水平辐射。

在运输事故发生期间，由于货包的结构坚固，而且有着严格的管理，放射性物质从货包中释放几乎是不可能的。但最新的研究表明，在发生长时间大火灾的极端事故条件下，货包可能会受到损坏，从而导致放射性废物泄漏释放。因此，还需要进行更多的分析，了解货包在这些极端事故条件下的行为，并相应的对相关的监管规定和操作程序进行修改。

英国每年大约要运输 50 万个装有放射性物质的货包(国际运输和国内运输)。虽然这些运输很少发生事故，但是出事的可能性却一直存在。英国放射性物质运输事故数据库中包含有 1958 年到 2000 年期间发生的 708 起事故的信息。并将所有事故都按照发生原因进行了分类：行政错误、一般装运事故和核燃料罐装运事故。这三类事故又进一步分为货包和运输工具异常事故(行政异常还包括一般异常事故如缺乏培训或缺少文件记录)。

事故可能会对货包造成损坏；所有的事故都按照事故对货包造成的影响(事故发生后的货包状况)进行了分类，分类结果见表 13-5。

在总共 708 起事件中，约半数事件(329 起)没有对货包造成损坏(有 30 起事件是在无包装货包运输期间发生的)，但在这些事件中又有一半左右(163 起)存在损坏可能性。有 9%的事件(63 起)是污染事件(不一定由货包损坏引起)。三分之一的事件(237 起)使得货包受损或使货包存在缺陷，但没有造成屏蔽或包容能力的丧失，因此辐射剂量没有增加。有 6%的事件(43 起)造成了屏蔽或包容能力的丧失。包装不当造成的事件约占 5%(33 起)。

英国得出的经验是：在放射性物质运输期间，出现超出正常水平的释放和照射事件的概率极小。出现高照射量的事例为数不多，主要由人为错误引起。通过加强培训和控制，这种状况已经得到改善。质量控制是运输法规的一个重要特征。

放射性物质运输事件数据库(对应时间 1958 年到 2000 年)记录表明，货包只要正确地装配，并且正确地堆放，则出现令人担忧事件的可能性就极小。例外货包和 A 型货包丧失包容能力的情况极少(即便货包受到严重损坏时也是如此)。B 型货包没有出现过丧失包容能力的情况。各类事故在通过加强培训、改进程序和完善货包结构后得到了解决。

表 13-5 各种类型货包的缺陷性质

货包缺陷或损坏		货包类型					总数
主要影响	详情	A型货包	B型货包	例外货包	工业货包	无包装货包	
无包装货包		0	0	0	0	30	30
无损坏		43	60	19	14	0	136
存在损坏可能性	小	24	65	6	9	0	104
	大	29	7	14	9	0	59
损坏或存在缺陷	状况不好或有缺陷	6	16	2	2	0	26
	小损坏	95	7	14	8	0	124
	大损坏	61	3	23	0	0	87
失去屏蔽		6	0	0	0	0	6
失去包容能力		10	0	5	22	0	37
污染	内部污染	3	4	1	1	0	9
	外部污染	0	56	0	1	0	57
丧失屏蔽或包容能力的不正确的货包	内装物错误	3	5	0	2	0	10
	状况不好和(或)屏蔽不好	14	6	0	3	0	23
总计		294	229	84	71	30	708

(3) 事故后果的应急响应及经济影响

放射性物质运输事故概率是很小的。但是,并不能确保放射性物质运输一定不会发生事故,或者说不会发生内容物从货包泄出或屏蔽失去的事故,为了在万一发生事故时能及时采取合理的应急措施,缩小事故后果,所以应事先制订好事故应急计划和作好必要的准备。综上所述,运输事故的应急响应计划应把重点置于处理B型货包的事故上。

如果发生放射性物质的运输事故,造成的经济成本是直接财产损失及可能引起由于采取应急响应行动而产生的费用和事故现场周围地区清污所需的费用等。还有许多方面的影响是难以定量的,如政治和社会影响、政府的相关行为、当地的间接损失等。对于可定量评价的经济影响可分为两类:第一类是早期和中期的应急响应费用,包括政府的应急响应、应急人员采取的行动、公众撤离、事故路段的恢复等发生的费用;第二类是长期的防护行动费用,包括事故现场和周围地区进行控制和去污、食物和饮水控制等所需的费用。

13.4 运输的管理控制系统介绍

美国 WIPP 的超铀废物运输系统为废物隔离中间工厂(WIPP)的运输任务而设计的,设计在35年的期限内以安全方式运输 20 000 次或更多次可接触搬运(contacted handled)

超铀废物。系统必须满足或者超过所有的安全要求。为了达到这个目标，能源部和西屋公司与西部州长协会(WGA)、南方州能源委员会(SSEB)、印第安部落和外部机构紧密合作，明确各自对运输放射性物质的关注点。美国能源部和西屋公司一起建立了一个运输系统。该系统包括综合设备设计，高水平驾驶员以及突发事件应对人员的培训，设备和人员的测试与评估。该系统中的每一部分就像圆弧。将这些弧连接起来，就形成了环绕超铀废物运输的“安全环”。

早在 1988 年，美国能源部和 WID(废物隔离部门)就已经开始建立超铀废物的运输系统。该系统的基础是安全，符合法规，有效载荷最大化，并要满足所有州、印第安部落和公众组织的关注。由于有效载荷超过 740 GBq 钚，需要使用美国核管会批准的 B 型包装，即双密封容器。为使有效载荷最大化，需要新一代包装，因为以前的铅屏蔽容器在规定公路运输质量下使用时其体积不符合法规要求。从这些要求设计出超铀包装运输器(TRUPACT－II)。为了进一步使有效载荷增大，设计了单用途运输极轻型拖车(约4 536 kg)。最高有效载荷的最后一种装置是一种传统轻型牵引车(最大质量 8 265 kg)。

第二个有关的内容就是紧急响应组的常识/经验水平。能源部与各州和印第安部落合作，同意为第一应急响应人员提供培训。州培训与教育计划(STEP)提供培训紧急响应行动、危险成分、事故指挥结构、事故缓和和医疗管理等方面的培训。第一响应人员从这些课程中不仅掌握超铀废物的危险，还掌握运输事故涉及的所有危险。

另外考虑的就是第三环节的内容。除了联邦机动车运输人员安全要求之外，驾驶员的年龄必须在 25 岁以上，总驾驶旅程按牵引拖车单位算，要在 16 万公里以上，并且过去 5 年连续驾驶半牵引车或半拖挂车的时间不少于 2 年。另外对驾驶员还有特殊要求，申请该工作之前的三年间没有发生招致起诉的事故和违规驾驶。为加强驾驶员的常识水平，还要对他们进行额外的培训，包括辐射检测仪的使用、有效载荷的特殊危险、(通讯)媒体培训和包装回收等。这些驾驶员还要经过一个果断驾驶课程，其中包括制动控制、刹车控制技术、转弯、蛇行机动、逃避动作、90°控制和恢复等。用特殊测试课程评估不同情况下驾驶员做出正确自卫驾驶决定的能力。

第四个也是最后一个环节就是系统功能的确认。能源部同州和印第安部落合作，一起开展了一项演习，测试对假设事故的响应。这些假设包含两个级别，一个级别集中在州和地方紧急响应和医疗组，能源部阿尔伯克基运行办公室和卡尔斯巴德区域办公室。第二个级别不仅包括这些单位，还增加了能源部总部紧急负责中心和其他的联邦紧急响应机构。每个训练分阶段进行，给参与者提供最大限度的培训和进行评价。

国家科学院对安全环的早期结果(1998 年)予以认可：“所提出的把超铀废物运输到 WIPP 的系统比当前美国运输危险物质的其他系统更安全，可将风险降低到最低水平。”

在获得国家科学院认可后，超铀废物运输者们已经进行了 250 次装运，运输里程达 144 万公里。没有发生一次事故，没有驾驶员受到传讯。能源部、WID、NM 机动车运输部门、科罗拉多州巡逻队危险物质部门和美国运输部对这些运输者进行了审核。通过审核对运输者的能力和人员品质进行了肯定。随着路程和运输次数的增加，高标准和持续培训的好处显现出来。

随着运输系统的成功，STEP 的成功是显然的。STEP 对地方响应者的紧急响应培训量增加，并对县卫生机构和州卫生机构提供培训。随着 STEP 计划的发展，对州和印第安部落的培训层次也在提高。

在过去的5年中，已经与州和印第安部落进行了10次TRU运输系统综合演习。首次演习，即运输事故演习(TRANSAX－90)，参与者来自科罗拉多斯普林斯地区、科罗拉多州和能源部，还包括WIPP场址、能源部阿尔伯克基，能源部总指挥部以及联邦应急管理机构的承包人员。通过这项演习了解到，州和地方的响应措施还应加强。由此决定进行WIPP运输演习(WIPPTREX)。两个演习计划都利用了基于实际运输事故的情景。由于总费用的原因，TRANSAXes大约每隔一年举行一次。为了满足政府的需要和要求，如今，WIPPTRESes每年举行两次。对每个演习都充分地进行鉴定，另外还要有一个书面的报告供参考。演习的主旨之一是加强地方、州及联邦各级机构的联系。

能源部牵头建立的运输系统已是运输业的一个标准。WGA要求最近的铯运输作业采用超铀废物运输原则证明了这一点。WGA还指出，将要进行的乏燃料运输活动同样要采用铀废物运输原则。

13.5 总结

放射性废物运输安全始终是各国关注的焦点，世界各国对运输放射性废物都给予高度重视，所以有着良好的安全记录。国际原子能机构(IAEA)制定放射性物质运输安全标准是各国制定放射性物质运输管理法规和安全标准的基础。美国、法国、俄罗斯等工业发达国家已经开展了几十年的放射性物质运输工作，进行了大量的研究工作，积累了丰富的运输经验，制定了系统的、全面的放射性物质运输法规和标准。我国放射性物质的运输法规和标准还不够规范，缺乏行政法规。在放射性物质安全运输领域存在明显的差距。随着我国核电和核能应用扩大，放射性废物必须运往国家指定的区域处置场处置，放射性废物运输任务必将增加。因此，建立和完善放射性废物运输法规和监管机制非常迫切。

参考文献

1 IAEA放射性废物管理综合手册[M]. 吴春喜等(译). 北京：核科学情报研所，1997

2 Regulations for the Safe Transport of Radioactive Material [S]. Safety Standards Series No. TS-R-1. International Atomic Energy Agency, Vienna, 2005

3 GB 11806－1989，放射性物质安全运输规定 [S]

4 GB 12711－1991，低、中水平放射性固体废物包装安全标准[S]

5 王志明. 碳钢容器腐蚀模式[J]. 辐射防护通讯，2003(5)：20

6 放射性固体废物包装容器专用涂料研制成功[EB/OL]http://www.cnfrp.net/xueyuan/echo.php?id=577

7 罗上庚. 放射性废物概论[M]. 北京：原子能出版社，2003：152～155，160～161

8 杨明太，张连平. 桶装非破坏性分析[J]. 核电子学与探测技术，2003(6)：601～603

9 毕军，王华东. 有害废物运输环境风险研究[J]. 中国环境科学，1995(4)：15

10 核技术利用放射性废物库选址、设计与建造规范[EB/OL]http://www.zhb.gov.cn/plan/jsgh/gjbz/200504/t20050418_66011.htm

11 放射性废物处理处置赴美技术考察团报告[J]. 放射性废物管理及核设施退役，1995(6)：7，8

12 Waste Transport in Sweden [J]. Nuclear Engineering International, 2003
13 别丽华，宋中山，王鑫. 车辆监控系统设计的关键技术分析[J]. 中南民族大学学报(自然科学版)，2006 (1)：84，85
14 赵明华. 放射性物质运输风险概览[J]. 辐射防护通讯，1999(3)：19
15 Going the Distance? The Safe Transport of Spent Nuclear Fuel and High-Level Radioactive Waste in the United States (2006)〔R〕. Nuclear and Radiation Studies Board, 2006：111，214
16 Hughes, S., S. Warner & K. Shaw. Experience in the Analysis of Accidents & Incidents involving the transport of radioactive materials [J]. The Nuclear Engineer, volume 44, NO. 4：105～109
17 张建岗，赵兵，王学新，汤荣耀. 放射性物质运输事故分析及后果评价方法[J]. 辐射防护通讯，2003 (1)：24
18 Jwinkel, J. & O. R. Spooner. WIPP TRU Waste Transportation: a Circle of Safety [A]. Office of Scientific and Technical information, Oak Ridge, TN37831, 1997

第 14 章 辐射防护

电离辐射会对人类的健康带来负面影响。人们利用核的活动中产生的放射性废物是辐射源和环境污染源。需要对放射性废物进行管理以便保证在当前和未来保护人类健康和环境,不致给后代带来不适当的负担。

14.1 辐射防护目标

辐射防护的目的在于防止有害的确定性效应,并限制随机性的发生率使之达到被认为是可接受的水平。

对涉及应用放射性材料及对工作人员或公众成员的辐射照射风险的所有活动来说,明确一致的辐射防护目标是必不可少的。对引起直接的职业照射或公众照射的活动来说,在国际放射防护委员会的建议中存在着国际水平的此类目标值。这些建议要接受定期审查。当前的一套构成"辐射防护系统"的防护目标是于 1990 年达成国际一致的。

辐射防护系统对放射性废物管理的控制提供了一个广泛接受且协调一致的基础。它为对产生和处理放射性废物的核设施中的工作人员的保护,以及对潜在面临放射性流出物及固体放射性废物处置风险的公众保护提供了基础。它也为有关设施和土地的去污及其再使用提供了一个恰当的基础。

14.2 辐射防护的原则

大多数成员国在辐射防护上当前采用的一般原则是 ICRP 于 1990 年制定的原则。

委员会对拟议中的与正在进行的实践建议的放射防护体系,基于以下的通用原则。

(1)涉及照射的实践,除了对受照个人或社会能产生足够的利益可以抵偿它所引起的辐射危害的,就不得采用(实践的正当性)。

(2)对一项实践中的任一特定源,个人剂量的大小,受照的人数,以及在不是肯定受到照射的情形下其发生的可能程度,在考虑了经济和社会因素后,应当全部保持在可以合理做到的尽量低的程度。这一程度应当受到限制个人剂量的约束(剂量约束),对潜在照射则应受到个人危险的约束(危险约束),以便限制内在的经济和社会判断容易带来的不公平(防护的最优化)。

(3)个人受到所有有关实践联合产生的照射,应当遵守剂量限值,或者在照射情形下遵守对危险的某些控制。其目的是为了保证个人不会受到从这些实践来的在正常情况下被断定为不可接受的辐射风险。不是所有的源均能在源的所在处采取行动施加控制,所以在选定剂量限值前应规定哪些源应包括在内作为有关的源(个人剂量限值)。

放射性废物管理的原则中与辐射防护关系最密切的 3 条原则是:(1)保护人类健康,放射性废物管理必须能够确保对人类健康的影响达到可接受水平；(2)保护环境，放射性废物管理必须确保对环境的影响达到可接受的水平；(3)保护后代，放射性废物管理必须保证不给后代造成不适当的负担。

14.3 固体废物处置前的辐射防护

固体废物处置前的辐射防护，包括固体废物预处理、处理和整备这 3 个废物管理基本步骤的辐射防护，也包括这几个步骤内或步骤之间的贮存和运输的辐射防护。在 ICRP 辐射防护的一般原则中，实践的正当性这一原则适用于一个实践整体，而不是单一步骤，如废物管理。放射性废物的处置前管理是 ICRP 1990 年建议书和《国际电离辐射防护和辐射源安全基本标准》(BSS)所论的产生放射性废物的“实践”的一部分。因此，辐射防护考虑应该受实践的正当性、防护的最优化和限制个人所受的剂量这些概念的支配。放射性废物的产生和管理不需要单独证明是正当的，因为在证明整个实践的正当性时理应考虑过这个问题[3]。放射性固体废物的辐射防护是废物管理的辐射防护的一个组成部分，放射性固体废物处理的辐射防护必须在废物管理的前提下考虑。

14.3.1 选址、设计阶段的辐射安全评价

辐射防护评价按所评价人员的对象可分为职业工作人员辐射防护评价和公众辐射防护评价。按评价的时间尺度可分为回顾性评价和预评价。选址和设计阶段的辐射安全评价是做好辐射安全工作的基础。辐射安全评价按其内容可分为核安全、环境影响和辐射防护评价。放射性废物处理设施有的是在原有核设施区域内(或其附近)建造。在进行辐射防护评价和环境影响评价时要充分考虑已有核设施对环境的影响，辐射防护评价和环境影响评价报告要充分反映整个核设施对辐射防护和环境的影响作用。此阶段要按要求制定环境本底调查计划，按环境本底调查计划开展环境本底监测，在此基础上编制环境影响评价报告。

14.3.2 运行阶段的辐射安全评价

14.3.2.1 辐射防护监测体系

辐射防护监测是辐射安全的基础，在放射性固体废物的辐射防护中要做好辐射防护监测。在开展辐射防护监测前要制定辐射防护监测计划，包括职业照射个人监测计划和环境监测计划，现场监测计划等。

按规定建立个人剂量监测系统，开展个人剂量监测。严格执行环境监测大纲。加强对现场监测的力度。

14.3.2.2 辐射安全评价

按规定开展辐射防护评价。辐射防护的评价要从剂量限值和辐射防护最优化两方面进行。对职业照射的防护严格执行国家的规定、标准。在评价放射性固体废物对公众的影响时要结合已有核设施对环境的影响作用，确保公众受到的辐射影响不超过标准的规定。

14.3.3 放射性固体废物处理过程中辐射防护的特点

放射性固体废物处理的不同工艺有不同工艺的特点，各种工艺又因所处理废物特性的不同而各异。对放射性固体废物处理的辐射防护要充分考虑这些特点。要根据具体工艺制定具体的防护措施，这儿不详细讨论。控制辐射的技术与工艺、设备等密切相关，这儿也不讨论。对放射性流出物严格执行国家相关的排放规定。

14.3.4 放射性固体废物运输中的辐射防护

放射性固体废物运输中的辐射防护可遵照 IAEA 安全标准第 TS-R-1 号《放射性物质安全运输条列》要求进行。

人员所受剂量必须低于相应的剂量限值。防护与安全必须是最优化的，以便达到下述目的，即个人剂量的大小、受照射人数以及引起照射的可能性在考虑了经济和社会因素之后，必须在个人所受剂量必须遵守剂量约束值的限制范围内保持在可以合理达到的尽可能低的水平。必须采用一种有条理的和系统化的方案，而这种方案必须包括对运输与其他活动之间界面关系的考虑。

必须为运输放射性物质制定辐射防护计划。必须把该计划中拟采取措施的性质和范围与射线照射的量和可能性联系起来。该计划的文件必须能应要求提供有关主管部门检查。该计划必须包括下列几条要求。

(1)就运输活动所产生的职业照射而言，若经评估，有效剂量：

(a)一年中很可能处于 1～6 mSv 之间时，则必须通过工作场所监测或个人监测方式进行剂量评估活动；

(b)一年中很可能超过 6 mSv 时，则必须进行个人监测。

在进行个人监测或工作场所监测时，必须保存相应的记录。

(2)一旦在运输放射性物质期间发生事故或事件，必须遵守有关的国家机构和(或)国际组织制定的应急规定，以保护人员、财产和环境。IAEA 安全标准系列丛书 No. TS－G－1.2(ST－3)中载有对这些规定的适当导则。

(3)应急程序必须考虑在发生事故时因托运货物的内装物与环境之间可能发生的反应所产生的其他危险物质。

(4)工作人员必须接受有关所涉辐射危害和拟遵守的预防措施方面的培训，以确保限制他们和可能受其活动影响的其他人员的照射量。

参考文献

1 潘自强等.中国核工业辐射水平与效应[M].北京：原子能出版社.1996：137

2 国际放射防护委员会第 60 号出版物.李德平等译.国际放射防护委员会 1990 年建议书[M].北京：原子能出版社.1993：38～39

3 IAEA.包括退役在内的放射性废物处置前管理[S](中文版).安全标准丛书 No. WS-R-2，2005

4 国际原子能机构.放射性物质安全运输条例[S](中文版).安全标准第 TS-R-1 号，维也纳(2005)

第 15 章　国内放射性固体废物处理及管理现状

15.1　概述

中国核工业自 1955 年创建以来，经历了从小到大的发展过程，逐步建立了一个比较完整的工业体系。20 世纪 50 年代后期至 70 年代，核工业主要是为国防服务。在此期间建立了相应的科研、设计、建造、教育和核燃料循环工业体系，为核工业日后的发展奠定了基础。自 1978 年中国开始实行改革开放政策，核工业转向重点为经济建设和人民生活服务。20 世纪 80 年代初，国务院决定建造秦山核电厂和广东大亚湾核电厂，中国开始发展核电工业。20 世纪 90 年代以来，中国的核电以较快速度发展。

人们利用核的活动必然产生放射性废物，为保护人类和环境受到来自放射性废物的危害，要加强对放射性废物的管理。固体放射性废物管理的基础，是建立在诸多的法律规范体系之上的。在法规体系方面：a）国务院于 1992 年发布了“关于中、低水平放射性废物处置的环境政策”，明确了放射性废物的管理和环境监督机构；b）中国核工业已建立了相应的核安全、辐射防护和环境保护机构；c）中国已经就放射性废物管理制订了一些法规、标准和导则。

在核工业发展过程中建设了各种配套的“三废”净化设施。1982 年以来中国已建成了大量城市放射性废物贮存库。核工业总公司已对废物处理系统、预处置技术和处置安全评价方法学进行了一系列的开发研究。在 20 世纪 60 年代核工业就建起了环境监测体系，核工业系统拥有一支具有一定经验的放射性废物管理队伍。

总体来说，我国的放射性废物管理取得了较好的成绩。核电厂建有包括放射性废物贮存库在内的完备的放射性废物处理系统。不过，核工业早期建立的核设施存在放射性废物处理能力不足的情况，积存了不少放射性废液和放射性固体废物。这些历史遗留下来的放射性废物亟需处理和处置。

随着我国核电的发展，到 2007 年左右，我国核电机组每年将产生近千立方米的放射性固体废物。到 2010 年，我国累积的固体放射性废物将达到一万立方米。《放射性污染防治法》已经发布，对防止放射性废物污染提出了明确的法律要求。

随着放射性废物的增加，需要尽快建立合理布局的低中放废物处置场对废物进行安全处置。在管理体系上，处置场的管理机构应相对独立，财务上独立核算。各级人民政府及有关部门应为处置场的选址、建造和运营提供必要的支持和帮助。按国务院 45 号文，中国核工业集团公司负责中、低水平放射性废物区域性处置场的选址、建造和运营。中国核工业集团公司要将中、低水平放射性废物区域性处置场的建设纳入其基建计划。运营后纳入其管理体制进行管理。凡产生低、中水平放射性废物的企业、事业单位的上级主管部门,有责任检查和督促其所属企业、事业单位妥善处理和处置放射性废物。国务院和各省、自治区、直辖市人民政府的环境保护行政主管部门,负责监督低、中水平放射性废物的处置活动。国务院环境保护行政主管部门负责处置场环境影响报告书的审批,组织制定和发布有关的标准和规范;各省、自治区、直辖市环境保护行政主管部门负责监督处置场的环境保护工作。为了尽快建成中、低水平放射性废物处置场,应筹措启动资金。由国家有关部门安排一笔长期贷款,并在核电站的基建费中安排一部分资金,作为启动资金。国家计委在审查核电站的立项申请时,应对废物处置场基建资金予以保证。启动资金主要用于处置场的前期费、建造费和初期运行费。处置场建成后实行有偿服务。所收费用用于归还贷款和维持运行。收费标准由国务院环境保护行政主管部门与有关部门研究确定,核电站和其他核设施的放射性废物处置费用应纳入整个工程项目,并列入生产成本。根据实际需要,适当增加军用核设施的放射性废物处置的投资。核工业军品生产遗留的放射性废物处理、处置应纳入全国放射性废物处置计划。

15.2 我国开展固体废物处理的情况

固体废物在处置前要进行各种形式的处理、加工和整备等,本节叙述我国开展固体废物处理的情况。

15.2.1 分拣和去污

固体废物的分拣和去污是减少废物量的有效途径之一。控制区产生的许多固体废物不一定都是放射性废物,大多数只是放射性低污染废物,可通过去污来降低其表面污染,从而减少废物量。我国从20世纪后期开始研究和应用放射性去污技术。但是长期以来,我国的去污工作以检修为主要服务目的,辅之服务于事故处理,所采用的去污工艺以手工擦洗和酸碱浸泡为主。这种去污方法劳动强度大,操作人员受照剂量高,二次废物多。中国辐射防护研究院对铀污染的铝合金进行了熔炼去污处理,研究了助熔剂、熔炼温度、时间对去污的影响。中国原子能科学研究院和清华大学研究开发了可剥离去污膜。

15.2.2 焚烧

焚烧是理想的处理可燃废物的工艺过程,不论是固体废物还是液体废物,只要是可燃的,就可用该工艺处理,以实现体积减容的目的。焚烧法的优点是具有较大的减容比。焚烧炉的另一优点是多用性,除了能处理可燃干放射性废物外,还能处理有机液体废物和湿固体废物,因而可大大减少处置费用。

在20世纪80年代,中国已建成几台焚烧装置,处理了不少废物,积累了不少经验。上海放射医学研究所放射性废物试验焚烧炉四年运行,处理了27 t废物,20世纪90年代已经进入退役阶段。在20世纪90年代,中国辐射防护研究院研发的放射性废物焚烧系统采用热解焚烧处理技术,对含磷有机溶剂焚烧、固体废物旋风焚烧处理、液体废物喷雾焚烧处理、废石墨焚烧处理也进行了研究。热解焚烧工艺对废物组成变化的适应性强,可以处理含有较多塑料、橡胶、树脂的固体废物和废油。燃烧完全,烟气净化效率高,可以有效地防止或减缓 HCl,SO_2对设备的腐蚀。

15.2.3　压实减容

中国原子能科学研究院建成了国内第一台压实封装装置——它是由该院设计,安阳第二锻压设备厂加工制造的压实封装机(Y90-100F 型),具有一次投料、三向压实、能将废物挤入 80 L 钢桶内和自动封盖的功能。2004 年,中国原子能科学研究院已经完成了“放射性固体废物回取和整备处理示范设施”初步设计方案,并建设了超级压实处理车间。秦山核电站和上海放射性废物处理站也在建造 30 t 和 100 t 压力的压实装置。

超级压实机国际上现已得到广泛应用。超级压实中可将金属桶或箱装废物进一步压实。一般压力强度为 1 000～5 000 t,产生的废物块密度可达 1 700 kg/m^3(中、低压压实为 500～1 000 kg/m^3)。超级压实可以处理广泛的废物,包括不可燃金属废物。废物经强力压实后,其回弹要比低压压实小,因为高压压实的是装有废物的金属桶,压实的金属桶有紧箍作用。

15.2.4　固化处理

固化技术是通过向废弃物中添加固化基材,使有害固体废弃物固定或包容在惰性固化基材中的一种处理过程。固化产物应具有良好的抗浸出性,良好的机械特性,以及抗干－湿、抗冻－融特性。我国在放射性废物处理中采用的固化处理技术有沥青固化、水泥固化、玻璃固化等。

沥青固化主要用来对低放废液进行固化处理,也可对废树脂之类的湿固体废物进行固化,还可用沥青对放射性固体废物进行固定。在我国西南某地建成的沥青固化设施用于低放废液的固化,该设施投入工程运行已达 10 余年。

水泥固化是较成熟的放射性废物处理方法。在核电站普遍采用水泥固化技术对包括放射性浓缩液在内的低、中放固体废物进行固化处理,我国核电站均建有水泥固化系统。

玻璃固化用来对高放废液进行固化,高放泥浆通常与高放废液一起固化成玻璃体。我国准备建玻璃固化工程设施处理积存的高放废液。

15.2.5　贮存

固化后产生的放射性固体废物贮存在放射性固体废物贮存库,根据我国低、中水平放射性废物处置的环境政策,要限制低、中水平放射性固体废物的暂存年限,暂存年限暂定为 5 年,今后有条件时再缩短。目前暂存的低、中水平放射性固体废物,在处置场建成后应送处置场处置。城市放射性废物库暂存的少量含长半衰期核素的固体废物,在国家处置场建成后最终也应送处置场处置。

15.2.6　工程实例

我国军工核设施过去遗留下来不少放射性固体废物,随着退役工作的逐步展开,还将会产生许多放射性固体废物。这些放射性固体废物能否得到妥善的处理、整备、贮存或最终处置,关系到环境安全和退役工作的顺利进行。

对于低、中放固体废物的处置,国际上通常的做法是采用近地表处置的方法。我国已建成并投入试运营的西北处置场也采用近地表处置的技术路线。近地表处置要求放射性固体废物在送处置场之前,必须进行整备处理,对固体废物进行分类、减容、水泥固化或水泥固定等工序,提高放射性固体废物的稳定性,减少废物的体积,使放射性固体废物及包装满足处置场接收标准,从而达到安全、经济的处置目的。西南某核设施为退役废物进行减容和整备,准备建一个放射性固体废物整备中心和可燃固体废物焚烧站,下面对此作简要介绍。

15.2.6.1 放射性固体废物整备中心

拟建的放射性固体废物整备中心要整备的废物类型有软固体废物和硬固体废物。软固体废物主要有:工作服、鞋、袜、帽、手套、纸、棉纱、塑料、橡胶、树脂、硅胶等。硬固体废物包括金属类和非金属类废物。金属类废物主要有:浓缩蒸发器;槽罐和各种泵、泵头、仪表、管道、阀门、工具和吊具等。非金属类固体废物主要有:混凝土、砂土、石英砂、填料瓷环、蛭石、各种取样和分析用玻璃器皿、保温材料、厂房设施去污产生的淤泥垃圾等。

整备中心包括4个部分:接收分拣工段、超级压实工段、水泥固定和固化工段及废物包暂存间。接收分拣工段包括废物的接收、分拣、切割(金属切割、非金属切割、灰渣类桶切割)、检测、分类等功能;超级压实工段包括压实、装桶、转运等功能;水泥固定和固化工段包括不可压缩废物包的固定、压缩饼的固定、灰渣类废物的水泥固化等功能。废物暂存间用来临时贮存经水泥固定、固化后的钢桶。

(1)废物接收、分拣、切割

接收废物的种类分为三种,第一种是退役现场包装在200 L钢桶内的各类废物,第二种为已包装在改造料桶内的废物,第三种为采用CB1型水泥容器转运来的废物。针对废物包装形态的不同,采取以下相应的接收处理方法。

①包装在200 L钢桶内废物的接收和检测

退役过程产生的低、中放废物和α废物均采用200 L钢桶包装。这些废物由废物运输车运到本厂房,经与检修大厅相连的车道进入本厂房的接收工段。利用检修大厅上空的吊车将废物桶吊运到检测热室外的辊道上,然后送相应的检测装置进行核素组成、比活度、总活度和总质量检测。

低、中放废物检测后,通过辊道系统,根据内容物性质分别送水泥固定或超级压实工段处理。抽检的α废物经过检测后,通过辊道返回检修大厅,送α废物暂存库。

整备中心接收的所有废物均需要进行登记,检测结果要填写相应记录表,形成废物接收档案。对于送检的α废物,根据退役现场同类α废物批次包装的特点,其抽检结果作为本批废物的源项数据进行统一登记,并将相应记录资料移交α废物暂存部门。

②包装在改造料桶内废物的接收及检测

如果内装物为非焚烧灰,其接收、检测过程与200 L钢桶包装废物相同。经过废物检测后,通过辊道直接送水泥固定和固化工段进行固定。如果内装物为焚烧灰,直接将废物包送至焚烧灰切割热室进行切割、再包装,包装容器使用灰斗,经过检测后通过辊道送至水泥固定和固化工段进行水泥固化。灰斗可重复使用。

③用CB1型水泥方箱装转运来废物的接收、分拣及检测

CB1型水泥方箱由运输车运抵厂房检修大厅。CB1箱用吊车配合集装箱吊具放置到电动平车上,然后送入卸料室。该热室入口门为密封防护门。卸料热室与分拣热室为品字

形布置，两热室上部连通。废物进入到卸料热室后，打开其顶部滑动门，利用热室内吊车开启 CB1 容器盖，放置于中转位置。然后，将容器内废物篮筐吊至分拣热室，将废物卸入废物接收盘。空废物篮筐返回 CB1 容器内，并将容器封盖。在关闭顶部滑动门后，打开废物入口门，将容器返回检修大厅，返回使用。

分拣热室设置两个机械手分拣切割工位和两个空桶分装工位。该热室功能为：对金属废物按照能否超级压实进行分拣、包装；对木制品进行切割和分装。木制品切割采用设置在主从机械手端的电动圆盘锯。对于长、大金属废物，通过辊道输送到切割热室进行处理。空的 200 L 钢桶，通过转桶工作箱，由空桶转运间送入分拣热室下部的接收工位。

切割热室主要切割金属废物，采用等离子切割技术。主要设备为 LGK－160 型空气等离子切割机，可以切割厚度为 160 mm 的金属构件。设备主机布置在热室外，割具在热室内，由机械手握持进行切割操作。该热室设置两个机械手操作工位，一个空桶接收工位。

分装后的废物桶，经辊道送检测热室进行检测。其过程与上述废物检测过程相同。

(2)废物超级压实

压实热室内设置一台压头为 20 000 kN 的超级压实机。盛有废物的 200 L 钢桶经辊道被送入超级压实机。首先经过超压机的一个打孔装置进行钻孔，然后废物桶由辊道进入自动抓具的夹持位置，自动抓具把废物桶放入超级压实机准确的压实位置上压实，并把压实后的“饼”推送到另一端的辊道上。辊道上设有“饼”的高度测量和称重装置。测高和称重后“饼”被推入 8 位转台。通过选择不同厚度的“饼”，并配合放射性检测数据，实现二次包装的最优化。压实的废物“饼”依次从 8 位转台上抓取到辊道，并装入 400 L 钢桶内，再把 400 L 钢桶通过辊道转送到水泥固定、固化工段进行水泥固定。在超级压实机密封罩下部，设置有废液收集槽，压实过程中释放的液体通过泵排入厂房的特下水系统。

(3)水泥固定

根据整备后废物以 200 L 桶和 400 L 桶分包装的情况，整备中心水泥固定工作分为两部分。

200 L 钢桶用于不可压缩废物包装，主要来源于退役现场和本厂房的切割分拣工段。需固定的废物桶，经分配热室辊道送入缓冲间等待处理。首先，废物桶送入取封盖热室开启桶盖，其盖留在热室内备用。开口废物桶反向进入固定热室。在水泥固定工位，经批次搅拌装置配置好的水泥浆，通过该装置底部的闸阀浇筑到废物桶内。同时，开启振动台，使水泥浆均匀地分布于桶内各处。固定后的废物桶送回取封盖热室进行封盖。然后，废物桶送剂量检测热室进行表面剂量和表面污染检测。表面剂量率检测由设置在热室内的固定探头进行测量，采用擦拭法检测表面污染。如果桶表面的污染超过允许水平，采用高压水进行去污。去污水经地漏排入特下水系统。整备好的废物桶经缓冲间进入养护间进行养护。废物桶内的核素组成、比活度、总活度等数据都要传入控制室进行记录、登记，并填写相应的记录表，形成废物档案。

对于 400 L 钢桶包装的废物，通过辊道由超级压实工段转运到水泥固定、固化工段进行水泥固定处理，其操作过程与 200 L 钢桶的水泥固定相同。

(4)水泥固化

水泥固化的主要目的是处理二次废液及灰渣类废物。

二次废液来源为超级压实产生的废液和废物桶表面去污水。废液由特下泵送入二层的计量间进行计量，然后送入批次搅拌装置和水泥一起进行搅拌。经过充分搅拌，水泥浆注入200 L钢桶。再经过封盖、剂量率检测、核素检测等过程，固化桶进入养护间进行为期28天的养护。

灰渣类废物来自灰渣类桶切割热室，装在灰斗内送到本工段，在本工段灰斗被提升到二层的灰渣类废物贮存仓内，然后定量地输送到搅拌装置内进行水泥固化。

(5)工艺辅助系统

①供料系统

水泥由散装水泥槽车运到本厂房。利用槽车自带的压空泵，将水泥粉末气体送到水泥贮罐内。砂子用斗提机送入贮罐。

在进行水泥浆制备时，水泥和砂子分别通过计量槽进行称重，然后由封闭的胶带运输机送入水泥搅拌机。

②特下水收集系统

本厂房设置一个特下水槽和两台特下水泵，用于收集、监测和输送二次废液去固化处理。

③真空抽吸系统

真空抽吸系统的主要目的是排除各热室地面的积水，这些废水按照特下水处理。真空排气通过橙区(放射性检修区，为控制区)排风系统排出。

15.2.6.2 可燃固体废物焚烧站

根据废物源项调查，该核设施现存固体废物中的低放可燃固体废物量约1 600 m^3，估计质量在660 t以上。在以后的退役活动中还将不断产生可燃固体废物。为了改善该核设施的废物管理水平，提高废物贮存的安全性和为最终处置做准备，拟建可燃固体废物焚烧站。

采用中国辐射防护院自主开发的“多用途放射性废物焚烧处理技术”，即以固体废物热解焚烧和烟气净化为主线，兼有废油喷雾焚烧和烟气净化。

废物焚烧系统主要包括废物核焚烧前处理、废物焚烧、烟气净化等三部分。下面简要介绍工艺过程。

(1)废物焚烧前处理

固体废物焚烧前处理主要由废物接收、分拣、破碎、再包装等工序组成。

①废物接收　对运来的废物桶进行辐射检测，分类及状态检查。

②分拣　运抵本焚烧站的固体废物，应是经过废物回取、检测、分类、分拣的低放软固体废物。基于分拣手套箱的进料口要求，塑料和木质废物的最大尺寸不大于200 mm。分拣工序将废物整备中心处理过程中仍可能混杂的少量不可燃废物(金属、玻璃、砖头等)分拣出来，以防止其对破碎和焚烧系统产生不良影响。分拣出的不可燃物，收集在废物桶中，送到整备中心进行处理或整备。在分拣工序中还应进行废物的搭配操作，如控制固体废物中塑料和橡胶的混入比例≤30%。

③破碎　为适应该焚烧炉的加料和焚烧要求，对大块可燃废物应进行适当的破碎。本项目采用中国辐射防护研究院研制的多功能固体废物破碎机，它具有以下特点：(a)一机多

用，即能同时破碎纸、布、木、塑料、橡胶等废物；(b)为慢速破碎，尽量减少灰尘量；(c)能允许废物中混杂有少量不易分拣的不可燃物（如小尺寸的铁丝、螺栓等）；(d)有卡料状态下应急和自动控制措施。

④再包装　根据中国辐射防护研究院以往的试验结果，单从焚烧的角度来看，破碎后的碎料可以直接进行焚烧处理。但碎料直接加料焚烧存在以下问题：(a)较难进行加料量的控制；(b)存在着由于焚烧炉回火等原因造成火灾的隐患；(c)使碎料输送和加料系统发生缠绕、卡堵故障的概率增加。为此，需对碎料进行适当的再包装，以料包的形式进行输送和加料。

(2)废油焚烧前处理

放射性污染废油一般为高黏度的润滑油（如真空泵油、机械油、导轨油等）和低闪点燃料油（如柴油）的混合物；同时还可能混有杂质和水分。因此，废油焚烧前处理包括过滤除渣、油水分离和黏度调整。

废油的处理通常采用喷雾焚烧方法，有效的雾化是实现完全燃烧的关键。油的黏度是影响雾化质量的一个重要因素，黏度越高，雾化质量越差。因此各类油喷嘴对油品的黏度均有最高限值，例如工业上广泛采用的低压雾化油喷嘴，要求油品的黏度≤0.36 St（约合0.3 P）。考虑到本装置拟采用柴油作为助燃油方案，确定采用添加适量柴油的降黏方法来进行高黏度放射性混合废油的焚烧前处理，以使其黏度降至 0.3 P 以下。

(3)固体废物热解-燃烧

本装置的固体废物热解-燃烧部分由热解、燃气预混和燃烧组成。

①热解　热解是废物焚烧主工艺系统全过程的核心部分。热解过程平稳与否直接影响主工艺系统的运行状况。

在热解炉中，料层自上而下可大致分为预热层、热解层、烧焦和灰层。废物在热解层中受热分解产生挥发性燃气（包括气体和焦油雾）和热解焦。燃气由热解炉上方引出，热解焦与炉排下方送入的一次空气中的氧反应而烧掉，放出的燃烧热即通过对流及传导方式，供给上面的物料预热和热解之需，烧烬的灰通过炉排落入排灰系统。热解炉设二道活动炉排，上下炉排均供应一次风，以保证灰中的焦完全烧烬。另外，废物中的放射性核素绝大部分残留在焚烧灰中（比活度约提高一个数量级，变成中放废物）。为防止飞灰外泄污染环境，应在密闭负压状态下进行卸灰操作。装到 180 L 灰桶中（每桶装量约 80 kg），加盖密闭后，经由焚烧卸灰间的单独对外的防护门运出，及时送焚烧灰暂存或整备中心。

②燃气预混　气体燃料的燃烧分为扩散燃烧和预混燃烧两种。相比而言，预混燃烧强化了燃气和空气的混合，大大缩短了燃烧时间，提高了燃气燃烧的完全程度。因此，由热解炉上方引出的燃气在进入燃烧炉之前，先行和二次助燃空气进行充分混合，然后喷入燃烧炉中进行燃烧。为防止燃气中的焦油雾在预混管中凝结和提高燃烧速度，二次空气在预混前需进行适当的加热。

③燃气燃烧　影响燃气完全燃烧的主要因素有：(a)足够高的温度；(b)足够的空气；(c)强烈的气流扰动；(d)足够的停留时间（炉膛容积）。

文献表明，在一定温度下（≤1 673 K），温度与燃烧速度呈正比，即高温对提高燃烧速率有利，但过高的炉温会大大缩短炉体的寿命。根据中国辐射防护研究院以往的试验结果，燃烧炉炉温应控制在850～1 200 ℃范围。

(4)废油的雾化焚烧

油品属液体燃料,液体燃料的燃烧都是先将其进行蒸发形成燃油蒸汽,然后再与空气中的氧混合燃烧。工业上广泛采用雾化燃烧方式,雾化燃烧是利用雾化器将液体粉碎成直径几微米到几百微米的无数微粒,使燃油的蒸发表面成千倍地增加,促使其迅速地汽化蒸发并与空气良好地混合进行燃烧。

根据本项目是以固体废物焚烧为主、兼顾废油焚烧的特点,确定利用固体废物的焚烧炉进行废油喷雾焚烧这一工艺路线,即在燃烧炉上部设置一个油品的雾化喷嘴,将废油雾化后喷入燃烧炉中进行雾化焚烧。采取这一工艺路线的另一考虑是除了可以单独进行废油焚烧处理之外,还可以将废油作为低热值固体废物焚烧时的辅助燃料使用,以降低系统的运行费用。

(5)烟气冷却

燃烧炉排出的烟气温度高达850～1 200 ℃左右,需先冷却后才能进入烟气净化系统。根据本装置烟气中含有酸性气体以及烟尘预过滤器可以在200 ℃下工作的特点,确定采用冷风稀释和喷水急冷相结合的烟气冷却方式。即先用冷空气将烟气冷却至500～600 ℃,再用喷水急冷法将烟气冷却至200 ℃以下。

(6)烟气净化

燃烧炉排出的烟气中含有放射性成分(对于非挥发性核素,主要是载带在飞灰上或以气溶胶形式存在;对于挥发性核素,则首先以气态形式排出焚烧炉,当烟气温度降低,到达袋滤器时,则绝大部分凝结为气溶胶形态),此外还有烟尘、酸性气体(HCl,SO_x,NO_x)、二噁英等非放污染物,需进行有效的净化后才能排入大气。对于粉尘状态的污染物需用除尘过程净化,对于气态污染物则应采用吸收或吸附过程来解决。从国际上的技术发展趋势来看,主流的烟气净化过程多采用干式除尘和湿式吸收相结合的工艺路线。本装置确定采用先干式除尘,后湿式酸性气体吸收的工艺路线,即能达到较高的烟气净化效果,又最大限度地减少二次废物的产生量。具体工艺流程为:袋滤器→低能文丘里-填料吸收塔→再热器→第一级高效过滤器→第二级高效过滤器(含活性炭层)。

①袋滤器　袋滤器是工业上广泛采用的高效预过滤设备,它具有过滤效率高、滤材耐腐蚀、使用寿命长等优点。本装置选用针刺呢作为滤材,它对微米级的微粒有较高的过滤效率,且能在200 ℃下长期工作。清灰方式为压缩空气脉冲反吹,反吹清理下的飞灰仍需在密闭负压状态下收集在灰桶中送至整备中心固化处理。

②酸性气体吸收　(低能文丘里和填料吸收塔)经过预过滤,可以将烟气中的大部分放射性气溶胶及重金属等污染物去除,但烟气中所含的酸性气体(HCl,SO_x 等)则需采用湿式吸收过程进行净化,即碱性溶液进行中和。吸收液可选用 Na_2CO_3 或 NaOH 溶液,吸收设备选用低能文丘里和填料吸收塔。

③高效过滤器　高效空气过滤器(HEPA)具有很高的过滤效率(99.93%),但其滤芯是一次性使用,且容尘量小。为了减少更换操作的工作量和二次废物的产生量,合理的使用方式是设置在一级预过滤器(如袋滤器)之后,即将进入高效过滤器的烟气中的粉尘浓度降至10 mg/m^{3}以下。关于高效过滤器的设置级数,原则上根据废物的污染程度、烟气中污染物

的浓度、烟气净化效率的要求等确定。本装置设置两级高效过滤器，并在第二级增设活性炭吸附层，在满足放射性净化要求的前提下，重点是保证在烟气冷却过程中二次产生的二噁英的净化。

④再热器　酸气吸收系统排出的烟气为饱和湿烟气，若直接进入高效过滤器，则会由于水汽结露而造成高效过滤器损坏，为此，需先将饱和湿烟气升温 20～30 ℃后再进行高效过滤，即在填料吸收塔和高效过滤器之间加一级烟气再热器。

经过上述烟气净化系统净化后的烟气，通过工艺引风机排入排风净化，与厂房全排、设备局排的气体汇合后一起经 150 m 高的烟囱排入大气。

(7)含氯废水处理

在烟气大厅内建一套离子交换装置，对废碱液进行净化处理，排入废水贮槽，分析合格后（<37 Bq/L），经单独的管道排入江中。

(8)工艺辅助系统

本装置的工艺辅助系统主要包括压缩空气供应、吸收液配制与循环、冷却水和供排风系统。

①压缩空气供应　本工程试验装置在废油雾化、喷水急冷水雾化和气动机构等处需要压缩空气，压力为 0.3～0.6 MPa。

②吸收液配制与循环系统　吸收液为循环使用，即经过一段时间的酸性气体吸收，吸收液的 pH 值降至 8 后，需向其中补充部分新配制的吸收液。另外，吸收液在循环使用过程中，需进行过滤和冷却。因此，设置了吸收液配制与循环系统，包括：配碱罐、供碱泵、碱液循环泵、过滤器、换热器、废液排放泵等。

③冷却水系统　本试验装置在热解炉冷却、喷水急冷及吸收液换热器等处需要冷却水，用量约为 20 m^3/h。根据焚烧站近邻江河的自然条件，确定冷却水采取非循环直排方式。工艺用水由附近山顶上 1 000 m^3 的高位水池接管引入，焚烧站内设置一个缓冲冷却水储箱，利用冷却水泵向设备输送冷却水，设备排出的冷却水直接排向室外的普通下水系统。

④供排风系统　主要负责系统的引风、助燃空气和冷却风的供应，主要设备包括：罗茨引风机和高压离心风机。设在系统末端的罗茨引风机的作用是保证整个系统在负压状态下运行，而助燃空气和冷却风则是由三台离心风机供给。

15.3　处置方面的发展情况

核电站的低中放固体废物，根据国家政策，暂时存放在核电站内，最后要送往低中放废物处置库处置。在低中水平放射性废物相对集中的地区建设国家低中水平放射性废物处置场，分别处置该区域内或临近区域内的低中水平放射性废物。

15.3.1　低中放废物处置

到目前为止，我国有两个低中放射性固体废物的处置场已建成。一个在我国大亚湾东北方四公里的北龙，另外一个在甘肃。

15.3.2 高放废物处置

我国将对乏燃料进行后处理,回收提取铀和钚,产生的高放废液进行玻璃固化,玻璃固化高放废物玻璃体要进行深地质处置。目前,正在进行放射性固体废物深地质处置方面的研究。

15.4 小结

我国的核工业已走过50年历程,随着核工业的发展,我国在放射性废物管理方面取得了不少成绩。但由于历史的原因,在过去的生产中遗留下大量放射性废物没有处理,这些放射性废物造成环境安全隐患。随着人们环境保护意识的增强,国家对环境治理越来越重视,亟需对过去遗留下的放射性废物进行处理,并进行最终处置。对放射性固体废物处理,目前已有成熟的技术可用,这些技术包括焚烧、压实减容、固化(沥青固化、水泥固化、玻璃固化)等。我国的核电站都建有完善的固体废物处理系统,采用压实减容、水泥固化等处理技术,建有废物贮存库。过去为国防目的建设的核设施,在退役活动中也在开展放射性固体废物处理,对过去遗留下来的固体废物进行处理和整备,如建设放射性固体废物整备中心和可燃固体废物焚烧站。对于放射性固体废物处置,广东北龙低中放废物处置场和西北低中放废物处置场已经建成。目前我国也在进行高放废物深地质处置的研究,高放废物地质处置是一项艰巨系统工程,现在我们离实际进行高放废物处置还有较长的一段时间。

参考文献

1 中国21世纪议程优先项目计划——6-7A 放射性废物安全和无害化管理[EB/OL]. http://www.aca21.org.cn/pc6-7a.html,2006-07-20

2 关于我国中、低水平放射性废物处置的环境政策. 青海新闻网, 2004-09-28

3 罗上庚, 管宗洲. 放射性污染的去污化学清洗[A]. 放射性废物概论, 167~175

4 祁昌明. 核电厂老化管理的内容[EB/OL]. http://np.chinapower.com.cn/article/1000/art1000420.asp

5 罗上庚. 放射性废物的焚烧处理[A]. 放射性废物概论, 104~108

6 罗上庚. 放射性固体废物的压缩减容[A]. 放射性废物概论, 98~103

7 周顺科. 田湾核电站水泥固化系统的改进探讨. http://np.chinapower.com.cn/article/1001/art1001312.asp

8 香港机电工程署. 核电站产生的核废物的种类[EB/OL]. http://gb.weather.gov.hk/education/dbcp/pow_stat/chi/r10.htm

附录A 放射性固体废物管理的法律、法规和标准

A.1 国外固体废物处理及管理的法律、法规和标准

IAEA 和各国在固体废物处理及管理方面的法律、法规及标准是各有差异的，下面主要介绍 IAEA、美国、英国和法国的相关情况。

A.1.1 国际原子能机构(IAEA)的法律文件和标准

本节简要介绍 IAEA 关于放射性废物管理的法律文件和安全标准，主要反映放射性固体废物处理及管理方面的内容。

A.1.1.1 核应用方面的公约

国际原子能机构成员国签署了《核安全公约》(1994 年)、《及早通报核事故公约》(1986 年)、《核事故或辐射紧急情况下援助公约》(1986 年)、《核材料实物保护公约》(1980 年)、《防止倾倒废物及其他物质污染海洋公约》(1994 年)和《乏燃料管理安全和放射性废物管理安全联合公约》。下面重点介绍放射性废物管理方面的公约《乏燃料管理安全和放射性废物管理安全联合公约》。

国际原子能机构于 1997 年 9 月 1～5 日在其总部举行外交会议，该会议于 1997 年 9 月 5 日通过了《乏燃料管理安全和放射性废物管理安全联合公约》，已于 2001 年生效。

该公约的目标是：通过加强本国措施和国际合作，包括情况合适时与安全有关的技术合作，以在世界范围内达到和维持乏燃料和放射性废物管理方面的高安全水平；在满足当代人的需要和愿望而无损于后代满足其需要和愿望的能力的前提下，确保在乏燃料和放射性废物管理的一切阶段都有防止潜在危害的有效防御措施，以便在目前和将来保护个人、社会和环境免受电离辐射的有害影响；防止在乏燃料或放射性废物管理的任何阶段有放射后果的事故发生，和一旦发生事故时减轻事故后果。

本公约适用于民用核反应堆运行产生的乏燃料的管理安全，作为后处理活动的一部分在后处理设施中保存的乏燃料不包括在本公约的范围之内，除非缔约方宣布后处理是乏燃料管理的一部分。公约也适用于民事应用产生的放射性废物的管理安全，但不适用于仅含天然存在的放射性物质和非源于核燃料循环的废物，除非它构成密封源或被缔约方宣布为适用于本公约的放射性废物。本公约不适用于军事或国防计划范围内的乏燃料或放射性废物的管理安全，除非它被缔约方宣布为适用本公约的乏燃料或放射性废物。但是，如果军事或国防计划产生的乏燃料和放射性废物已永久地转入纯民用计划并在此类计划范围内管

理，则本公约适用于此类物质的管理安全。

A.1.1.2 安全标准

根据国际原子能机构《规约》第三条的规定，国际原子能机构授权制订或采取旨在保护健康及尽量减少对生命与财产的危险的安全标准，并规定适用这些标准。国际原子能机构借以制定标准的出版物以国际原子能机构安全标准丛书的形式印发。该丛书涵盖核安全、辐射安全、运输安全和废物安全以及一般安全（即涉及上述所有安全领域）。该丛书出版物的分类是安全基本法则、安全要求和安全导则。安全标准按照其涵盖范围编码：核安全（NS）、辐射安全（RS）、运输安全（TS）、废物安全（WS）和一般安全（GS）。

核活动的安全和防护报告以其他出版物丛书的形式特别是以安全报告丛书的形式印发。安全报告提供能够用以支持安全标准的实例和详细方法。安全报告丛书中的一些出版物是安全要求和安全导则的补充，与安全要求与安全导则直接相关。安全报告丛书中的另一部分出版物是与安全有关的不同科学主题和技术主题方面的专著，它们具有多种目的，对技术过程进行概述，叙述某个领域的发展，给技术专家提供信息，向管理人员介绍某个主题。安全报告丛书包括大量手册，这些手册是安全标准的延伸，提供履行安全要求的实践细节。

安全相关出版物还以技术报告丛书（TRS）、国际原子能机构技术文件（IAEA－TECDOC）丛书等的形式印发。技术报告丛书包括在国际原子能机构科学与技术计划下执行的各种工作的专著，由IAEA出版部编辑出版。IAEA是技术报告的作者和出版者。IAEA-TECDOC丛书报告IAEA许多方面的工作，但该系列丛书下的书目未经过编辑，因而不是总能符合IAEA出版物的高质量标准。

下面介绍几个IAEA的安全标准和2份技术报告丛书。IAEA出版的安全标准丛书、安全报告丛书、技术报告丛书和技术文件丛书见表A-1（主要列出与放射性固体废物的处理和管理有关的部分）。

(1) IAEA 安全丛书 No.111-F

在1995年IAEA出版的《放射性废物管理原则》（安全丛书 No.111-F）中提出了废物管理的9条原则，即：①保护人类健康，放射性废物管理必须能够确保对人类健康的影响达到可接受水平；②保护环境，放射性废物管理必须确保对环境的影响达到可接受的水平；③超越国界的保护，放射性废物管理应考虑超越国界的人类健康和环境的可能影响；④保护后代，放射性废物管理必须保证对后代的预期的健康影响不大于当今可接受的水平；⑤给后代的负担，放射性废物管理必须保证不给后代造成不适当的负担；⑥国家法律框架，放射性废物管理必须在适当的国家法律框架内进行；⑦控制放射性废物的产生，放射性废物的产生必须尽可能最少化；⑧放射性废物产生和管理的相依性，放射性废物管理必须考虑废物产生和管理各阶段间的相互依存关系；⑨设施安全，必须保证放射性废物管理设施使用寿期内的安全。本出版物详细说明了放射性废物管理的目标和与之相关的一套国际上达成一致的原则。这些原则为RADWASS（放射性废物安全标准）计划下开发更详细的安全标准、安全导则和安全实践提供一个共同基础，为放射性废物管理计划提供基础。

(2)IAEA 固体废物的分类标准及其特点

根据1994年颁布的《放射性废物的分类》，即安全系列丛书 No. 111-G-1.1，按处置目的而提出的要求，IAEA 把废物分为三大类：免管废物、低中放废物（再细分为短寿命中放废物和长寿命中放废物）和高放废物（见表 2-2）。表中的分界值主要适用于固体废物。

IAEA 制订的固体废物分类标准有以下特点：(a)指导放射性废物的处置；(b)固体废物分类标准规定了长寿命废物要做地质处置；(c)对于高放废物，IAEA 新分类标准提出释热量（高于 2 kW/m^3）和长寿命核素含量两个指标，更具科学性，可操作性也提高；(d)固体废物分类标准提出了免管废物，根据安全系列丛书 115 号《国际电离辐射防护和辐射源安全基本标准》的规定——对公众成员年剂量低于 0.01 mSv；而对公众集体剂量低于 1 人·Sv/a。

(3) 安全标准丛书 No. WS-R-2《包括退役在内的放射性废物的处置前管理要求》

根据安全丛书 No.111-F 中制定的原则，制定一些在运行、退役和净化中产生的放射性废物的处置前管理中必须加以满足的基本要求，并制定一些管理核设施退役的要求。本出版物适用于由核设施的运行和退役产生的放射性废物的处置前管理，放射性核素在工业、医学和科研中的应用，含天然存在的放射性核素的原材料的加工，以及被污染场地的净化。

(4) 安全标准丛书 No. WS-G-2.5《低中放废物处置前管理安全导则》

本安全导则的目的是向审管机构和产生放射性废物并管理放射性废物的运营者提供建议，建议如何满足为低中放废物处置前管理确立的原则和要求。在导则中叙述了审管者和运营者的职能及责任；概述了低中放废物处置前管理的安全考虑；提出了处置前管理的建议，设施设计和运行的建议和验收要求的建议；提出了记录保持和报告的建议；叙述了环境和安全评价。

(5) 安全标准丛书第 TS-R-1 号《放射性物质安全运输条例》

制定本条例的目的是保护人员、财产和环境免受放射性物质运输期间产生的辐射影响。本条例适用于放射性物质的陆地、水上或航空一切方式的运输，包括伴随使用放射性物质的运输。所述运输包括与放射性物质搬运有关和搬运中所涉及的所有作业和条件；这些作业包括包装的设计、制造、维修和修理，以及放射性货包的准备、托运、装载、运载（包括中途贮存）、卸载和最终抵达目的地时的接收。

(6) 安全标准丛书 No. GS-R-1

安全标准丛书 No. GS-R-1《核安全、辐射安全、放射性废物安全和运输安全的法律和政府的基础结构》的目的是，规定核设施和电离辐射源的安全、辐射防护、放射性废物的安全管理及放射性物质的安全运输的法律的和政府的基础结构的有关要求，为实现提出的目标，这些要求必须得到满足，并且应用安全基本原则出版物（安全标准丛书 110 号、111-F 号和 120 号）中提出的各项原则。本出版物提出了对核设施安全、电离辐射源的安全使用、辐射防护、放射性废物的安全管理及放射性物质的安全运输方面的法律责任和政府责任的要求。因此，它包括制定一个成立监管机构的法律框架和实现对设施和活动有效的监管控制的其他行动。本出版物还包括了一些其他的责任，如为安全提供必要的支持，为第三方责任提供担保所涉及事务，以及应急准备。

(7) 技术报告丛书 No. 401

技术报告丛书 No. 401《核设施去污和退役产生的放射性废物的最少化方法》讨论来自

核设施去污和退役(D&D)活动的非燃料放射性材料产生的废物的最小化。报告涉及与去污和退役有关的策略、方法和技术问题;描述了D&D活动产生的材料的来源和特性;概述了核设施去污与拆除的总体技术;描述了废物最少化原则及其实施;讨论了退役废物最少化有关的因素,并讨论这些方案对退役所产生物料再利用或开发的意义;描述了材料选择、去污和拆除方法的未来趋势,支持废物最少化审管方法的发展趋势。报告的附录包括与去污、退役和退役所产生物料有关的放射性特性分析,扼要介绍了实现核设施D&D废物最少化策略的方法。

(8)技术报告丛书 No. 395

技术报告丛书No. 395《核设施去污与拆除的最新技术》的目的是明确和描述包括去污和退役及其所产生废物管理在内的最新技术。这些信息向规划、管理和执行核电站、研究堆、后处理厂和其他核设施退役的人员提供经验和指导。对执行核设施整改和大规模维修活动的人员也有帮助。报告的核心是退役技术,尤其是去污和拆除,对退役领域新出现技术也进行了介绍。

A.1.2 美国放射性废物管理的法令、条例和标准

美国关于放射性废物管理方面的法令相当完善,并为实施这些法令制定了具体的管理条例和标准,构成了放射性废物管理的系统而全面的法律、法规和标准。美国放射性废物管理方面的主要法令和条例见表A-2。

A.1.2.1 美国放射性废物管理相关法令简要介绍

《原子能法》的目的是保证对源(主要是核)和其副产品材料的正确管理。《低放废物政策法》要求各州提供其境内产生的商业低放废物的处置设施,也鼓励各州共同开发区域性处置设施。《核废物政策法》提供乏燃料和高放废物地质处置库当前国家计划的基础,《核废物政策修正法》指定尤卡山为乏燃料和高放废物地质处置的惟一考虑场址。涉及固体废物管理的一个主要法令是1976年颁布的《资源保护回收法》。该法是固体废物处置法的修正,授权美国环保署管理有害废物的权力。《资源保护回收法》的C部分涉及有害废物,D部分涉及非有害废物。1984年修正案确立了有害废物管理的另外要求。美国《资源保护回收法》所称的“固体废物”,具有范围很广的外延,包括《资源保护回收法》和联邦环保局的条例排除的几类物质以外的所有垃圾、废物和其他被遗弃的物质。该法规定除非获得许可证,禁止处理(包括利用)、贮存或处置危险废物,以及建设处理、贮存和处置危险废物的新设施。

A.1.2.2 放射性废物管理方面的管理条例和标准简要介绍

由于法令通常不包含具体细节,美国国会授权某些政府机构(环保局、核管会等)根据法令制定放射性废物管理的管理条例和标准,这些管理条例和标准是实施法令所必需的,是法令日常工作的基础,这些管理条例和标准以联邦管理条例汇编(CFR)形式出版。下面简要介绍几个与放射性固体废物有关的标准。

美国实行责任保险制度,联邦环保局制定的《危险废物管理条例——危险废物处理、储存和处置者标准》规定:(1)为保证有足够的资金用于设施的关闭,设施所有者或营运人必须

对关闭予以财政担保。财政担保可采取建立关闭基金、关闭保险金等方式。(2)为保证有足够的资金用于设施的关闭后的照料,设施所有者或营运人必须对关闭后的照料予以财政担保。财政担保可采取建立关闭后基金;关闭后保险金等方式。(3)设施所有人或运营人必须具有对突发事故和非突发事故的责任保险。这种保险用于补偿受害人的人身伤害和财产损失。

美国对危险废物转移实行联单制度,进行跟踪。联邦环保局制定的《危险废物产生者标准》、《危险废物运输者标准》和上面介绍的《危险废物处理、储存和处置者标准》等规定:危险废物产生者如果要将其危险废物运出产生地点之外进行处理、储存或处置,则必须填报"统一危险废物货运清单";危险废物运输者、危险废物的处理、储存和处置者必须遵守关于统一危险废物货运清单的规定。

A.1.3　英国放射性废物管理的法律

英国在放射性废物管理方面的法律比较完善,主要的法令见表 A-3。

A.1.4　法国放射性废物管理的法律、条例和规章

法国在放射性废物管理方面的法令、政令与其他国家相比具有较鲜明的特点。放射性废物管理的法令和政令大体由 3 个部分组成,分别是一般管理法规,与放射性废物管理有关的特定条例和与放射性废物管理有关的基本安全规章。法国放射性废物管理法令和政令见表 A-4。

A.2　国内法律、法规和标准

国内放射性固体废物处理及管理上适用的法律、法规和标准见表 A-5。下面简单介绍一下与放射性固体废物处理及管理相关的法律和几个标准。

《中华人民共和国环境保护法》指出由国务院环境保护行政主管部门制定国家环境质量标准。根据《中华人民共和国环境保护法》,建设项目的环境影响报告书,必须对建设项目产生的污染和对环境的影响作出评价,规定防治措施,经项目主管部门预审并依照规定的程序报环境保护行政主管部门批准,环境影响报告书经批准后,计划部门方可批准建设项目设计书。产生环境污染和其他公害的单位,必须把环境保护工作纳入计划,建立环境保护责任制度;采取有效措施,防治在生产建设或者其他活动中产生的废气、废水、废渣、粉尘、恶臭气体、放射性物质以及噪声振动、电磁波辐射等对环境的污染和危害。《中华人民共和国放射性污染防治法》对放射性废物管理做出了法律上的规定。核设施营运单位、核技术利用单位、铀(钍)矿和伴生放射性矿开发利用单位,应当合理选择和利用原材料,采用先进的生产工艺和设备,尽量减少放射性废物的产生量。向环境排放放射性废气、废液,必须符合国家放射性污染防治标准。产生放射性废气、废液的单位向环境排放符合国家放射性污染防治标准的放射性废气、废液,应当向审批环境影响评价文件的环境保护行政主管部门申请放射性核素排放量,并定期报告排放计量结果。产生放射性废液的单位,必须按照国家放射性污染防治标准的要求,对不得向环境排放的放射性废液进行处理或者贮存。产生放射性废液的单位,向环境排放符合国家放射性污染防治标准的放射性废液,必须采用符合国务院环境

保护行政主管部门规定的排放方式。禁止利用渗井、渗坑、天然裂隙、溶洞或者国家禁止的其他方式排放放射性废液。低、中水平放射性固体废物在符合国家规定的区域内实行近地表处置。高水平放射性固体废物和α放射性固体废物实行集中的深地质处置。禁止在内河水域和海洋上处置放射性固体废物。

《放射性废物管理规定》(GB14500-2002)规定了放射性废物的产生、收集、预处理、处理、整备、运输、贮存、处置与排放等各个阶段以及退役和环境整治等有关活动的管理目标和基本要求,适用于核燃料循环各环节和核技术应用与铀、钍伴生矿开发利用所产生的放射性废物的管理,其他实践所产生的放射性废物的管理亦可参照执行。《低、中水平放射性固体废物包装安全标准》(GB 12711-1991)规定了有关低、中水平放射性固体废物包装安全的设计、制造要求;放射性限值和表面污染限值;标志和标签及堆贮搬运操作要求等。标准适用于核研究所及同位素生产和应用单位所产生的低、中水平放射性固体废物包装,但不适用于放射性尾矿渣和废辐射源包装。《低、中水平放射性固体废物暂时储存规定》(GB 11928-1989)规定了对低、中水平放射性固体废物暂时贮存的要求。标准适用于生产放射性固体废物的任何实践中,符合低、中水平的放射性固体废物的暂时贮存,但不适用于尾矿渣类放射性固体废物的贮存管理。《放射性物质安全运输规定》(GB 11806-2004)规定了与放射性物质运输有关的所有操作和条件,既包括包装的设计、制造和维护,又包括货包的准备、托运、装卸、载运和中途贮存,货包最终抵达地的验收,以及载运和贮存情况下遇到的正常和事故条件。标准适用于放射性物质的陆地、水上和空中运输方式。

A.3 小结

附录A介绍了放射性固体废物处理及管理方面的法律、法规和标准。由于IAEA各缔约国在制定本国放射性废物管理的法律、法规和标准时要遵守(或参照)IAEA制定的安全标准,并遵守在IAEA框架下签订的公约。附录中重点介绍了IAEA关于放射性固体废物的安全标准。鉴于各国的立法和标准又各有特点,介绍了美国、英国和法国在放射性固体废物管理方面的法律、法规和标准,这些国家在放射性废物管理方面的立法和制定的标准相当完善。附录也对国内放射性固体废物管理方面的法律和标准进行了简要介绍,列出了与放射性固体废物管理有关的法律和标准。

表 A-1 国际原子能机构安全标准丛书、技术报告丛书和技术文件丛书一览表

序号	出版物编号	标题		发布/出版年份
		中文	英文	
1	SS 70	放射性物质用户产生的放射性废物管理	Management of Radioactive Wastes Produced by Users of Radioactive Materials	1985

续表

序号	出版物编号	标题		发布/出版年份
		中文	英文	
2	SS 99	高放废物地下处置的安全原则和技术准则	Safety Principles and Technical Criteria for the Underground Disposal of High Level Radioactive Wastes	1989
3	SS 110	核设施的安全	The Safety of Nuclear Installations	1993
4	SS 111-F	放射性废物管理原则	The Principles of Radioactive Waste Management	1995
5	SS 111-G-1. 1	放射性废物的分类	Classification of Radioactive Waste	1994
6	SS 111-G-3. 1	近地表处置设施的选址	Siting of Near Surface Disposal Facilities	1994
7	SS 111-G-4. 1	地质处置设施的选址	Siting of Geological Disposal Facilities	1994
8	SS 115	国际电离辐射防护和辐射源安全基本安全标准	International Basic Safety Standards for Protection Against Ionizing Radiation and the Safety of Radiation Sources	1996
9	SS 120	辐射防护和辐射源安全;安全基本法则	Radiation Protection and the Safety of Radiation Sources: A Safety Fundamental	1996
10	SS GS-R-1	核安全、辐射安全、放射性废物和运输安全的法律和政府机构	Legal and Governmental Infrastructure for Nuclear, Radiation, Radioactive Waste and Transport Safety	2002
11	SS RS-G-1. 7	排除、豁免和解控概念的运用安全导则	Application of the Concepts of Exclusion, Exemption and Clearance Safety Guide	2004
12	SS WS-G-1. 1	放射性废物近地表处置的安全评价	Safety Assessment for Near Surface Disposal of Radioactive Waste	1999
13	SS WS-G-2. 1	核动力厂和研究堆的退役	Decommissioning of Nuclear Power Plants and Research Reactors	1999
14	SS WS-G-2. 2	医学、工业和研究设施的退役	Decommissioning of Medical, Industrial and Research Facilities	1999
15	SS WS-G-2. 3	放射性排入环境的审管控制	Regulatory Control of Radioactive Discharges to the Environment Safety Guide	2000
16	SS WS-G-2. 4	核燃料循环设施的退役	Decommissioning of Nuclear Fuel Cycle Facilities	2001

续表

序号	出版物编号	标题 中文	标题 英文	发布/出版年份
17	SS WS-G-2.5	低中放废物处置前管理	Predisposal Management of Low and Intermediate Level Radioactive Waste	2003
18	SS WS-G-2.6	高放废物处置前管理	Predisposal Management of High Level Waste	2003
19	SS WS-R-1	放射性废物的近地表处置	Near Surface Disposal of Radioactive Waste	1999
20	SS WS-R-2	包括退役在内的放射性废物处置前管理	Predisposal Management of Radioactive Waste Including Decommissioning	2000
21	SS WS-R-4	放射性废物地质处置	Geological Disposal of Radioactive Waste	2006
22	SS TS-R-1	放射性物质安全运输条例	Regulations for the Safe Transport of Radioactive Material	2005
23	SRS No. 44	导出排除、免管和清洁解控的活度值	Derivation of Activity Concentration Values for Exclusion, Exemption and Clearance	2005
24	TECDOC-1022	维护或退役操作中的去污新方法和新技术——合作研究项目的结果,1994－1998	New Methods and Techniques for Decontamination in Maintenance or Decommissioning Operations － Results of a Co－ordination Research Programme,1994－1998	1998
25	TECDOC-1051	钼-99生产的放射性废物管理	Management of Radioactive Waste from ^{99}Mo Production	1998
26	TECDOC－1115	铀纯化、浓缩和燃料制造的废物最少化	Minimization of Waste from Uranium Purification, Enrichment and Fuel Fabrication	1999
27	TECDOC-1124	就地处置退役策略	On-site Disposal as a Decommissioning Strategy	1999
28	TECDOC-1130	来自核燃料循环设施废物流的材料和部件的再循环和再利用	Recycling and Reuse of Materials and Components from Waste Streams of Nuclear Fuel Cycle Facilities	1999
29	TECDOC-1133	WWER类核电站退役	The Decommissioning of WWER-Type Nuclear Power Plants	2000
30	TECDOC-1183	医疗应用放射性核素产生的放射性废物的管理	Management of Radioactive Waste from the Use of Radionuclides in Medicine	2000

续表

序号	出版物编号	标题		发布/出版年份
		中文	英文	
31	TECDOC-1273	研究堆退役技术：1997-2001合作研究项目最终报告	Decommissioning Techniques for Research Reactors—— Final Report of a Co-ordinated Research Project 1997-2001	2002
32	TECDOC-1325	低中放放射性废物化学毒性方面的管理	Management of Low and Intermediate Level Radioactive Waste with Regard to Their Chemical Toxicity	2002
33	TECDOC-1371	废物产生量小的国家的放射性废物处理及贮存有效方案选择	Selection of Efficient Options for Processing and Storage of Radioactive Waste in Countries with Small Amounts of Waste Generation	2003
34	TECDOC-1394	核设施退役的规划、管理和组织：取得的教训	Planning, Managing and Organizing the Decommissioning of Nuclear Facilities: Lessons Learned	2004
35	TECDOC-239	固化的高放废物体的评价	Evaluation of Solidified High-level Waste Forms	1981
36	TECDOC-568	低中放固化废物体和货包的评价	Evaluation of Low and Intermediate Level Radioactive Solidified Waste Forms and Packages	1990
37	TECDOC-652	放射性废物的最少化和分拣	Minimization and Segregation of Radioactive Wastes	1992
38	TECDOC-655	放射性固体废物的处理和整备	Treatment and Conditioning of Radioactive Solid Wastes	1992
39	TECDOC-755	过去核活动和事件的放射学影响评价	Assessing the Radiological Impact of Past Nuclear Activities and Events	1994
40	TECDOC-767	地下放射性废物处置库安全评定的不同时段的安全指标	Safety Indicators in Different Timeframes for the Safety Assessment of Underground Radioactive Waste Repositories	1994
41	TECDOC-855	“固体物料中放射性核素清洁解控水平”中间报告	Clearance Levels for Radionuclides in Solid Materials Interim Report	1996
42	TECDOC-911	核电站含硼酸废物流的处理	Processing of Nuclear Power Plant Waste Streams Containing Boric Acid	1996
43	TECDOC-947	涉及无机吸附剂的废物处理及固化技术	Waste Treatment and Immobilization Technologies Involving Inorganic Sorbents	1997
44	TECDOC-972	处置场和污染场区放射性废物就地固化和隔离技术	Technologies for in Situ Immobilization and Isolation of Radioactive Wastes at Disposal and Contaminated Sites	1997

续表

序号	出版物编号	标题 中文	标题 英文	发布/出版年份
45	TECDOC-987	辐射防护原则在污染区清污中的运用——征求意见的中间报告	Application of Radiation Protection Principles to the Cleanup of Contaminated Areas Interim Report for Comment	1997
46	TECDOC-285	为贮存和处置而进行的放射性废物体的特性:建立整备废物接受准则的导则	Characteristics of Radioactive Waste Forms Conditioned for Storage and Disposal: Guidance for the Development of Waste Acceptance Criteria	1983
47	TRS-106	低放固体废物的减容	The Volume Reduction of Low-Activity Solid Wastes	1970
48	TRS-176	高放废物固化技术	Techniques for the Solidification of High-level Wastes	1977
49	TRS-198	核电厂放射性废物安全操作导则	Guide to the Safe Handling of Radioactive Wastes at Nuclear Power Plants	1980
50	TRS-223	低中水平固体放射性废物的处理	Treatment of Low and Intermediate-level Solid Radioactive Wastes	1983
51	TRS-272	低中放固体和液体废物预处理技术和实践	Techniques and Practices for Pretreatment of Low and Intermediate Level Solid and Liquid Radioactive Wastes	1987
52	TRS-302	放射性废物焚烧炉尾气的处理	Treatment of Off-gas from Radioactive Waste Incinerators	1989
53	TRS-377	核电站和核燃料循环后端的废物最小化	Minimization of Radioactive Waste from Nuclear Power Plants and the Back End of the Nuclear Fuel Cycle	1995
54	TRS-349	放射性废物处置报告	Report on Radioactive Waste Disposal	1993
55	TRS-355	低中放固体废物包装容器	Containers for Packaging of Solid Low and Intermediate Level Radioactive Wastes	1993
56	TRS-360	低中放固体废物的减容和处理技术现状	Status of Technology for Volume Reduction and Treatment of Low and Intermediate Level Solid Radioactive Waste	1994

续表

序号	出版物编号	标题		发布/出版年份
		中文	英文	
57	TRS-364	预测放射性核素在温和环境中迁移的参数值手册	Handbook of Parameter Values for the Prediction of Radionuclide Transfer in Temperate Environments	1994
58	TRS-375	停运核设施的安全关闭	Safe Enclosure of Shutdown Nuclear Installations	1995
59	TRS-376	放射性废物货包质量保证	Quality Assurance for Radioactive Waste Packages	1995
60	TRS-382	便于退役的核电站的设计与建造	Design and Construction of Nuclear Power Plants to Facilitate Decommissioning	1997
61	TRS-386	除反应堆外的核设施的退役	Decommissioning of Nuclear Facilities Other than Reactors	1998
62	TRS-389	为退役目的关闭的核反应堆的放射性特性鉴定	Radiological Characterization of Shutdown Nuclear Reactors for Decommissioning Purposes	1998
63	TRS-395	核设施去污与拆除的最新技术	State-of-the-art Technology for Decontamination and Dismantling of Nuclear Facilities	1999
64	TRS-399	大型核设施退役的组织与管理	Organization and Management for Decommissioning of Large Nuclear Facilities	2000
65	TRS-401	核设施去污和退役产生的放射性废物的最小化方法	Methods for the Minimization of Radioactive Waste from the Decontamination and Decommissioning of Nuclear Facilities	2001
66	TRS-402	核应用产生放射性废物的处理和加工	Handling and Processing of Radioactive Waste from Nuclear Applications	2001
67	TRS-408	离子交换工艺在放射性废物处理上的运用和废树脂管理	Application of Ion-exchange Processes for Treatment of Radioactive Waste and Management of Spent Ion-exchangers	2002
68	TRS-411	核设施退役的记录保存:导则与经验	Record Keeping for the Decommissioning of Nuclear Facilities: Guidelines and Experience	2002
69	TRS-414	小型医疗、工业和研究设施的退役	Decommissioning of Small Medical, Industrial and Research Facilities	2003
70	TRS-420	核设施从运行到退役的过渡	The Transition from Operation to Decommissioning of Nuclear Installations	2004
71	TRS-421	含氚和^{14}C的废物的管理	Management of Waste Containing Tritium and ^{14}C	2004

续表

序号	出版物编号	标题 中文	标题 英文	发布/出版年份
72	TRS-427	有机放射性废物处置前管理	Predisposal Management of Organic Radioactive Waste	2004
73	TRS-434	废物加工和贮存中保存废物包记录的方法	Methods for Maintaining a Record of Waste Packages during Waste Processing and Storage	2005
74	TRS-435	分离与嬗变在放射性废物管理中的实施	Implications of Partitioning and Transmutation in Radioactive Waste Management	2005
75	TRS-446	研究堆退役:发展评价、技术现状和存在问题	Decommissioning of Research Reactors: Evolution, State-of-the-art, Open Issues	2006
76		核设施退役期间产生的放射性废物的管理	Management of Radioactive Waste Generated During Decommissioning of Nuclear Facilities	准备中
77		历史遗留放射性废物回取和处理的方法与技术	Methodologies and Technologies for Retrieval and Processing of "historic" Radioactive Waste	准备中
78		核设施运行和退役废物产生量最小化的设计特征和要求	Design Features and Requirements to Minimize Operational and Decommissioning Waste Generation at Nuclear Facilities	准备中
79		放射性废物管理综合方法	Integrated Approach in Radioactive Waste Management	准备中

表 A-2 美国放射性废物管理方面的法令和条例

序号	汉语名称	英语名称	颁布年份	最近修正(订)年份
1	国家环境政策法	National Environmental Policy Act	1969	
2	原子能法	Atomic Energy Act	1954	多次修正
3	低放废物政策法	Low-level Radioactive Act	1980	1985
4	核废物政策法	Nuclear Waste Policy Act	1983	1997
5	资源保护回收法	Resource Conservation and Recovery Act	1976	1996
6	铀尾矿辐射控制法	Uranium Mill Tailing Radiation Control Act	1978	
7	空气清洁法	Clean Air Act	1970	1990
8	水清洁法	Clean Water Act	1977	2002

续表

序号	汉语名称	英语名称	颁布年份	最近修正(订)年份
9	有毒物质控制法	Toxic Substances Control Act	1976	
10	职业安全与卫生法	Occupational Safety and Health Act	1970	
11	陆地处置限制条例	40CFR268 Land Disposal Restriction		每年修订
12	放射性废物管理条例	DOE O 435. 1 Radioactive Waste Management	1999	2001(改动)
13	放射性废物陆地处置的审批要求	10CFR61 Licensing Requirements for Land Disposal of Radioactive Waste		每年修订
14	化学安全信息、场区安保和燃料管理援救法	Chemical Safety Information, Site Security and Fuels Regulatory Relief Act	1999	
15	能源改组法案	Energy Reorganization Act	1974	
16	污染防治法	Pollution Prevention Act	1990	
17	安全饮用水法	Safe Drinking Water Act	1974	

表 A-3　英国放射性废物管理相关法令

序号	中文名称	英文名称	备注
1	1995 原子能管理法	Atomic Energy Authority Act 1995	
2	1989 污染控制修正法	Control of Pollution Amendment Act 1989	
3	1990 环境保护法	Environment Protection Act 1990	
4	1990 有害物质规划法	Planning Hazardous Substances Act 1990	
5	1991 放射性物质道路运输法	Radioactive Material Road Transport Act 1991	
6	1993 放射性物质法	Radioactive Substances Act 1993	
7	1970 辐射防护法	Radiological Protection Act 1970	
8	1965 核设施法	Nuclear Installations Act 1965	
9	2004 卫生防护机构法	Health Protection Agency Act 2004	
10	2004 能源法令	Energy Act 2004	
11	1974 职业及其他的卫生与安全法	Health and Safety at Work etc. Act of 1974	
12	1991 年水资源法	Water Resources Act of 1991	
13	1985 食物和环境保护法	Food and Environment Protection 1985	
14	2004 卫生防护机构法	Health Protection Agency Act 2004	
15	危险废物条例	Hazardous Waste Regulations	
16	1999 电离辐射条例	Ionizing Radiation Regulations 1999	
17	1971 年核设施条例	Nuclear Installations Regulations 1971	
18	1991(放射性废物)污染控制(苏格兰)条例	Control of Pollution (Radioactive Waste) (Scotland) Regulations 1991	
19	2001(应急准备和公众信息)辐射条例(北爱尔兰)	Radiation (Emergency Preparedness and Public Information) Regulations (Northern Ireland) 2001	

表 A-4 法国放射性废物管理的法令和政令

序号	中文名称	英文名称	主要内容	备注
1	61-842 号法律	Law 61-842 of 2 August 1961 on Atmospheric Pollution	大气污染	
2	91-1381 号法律	Law 91-1381 of December 1991 on Research Related to High-level Waste and Long-lived Waste Management	与高放废物和长寿命废物管理的研究有关的法律	
3	63-1228 号政令	Decree 63-1228 of 11 December 1963	对基本核设施的定义、颁发许可证和管理有关的内容	
4	73-278 号政令	Decree No. 73-278 (13 March 1973)	建立法国核安全管理局	
5	75-633 号法律	Law 75-633 of 15 July 1975	与废物的处理、处置和排除及环境影响的公众信息有关	1992 年修改
6	1999 年 12 月 31 日部长令	Ministerial Order of 31 December 1999	基本核设施的废物管理	
7	76-629 号法律	Law 76-629 of 10 July 1976	环境影响评价	
8	77.1141 号政令	Decree 77.1141 of 12 October 1977	环境影响评价	
9	76-663 号法律	Law 76-663 of 19 July 1976	按环境保护基础分类的设施的管理规定	
10	77-1133 号政令	Decree 77-1133 of 21 September 1977	按环境保护基础分类的设施的管理规定	
11	2003-699 号法律	Law 2003-699 of 30 July 2003	与预防技术风险和自然风险有关的法规	
12	83-630 号法律	Law 83-630 of 12 July 1983	对公众询问的民主化	
13	96-388 号政令	Decree 96-388 of 10 May 1996	设施选址前接受公众咨询	
14	1984 年 8 月 10 日部长令	Ministerial Order of 10 August 1984	基本核设施设计理念、建造和运行的质量	
15	92-1391 政令	Decree No. 92-1391 of 30 December 1992	建立与 CEA 分开的独立的公众机构——Andra	
16	RFS(安全基本法规)I.2(1984 年 6 月 19 日)	RFS I.2 (19 June 1984): Safety Objectives and Design basis for Surface Disposal of Short-lived, Low and Intermediate Level Radioactive Waste	用于低中放和中短寿命放射性固体废物长期浅地层处置的安全目标和设计基准	

续表

序号	中文名称	英文名称	主要内容	备注
17	RFS III. 2. a（1982 年 9 月 24 日）	RFS III. 2. a (24 September 1982)：General Safety Measures for Production，Control，Treatment，Conditioning and Interim Storage of Reprocessing Waste	后处理废物产生、控制、处理、整备和中间贮存的一般安全措施	
18	RFS III. 2. b（1982 年 11 月 12 日）	RFS III. 2. b (12 November 1982)：Particular Safety Measures for Production，Control，Treatment，Conditioning and Interim Storage of High-level Waste from Reprocessing to be Conditioned in Glass Matrix	后处理产生的要在玻璃基质中整备的高放废物的产生、控制、处理、整备和中间贮存的特定安全措施	
19	RFS III. 2. c（1984 年 4 月 5 日）	RFS III. 2. c (5 April 1984)：Particular Safety Measures for Production，Control，Treatment，Conditioning and Interim Storage of Low or Intermediate-level Waste from Reprocessing to be Conditioned in Bitumen Matrix	后处理产生的要在沥青基质中整备的低、中放废物的产生、控制、处理、整备和中间贮存的特定安全措施	
20	RFS III. 2. d（1985 年 2 月 1 日）	RFS III. 2. d (1 February 1985)：Particular Safety Measures for Production，Control，Treatment，Conditioning and Interim Storage of Waste from Reprocessing to be Conditioned in Concrete Matrix	要在水泥基质中整备的后处理废物的产生、控制、处理和暂时贮存的特定安全措施	
21	RFS III. 2. e（1986 年 10 月 31 日）	RFS III. 2. e (31 October 1986 revised 29 May 1995)：Conditions Prior to Acceptance of Solid Waste in Surface Disposals	近地表处置场接受固体废物前的条件	1995 年 5 月 29 日修正
22	RFS III. 2. f（1991 年 6 月 10 日）	RFS III. 2. f (10 June 1991)：Definitions of Safety Objectives for Disposal of Radioactive Waste in Deep Geological Formations in the Post-closure Phase	确定放射性废物深地质处置封后期(关闭后阶段)的安全目标	
23	2001-470 法令	Decree No. 2001-470 of 28 May 2001	规定场区应急计划期间提供公众信息和设施应急的措施	
24	2001 危险货物道路运输令	Order on the Carriage of Dangerous Goods by Road(ADR Order)(2001)		
25	危险废物铁路运输令	Order on the Transport of Dangerous Goods by Rail (RID Order) (2001)		
26	2002-255 法令	Decree No. 2002-255 (22 February 2002)	建立辐射防护和核安全管理局	
27	法国 2004 年环境宪章			2004 年生效
28	法国环境法			1998 年生效

表 A-5 国内法律、法规、标准一览表

国家标准(法律)号	标准(法律)名称	发布单位	发布日期	实施日期
	中华人民共和国环境保护法	全国人大常委会	1989-12-26	1989-12-26
	中华人民共和国宪法	全国人大常委会	1982-12-04 (2004 年修正)	1982-12-04
	中华人民共和国放射性污染防治法	全国人大常委会	2003-06-28	2003-10-01
HAD401/01	核电厂放射性排出流和废物管理	国家核安全局	1990-05-19	1990-05-19
HAD401/02	核电厂放射性废物管理系统的设计	国家核安全局	1997-01-16	1997-01-16
HAD401/03	放射性废物焚烧设施的设计与运行	国家核安全局	1997-02-15	1997-02-15
HAD401/04	放射性废物的分类	国家核安全局	1998-07-06	
HAD401/05	放射性废物近地表处置库选址	国家核安全局	1998-07-06	
HAD401/06	放射性废物地质处置库选址	国家核安全局	1998-07-06	
GB 11806-1989	放射性物质安全运输规定	国家环保总局	1989-11-21	1990-07-01
GB 9133-1995	放射性废物的分类	国家环保总局	1995-12-21	1996-08-01
GB 14500-2002	放射性废物管理规定	国家质量监督检验检疫总局	2002-08-05	2003-04-01
GB 12711-1991	低、中水平放射性固体废物包装安全标准	国家技术监督局	1991-01-28	1991-12-01
GB 11928-1989	低、中水平放射性固体废物暂时储存规定	国家技术监督局	1989-12-21	1990-07-01
GB 16933-1997	放射性废物近地表处置的废物接收准则	国家技术监督局	1997-07-30	1998-09-01
EJ 532-1990	低、中水平放射性固体废物暂时贮存库安全分析报告要求	中国核工业总公司	1990-08-10	1991-01-01
EJ 1042-1996	低、中水平放射性固体废物包装容器—钢桶	中国核工业总公司	1996-10-24	1997-02-01

续表

国家标准(法律)号	标准(法律)名称	发布单位	发布日期	实施日期
EJ 914-2000	低、中水平放射性固体废物混凝土容器	国防科学技术工业委员会	2000-09-20	2001-01-01
EJ 1076-1998	低、中水平放射性固体废物容器—钢箱	中国核工业总公司	1998-08-25	1998-11-01
EJ/T 795-1995	低、中水平放射性废物减容系统技术规定	中国核工业总公司	1993-12-13	1994-05-01
EJ/T 940-1993	核燃料后处理厂放射性废物管理技术规定	中国核工业总公司	1995-07-05	1995-11-01
GB 13367-1992	辐射源和实践的豁免管理原则	国家技术监督局	1992-2-02	1992-12-01
GB 13600-1992	低中水平放射性固体废物的岩洞处置规定	国家技术监督局	1992-08-19	1993-04-01
GB 14569.1-1993	低、中水平放射性废物固化体性能要求 水泥固化体	国家技术监督局	1993-08-06	1994-07-01
GB 14569.2-1993	低、中水平放射性废物固化体性能要求 塑料固化体	国家技术监督局	1993-08-06	1994-07-01
GB 14569.3-1995	低、中水平放射性废物固化体性能要求-沥青固化体	国家技术监督局	1995-12-13	1996-08-01
GB 14589-1993	核电厂低、中水平放射性固体废物暂时贮存技术规定	国家环境保护局、国家技术监督局	1993-08-30	1994-04-01
GB 9132-1988	低中水平放射性固体废物的浅地层处置规定	国家环境保护局	1988-05-25	1988-09-01
GB 9134-1988	轻水堆核电厂放射性固体废物处理系统技术规定	国家环境保护局	1988-05-25	1988-09-01
GB/T17947-2000	拟再循环、再利用或作非放射性废物处置的固体物质的放射性活度测量	国家质量技术监督局	2000-01-03	2000-08-01
GB18871-2002	电离辐射防护与辐射源安全基本标准	国家质量监督检验检疫总局	2002-10-08	2003-04-01
GB 7023-1986	放射性废物固化体长期浸出试验	国家环境保护局	1986-12-03	1987-04-01